21 世纪高等院校电气信息类系列教材

传感器原理与检测技术

童敏明　唐守锋　董海波　编著

机 械 工 业 出 版 社

本书从传感器检测应用技术的角度出发，详细介绍了电阻应变式传感器、电容式传感器、电感式传感器、热电阻传感器、热电偶传感器、集成温度传感器、霍尔传感器、光电传感器、超声波传感器、压电式传感器等常用传感器的工作原理和典型应用，以及传感器及检测技术的一些基本概念、传感器信号采集与处理技术和抗干扰技术，同时还介绍了传感器创新应用方法，列举了应用实例。

本书可作为电气工程、自动化、信息技术、测控技术等专业学生的专业基础课教材，也可供有关专业师生、从事测试工程工作的技术人员参考。

本书配套授课电子课件，需要的教师可登录 www.cmpedu.com 免费注册、审核通过后下载，或联系编辑索取（QQ：2399929378，电话010-88379753）。

图书在版编目（CIP）数据

传感器原理与检测技术/童敏明，唐守峰，董海波编著. —北京：机械工业出版社，2013.11（2017.8 重印）
21 世纪高等院校电气信息类系列教材
ISBN 978-7-111-44437-4

Ⅰ. ①传… Ⅱ. ①童… ②唐… ③董… Ⅲ. ①传感器-高等学校-教材 Ⅳ. ①TP212

中国版本图书馆 CIP 数据核字（2013）第 246309 号

机械工业出版社（北京市百万庄大街22号　邮政编码100037）
责任编辑：时　静
责任印制：孙　炜

北京玥实印刷有限公司印刷
2017 年 8 月第 1 版第 4 次印刷
184mm×260mm・20.5 印张・505 千字
7501—10000 册
标准书号：ISBN 978-7-111-44437-4
定价：55.00 元

凡购本书，如有缺页、倒页、脱页，由本社发行部调换

电话服务　　　　　　　　　　　网络服务
社 服 务 中 心：（010）88361066　教材网：http://www.cmpedu.com
销 售 一 部：（010）68326294　机工官网：http://www.cmpbook.com
销 售 二 部：（010）88379649　机工官博：http://weibo.com/cmp1952
读者购书热线：（010）88379203　封面无防伪标均为盗版

出 版 说 明

随着科学技术的不断进步，整个国家自动化水平和信息化水平的长足发展，社会对电气信息类人才的需求日益迫切、要求也更加严格。在教育部颁布的"普通高等学校本科专业目录"中，电气信息类（Electrical and Information Science and Technology）包括电气工程及其自动化、自动化、电子信息工程、通信工程、计算机科学与技术、电子科学与技术、生物医学工程等子专业。这些子专业的人才培养对社会需求、经济发展都有着非常重要的意义。

在电气信息类专业及学科迅速发展的同时，也给高等教育工作带来了许多新课题和新任务。在此情况下，只有将新知识、新技术、新领域逐渐融合到教学、实践环节中去，才能培养出优秀的科技人才。为了配合高等院校教学的需要，机械工业出版社组织了这套"21世纪高等院校电气信息类系列教材"。

本套教材是在对电气信息类专业教学情况和教材情况调研与分析的基础上组织编写的，期间，与高等院校相关课程的主讲教师进行了广泛的交流和探讨，旨在构建体系完善、内容全面新颖、适合教学的专业教材。

本套教材涵盖多层面专业课程，定位准确，注重理论与实践、教学与教辅的结合，在语言描述上力求准确、清晰，适合各高等院校电气信息类专业学生使用。

机械工业出版社

前　言

传感器及检测技术是信息技术的核心之一。随着人类探知领域和空间的拓展，人们需要获得的信息种类日益增多，这就要求对各种信息的获取技术（即传感器及检测技术）要不断满足信息化发展的需要。

本书从传感器及检测技术应用的角度出发，主要介绍了传感器的原理、传感器的测量电路、传感器的应用、传感器信号采集与处理技术、抗干扰技术、创新设计方法及案例等内容。全书共分16章，第1章是传感器及检测技术的基本概念，介绍传感器的组成、定义和分类；传感器检测装置的基本性能以及静态特性和动态特性。第2章是误差分析基础，介绍误差的表示及特征；误差的分类与判断处理方法；误差的合成与分配。第3~12章介绍了十种常用传感器的原理、测量电路和应用。第13章是信号变换电路，介绍直流－交流－直流、电压－电流－电压、电压－频率－电压、数－模－数等变换器的工作原理及应用。第14章是传感器信号采集与处理技术，介绍传感器数据采集装置的功能和结构；多路模拟开关和采样/保持器；数据采集装置的技术性能；数据采集系统设计的基础知识；传感器信号数字滤波技术、标度变换技术、非线性补偿技术。第15章是抗干扰技术，介绍干扰产生的危害和原因；不同类型的干扰及特点；干扰的耦合方式；抗干扰的屏蔽、隔离和接地技术。第16章是创新设计方法及案例，介绍检测技术创新应用的思维方法和技巧；根据日常生活中发生的事件，提出利用检测技术解决的方案。

本书从培育学生实际应用和创新能力出发，力求突出以下特点：

（1）每章在结构上按照本章要点、学习要求、本章内容、知识拓展（或创新、设计与应用）、问题与思考、本章小结、习题的形式编写。

（2）本教材属专业基础教学用书，内容涉及面较宽，侧重基本概念、基本原理和应用方法，避免繁琐的理论推导和公式演算。

（3）传感器作为检测技术的关键，种类很多。本教材主要介绍了电阻应变式传感器、电容式传感器、电感式传感器、热电阻传感器、热电偶传感器、集成温度传感器、霍尔传感器、光电传感器、超声波传感器、压电式传感器等常用传感器，目的是借此介绍传感器应用的基本方法。

（4）为了适应创新应用型人才的培养要求，本教材在章节内容中或习题中设计了一些创新思考的问题，并特别增加了"创新设计方法及案例"一章内容。

本书由中国矿业大学信息与电气工程学院童敏明、唐守锋、董海波共同编写。

由于作者水平有限，书中难免有不妥之处，殷切希望各院校师生及广大读者提出宝贵意见。

编　者

目 录

出版说明
前言
绪论 ························· 1
  0.1 本教材的性质和内容 ········· 1
  0.2 传感器及检测技术的广泛应用及
     发展前景 ··················· 1
  0.3 本教材的目的 ··············· 2
  问题与思考 ······················ 2

第1章 传感器及检测技术的基本概念 ··· 3
  1.1 传感器的定义 ··············· 3
  1.2 传感器的分类 ··············· 4
  1.3 测量方法及检测装置的基本性能 ··· 8
    1.3.1 测量方法的分类 ········ 8
    1.3.2 真值与平均值 ········· 12
    1.3.3 检测装置的基本性能 ···· 12
  1.4 传感器的静态特性 ··········· 13
    1.4.1 传感器静态特性的表示方法 ··· 13
    1.4.2 传感器的主要静态性能指标 ··· 16
  1.5 传感器的动态特性 ··········· 20
    1.5.1 一阶传感器系统 ······· 21
    1.5.2 二阶传感器系统 ······· 22
  知识拓展 ······················ 23
  问题与思考 ···················· 24
  本章小结 ······················ 24
  习题 ·························· 24

第2章 误差分析基础 ············ 26
  2.1 测量与误差 ················ 26
    2.1.1 学习误差的意义 ······· 26
    2.1.2 误差的表示方法 ······· 26
  2.2 测量误差的分类 ············· 28
    2.2.1 按误差出现的规律分类 ··· 28
    2.2.2 按误差来源分类 ······· 30
    2.2.3 按照被测量随时间变化的
        速度分类 ············· 30
    2.2.4 按使用条件分类 ······· 31
  2.3 误差的判断与处理方法 ······· 31
    2.3.1 系统误差 ············ 31
    2.3.2 随机误差分析方法 ····· 35
    2.3.3 疏失误差或粗大误差的处理 ··· 40
  2.4 测量误差的合成与分配 ······· 45
    2.4.1 测量误差的合成 ······· 45
    2.4.2 测量误差的分配 ······· 47
  知识拓展 ······················ 47
  问题与思考 ···················· 49
  本章小结 ······················ 50
  习题 ·························· 51

第3章 电阻应变式传感器 ········· 52
  3.1 电阻应变式传感器的工作原理 ··· 52
    3.1.1 电阻应变片（计） ······· 52
    3.1.2 电阻应变片的种类 ····· 56
    3.1.3 电阻应变片的选用及粘贴 ··· 59
    3.1.4 应变片的动态响应特性 ··· 63
    3.1.5 电阻应变片的温度误差
        及其补偿 ············· 66
  3.2 电桥检测原理及电阻应变片桥路 ··· 71
    3.2.1 电桥概述 ············ 71
    3.2.2 不平衡单臂电桥的工作特性 ··· 72
    3.2.3 差动电桥的工作特性 ··· 74
    3.2.4 双差动电桥的工作特性 ··· 74
    3.2.5 相对臂电桥的工作特性 ··· 75
    3.2.6 提高不平衡电桥输出线性度
        的方法 ··············· 75
    3.2.7 直流电桥的调零 ······· 76
    3.2.8 交流电桥及其平衡 ····· 77
  3.3 电阻应变式传感器的典型应用 ··· 80
    3.3.1 电阻应变式传感器应用特点 ··· 80

V

3.3.2　电阻应变式传感器的应用 ……… 81
　问题与思考 ……………………………… 86
　本章小结 ………………………………… 86
　习题 ……………………………………… 86

第4章　电容式传感器 …………………… 88

4.1　电容式传感器的定义与工作原理 …… 88
　　4.1.1　电容式传感器的定义 ………… 88
　　4.1.2　电容式传感器的工作原理 …… 89
4.2　电容式传感器的工作特性 …………… 89
　　4.2.1　变极距型电容传感器 ………… 89
　　4.2.2　变面积型电容传感器 ………… 92
　　4.2.3　变介质型电容传感器 ………… 93
　　4.2.4　电容式传感器的其他特性 …… 95
4.3　电容式传感器的结构及抗干扰问题 … 97
　　4.3.1　温度变化对结构稳定性的影响 … 97
　　4.3.2　温度变化对介质介电常数的
　　　　　影响 ……………………………… 98
　　4.3.3　绝缘问题 ……………………… 98
　　4.3.4　电容电场的边缘效应 ………… 99
　　4.3.5　寄生电容 ……………………… 99
4.4　电容式传感器的测量电路 ………… 100
　　4.4.1　调幅型测量电路 ……………… 100
　　4.4.2　谐振测量电路 ………………… 103
　　4.4.3　脉冲宽度调制电路 …………… 105
4.5　电容式传感器的应用 ……………… 107
　知识拓展 ……………………………… 110
　问题与思考 …………………………… 111
　本章小结 ……………………………… 111
　习题 …………………………………… 112

第5章　电感式传感器 …………………… 113

5.1　自感式传感器 ……………………… 113
　　5.1.1　闭磁路式自感传感器 ………… 114
　　5.1.2　螺管型自感传感器 …………… 115
　　5.1.3　差动自感传感器 ……………… 115
　　5.1.4　自感传感器的测量电路 ……… 117
　　5.1.5　自感传感器的主要误差 ……… 120
5.2　互感式传感器 ……………………… 120

　　5.2.1　螺管型互感传感器 …………… 121
　　5.2.2　互感传感器的主要性能 ……… 122
　　5.2.3　差动变压器的测量电路 ……… 123
5.3　电涡流式传感器 …………………… 127
　　5.3.1　电涡流传感器原理 …………… 127
　　5.3.2　电涡流传感器特性分析 ……… 128
　　5.3.3　高频反射电涡流传感器 ……… 129
　　5.3.4　低频透射电涡流传感器 ……… 130
　　5.3.5　测量电路 ……………………… 130
5.4　电感式传感器的应用 ……………… 130
　　5.4.1　电（自）感式传感器的应用 …… 130
　　5.4.2　差动变压器式传感器的应用 … 132
　　5.4.3　电涡流传感器的应用 ………… 133
　问题与思考 …………………………… 135
　本章小结 ……………………………… 135
　习题 …………………………………… 136

第6章　热电阻传感器 …………………… 137

6.1　金属热电阻 ………………………… 137
　　6.1.1　金属热电阻的工作原理和
　　　　　材料 …………………………… 137
　　6.1.2　常用金属热电阻 ……………… 138
　　6.1.3　金属热电阻传感器的结构 …… 139
　　6.1.4　金属热电阻传感器的测量
　　　　　电路 …………………………… 139
　　6.1.5　金属热电阻的应用 …………… 140
6.2　半导体热敏电阻 …………………… 141
　　6.2.1　热敏电阻分类及结构 ………… 142
　　6.2.2　热敏电阻的特性 ……………… 142
　　6.2.3　新材料热敏电阻 ……………… 143
　　6.2.4　热敏电阻的线性化 …………… 143
　　6.2.5　热敏电阻的应用 ……………… 145
　问题与思考 …………………………… 146
　本章小结 ……………………………… 146
　习题 …………………………………… 147

第7章　热电偶传感器 …………………… 148

7.1　热电偶传感器的工作原理 ………… 148
7.2　热电偶应用定则 …………………… 149

7.3 常用热电偶 …… 150
7.4 补偿导线与冷端补偿 …… 151
    7.4.1 补偿导线 …… 151
    7.4.2 冷端补偿 …… 152
7.5 热电偶实用测量电路 …… 152
7.6 热电偶应用实例 …… 155
问题与思考 …… 156
本章小结 …… 156
习题 …… 157

第8章 集成温度传感器 …… 158
8.1 集成温度传感器的基本工作原理 …… 158
8.2 集成温度传感器的信号输出方式 …… 159
8.3 常用集成温度传感器 …… 160
8.4 集成温度传感器的应用 …… 162
问题与思考 …… 164
本章小结 …… 164
习题 …… 165

第9章 霍尔传感器 …… 166
9.1 霍尔效应和工作原理 …… 166
9.2 霍尔元件连接方式和输出电路 …… 168
    9.2.1 基本测量电路 …… 168
    9.2.2 霍尔元件的连接方式 …… 168
    9.2.3 霍尔电势的输出电路 …… 169
9.3 霍尔元件的测量误差和补偿方法 …… 170
    9.3.1 零位误差及补偿方法 …… 170
    9.3.2 温度误差及其补偿 …… 171
9.4 霍尔传感器的应用 …… 172
问题与思考 …… 175
本章小结 …… 175
习题 …… 175

第10章 光电传感器 …… 176
10.1 光电效应及光电器件 …… 176
    10.1.1 光电效应 …… 176
    10.1.2 光电管、光电倍增管 …… 177
    10.1.3 光敏电阻 …… 179
    10.1.4 光敏二极管和光敏晶体管 …… 181
    10.1.5 光电池 …… 184

10.2 光电传感器的光源及测量电路 …… 186
    10.2.1 光电传感器的光源 …… 186
    10.2.2 光电传感器的测量电路 …… 186
10.3 一般形式的光电传感器及其应用 …… 188
    10.3.1 一般形式的光电传感器 …… 188
    10.3.2 光电传感器的应用 …… 189
问题与思考 …… 190
本章小结 …… 191
习题 …… 191

第11章 超声波传感器 …… 192
11.1 超声波及其物理性质 …… 192
    11.1.1 超声波的波形及其传播速度 …… 193
    11.1.2 超声波的反射和折射 …… 193
11.2 超声波传感器的分类 …… 194
    11.2.1 超声探头的分类 …… 195
    11.2.2 超声换能器 …… 195
11.3 超声波传感器应用 …… 196
知识拓展 …… 200
问题与思考 …… 202
本章小结 …… 202
习题 …… 203

第12章 压电式传感器 …… 204
12.1 压电式传感器的工作原理 …… 204
    12.1.1 压电效应 …… 204
    12.1.2 压电效应表达式 …… 205
    12.1.3 石英晶体的压电效应机理 …… 206
    12.1.4 压电陶瓷的压电效应机理 …… 208
    12.1.5 压电式传感器的预载与技巧 …… 209
    12.1.6 压电式传感器的特性 …… 210
12.2 压电式传感器的测量电路 …… 213
    12.2.1 压电式传感器的等效电路 …… 213
    12.2.2 压电式传感器的测量电路 …… 214
12.3 压电式传感器的应用 …… 216
问题与思考 …… 219
本章小结 …… 219
习题 …… 219

第13章 信号变换电路 …… 220

13.1 直流–交流–直流变换 …………… 220
　13.1.1 微弱信号的直流–交流变换工作原理 ………… 220
　13.1.2 交流–直流变换工作原理 …… 222
　13.1.3 集成调制式直流放大器 …… 222
13.2 电压–电流变换 …………………… 223
　13.2.1 浮置负载的电压–电流变换器 ……………………… 223
　13.2.2 负载接地的电压–电流变换器 ……………………… 224
　13.2.3 实用电压–电流变换器 …… 226
　13.2.4 集成 V–I 变换器 …………… 227
13.3 电流–电压变换 …………………… 228
13.4 电压–频率和频率–电压变换 …… 229
　13.4.1 电压–频率变换器 ………… 229
　13.4.2 频率–电压变换器 ………… 231
13.5 数/模变换与模/数变换 ………… 232
　13.5.1 数/模（D–A）转换器 …… 233
　13.5.2 模/数（A–D）转换器 …… 238
知识拓展 ………………………………… 245
问题与思考 ……………………………… 245
本章小结 ………………………………… 245
习题 ……………………………………… 246

第 14 章　传感器信号采集与处理技术 ………………………… 247
14.1 传感器数据采集装置的功能 …… 247
14.2 数据采集装置的结构配置 ……… 248
　14.2.1 多路扫描数据采集结构 …… 248
　14.2.2 多路数据并行采集结构 …… 249
14.3 多路模拟开关和采样/保持器 … 250
　14.3.1 多路模拟开关 ……………… 250
　14.3.2 采样/保持器 ………………… 252
14.4 数据采集装置的技术性能 ……… 254
　14.4.1 分辨率与精度 ……………… 254
　14.4.2 采样速度 …………………… 254
14.5 数据采集系统设计 ……………… 255
　14.5.1 数据采集系统设计的基本原则 ………………………… 255
　14.5.2 系统设计的一般步骤 ……… 256
14.6 数字滤波技术 …………………… 259
　14.6.1 算术平均值法 ……………… 260
　14.6.2 移动平均滤波 ……………… 261
　14.6.3 加权平均滤波 ……………… 262
　14.6.4 中值法 ……………………… 262
　14.6.5 一阶惯性滤波法 …………… 263
　14.6.6 抑制脉冲算术平均法 ……… 264
14.7 标度变换 ………………………… 264
　14.7.1 标度变换原理 ……………… 265
　14.7.2 非线性检测信号的标度变换 … 265
14.8 非线性补偿技术 ………………… 266
　14.8.1 线性插值法 ………………… 267
　14.8.2 二次抛物线插值法 ………… 267
　14.8.3 查表法 ……………………… 268
知识拓展 ………………………………… 269
问题与思考 ……………………………… 271
本章小结 ………………………………… 271
习题 ……………………………………… 273

第 15 章　抗干扰技术 ………………… 275
15.1 电磁干扰及其危害 ……………… 275
　15.1.1 电磁干扰及三要素 ………… 275
　15.1.2 被干扰装置的敏感度 ……… 276
　15.1.3 电磁干扰的危害 …………… 278
15.2 干扰的分类 ……………………… 280
　15.2.1 电磁干扰源的分类 ………… 280
　15.2.2 按噪声产生的原因分类 …… 281
　15.2.3 按噪声传导模式分类 ……… 281
　15.2.4 按噪声波形及性质分类 …… 283
15.3 干扰的耦合方式 ………………… 283
　15.3.1 电导性耦合方式 …………… 284
　15.3.2 公共阻抗耦合方式 ………… 284
　15.3.3 电容耦合方式 ……………… 284
　15.3.4 电磁感应耦合方式 ………… 285
　15.3.5 辐射耦合干扰 ……………… 285
　15.3.6 漏电耦合方式 ……………… 286
15.4 屏蔽技术 ………………………… 286

- 15.4.1 屏蔽的一般原理 …………… 286
- 15.4.2 电场屏蔽 …………………… 287
- 15.4.3 电磁场屏蔽 ………………… 287
- 15.4.4 磁场屏蔽 …………………… 288
- 15.5 隔离技术 ………………………… 289
  - 15.5.1 光电隔离 …………………… 290
  - 15.5.2 继电器隔离 ………………… 291
- 15.6 接地技术 ………………………… 291
  - 15.6.1 接地概述 …………………… 292
  - 15.6.2 工作接地 …………………… 292
  - 15.6.3 屏蔽接地 …………………… 293
- 15.7 抗干扰设计举例 ………………… 294
  - 15.7.1 传输线抗干扰设计 ………… 294
  - 15.7.2 印制电路板的抗干扰设计 …… 295
  - 15.7.3 传感器电路的屏蔽与接地设计 ……………………………… 296
  - 15.7.4 电源所致干扰的抑制 ……… 297
- 知识拓展 …………………………………… 298
- 问题与思考 ………………………………… 299
- 本章小结 …………………………………… 299
- 习题 ………………………………………… 300

第16章 创新设计方法及案例 ………… 301
- 16.1 检测技术创新设计方法 ………… 301
  - 16.1.1 检测技术创新设计的一般步骤 ……………………………… 301
  - 16.1.2 检测技术创新设计的基本方法 ……………………………… 301
- 16.2 检测技术创新设计案例 ………… 302
  - 16.2.1 设计案例一——司机瞌睡监测提醒装置 …………………… 302
  - 16.2.2 设计案例二——跳远犯规检测器 …………………………… 304
  - 16.2.3 设计案例三——安全输液报警器 …………………………… 305
  - 16.2.4 设计案例四——雨天自动收衣装置 ………………………… 306
  - 16.2.5 设计案例五——玻璃破碎监测系统 ………………………… 307
  - 16.2.6 设计案例六——热电阻真空度测量装置 …………………… 308
  - 16.2.7 设计案例七——台灯照度检测及自动调光装置 …………… 309
  - 16.2.8 设计案例八——防止酒后驾车装置 ………………………… 309
  - 16.2.9 设计案例九——燃气灶防干烧装置 ………………………… 310
  - 16.2.10 设计案例十——公交投币箱假硬币检测仪 ……………… 311
- 知识拓展 …………………………………… 312
- 创新设计 …………………………………… 313

参考文献 ………………………………… 316

绪 论

0.1 本教材的性质和内容

传感器及检测技术是当今信息技术的重要组成部分。它是研究信息提取、信息转换和信息处理的应用技术学科。

传感器及检测技术的信息提取是从自然界、社会、生产过程或科学实验中获取人们需要的信息，如压力、重量、速度、温度等；信息的转换是将采集的信息转换成可以进行传输、显示及其他便于处理的信号。信息处理的目的，是把人们已经获得的信息进行加工、运算、分析或综合，以便进行显示、报警、预测、计量、保护、控制、调度和管理等，达到预防自然灾害或事故的发生、实现生产和管理的自动化、提高生产效率和产品质量、顺利完成科学研究的试验探索等目的。

"传感器原理与检测技术"不仅是一门实用性很强的学科，而且是一门综合型、边沿性的学科。其综合性表现在它包含了传感器技术、误差理论、信号处理、电子技术、单片机技术、人工智能、模糊处理等理论和技术；边沿性表现在检测技术渗透在各个不同的学科领域，如机械、电气、信息、采矿、勘探、环保、化工、建筑、生物、医学等。

0.2 传感器及检测技术的广泛应用及发展前景

传感器及检测技术是人类感觉器官的扩展和延伸，是人类观察自然和测量自然界各种现象的电路手段。人类通过视觉、听觉、嗅觉、触觉和味觉获得外部信息，而检测技术则通过不同的传感器获得外部信息，其范围和能力都远远超过人类。比如：人的视觉能力是非常有限的，但是激光传感器却可以非常精确地探测数千米以外的物体的距离，其测量误差已达毫米级；红外传感器可以清晰地观察夜间的事物；超声波传感器可以"听"见人耳听不见的超声波；人的嗅觉只能识别少量有刺激性的气味，但气体传感器不仅识别的气体种类多，而且还可以非常准确地识别气体的浓度，比如大家所熟悉的煤气，当煤气泄漏时，人们之所以能够嗅出，是有意在煤气中人为掺入了少量的四氢噻酚、硫醇等有臭味的气体，而真正燃烧的气体（主要成分是甲烷（CH_4））是没有气味的，但是传感器却可以非常灵敏地检测出这些气体；传感器的触觉比人更敏感和准确，比如人们一般会用手触摸额头，以判断是否发烧，但这种判断是不准确的，因此医生要用体温表或测温仪对人体进行较精确的测试，此外对压力、重量等的测量也是如此，先进的检测手段能够精确地对压力、重量等进行计量；人的味觉能够大致地识别酸甜苦辣，但是味觉传感器却能够非常精确地识别食品的含糖量、酸碱度等。

传感器及检测技术的应用是非常广泛的。它在军事方面的应用，催生了许多先进的军事武器，如各种命中率高的导弹、飞弹、导弹防御系统、武器瞄准系统、智能地雷、无人驾驶飞机等；它在医疗方面的应用，产生了许多先进的医疗诊断设备，如 X 光透射仪、超声波诊断仪、CT 诊断仪、核磁共振诊断仪等；它在工矿安全方面的应用，对保障生产安全发挥了重要的作用，如矿井顶板监测、煤与瓦斯突出预测、可燃易爆气体泄漏的监测等；它是生产自动化中必不可少的重要环节，如自动机床、食品的自动配料生产控制、各种电子设备的自动装配生产线等；它还广泛地应用在航天、机器人等先进的研究领域中，并发挥着重要的作用。

传感器及检测技术虽然得到广泛的应用，但是检测技术还在不断地发展，还存在许多需要解决的问题。比如目前人们可以检测的是地震发生后的规模，即准确地检测出地震的级别，但是如何在地震发生前进行预报，还是一个世界级的难题。为什么有些动物在地震发生前有异常的行为，这说明肯定有一些反映地震发生的前兆，是电磁场的变化？是地球内壳发出的某种声波？人们正在进行积极的研究，相信能得到解决。目前人们探测火灾主要采用离子或光电式的烟雾传感器和温度传感器，这些检测技术只能对火灾发生后的状态进行检测报警，如何在火灾发生前进行监测预警，对避免或减小火灾的损失是非常重要的。人们正在对此进行研究，也提出了各种有效的方案，比如分析火灾发生前的气体就是一种很有前途的火灾预警方法。癌症及其他一些诸如肿瘤等疑难疾病，发现的越早，越有希望治愈。但是目前有些疾病难以早期发现，比如胰腺癌，一旦发现便是晚期，治愈率很低，是否可以利用先进的检测技术解决这个问题呢，人们对此进行了大量的研究，并发现在人体内细胞病变时，往往其局部温度要高于周围的温度，如果能够探测这一温度的变化，完全可以早期发现癌症及肿瘤，以便及早采取措施进行治疗。人体生物电信息检测是一个具有广泛应用前景的研究课题，其中有一个应用涉及"学习"问题。人类有一个梦想，如果能够将通过感觉器官获取知识的生物电信息检测出来，则完全可以将书本的内容转换成相应的电信息输送给人的大脑，那时候，学习的模式将产生巨大的变化。

0.3 本教材的目的

使学生掌握"传感器原理与检测技术"的基本概念、基本理论以及常用传感器的工作原理、检测电路和典型应用，了解和熟悉信号处理变换及抗干扰等常用技术，为今后的工作及其他专业课程的学习奠定基础。

问题与思考

（1）在我们的日常生活中，传感器及检测技术的应用无所不在，如冰箱、空调、洗衣机等，传感器及检测技术是如何应用的？它们发挥了哪些作用？

（2）在我们周围还有哪些可以应用传感器及检测技术解决的新问题？

第 1 章 传感器及检测技术的基本概念

本章要点

传感器的定义和分类；测量方法及检测装置的基本性能；检测系统的静态特性和动态特性。

学习要求

掌握传感器的定义、组成和分类；掌握各种检测方法的基本原理和基本概念；了解检测系统的静态特性和动态特性特点。

检测技术是以研究检测系统中的信息提取、信息转换以及信息处理的理论与技术为主要内容的一门应用技术学科。检测技术研究的主要内容包括针对被测量的测量原理、测量方法、测量系统和数据处理四个方面。

测量原理是指用什么样的原理去测量被测量。因为不同性质的被测量要用不同的原理去测量，同一性质的被测量亦可用不同的原理去测量。测量原理确定后，就要考虑用什么方法去测量被测量，这就是我们所要研究的测量方法。确定了被测量的测量原理和测量方法后，就要设计或选用装置组成测量系统。有了已标定过的测量系统，就可以实施实际的检测工作。在实际检测中得到的数据必须加以处理，即数据处理，以得到正确可信的检测结果。

1.1 传感器的定义

1. 传感器的定义

广义地说，传感器是指能感知某一物理量、化学量或生物量等的信息，并能将之转化为可以加以利用的信息的装置。人的五官就可被广义地看做为传感器。又例如测量仪器就是将被测量转化为人们可感知或定量认识的信号的传感器。传感器狭义的定义是：感受被测量，并按一定规律将其转化为同种或别种性质的输出信号的装置。中华人民共和国国家标准 GB7665—1987 对传感器（transducer/sensor）的定义是：能感受规定的被测量并按一定规律转换成可用输出信号的器件或装置。由于电信号易于保存、放大、计算、传输，且是计算机唯一能够直接处理的信号，所以传感器的输出一般是电信号（如电流、电压、电阻、电感、电容、频率等）。

2. 传感器的组成

传感器的作用一般是把被测的非电量转换成电量输出，因此它首先应包含一个元件去感受被测非电量的变化。但并非所有的非电量都能利用现有手段直接变换成电量，这是需要将被测非电量先变换成易于变换成电量的某一中间非电量。传感器中完成这一功能的元件称为敏感元件（或预变换器）。例如应变式压力传感器的作用是将输入的压力信号变换成电压信号输出，它的敏感元件是一个弹性膜片，其作用是将压力转换成膜片的变形。

传感器中将敏感元件输出的中间非电量转换成电量输出的元件称为转换元件（或转换器），它是利用某种物理的、化学的、生物的或其他的效应来达到这一目的。例如应变式压力传感器的转换元件是一个应变片，它利用电阻应变效应（金属导体或半导体的电阻随其所受机械变形的大小而发生变化的现象），将弹性膜片的变形转换为电阻值的变化。

敏感元件（sensing element）是能直接感受或响应被测量的部分；转换元件（transduction element）是将敏感元件感受或响应的被测量转换成适于传输和测量的电信号部分。需要说明的是，有些被测非电量可以直接被变换为电量，这时传感器中的敏感元件和转换元件就合二为一了。例如热电阻温度传感器利用铂电阻或铜电阻，可以直接将被测温度转换成电阻值的输出。

转换元件输出的电量常常难以直接进行显示、记录、处理和控制，这时需要将其进一步变换成可直接利用的电信号，而传感器中完成这一功能的部分称为测量电路。测量电路也称为信号调节与转换电路，它是把传感元件输出的电信号转换为便于显示、记录、处理和控制的有用电信号的电路。例如应变式压力传感器中的测量电路是一个电桥电路，它可以将应变片输出的电阻值转换为一个电压信号，经过放大后即可推动记录、显示仪表的工作。测量电路的选择视转换元件的类型而定，经常采用的有电桥电路、脉宽调制电路、振荡电路、高阻抗输入电路等。

综上所述，传感器一般由敏感元件、转换元件、测量电路和辅助电源四部分组成，如图1-1所示。其中敏感元件和转换元件可能合二为一，而有的传感器不需要辅助电源。

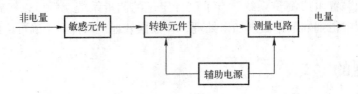

图1-1 传感器的组成框图

可见，传感器技术包括敏感元件技术（新材料和新工艺等）、测量电路技术、信号转换技术和信号处理技术。

1.2 传感器的分类

传感器种类繁多，功能各异。由于同一被测量可用不同转换原理实现探测，利用同一种物理法则、化学反应或生物效应可设计制作出检测不同被测量的传感器，而功能大同小异的同一类传感器可用于不同的技术领域，故传感器有不同的分类方法。了解传感器的分类，旨在加深理解，便于应用。

1. 按外界输入的信号变换为电信号采用的效应分类

按外界输入的信号变换为电信号采用的效应分类，传感器可分为物理型传感器、化学型传感器和生物型传感器三大类，如图1-2所示。

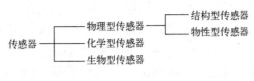

图1-2 传感器的分类

其中利用物理效应进行信号变换的传感器称为物理型传感器，它利用某些敏感元件的物理性质或某些功能材料的特殊物理性能进行被测非电量的变换。如：利用金属材料在被测量作用下引起的电阻值变化的应变效应的应变式传感器；利用半导体材料在被测量作用下引起的电阻值变化的压阻效应制成的压阻式传感器；利用电容器在被测量作用下引起电容值的变化制成的电容式传感器；利用磁阻随被测量变化的简单电感式、差动变压器式传感器；利用压电材料在被测力作用下产生的压电效应制成的压电式传感器等。

物理型传感器又可以分为结构型传感器和物性型传感器。

1）结构型传感器是以结构（如形状、尺寸等）为基础，利用某些物理规律来感受（敏感）被测量，并将其转换为电信号实现测量的。例如：电容式压力传感器，必须有按规定参数设计制成的电容式敏感元件，当被测压力作用在电容式敏感元件的动极板上时，引起电容间隙的变化导致电容值的变化，从而实现对压力的测量。又比如：谐振式压力传感器，必须设计制作一个合适的感受被测压力的谐振敏感元件，当被测压力变化时，改变谐振敏感结构的等效刚度，导致谐振敏感元件的固有频率发生变化，从而实现对压力的测量。

2）物性型传感器就是利用某些功能材料本身所具有的内在特性及效应感受（敏感）被测量，并转换成可用电信号的传感器。例如：利用具有压电特性的石英晶体材料制成的压电式压力传感器，就是利用石英晶体材料本身具有的正压电效应而实现对压力测量的；利用半导体材料在被测压力作用下引起其内部应力变化导致其电阻值变化制成的压阻式传感器，就是利用半导体材料的压阻效应而实现对压力测量的。

一般而言，物理型传感器对物理效应和敏感结构都有一定要求，但侧重点不同。结构型传感器强调要依靠精密设计制作的结构，才能保证其正常工作；而物性型传感器则主要依靠材料本身的物理特性、物理效应来实现。

近年来，由于材料科学技术的飞速发展与进步，物性型传感器应用越来越广泛。这与该类传感器便于批量生产、成本较低及易于小型化等特点密切相关。

化学传感器是利用电化学反应原理，把无机或有机化学的物质成分、浓度等转换为电信号的传感器。最常用的是离子敏传感器，即利用离子选择性电极，测量溶液的pH值或某些离子的活度，如K^+、Na^+、Ca^{2+}等。电极的测量对象不同，但其测量原理基本相同，主要是利用电极界面（固相）和被测溶液（液相）之间的电化学反应，即利用电极对溶液中离子的选择性响应而产生的电位差。所产生的电位差与被测离子活度对数成线性关系，故检测出其反应过程中的电位差或由其影响的电流值，即可给出被测离子的活度。化学传感器的核心部分是离子选择性敏感膜。膜可以分为固体膜和液体膜。玻璃膜、单晶膜和多晶膜属固体膜；而带正、负电荷的载体膜和中性载体膜则为液体膜。

化学传感器广泛应用于化学分析、化学工业的在线检测及环保检测中。

生物传感器是近年来发展很快的一类传感器。它是一种利用生物活性物质的选择性来识别和测定生物化学物质的传感器。生物活性物质对某种物质具有选择性亲和力，也称其为功能识别能力。利用这种单一的识别能力来判定某种物质是否存在,其浓度是多少,进而利用电化学的方法进行电信号的转换。生物传感器主要由两大部分组成。其一是功能识别物质,其作用是对被测物质进行特定识别。这些功能识别物有酶、抗原、抗体、微生物及细胞等。用特殊方法把这些识别物固化在特制的有机膜上,从而形成具有对特定的从低分子到大分子化合物进行识别功能的功能膜。其二是电、光信号转换装置,此装置的作用是把在功能膜上进行的识别被测物所产生的化学反应,转换成便于传输的电信号或光信号。其中最常应用的是电极,如氧电极和过氧化氢电极。近来有人把功能膜固定在场效应晶体管上代替栅-漏极的生物传感器,使得传感器整个体积做得非常小。如果采用光学方法来识别在功能膜上的反应,则要靠光强的变化来测量被测物质,如荧光生物传感器等。变换装置直接关系着传感器的灵敏度及线性度。生物传感器的最大特点是能在分子水平上识别被测物质,不仅在化学工业的监测上,而且在医学诊断、环保监测等方面都有着广泛的应用前景。

本书将重点讨论物理型传感器。

表1-1给出了与五官对应的传感器。

表1-1 与五官对应的传感器

感　觉	传感器	效　应
视觉	光敏传感器	物理效应
听觉	声敏传感器	物理效应
触觉	热敏传感器	物理效应
嗅觉	气敏传感器	化学效应、生物效应
味觉	味敏传感器	化学效应、生物效应

2. 按工作原理分类

按工作原理分类是以传感器对信号转换的作用原理命名的,如应变式传感器、电容式传感器、压电式传感器、热电式传感器、电感式传感器、霍尔传感器、热电式传感器等。这种分类方法较清楚地反映出了传感器的工作原理,有利于对传感器研究的深入分析。本书后面各章就是按传感器的工作原理分类进行编写的。

3. 按被测量对象分类

按传感器的被测量对象——输入信号分类,能够很方便地表示传感器的功能,也便于用户选用。按这种分类方法,传感器可以分为温度、压力、流量、物位、加速度、速度、位移、转速、力矩、湿度、粘度、浓度等传感器。生产厂家和用户都习惯于这种分类方法。同时,这种方法还将种类繁多的物理量分为两大类,即基本量和派生量。例如,将"力"视为基本物理量,可派生出压力、重量、应力、力矩等派生物理量,当我们需要测量这些派生物理量时,只要采用基本物理量传感器就可以了。所以,了解基本物理量和派生物理量的关系,对于选用传感器是很有帮助的,表1-2是常用的基本物理量和派生物理量。

表1-2 常用的基本物理量和派生物理量

基　本　物　理　量		派　生　物　理　量
位移	线位移	长度、厚度、应变、振动、磨损、不平度
	角位移	旋转角、偏转角、角振动

(续)

基 本 物 理 量		派 生 物 理 量
速度	线速度	速度、振动、流量、动量
	角速度	转速、角振动
加速度	线加速度	振动、冲击、质量
	角加速度	角振动、扭矩、转动惯量
力	压力	重力、应力、力矩
时间	频率	周期、计数、统计分布
温度		热容量、气体速度、涡流
光		光通量与密度、光谱分布

　　按输入物理量进行传感器分类的方法，将原理不同的传感器归为一类，不易找出每种传感器在转换机理上的共性和差异，因此，不利于掌握传感器的一些基本原理和分析方法。仅温度传感器中就包括用不同材料和方法制成的各种传感器，如热电偶温度传感器、热敏电阻温度传感器、金属热电阻温度传感器、P－N结二极管温度传感器、红外温度传感器等。通常对传感器的命名就是将其工作原理和被测参数结合在一起，先说工作机理，后说被测参数，如硅压阻式压力传感器、电容式加速度传感器、压电式振动传感器、谐振式质量流量传感器等。

　　针对传感器的分类，不同的被测量可以采用相同的测量原理，同一个被测量可以采用不同的测量原理。因此，必须掌握在不同的测量原理之间测量不同的被测量时，各自具有的特点。

4. 按外加电源分类

　　传感器按外加电源方式分类，可分为有源传感器和无源传感器。

　　有源传感器的特点是无需外加电源便可将被测量转换成电量。如光电传感器能将光射线转换成电信号，其原理类似太阳能电池；压电传感器能够将压力转换成电压信号；热电偶传感器能将被测温度场的能量（热能）直接转换成为电压信号的输出等。

　　无源传感器需要外加辅助电源才能将检测信号转换成电信号。大多数传感器都属于此类，如电阻式、电感式和电容式传感器都属于这一类。

5. 按构成传感器的功能材料分类

　　按构成传感器的功能材料不同，可将传感器分为半导体传感器、陶瓷传感器、光纤传感器、高分子薄膜传感器等。

6. 按某种高新技术命名的传感器分类

　　有些传感器是根据某种高新技术命名的，如集成传感器、智能传感器、机器人传感器、仿生传感器等。

　　应该指出，由于敏感材料和传感器的数量特别多，类别十分繁杂，相互之间又有着交叉和重叠，这里就不再赘述。为了揭示诸多传感器之间的内在联系，表1-3中给出了传感器分类、转换原理和它们的典型应用，供选用传感器时参考。

表1-3 传感器分类表

传感器分类		转换原理	传感器名称	典型应用
转换形式	中间参量			
电参数	电阻	移动电位器触点改变电阻	电位器传感器	位移
		改变电阻丝或片的尺寸	电阻应变式传感器、半导体应变传感器	微应变、力、负荷
	电阻	利用电阻的温度效应（电阻温度系数）	热丝传感器	气流速度、液体流量
			电阻温度传感器	温度、辐射热
			热敏电阻传感器	温度
		利用电阻的光敏效应	光敏电阻传感器	光强
		利用电阻的湿度效应	湿敏电阻	湿度
	电容	改变电容的几何尺寸	电容传感器	力、压力、负荷、位移
		改变电容的介电常数		液位、厚度、含水量
	电感	改变磁路几何尺寸、导磁体位置	电感传感器	位移
		涡流去磁效应	涡流传感器	位移、厚度、硬度
		利用压磁效应	压磁传感器	力、压力
		改变互感	差动变压器	位移
			自速角机	位移
			旋转变压器	位移
	频率	改变谐振回路中的固有参数	振弦式传感器	压力、力
			振筒式传感器	气压
			石英谐振传感器	力、温度等
	计数	利用莫尔条纹	光栅	大角位移、大直线位移
		改变互感	感应同步器	
		利用拾磁信号	磁栅	
	数字	利用数字编码	角度编码器	大角位移
电能量	电动势	温差电动势	热电偶	温度、热流
		霍尔效应	霍尔传感器	磁通、电流
		电磁感应	磁电传感器	速度、加速度
		光电效应	光电池	光强
	电荷	辐射电离	电离室	离子计数、放射性强度
		压电效应	压电传感器	动态力、加速度

1.3 测量方法及检测装置的基本性能

1.3.1 测量方法的分类

测量是以确定量值为目的的一系列操作。采用各种手段将被测量与同类标准量进行比较，从而确定出被测量大小的方法称为测量方法。测量方法对测量工作是十分重要的，它关系到测量任务是否能完成。因此要针对不同测量任务的具体情况进行分析后，找出切实可行的测量方法，然后根据测量方法选择合适的检测技术工具，组成测量系统，进行实际测量。对于测量方法，从不同的角度出发，有不同的分类方法。按测量手段和获得测量结果的方法不同进行分类，主要有直接测量、间接测量和组合测量三种测量方法。根据测量条件相同与否，分为等精度测量和不等精度测量。

1. 直接测量、间接测量和组合测量

（1）直接测量

在使用仪表进行测量时，对仪表读数不需要经过任何运算，就能直接表示测量所需要的结果，称为直接测量。例如，用磁电式电流表测量电路的支路电流，用弹簧管式压力表测量锅炉压力，汽车油位表、暖气管道的压力表等就是直接测量。直接测量的优点是测量过程简单而迅速，测量结果直观，缺点是测量精度不容易做到很高。这种测量方法是工程上大量采用的方法，如图 1-3 所示。

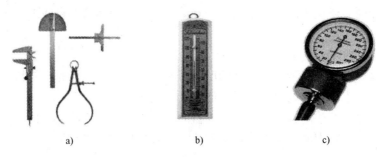

图 1-3　各种直接测量的实例
a）各种卡尺　b）温度计　c）血压计

（2）间接测量

有的被测量无法或不便于直接测量，但可以根据某些规律找出被测量与其他几个量的函数关系。这就要求在进行测量时，首先对与被测物理量有确定函数关系的几个量进行测量，然后将测量值代入函数关系式，经过计算得到所需的结果，这种方法称为间接测量。例如，对生产过程中的纸张或地板革的厚度进行测量时无法直接测量，只得通过测量与厚度有确定函数关系的单位面积重量来间接测量。因此间接测量比直接测量来得复杂，但是有时可以得到较高的测量精度。

【例 1-1】　测量一根导体的电阻率。

根据公式 $\rho = \pi d^2 R/4l$，只需测量导体的直径、长度和阻值，就可以计算出电阻率。间接测量方法能够获得许多不能通过直接测量的信息，或者通过间接测量方法能够得到比直接测量方法精度更高的结果。

（3）组合测量

又称"联立测量"，即被测物理量必须经过求解联立方程组才能导出最后测量结果。在进行联立测量时，一般需要改变测试条件，才能获得一组联立方程所要的数据。

对联立测量，在测量过程中，操作手续很复杂，花费时间很长，是一种特殊的精密测量方法。它一般适用于科学实验或特殊场合。

【例1-2】 测量一金属导线的温度系数。

电阻与温度的关系可近似表示为

$$R_T = R_0(1 + \alpha_T T)$$

将该金属导线置于不同的温度 T_1 和 T_2 下，测得不同的阻值 R_{T_1} 和 R_{T_2}，然后联解以下方程组，便可求得温度系数 α_T。

$$\begin{cases} R_{T_1} = R_0(1 + \alpha_T T_1) \\ R_{T_2} = R_0(1 + \alpha_T T_2) \end{cases}$$

在实际测量工作中，一定要从测量任务的具体情况出发，经过具体分析后，再决定选用哪种测量方法。

2. 等精度测量和不等精度测量

（1）等精度测量

在测量过程中，在影响测量误差的各种因素不改变的条件下进行的测量。

例如：在相同的环境条件下，由同一个测试人员，在同样仪器设备下，采用同样的方法对被测量进行重复测试。

（2）不等精度测量

在多次测量中，如果对测量结果精确度有影响的一切条件不能完全维持不变的测量称为不等精度测量，即不等精度测量的测量条件发生了变化。

例如：为了检验某些测量条件对测量仪器的影响，通过改变测量条件进行测量比较。

一般情况下，等精度测量常用于科学实验中对某参数的精确测量，不等精度测量常用于对新研制仪器的性能检验。

应用举例：

【例1-3】 采用等精度测量方法测量某物质的燃点温度。

采用同一测温仪器，用相同的测量方式，在相同的条件下测量多次，取测量数据的平均值可以得到较高的测量精度，测量结果见表1-4，表中显示五次温度测量的平均值1008℃可以较准确地表示被测温度。

表1-4 温度测量数据

测量次数	1	2	3	4	5	平均值
测量温度	1010℃	1009℃	1012℃	1005℃	1002℃	1008℃

【例1-4】 采用不等精度测量方法对甲烷检测仪器进行温度试验。

采用相同的甲烷检测仪器，在不同的温度条件下对1%浓度的甲烷气体进行测量，以检查该仪器测量误差受环境温度影响的程度，测量结果见表1-5，表示在0℃~40℃的环境温度中，甲烷检测仪器的最大检测误差为0.04%。

表1-5 甲烷检测仪器温度试验数据

试验温度	0℃	20℃	40℃
检测结果	0.96%	0.98%	1.02%
绝对误差	-0.04%	-0.02%	0.02%

3. 其他测量方法

（1）接触测量和非接触测量

接触被测对象的测量称为接触测量；远离被测对象的测量称为非接触测量。例如：测量物体的压力或重量一般采用接触测量方法；利用激光测量远距离物体的距离则是用非接触测量方法。

（2）静态测量和动态测量

静态测量是测量对象的稳态值，如重量、压力等；动态测量是测量对象随时间的变化值，如振动、加速度等。

（3）偏差式测量、零位式测量与微差式测量

用仪表指针的位移（即偏差）决定被测量的量值，这种测量方法称为偏差式测量。应用这种方法测量时，仪表刻度事先用标准器具标定。在测量时，输入被测量，按照仪表指针在标尺上的示值，决定被测量的数值。这种方法测量过程比较简单、迅速，但测量结果精度较低。

用指零仪表的零位指示检测测量系统的平衡状态，在测量系统平衡时，用已知的标准量决定被测量的量值，这种测量方法称为零位式测量。在测量时，已知标准量直接与被测量相比较，已知量应连续可调，指零仪表指零时，被测量与已知标准量相等。例如天平、电位差计等。零位式测量的优点是可以获得比较高的测量精度，但测量过程比较复杂，费时较长，不适用于测量迅速变化的信号。

微差式测量是综合了偏差式测量与零位式测量的优点而提出的一种测量方法。它将被测量与已知的标准量相比较，取得差值后，再用偏差法测得此差值。应用这种方法测量时，不需要调整标准量，而只需测量两者的差值。设：N 为标准量，x 为被测量，Δ 为二者之差，则 $x = N + \Delta$。由于 N 是标准量，其误差很小，且 $\Delta \ll N$，因此可选用高灵敏度的偏差式仪表测量 Δ，即使测量 Δ 的精度较低，但因 $\Delta \ll x$，故总的测量精度仍很高。

微差式测量的优点是反应快，而且测量精度高，特别适用于在线控制参数的测量。

以上介绍的几种测量方法中，除了等精度测量和不等精度测量的方法常用于科学试验或对新测量仪器性能的检验外，其他方法均在工程测量中得到广泛的应用。需要注意的是，有时候，对同一测量对象，往往可以采用不同的测量方法，而不同的检测方法在不同的应用场合具有不同的特点。比如体温的测量，医院对病人体温的常规测量是采用水银体温计进行接触性检测；但在流行性疾病的监测中（如"非典"时期），对车站、机场等人流量较大的公共场所的人群进行体温检测时，则采用非接触的红外体温检测方法。显然，前者的特点是可靠性高，成本较低，后者成本较高，但使用更方便。利用温度参数监测大型电动机的故障状态时，往往采用接触式检测方法，将微小的温度传感器紧贴在电动机壳上，检测的温度过高时可以及时地发出信号，对电动机进行保护；如采用非接触测温方法，则不仅成本高，还存在安装困难、易受各种外界因素的干扰等缺点。此外，在利用温度检测对大型电动机进行保护时，检测方法还可采用静态测量和动态测量两种方式。采用静态测量是根据电动机的温度是否达到预设值来判断电动机是否发生故障；动态测量则是根据电动机温度的上升速度来判断故障。显然，采用动态测量可以更早地发现故障（如断相故障会引起电动机温度的急剧上升），及时发出信号进行保护。

1.3.2 真值与平均值

1. 真值

真值是指某物理量客观存在的确定值,即被测量本身所具有的真正值。量的真值是一个理想的概念,它通常是未知的。但在某些特定情况下,真值又是可知的,如一个整圆周角为360°等。

由于误差的客观存在,真值一般是无法测得的。测量的目的在于寻求被测量的真值。由于测量仪器的误差、测量技术的不完善和人们观察能力的限制,测量结果总是与被测量的真值存在误差。

测量次数无限多时,根据正负误差出现的概率规律,它们的平均值极为接近真值。故在科学实验中常用平均值代替真值。

2. 算术平均值

算术平均值是最常用的平均值。设 x_1、x_2、$\cdots$、x_n 为各次的测量值,n 代表测量次数,则测量的算术平均值为

$$\bar{x} = \frac{x_1 + x_2 + \cdots + x_n}{n} = \frac{\sum_{i=1}^{n} x_i}{n} \tag{1-1}$$

1.3.3 检测装置的基本性能

衡量检测装置的性能有许多指标,但最主要的是精度和稳定性。

1. 精度

检测装置的精度包括精密度、准确度和精确度三项。

① 精密度:在相同条件下,对同一个量进行重复测量时,这些测量值之间的相互接近程度。

② 准确度:表示测量仪器指示值对真值的偏离程度。

③ 精确度:是精密度和准确度的综合反映。

图1-4通过打靶形象地表示了精密度、准确度和精确度的概念。其中图1-4a打靶结果的精密度和准确度都较差;图1-4b打靶结果的精密度较好,但准确度较差;图1-4c打靶结果的精密度和准确度都较高,即精确度高。

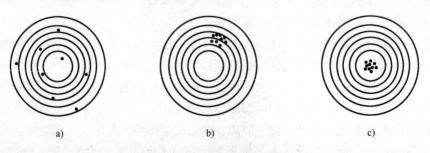

图1-4 打靶示意图

2. 稳定性

检测装置的稳定性是指测量值随时间的变化程度。稳定性表示传感器检测装置在一个较长时间内保持其性能参数的能力。理想的情况是，无论何时传感器的灵敏度等特性参数都不随时间变化。但实际上，随着时间的推移，大多数传感器的特性会改变。这是因为传感元件或构成传感器部件的特性随时间发生变化，产生一种经时变化的现象。即使长期放置不用的传感器也会产生经时变化的现象。变化与使用次数有关的传感器，受到这种经时变化的影响更大。因此，传感器必须定期进行校准，特别是作标准用的传感器更是这样。

影响检测装置稳定性的因素主要包括：

① 零点漂移：在一定条件下，保持输入信号不变，输出信号随时间而变化。产生零点漂移的原因很多，如环境温度、湿度的影响，检测电路元器件的影响等。零点漂移会增加检测结果的误差。对一些非连续进行检测的仪器，往往需要接通电源后，先调整零点再进行测量；对一些长期安装在工作环境中的监测仪器，则需要定期进行零点的调整，以保证检测的可靠性。也可以采用一些零点自动调整技术，避免零点漂移对检测精度的影响。

② 标定测值的变化：任何检测仪器在出厂前都必须进行标定，即在标准被测量的条件下调整测量显示值，使仪器能够真正反映被测量。但是随着仪器使用时间的延长，由于传感器灵敏度的衰减或其他原因，仪器的标定值要发生变化，它直接影响检测的精度。在许多情况下，仪器标定值的稳定性与传感器的使用寿命有关，传感器的使用寿命越短，其灵敏度衰减越快，标定值变化得越大，要保证测量的准确性，需要定期对仪器进行标定。

1.4 传感器的静态特性

1.4.1 传感器静态特性的表示方法

传感器作为感受被测量信息的器件，总是希望它能按照一定的规律输出有用信号，因此需要研究其输出 – 输入的关系及特性，以便用理论指导其设计、制造、校准与使用。理论和技术上表征输出 – 输入之间的关系通常是以建立数学模型来体现的，这也是研究科学问题的基本出发点。由于传感器可能用来检测静态量（即输入量是不随时间变化的常量）、准静态量或动态量（即输入量是随时间而变化的量），理论上应该用带随机变量的非线性微分方程作为数学模型，但这将在数学上造成困难。由于输入信号的状态不同，传感器所表现出来的输出特性也不同，所以实际上，传感器的静、动态特性可以分开来研究。因此，对应于不同性质的输入信号，传感器的数学模型常有动态与静态之分。由于不同性质的传感器有不同的内在参数关系（即有不同的数学模型），它们的静、动态特性也表现出不同的特点。为了研究各种传感器的共性，本节根据数学理论提出传感器的静、动态两个数学模型的一般式，然后根据各种传感器的不同特性，再作以具体条件的简化后给予分别讨论。应该指出的是，一个高性能的传感器必须具备良好的静态和动态特性，这样才能完成无失真的转换。

1. 传感器静态特性的方程表示方法

静态数学模型是指在静态信号作用下（即输入量对时间 t 的各阶导数等于零）得到的数学模型。传感器的静态特性是指传感器在静态工作条件下的输入输出特性。所谓静态工作条件是指传感器的输入量恒定或缓慢变化而输出量也达到相应的稳定值的工作状态，这时输出量为输入量的确定函数。若在不考虑滞后、蠕变的条件下，或者传感器虽然有迟滞及蠕变等但仅考虑其理想的平均特性时，传感器静态模型的一般式在数学理论上可用 n 次多项式来表示，即

$$y = a_0 + a_1 x + a_2 x^2 + \cdots + a_n x^n \tag{1-2}$$

式中　　x——为传感器的输入量，即被测量；

　　　　y——为传感器的输出量，即测量值；

　　　　a_0——为零位输出；

　　　　a_1——为传感器线性灵敏度；

$a_2, a_3, \cdots, a_n$——为非线性项的待定常数。

$a_0, a_1, a_2, a_3, \cdots, a_n$ 决定了特性曲线的形状和位置，一般通过传感器的校准试验数据，经曲线拟合求出，它们可正可负。

在研究其特性时，可先不考虑零位输出，根据传感器的内在结构参数不同，它们各自可能含有不同项数形式的数学模型。理论上，式（1-2）可能有以下四种情况，如图 1-5 所示。这种表示输出量与输入量之间的关系曲线称为特性曲线。

1）理想的线性特性通常是所希望的传感器应具有的特性，只有具备这样的特性才能正确无误地反映被测的真值。这时，传感器的数学模型如图 1-5a 所示。由图 1-5a 有

$$a_0 = a_2 = a_3 = \cdots = a_n = 0$$

因此得到

$$y = a_1 x$$

因为直线上任何点的斜率均相等，所以传感器的灵敏度为

$$S = \frac{y}{x} = a_1 = 常数$$

2）仅有奇次非线性，如图 1-5b 所示。其数学模型为

$$y = a_1 x + a_3 x^3 + a_5 x^5 + \cdots$$

具有这种特性的传感器，一般在输入量 x 相当大的范围内具有较宽的准线性，这是较接近理想线性的非线性特性，它相对坐标原点是对称的，即 $y(-x) = -y(x)$，所以它具有相当宽的近似线性范围。通常，实际特性也可能不过零点。

3）仅有偶次非线性项，如图 1-5c 所示。其数学模型为

$$y = a_1 x + a_2 x^2 + a_4 x^4 + \cdots$$

方程仅包含一次方项和偶次方项，因为它没有对称性，所以线性范围较窄。一般传感器设计很少采用这种特性。通常，实际特性可能不过零点。

4）一般情况下，传感器的数学模型应包括多项式的所有项数，即

$$y = a_1 x + a_2 x^2 + a_3 x^3 + \cdots$$

如图 1-5d 所示。这是考虑了非线性和随机等因素的一种传感器特性。

当传感器的特性出现了图 1-5b、c、d 所示的非线性的情况时，就必须采用线性补偿措施。

传感器及其元部件的静态特性方程除在多数情况下可用代数多项式表示以外，在一些情况下则以非多项式的函数形式来表示更为合适，如双曲线函数、指数函数、对数函数等。

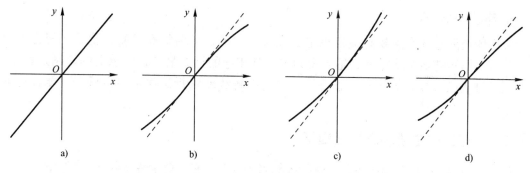

图 1-5 传感器的静态特性
a) $y = a_1 x$ b) $y = a_1 x + a_3 x^3 + a_5 x^5 + \cdots$
c) $y = a_1 x + a_2 x^2 + a_4 x^4 + \cdots$ d) $y = a_1 x + a_2 x^2 + a_3 x^3 + \cdots$

2. 静态特性的曲线表示法

要使传感器和计算机联机使用，传感器的静态特性用数学方程表示是必不可少的。但是，为了直观地、一目了然地看出传感器的静态特性，使用图线（静态特性曲线）来表示静态特性显然是较优越的方式。图线能表示出传感器特性的变化趋势以及何处有最大或最小的输出，何处传感器灵敏度高，何处低。当然，也能通过其特性曲线，粗略地判别出是线性或非线性传感器。作曲线的步骤大体是：图纸选择、坐标分度、描数据点、描曲线、加注解说明。通常，传感器的静态特性曲线可绘在直角坐标中，根据需要，也可以采用对数或半对数坐标。x 轴永远表示被测量，y 轴则永远代表输出量。坐标的最小分度应与传感器的精度级别相适应。分度过细，超出传感器的实际精度需要，将会造成曲线的人为起伏，表现出虚假精度和读出无效数字；分度过粗将降低曲线的读数精度，曲线表现得过于平直，可读性大为削弱。图 1-6 所示为同一特性的三种不同曲线表示。可以看出图 1-6a 分度比较合理，图 1-6b 纵轴分度过细，而图 1-6c 纵轴分度过粗。

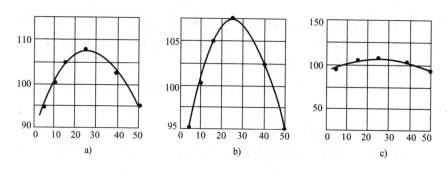

图 1-6 同一特性不同分度所绘曲线比较

3. 静态特性数据的列表表示法

列表表示法就是把传感器的输入输出数据按一定的方式顺序排列在一个表格之中。列表表示法的优点是：简单易行；形式紧凑；各数据易于进行数量上的比较；便于进行其他处理，如绘制曲线、进行曲线拟合、进行插值计算，或求一组数据的差分或差商等。

4. 静态特性的求法

传感器的静态特性主要是通过校准试验来获取的。所谓校准试验，就是在规定的试验条件下，给传感器加上标准的输入量而测出其相应的输出量。在传感器的研制过程中，也可以通过其已知的元部件的静态特性，采用图解法或解析法而求出传感器可能具有的静态特性。

1.4.2 传感器的主要静态性能指标

传感器的静态特性是通过各静态性能指标来表示的，它是衡量传感器静态性能优劣的重要依据。静态特性是传感器使用的重要依据，传感器的出厂说明书中一般都列有其主要的静态性能指标的额定数值。

传感器可将某一输入量转换为可用信息，因此，总是希望输出量能不失真的反映输入量。在理想情况下，输入输出给出的是线性关系；但在实际工作中，由于非线性（高次项的影响）和随机变化量等因素的影响，不可能是线性关系。所以，衡量一个传感器检测系统静态特性的主要技术指标有灵敏度、分辨率、线性度、迟滞（滞环）、重复性，以下分别介绍。

1. 灵敏度

灵敏度（静态灵敏度）是传感器或检测仪表在稳态下输出量的变化量 Δy 与输入量的变化量 Δx 之比，用 K 表示，有

$$K = \frac{\Delta y}{\Delta x}$$

如果输入输出特性为线性的传感器或仪表，则

$$K = \frac{y}{x}$$

如果检测系统的输入输出特性为非线性，则灵敏度不是常数，而是随输入量的变化而改变，应以 dy/dx 表示传感器在某一工作点的灵敏度。灵敏度是一个有单位的量，其单位决定于传感器输出量的单位和输入量的单位。

某位移传感器，每 1 mm 位移变化引起的输出电压变化为 100 mV，则其灵敏度可表示为 100 mV/mm。

【例 1-5】 某铂丝热敏传感器的灵敏度。

（1）在小测量温度范围内，铂丝传感器阻值与温度可近似看作线性关系，如图 1-7 所示，有：

$$R = R_0(1 + \alpha_t T)$$

灵敏度为

$$K = dR/dT = R_0 \alpha_t$$

式中 R_0——铂丝传感器在零度时的阻值；

　　　α_t——铂丝传感器的温度系数。

（2）将此铂丝传感器构成电桥进行温度测量，输出电压信号与温度的关系呈非线性关

系，如图 1-8 所示，有：

$$U = a_0 + a_1 T - a_2 T^2$$

式中 a_0、a_1、a_2——常数。

灵敏度可表示为

$$K = \frac{dU}{dT} = a_1 - 2a_2 T$$

工程上近似表示为

$$K = a_1$$

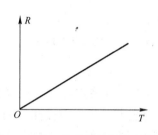

图 1-7　铂丝热敏传感器温度特性

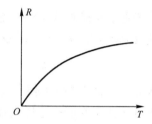

图 1-8　铂丝非线性温度特性

2. 分辨率

分辨率也称灵敏度阈值，即引起输出量产生可观测的微小变化所需的最小输入量的变化量。因为传感器的输入输出关系不可能都做到绝对连续，有时，输入量开始变化，但输出量并不随之相应变化，而是输入量变化到一定程度时，输出才突然产生一小的阶跃变化，这就出现了分辨率和阈值问题。从微观来看，传感器的特性曲线并不是十分平滑的，而是有许多微小的起伏。当输入量改变 Δx 时，输出量变化 Δy，Δx 变小，Δy 也变小。但是一般来说，Δx 小到某种程度，输出量就不再变化了，这时的 Δx 就是分辨率或灵敏度阈值。

存在灵敏度阈值的原因有两个：第一个原因是输入的变化量通过传感器内部被吸收，因而反映不到输出端去。典型的例子是螺丝或齿轮的松动。螺丝和螺帽、齿条和齿轮之间多少都有空隙，如果 Δx 相当于这个空隙的话，那么 Δx 是无法传递出去的。又例如装有轴承的旋转轴，如果不加上能克服轴与轴之间摩擦的力矩的话，轴是不会旋转的。第二个原因是传感器输出存在噪声。如果传感器的输出值比噪声电平小，就无法把有用信号和噪声分开。如果不加上最起码的输入值（这个输入值所产生的输出值与噪声的电平大小相当）是得不到有用的输出值的，该输入值即灵敏度阈值，也叫灵敏阈、门槛灵敏度或阈值。

对数字显示的测量系统，分辨率是数字显示的最后一位所代表的值。对指针式测量仪表，分辨率与人们的观察能力和仪表的灵敏度有关。

举例说明：

【例 1-6】 如图 1-9 所示的数字天平分辨率是多少？

解：因为对数字显示的测量系统，分辨率是数字显示的最后一位所代表的值。所以数字天平的分辨率是 0.01 g。

【例 1-7】 已知人们所能观察的指针最小偏移量为 0.3 mm。如图 1-10 所示的指针式称重计的灵敏度 S 为 10 mm/kg。则此称重计的分辨率是多少？

图 1-9　数字天平　　　　　　　　　图 1-10　指针式称重计

解：因为人们所能观察的指针最小偏移量 $\Delta y = 0.3$ mm。

称重计的灵敏度 $S = 10$ mm/kg。所以分辨率 $\Delta x = \Delta y/S = 0.3/10 = 0.03$ kg。

3. 线性度

通常为了标定和数据处理的方便，总希望得到线性关系，可采用各种方法（如硬件或软件的补偿）进行线性化处理，这样就使得输出不可能丝毫不差的反应被测量的变化，总存在一定的误差（线性或非线性），即使实际是线性关系的特性，测量的线性关系也并不完全与其重合，而常用一条拟合直线近似代表实际的特性曲线。线性度就是用来评价传感器的实际输入输出特性对理论拟合的线性输入输出特性的接近程度的一个性能指标，即传感器特性的非线性程度的参数。线性度的定义为：传感器的实测输入输出特性曲线与理论拟合直线（理想输入输出特性曲线）的最大偏差对传感器满量程输出之比的百分数表示。线性度也称为"非线性误差"或"非线性度"。

如图 1-11 所示，线性度为

$$\delta = \frac{\Delta_{\max}}{A} \times 100\%$$

式中　$\Delta_{\max}$——实测特性曲线与理想线性曲线间的最大偏差；

　　　A——传感器满量程输出平均值；

　　　δ——非线性误差（线性度）。

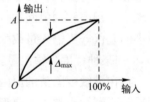

图 1-11　输入输出特性图

非线性误差（线性度）的大小是以一拟合直线或理想直线作为基准直线计算出来的，基准直线不同，所得出的线性度就不一样，因而不能笼统地提线性度或非线性误差，必须说明其所依据的拟合基准直线，比较传感器线性度好坏时必须建立在相同的拟合方法上。按照所依据的基准直线的不同，线性度可分为理论线性度、端基线性度、独立线性度、最小二乘法线性度等。

① 理论线性度：又称绝对线性度，其拟合直线为理论直线，通常取零点作为理论直线的零点，满量程输出 100% 作为终止点，这两点的连线即为理论直线，所以理论直线与实际测试点无关。优点是简单、方便，但通常是最大偏差 $\Delta_{\max}$ 很大。

② 端基线性度：将传感器校准数据的零点输出平均值和满量程输出平均值连成直线（实际特性曲线首、末两端点的连线），作为拟合直线。其方程式为

$$y = b + kx$$

式中，b 和 k 分别为截距和斜率。这种方法简单，但最大偏差 $\Delta_{\max}$ 也很大。

③ 独立线性度：作两条与端基直线平行的直线，使之恰好包围所有的标定点（试验

点），以与二直线等距离的直线作为拟合直线。独立线性度方法也称最佳直线法，其实质就是使实际输出特性相对于所选拟合直线的最大正偏差等于最大负偏差的一条直线作为拟合直线。

④ 最小二乘法线性度：最小二乘法原理是一数学原理，它在误差的数据处理中作为一种数据处理手段。最小二乘法原理就是要获得最可信赖的测量结果，使各测量值的残余误差平方和为最小。在等精度测量和不等精度测量中，之所以用算术平均值或加权算术平均值作为多次测量的结果，是因为它们符合最小二乘法原理。最小二乘法在组合测量的数据处理、实验曲线的拟合及其他多种学科等方面，均获得了广泛的应用。

最小二乘法线性度就是按最小二乘原理求取拟合直线，该直线能保证传感器校准数据的残差平方和为最小，一般是用式 $y = b + kx$ 来表示最小二乘法拟合直线，式中系数 b 和 k 可按下述分析求得。

设实际校准测试点有 n 个，则第 i 个校准数据 y_i 与拟合直线上相应值之间的残差为

$$\Delta_i = y_i - (b + kx_i)$$

按最小二乘法原理，应使 $\sum_{i=1}^{n} \Delta_i^2$ 最小，故由 $\sum_{i=1}^{n} \Delta_i^2$ 分别对 k 和 b 求一阶偏导数，并令其等于零，即可求得 k 和 b：

由

$$\frac{\partial}{\partial k}[y_i - (b + kx_i)]^2 = 0$$

$$\frac{\partial}{\partial b}[y_i - (b + kx_i)]^2 = 0$$

解得

$$k = \frac{n\sum x_i y_i - \sum x_i \cdot \sum y_i}{n\sum x_i^2 - (\sum x_i)^2}$$

$$b = \frac{\sum x_i^2 \cdot \sum y_i - \sum x_i \cdot \sum x_i y_i}{n\sum x_i^2 - (\sum x_i)^2}$$

式中 $\sum x_i = x_1 + x_2 + \cdots + x_n$；
$\sum y_i = y_1 + y_2 + \cdots + y_n$；
$\sum x_i y_i = x_1 y_1 + x_2 y_2 + \cdots + x_n y_n$；
$\sum x_i^2 = x_1^2 + x_2^2 + \cdots + x_n^2$。

最小二乘法的拟合精度很高，但校准曲线相对于拟合直线的最大偏差的绝对值并不一定最小，最大正、负偏差的绝对值也不一定相等。

举例说明：

【例1-8】 某一天平压力传感检测装置，测量量程为 1000 g，实测输入输出特性与理想输入输出特性的最大偏差为 5 g，其非线性误差（线性度）为

$$\delta = 5/1000 = 0.5\%$$

【例1-9】 某超声波测距传感装置，检测范围为 0~500 m，在整个测量范围内，与理想线性输出的最大误差为 3 m，其非线性误差（线性度）为

$$\delta = 3/500 = 0.6\%$$

4. 迟滞（滞环）

在相同的工作条件下进行全测量范围测量时，输入逐渐增加到某一值，与输入逐渐减小

到同一输入值时的输出值不相等，这一现象就是迟滞现象。迟滞（滞环）说明传感器测量系统正向（输入量增大）和反向（输入量减小）特性不一致的程度，如图 1-12 所示。

最大滞环误差率表示为

$$E_m = \frac{\Delta_m}{A} \times 100\%$$

式中　Δ_m——为正向（输入量增大）特性曲线与反向（输入量减小）特性曲线间的最大偏差；

　　　A——为传感器满量程输出平均值。

图 1-12 是这种现象稍微夸张了的曲线。一般来说，输入增加到某值时的输出要比输入下降到该值时的输出值小，如图 1-12 所示。如存在迟滞差，则输入和输出的关系就不是一一对应了，因此必须尽量减少这个差值。

各种材料的物理性质是产生迟滞现象的原因。如：把应力加于某弹性材料时，弹性材料产生变形，应力虽然取消了但材料不能完全恢复原状。又如：铁磁体、铁电体在外加磁场、电场作用下均有这种现象。迟滞也反映了传感器机械部分不可避免的缺陷，如：轴承摩擦、间隙、螺丝松动等。各种各样的原因混合在一起导致了迟滞现象的发生。

5. 重复性

在同样的工作条件下，输入量按同一方向作全量程多次（三次以上）重复测量时，所得的输出特性往往有一定的差异。为反映这一现象，引入重复性指标，用来衡量传感器检测系统在同一工作条件下，输入量按同方向作全量程多次测量时输出特性曲线的一致性程度。各条特性曲线越靠近，重复性就越好。

重复性误差反映的是校准数据的离散程度，属于随机误差。

如图 1-13 所示，重复性误差为

$$\delta_m = \frac{\Delta_m}{A} \times 100\%$$

式中　Δ_m——输入量按同一方向作全量程多次（三次以上）重复测量时，所得的输出特性曲线间的最大偏差；

　　　A——为传感器满量程输出平均值。

显然，δ_m 越小，系统的重复性越好。

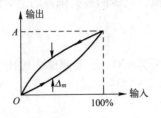
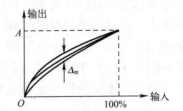

图 1-12　滞环输入输出特性　　　　图 1-13　重复测量特性曲线

1.5　传感器的动态特性

在测量随时间变化的参数时，只考虑静态性能指标是不够的，还要注意其动态性能指标。当传感器在测量动态压力、振动、上升温度时，都离不开动态指标。当传感器的输入信号随时间较快变化时，由于传感器内的各种运动惯性及能量传递需要时间，传感器的输出无法瞬时地完全追随输入量而变化。在实际应用中，有些场合往往需要传感器检测系统具有较好的动态特性，比如矿井瓦斯突出的检测、控制汽车安全气囊的检测装置、导弹定位检测系统等都需要较快的动态响应，以便在最短的时间内得到检测信号。因为大多数情况下传感器的输入信号是随时间变化的，这就要求传感器时刻精确地跟踪输入信号，按照输入信号的变化规律输出信号。当传感器输入信号的变化缓慢时，是容易跟踪的，但随着输入信号的变化加快，传感器随动跟踪性能会逐渐下降。输入信号变化时，引起输出信号也随时间变化，这个过程叫做响应。动态特性就是指传感器对于随时间变化的输入量的响应特性。响应特性即动态特性，是传感器的重要特性之一。

动态特性描述了传感器在一定的随时间变化的输入情况下，输出与时间的关系。动态输入量的变化规律分为规律性的和随机的两种变化，前者又可以分为周期性的（正弦周期和复杂周期）和非周期性的（阶跃函数、线性函数和其他瞬变函数），后者包括平稳的随机函数和非平稳的随机函数。在研究动态特性时通常用传感器对某些"标准"输入信号的响应特性来考虑。标准输入有两种：正弦输入与阶跃输入。传感器的动态特性分析和动态标定都是针对这两种标准输入信号来进行的。下面分析的传感器系统特性，是指传感器和检测电路构成的系统特性，分析结论适用于传感器的特性。

分析传感器系统的动态特性常用时域分析方法，如用传递函数进行分析。通常取输入信号为阶跃信号，分析输出的响应即阶跃响应。根据动态特性分类，最常见的有一阶传感器系统和二阶传感器系统。

1.5.1 一阶传感器系统

一阶传感器系统又称惯性系统，其运动方程为

$$f\frac{dy}{dt} + ky = kx$$

式中　y——输出量；
　　　x——输入量；
　　　f——阻尼系数；
　　　k——常数（动力学的刚度系数）。

由于输出与输入的关系不是一个定值，而是时间的函数，随输入的变化而变化，因此常用"传递函数"这一术语来表示这种输入和输出的关系。以上一阶传感器系统的传递函数为

$$W(s) = \frac{1}{\frac{f}{k}s + 1} = \frac{1}{Ts + 1}$$

$T = f/k$ 称为时间常数，表示传感器的滞后程度。

一阶传感器系统在阶跃输入下的响应特性如图 1-14 所示。显然，只有当 $t \to \infty$ 时，y 才能达到其稳态值 y_0。因此一般根据 y 达到其稳态值的 63.2%（即 $0.632y_0$）所用的时间 T（时间常数），来衡量一个传感器系统动态响

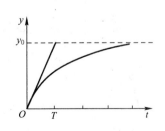

图 1-14　一阶检测系统响应特性

应的速度。T 值越大，则动态响应越慢，动态误差越大且存在时间越长。时间常数 T 是一阶传感器系统的主要动态性能指标，一般希望它越小越好。

输出响应为

$$y = y_0 - y_0 e^{-\frac{t}{T}}$$

通常响应时间定义为输出达到稳态值的 90% 或 95% 所需的时间。

用以测量温度的不带保护套管的热电偶，就属于一阶传感器系统。

1.5.2 二阶传感器系统

二阶传感器系统又称振荡系统，其运动方程为

$$m\frac{d^2y}{dt^2} + f\frac{dy}{dt} + Ky = Kx$$

传递函数为

$$W(s) = \frac{1}{\frac{m}{K}s^2 + \frac{f}{K}s + 1} = \frac{1}{T^2 s^2 + 2\xi T s + 1}$$

式中　$T = \sqrt{\frac{m}{K}}$；

$\omega_0 = \frac{1}{T}$；

$\xi = \frac{f}{2\sqrt{mK}}$；

ω_0——系统固有频率；

ξ——阻尼比。

二阶传感器系统在阶跃输入下的响应特性如图 1-15 所示。

阻尼比 ξ 的大小决定了二阶传感器系统的响应特性。

① $\xi < 1$（欠阻尼）时，输出响应呈衰减振荡波形。

② $\xi = 1$（临界阻尼）时，输出响应呈临界振荡状态。

③ $\xi > 1$（过阻尼）时，输出响应呈惯性特性。

下面就欠阻尼时的单位阶跃响应，讨论二阶传感器系统的典型动态性能指标。如图 1-16 所示。

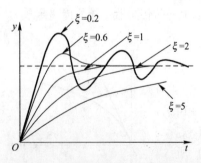

图 1-15　二阶检测系统阶跃响应特性

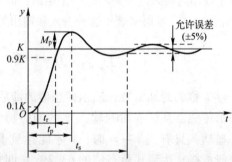

图 1-16　欠阻尼时的单位阶跃响应

1. 上升时间 t_r

输出从稳态值的10%到第一次达到其稳态值的90%所用的时间。

2. 峰值时间 t_p

从输入信号阶跃变化开始,到输出出现第一个峰值所用的时间。

3. 建立时间 t_s

从输入信号阶跃变化开始,到输出偏离其稳态值不超过规定的允许误差(例如5%)所需的最小时间。

4. 瞬时过冲(或超调量)M_P

输出量超出其稳态值的最大瞬时偏差。

显然,上升时间 t_r、峰值时间 t_p、建立时间 t_s 和超调量 M_P 数值越小,则传感器的动态性能越好。

知识拓展

在检测数据的处理中,为了使测量结果更真实地反应实际情况,除了采用算术平均值外,还可根据不同的场合和要求采用其他形式的算术平均值。

设 x_1、x_2、$\cdots$、x_n 为各次的测量值,n 代表测量次数,有:

(1) 方均根平均值

$$\bar{x}_{均方} = \sqrt{\frac{x_1^2 + x_2^2 + \cdots + x_n^2}{n}} = \sqrt{\frac{\sum_{i=1}^{n} x_i^2}{n}}$$

(2) 几何平均值

$$x_G = \sqrt[n]{x_1 \cdot x_2 \cdot \cdots \cdot x_n}$$

(3) 对数平均值

$$\bar{x}_{对数} = \frac{x_1 - x_2}{\ln x_1 - \ln x_2} = \frac{x_1 - x_2}{\ln \frac{x_1}{x_2}}$$

(4) 加权平均值

$$\bar{x}_{加权} = \frac{w_1 x_1 + w_2 x_2 + \cdots + w_n x_n}{w_1 + w_2 + \cdots w_n} = \frac{\sum_{i=1}^{n} w_i x_i}{\sum_{i=1}^{n} w_i}$$

各种不同的平均值适合不同的目的,比如几何平均值主要是研究平均增加率或平均比率之用,对于变化幅度很大的因素常常使用;在分析风压时,静压分析采用算术平均值分析,而动风压则采用方均根平均值;对数平均值可分析噪声规律;加权平均在财务核算和统计工作中经常采用。

问题与思考

（1）针对同一检测对象，往往可以采用不同的检测方法，比如通过环境温度的检测实现火灾报警，可以采用静态测量或动态测量方法，静态测量时检测的温度达到预设值即报警；动态测量则可以在环境温度上升较快时进行报警，这两种检测方法针对火灾的报警而言，哪一种更好？

（2）许多动物的感官灵敏度要远远高于人类，有些传感器的原理就是参照动物感觉器官的原理，称之"仿生传感器"，这类传感器有哪些？

本章小结

（1）概述了传感器的定义、组成和分类。

（2）测量的分类。根据获得测量结果的方法不同，可以分为直接测量、间接测量和组合测量；根据测量条件相同与否，可以分为等精度测量和不等精度测量；另外还有接触测量和非接触测量、静态测量和动态测量等。

（3）检测系统的静态特性有灵敏度、分辨率、线性度、迟滞、重复性等。检测系统最重要的指标是稳定性和精度，其中稳定性与零点漂移和标定值的变化有关。

（4）一阶传感器系统又称惯性系统。

运动方程是：

$$f\frac{dy}{dt} + ky = kx$$

传递函数为

$$W(s) = \frac{1}{\frac{f}{K}s + 1} = \frac{1}{Ts + 1}$$

（5）二阶传感器系统又称振荡系统。

运动方程是：

$$m\frac{d^2y}{dt^2} + f\frac{dy}{dt} + Ky = Kx$$

传递函数为

$$W(s) = \frac{1}{\frac{m}{K}s^2 + \frac{f}{k}s + 1} = \frac{1}{T^2s^2 + 2\xi Ts + 1}$$

$$T = \sqrt{\frac{m}{K}} \qquad \omega_0 = \frac{1}{T} \qquad \xi = \frac{f}{2\sqrt{mK}}$$

 习题

1. 检测电动机的转速有多种方法，一种是采用测速发电机，使发电机的转速与电动机的转速同步，发电机输出的电动势便反映电动机的转速；另一种方法是光电检测，即在电动机的转轴上贴上反光片，光电传感器由发射光和接收光两个器件组成，发射光射向电动机的转轴，接收器件接收反射的光，由此检测出电动机的转速。这两种方法哪一种是接触测量？哪一种是非接触测量？

2. 仪表的灵敏度和分辨率是否有关系？
3. 研究测量系统的动态特性对实际测量有什么作用？

第2章 误差分析基础

本章要点

误差的表示及特征；误差的分类与判断方法；随机误差的估计；误差综合处理方法。

学习要求

掌握误差的基本概念；掌握随机误差的计算方法；掌握系统误差和疏失误差的判断方法；掌握误差综合计算方法。

自动检测的目的是要得到外界客观事物准确的数量概念，但是，在检测过程中不可避免地会存在误差。误差来源有以下几个方面：
（1）检测系统本身的误差
1）工作原理上，例如，传感器或测量电路的非线性的输入、输出关系。
2）机械结构上，例如，阻尼比太小等。
3）制造工艺上，例如，加工精度不高、贴片不准、装配偏差等。
4）功能材料上，例如，热胀冷缩、迟滞、非线性等。
（2）外界环境影响
例如，温度、压力和湿度等的影响。
（3）人为因素
操作人员在使用仪表之前，没有调零，没有校正；读数误差等。
为了消除或减少测量误差，必须研究误差的特点、原因以及修正方法等。

2.1 测量与误差

2.1.1 学习误差的意义

学习误差的意义在于以下几个方面：
1）正确认识误差的性质，分析误差产生的原因，以便消除或减小误差。
2）正确处理数据，合理计算所得结果，以便在一定条件下，得到更接近真实值的数据。
3）正确组成检测系统，合理设计检测系统或选用测量仪表，正确选择检测方法，以便在最经济的条件下，得到理想的测量结果。

2.1.2 误差的表示方法

按照误差的表示方法的不同可把误差分为绝对误差和相对误差。

1. 绝对误差

绝对误差是测量示值与被测量真值之间的差值。设被测量的真值为 A_0,测量示值为 x,则绝对误差 Δx 为

$$\Delta x = x - A_0 \tag{2-1}$$

由于被测量真值 A_0 一般无法知道,通常采用较高精度(精度高一级)的标准仪器的示值 A 代替真值 A_0。如高精度铂电阻温度计指示的温度相对于普通温度计而言可看作真值。必须指出,A 并不等于 A_0,一般来说 A 总比 x 更接近于 A_0。

x 与 A 之差常称为仪器的示值误差。记为

$$\Delta x = x - A$$

通常以此值来代表绝对误差。

绝对误差一般只适用于标准器具的校准。

与绝对值 Δx 相等,但符号相反的值,称为修正值,常用 C 表示,如:

$$C = -\Delta x = A - x$$

通过检定,可以由上一级标准给出测试系统的修正值。利用修正值便可求出测试系统的实际值:

$$A = x + C$$

修正值给出的方式不一定是具体的数值,也可以是一条曲线、公式或数表。在某些测试系统中,为了提高测量精度,修正值预先编制成有关程序贮存于仪器中,所得测量结果自动对误差进行修正。

应该说明的是,修正值必须在仪器检定的有效期内使用,否则要重新检定,以获得准确的修正值。

绝对误差有以下特征:

1)具有量纲,且与被测量相同,如某称重装置的绝对误差为 0.1 kg,某温度计的绝对误差为 0.1℃。

2)其大小与所取单位有关,如某电流表的绝对误差可以表示为

$$\Delta x = 1 \text{ mA} = 1000 \text{ μA} = 1 \times 10^{-3} \text{ A}$$

3)能反映误差的大小和方向。一般"+"表示偏大,"-"表示偏小。

4)不能反映测量的精细程度。

举例说明:

【例 2-1】 某种远红外测温仪的绝对误差是 ±1℃,是否有较高的检测精度?

解: 这个问题难以明确回答。因为该误差如果是测量 1000℃ 的炉温时的指标,则说明仪器的精度很高;但若是测量人体体温,则误差太大。

【例 2-2】 一只钟的误差是 5 s,误差是否大?

解: 该误差不能确切反映钟表的性能,因为它没有说明 5 s 是工作多少时间产生的误差,如果是一天内产生的误差则比较大,如果是一年产生的误差则较小。

所以,为了克服绝对误差的不足,在实际应用中往往需要在某个指定的检测范围条件下,给出绝对误差的大小。

2. 相对误差

相对误差 δ 是绝对误差 Δx 相对被测量的约定值的百分比,它较绝对误差更能确切地说明测量精度的高低。

在实际中,相对误差有下列表现形式:

(1) 实际相对误差

实际相对误差是用绝对误差 Δx 与被测量的实际值 x_0 的百分比值来表示相对误差。科学研究中常用算术平均值代替实际值(真值),工程上常用测量显示值代替实际值。实际相对误差 δ 的计算式为

$$\delta = \frac{\Delta x}{x_0} \times 100\% \qquad (2-2)$$

(2) 示值相对误差

示值相对误差是用绝对误差与器具的示值 x 的百分比值来表示的相对误差。记为

$$\delta_x = \frac{\Delta x}{x} \times 100\%$$

(3) 满度(引用)相对误差

满度(引用)相对误差又称满度误差,是用绝对误差与器具的满度值的百分比值来表示的相对误差。记为

$$\delta_m = \frac{\Delta x}{x_m} \times 100\%$$

这是应用最多的表示方法。

举例说明:

【例 2-3】 某仪器测量水的沸点温度 100℃ 时,绝对误差为 ±1℃,测量的相对误差 δ 是多少?

解:
$$\delta = \frac{1}{100} \times 100\% = 1\%$$

【例 2-4】 测量 500 g 重物,测量相对误差为 0.5%,则测量的绝对误差 Δx 是多少?

解:
$$\Delta x = x \cdot \delta = 500 \times 0.5\% = 2.5 \text{ g}$$

相对误差有如下特征:
1) 无量纲,大小与被测量单位无关。
2) 能反映误差的大小和方向。
3) 能反映测量的精细程度。

相对误差比较符合实际检测需要,一般情况下,测量范围越小,要求的绝对误差越小。比如测量的相对误差要求为 1%,则测量 10 kg 重物的误差为 0.1 kg,而测量 100 kg 重物的误差为 1 kg。

2.2 测量误差的分类

2.2.1 按误差出现的规律分类

根据测量数据中的误差所呈现的规律,可将误差分为三种类型,即系统误差、随机误差

和粗大误差。不同类型的误差有不同的处理方法。

1. 系统误差

在同一条件下，多次重复测量同一被测量时，误差按一定规律出现。这种误差叫"系统误差"。根据系统误差出现的规律又可分为两类：

1) 恒值系统误差。在一定条件下，大小和符号都保持不变的系统误差。
2) 变值系统误差。在一定条件下，按某一确定规律变化的系统误差。

变值系统误差根据变化规律有以下三种情况：

① 累进性系统误差。指在整个测量过程中，误差的数值向一个方向变化。
② 周期性系统误差。指在测量过程中，误差数值是按周期性变化的。
③ 按复杂规律变化的系统误差。指误差变化的规律复杂，难以用简单的数学关系描述，一般用表格、曲线表示。

产生系统误差的原因主要如下：

① 仪器不良。如零点未校准或仪器刻度不准。
② 测试环境的变化。如外界湿度、温度、压力变化等。
③ 安装不当。如要求水平放置的仪器放偏了。
④ 测试人员的习惯偏向。如读数偏高。
⑤ 测量方法不当。

2. 随机误差

在一定测量条件下的多次重复测量，误差出现的数值和正负号没有明显的规律，但就误差的总体而言，具有一定的统计规律性的误差称为随机误差，随机误差又称偶然误差。

随机误差是由许多复杂因素微小变化的总和引起的，分析较困难，一般无法控制，对于随机误差不能用简单的修正值来修正。对于某一次具体测量，无法在测量过程中把它去除。但随机误差具有随机变量的一切特点，在多次测量中服从统计规律。我们利用统计规律可以对随机误差的大小进行估计。因此，通过多次测量后，对其总和可以用统计规律来描述，则可从理论上估计对测量结果的影响。

随机误差表现了测量结果的分散性，在误差分析时，常用精密度表示随机误差的大小。随机误差愈小，精密度愈高。而系统误差则用准确度表示。

3. 粗大误差

粗大误差是指在一定条件下测量结果明显偏离其实际值所对应的误差，又称"疏失误差"，简称"粗差"，这种误差是一种由于测量人员疏忽大意或测量条件突然变化引起的误差。含有粗大误差的测量值称为"坏值"，在实际测量中应将其剔除。粗大误差一般都比较大，没有规律性。

在测量中，系统误差、随机误差、粗大误差三者同时存在，但是它们对测量过程及结果的影响不同，根据其影响程度的不同，测量精度也有不同的划分。在测量中，若系统误差小，称测量的准确度高；若随机误差小，称测量的精密度高；若二者综合影响小，称测量的精确度高。

在测量中，定值系统误差一般可用实验对比法发现，并用修正法等予以消除；变值系统误差一般可用残余误差观察法发现，并从硬件和软件的不同方面采取措施予以消除。比如从软件上采用"对称法"，可消除线性变值系统误差；采用"半周期法"，可消除周期性变值系统误差等。

在测量中，随机误差对测量过程及结果的影响是必然的，但规律则有明显的不确定性，借助概率与数理统计以及必要的数据处理，只能描述出随机误差的影响极限范围，进而给出最接近真值的测量结果，但随机误差无法消除。

在测量中，有粗大误差的测量结果是不可取的。即有粗大误差影响的测值必须根据一定的规则（如拉依达准则、肖维纳准则等）判断出来，并予剔除。

2.2.2 按误差来源分类

1. 工具误差

工具误差是指由测量工具本身不完善引起的误差。主要包括：

（1）读数误差

由以下几种原因产生：

1）校准误差。该误差通常是指测试系统在定标时，用标准器具对其指定的某些定标点进行定标时所产生的误差。

2）测试系统分辨率不高引起的误差。

（2）内部噪声引起的误差

内部噪声包括各种电子器件产生的热噪声、散粒噪声、电流噪声，以及因开关或插接件接触不良、继电器动作、电动机转动、电源不稳等引起的噪声。

此外，还有器件老化引起的误差；测试系统工作条件变化引起的误差等。

2. 方法误差

方法误差是指测量时方法不完善、所依据的理论不严密以及对被测量定义不明确等诸因素所产生的误差，有时也称为理论误差。

2.2.3 按照被测量随时间变化的速度分类

1. 静态误差

静态误差是指在测量过程中，被测量随时间变化很缓慢或基本不变时的测量误差。

2. 动态误差

动态误差是指在被测量随时间变化很快的过程中，测量所产生的附加误差。动态误差是由于有惯性、有纯滞后，因而不能让输入信号的所有成分全部通过；或者输入信号中不同频率成分通过时，受到不同程度衰减时引起的。该误差是在动态测量时产生的。

由于产生动态误差的原因不同，动态误差又可分为第一类动态误差和第二类动态误差。因检测系统中各环节存在惯性、阻尼及非线性等原因，在动态测试时造成的误差，称为第一类动态误差；因各种随时间改变的干扰信号所引起的动态误差，称为第二类动态误差。

2.2.4 按使用条件分类

1. 基本误差

基本误差是指测试系统在规定的标准条件下使用时所产生的误差。所谓标准条件，一般是测试系统在实验室标定刻度时所保持的工作条件，如电源电压（220±5%）V，温度（20±5）℃，湿度小于80%，电源频率 50 Hz 等。

基本误差是测试系统在额定条件下工作时所具有的误差，测试系统的精确度是由基本误差决定的。

2. 附加误差

当使用条件偏离规定的标准条件时，除基本误差外还会产生附加误差。例如，由于温度超过标准引起的温度附加误差，以及使用电压不标准而引起的电源附加误差等。这些附加误差使用时会叠加到基本误差上去。

2.3 误差的判断与处理方法

从工程测量实践可知，在相同条件下，对某一个量进行多次等精度的直接测量，从而得出一组测量数据。测量数据中含有系统误差和随机误差，有时还会含有粗大误差。它们的性质不同，对测量结果的影响及处理方法也不同。在测量中，对测量数据进行处理时，首先，判断测量数据中是否含有粗大误差，如有则必须加以剔除，然后重复判断有无粗差，直至剩余数据中不再含有粗大误差；其次，检查剔除粗差后的数据中是否存在系统误差，若有则采取相应的校正或补偿措施，以消除其对测量结果的影响；最后，对排除了系统误差和粗大误差的测量数据，在测量数据中就只存在随机误差，则利用随机误差性质进行处理。总之，对于不同情况的测量数据，首先要加以分析研究，判断情况，分别处理，再经综合整理以得出合乎科学性的结果。

2.3.1 系统误差

1. 从误差根源上消除系统误差

系统误差是在一定的测量条件下，测量值中含有固定不变或按一定规律变化的误差。系统误差不具有抵偿性，重复测量也难以发现，在工程测量中应特别注意该项误差。

由于系统误差的特殊性，在处理方法上与随机误差完全不同。有效地找出系统误差的根源并减小或消除的关键是如何查找误差根源，这就需要对测量设备、测量对象和测量系统作全面分析，明确其中有无产生明显系统误差的因素，并采取相应措施予以修正或消除。由于具体条件不同，在分析查找误差根源时并无一成不变的方法，这与测量者的经验、水平以及测量技术的发展密切相关。但我们可以从以下几个方面进行分析考虑。

1）所用传感器、测量仪表或组成元件是否准确可靠。比如传感器或仪表灵敏度不足，仪表刻度不准确，变换器、放大器等性能不太优良，由这些引起的误差是常见的误差。

2）测量方法是否完善。如用电压表测量电压，电压表的内阻对测量结果有影响。

3）传感器或仪表安装、调整或放置是否正确合理。例如：没有调好仪表水平位置，安装时仪表指针偏心等都会引起误差。

4）传感器或仪表工作场所的环境条件是否符合规定条件。例如：环境、温度、湿度、气压等的变化也会引起误差。

5）测量者的操作是否正确。例如读数时的视差、视力疲劳等都会引起系统误差。

2. 系统误差的发现与判别

发现系统误差一般比较困难，下面介绍几种发现系统误差的方法。

（1）恒值系统误差的判断

1）实验对比法。采用多台同类或相近的仪器进行同样的测试和比较，分析测量结果的差异，可判断系统误差是否存在。这种方法常用于新仪器的研制。例如：一台测量仪表本身存在恒值系统误差，即使进行多次测量也不能发现，只有用精度更高一级的测量仪表测量，才能发现这台测量仪表的系统误差。

2）改变测量条件法。通过改变产生系统误差的条件，进行同一量的测量，可发现测量条件引起的系统误差，也可用更高精度的仪器来校正、判断系统误差的大小。

3）理论计算与分析法。对于因测量方法或测量原理引起的恒值系统误差，可以通过理论计算和分析加以判断和修正。

（2）变值系统误差的判断

1）残余误差观察法。这种方法是根据测量值的残余误差的大小和符号的变化规律，直接由误差数据或误差曲线图形判断有无变化的系统误差。对被测量 x_0 进行多次测量后得测量列 $x_1, x_2, \cdots, x_n$，计算出相应的残余误差 $v_1, v_2, \cdots, v_n$。

$$v_i = x_i - \bar{x} \qquad i = 1,2,3,\cdots,n \tag{2-3}$$

对残余误差进行列表或作图进行观察，由随机误差的分析可知，如果在相同的条件下，对某一量进行的多次等精度测量中没有系统误差，则各次测量值的残余误差应符合随机误差的分布规律（一般为正态分布）。否则就说明测量中存在系统误差。

如图 2-1 中把残余误差按测量值先后顺序排列。

如果残余误差的绝对值很小，出现的正数和出现的负数也大体相当，且无显著变化规律，如图 2-1a 所示，则可认为测量中不存在系统误差。

如果残余误差的大小和符号基本保持不变，如图 2-1b 所示，则说明测量中存在恒定系统误差。

显然，如果残余误差排列后有规律地向一个方向变化，符号由正变负或由负变正，如图 2-1c 所示的残余误差有递增的趋势，则说明存在线性变值系统误差；如图 2-1d 所示残余误差有规律地交替变化，则表示可能有周期性系统误差。

需要指出的是，测量中不可避免地存在随机误差，因此，上述残余误差的变化规律中一般存在微小的波动。

残余误差观察法简单、方便，但当系统误差相对于随机误差不显著、或残差变化规律较为复杂时，这种方法常常就不适用了，此时就需要借助一些判据。

目前，已有多种准则供人们检验测量数据中是否含有系统误差。不过这些准则都有一定的适用范围。如下面介绍的马利科夫判据和阿贝-赫梅特判据。

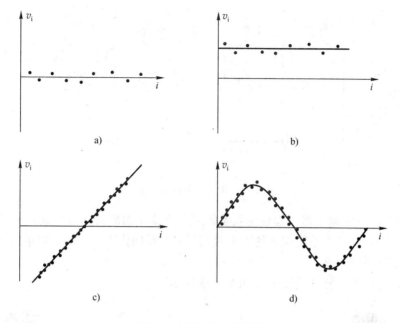

图2-1 残余误差分布图

2）残余误差之和相减法（马利科夫判据）。当测量次数较多时，将测量列前一半的残余误差之和，减去测量列后一半的残余误差之和。若满足下式（即之差明显不为零），则判断存在累进性（线性）系统误差。

$$\left| \sum_{i=1}^{k} v_i - \sum_{i=k+1}^{n} v_i \right| \geqslant v_{i\max} \tag{2-4}$$

式中 $v_{i\max}$ ——最大残余误差；

n ——测量次数。n 为偶数时，$k = n/2$；n 为奇数时，$k = (n+1)/2$。

3）阿贝-赫梅特判据。将一组等精度测量值顺序排列，并求出：

$$A = \left| \sum_{i=1}^{n-1} (v_i v_{i+1}) \right| = |v_1 v_2 + v_2 v_3 + \cdots + v_{n-1} v_n|$$

若

$$A > \sqrt{n-1}\, \sigma^2$$

则说明测量中存在周期性系统误差。

如果在测量结果中发现含有系统误差，就要根据具体情况分析其产生的原因，然后有的放矢地采取相应的校正或补偿措施，以消除其对测量结果的影响。

3. 系统误差的消除与削弱

（1）固定不变的系统误差消除法

1）代替法。在一定的条件下，选择一个大小适当并可调的已知标量去代替测量中的被测量，并使仪表的指示值保持原值不变，此时该标准量的大小即等于被测量。

例如：用代替法测量精密电阻 R_X。

首先将 R_X 与标准电阻 R_1、R_2、R_3 构成电桥，调 R_2 使电桥平衡，如图2-2a。然后将 R_X 换成标准可调电阻 R_N，调节 R_N 使电桥平衡如图2-2b 所示，则有 $R_N = R_X$。

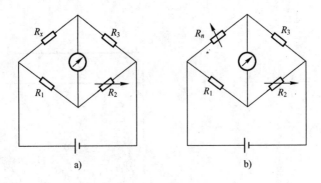

图2-2 精密电阻测量示意图

2)交换法。在测量中将引起系统误差的某些条件（如被测物的位置）相互交换，而保持其他条件不变，使产生系统误差的因素对测量起相反的作用，取两次测量的平均值作为测量结果，以消除系统误差。

例如：用等臂天平称某物重量（如图2-3所示）。

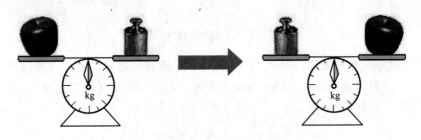

图2-3 等臂天平称交换法测重量

在天平测量系统中，天平中点的位置、两个托盘重量的接近程度等因素都会产生系统误差。为了消除这些误差，在称重时，首先在重物的另一端托盘中放入合适的砝码，使天平处于平衡状态；然后再调换砝码与重物的位置，重新调整砝码的大小，使天平平衡；最后将两次砝码的数值取平均值，就等于被测重物的重量。

（2）线性系统误差消除法

最常用的方法是"对称测量法"。

例如：采用图2-4电路测量电阻 R_X 的大小。

标准电阻 R_N 已知，测得电阻电压 U_X 和 U_N，根据串联电路电流相等的原理有：

$$R_X = U_X R_N / U_N$$

但是，由于在测量过程中电池的放电，使得电源电动势 E 缓慢减小，而 U_X 和 U_N 测量时间不同，不是同一电流产生的电压，由此产生误差。

消除误差的处理方法是：

取等间隔时间，t_1、t_2 和 t_3，$\Delta t = t_2 - t_1 = t_3 - t_2$，设电池电压的变化是线性的，在 Δt 时间间隔中，电路电流的减小量是相等的，设为 e，如图2-5所示，在不同的时间点上，测量结果为

t_1 时刻，测得 R_X 上的电压：$U_1 = iR_X$

t_2 时刻，测得 R_N 上的电压：$U_2 = (i-e)R_N$

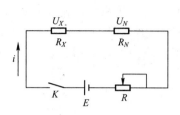

图 2-4 电阻测量电路

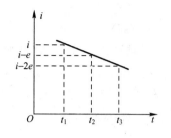

图 2-5 测量电路电流变化特性

t_3 时刻，测得 R_X 上的电压：$U_3 = (i - 2e)R_X$

联立求解，得：

$$R_x = \frac{U_1 + U_3}{2U_2}R_N$$

（3）周期性变化的系统误差消除法

半周期读数法：设误差为周期性变化，经过 180°后，误差方向相反。利用此特点，每隔半个周期进行一次测量，取两次读数的平均值作为测值，即可消除周期性误差。如图 2-6 所示。

周期性变化的系统误差消除似乎很简单，但实际上要求对误差的周期判断要准确，否则达不到较好的效果。

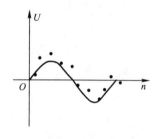

图 2-6 周期性变化的系统误差

（4）系统误差的其他消除方法

1）在测量结果中进行修正：对于已知的系统误差，可以用修正值对测量结果进行修正；对于变值系统误差，设法找出误差的变化规律，用修正公式或修正曲线对测量结果进行修正；对未知系统误差，则按随机误差进行处理。

2）消除系统误差的根源：在测量前，仔细检查仪表，正确调整和安装；防止外界干扰的影响；选好观测位置消除视差；选择环境条件比较稳定时进行读数；注意正确的测量方法等。

3）在测量系统中采用补偿措施：找出系统误差变化的规律和原因后，在测量过程中选择合适的补偿方法自动减小或消除系统误差。如：在应用电阻应变式传感器时，环境温度变化引起的误差可以通过温度补偿方法进行消除；在用热电偶测量温度时，热电偶参考端温度变化会引起系统误差，消除此误差的办法之一是在热电偶回路中加一个冷端补偿器，从而进行自动补偿。

4）实时反馈修正：由于自动化测量技术及微机的应用，可用实时反馈修正的办法来消除复杂的变化系统误差。当查明某种误差因素的变化对测量结果有明显的复杂影响时，应尽可能找出其影响测量结果的函数关系或近似的函数关系。在测量过程中，用传感器将这些误差因素的变化转换成某种物理量形式（一般为电量），及时按照其函数关系，通过计算机算出影响测量结果的误差值，对测量结果作实时的自动修正。

2.3.2 随机误差分析方法

在测量中，当系统误差已设法消除或减小到可以忽略的程度，若测量数据仍有不稳定的现象，这说明存在随机误差。

在等精度测量情况下，得 n 个测量值 x_1，x_2，…，x_n，设只含有随机误差 δ_1，δ_2，…，δ_n。这组测量值或随机误差都是随机事件，可以用概率数理统计的方法来研究。随机误差的处理任务是：从随机数据中求出最接近真值的值（或称真值的最佳估计值），对数据精密度的高低（或称可信赖的程度）进行评定并给出测量结果。

1. 随机误差的统计特性

就随机误差个体而言，其大小和方向都无法预测，但就随机误差的总体而言，它具有统计规律。由于大量的、微小的、独立的及随机的因素综合影响产生了随机误差，根据概率论的中心极限定理知：大量的、微小的及独立的随机变量的总和服从正态分布（随机误差的频率直方图为一条光滑的概率密度分布曲线，如图2-7所示）。显然，随机误差必然服从正态分布，实践和理论都证明了这一点。

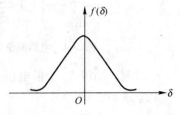

图2-7　随机误差正态分布图

测量实践表明，多数测量的随机误差具有以下特征：

1）绝对值小的随机误差出现的概率大于绝对值大的随机误差出现的概率。

2）在一定测量条件下，随机误差的绝对值不会超出某一限度。

3）绝对值相等、符号相反的随机误差在多次重复测量中（测量次数 n 很大时）出现的可能性（概率）相等。

由特征3）不难推出，当 $n \to \infty$ 时，随机误差的代数和趋近于零。

随机误差的上述三个特征，说明其分布实际上是单一峰值的和有界限的，且当测量次数无穷增加时，这类误差还具有对称性（即抵偿性）。

在大多数情况下，当测量次数足够多时，测量过程中产生的误差服从正态分布规律。分布密度函数的数学表达式为

$$y = f(x) = \frac{1}{\sigma\sqrt{2\pi}} \exp\left(-\frac{(x-L)^2}{2\sigma^2}\right)$$

和

$$y = f(\delta) = \frac{1}{\sigma\sqrt{2\pi}} \exp\left(-\frac{\delta^2}{2\sigma^2}\right) \tag{2-5}$$

或为：

$$y = f(\delta) = \frac{h}{\sqrt{\pi}} \exp(-h^2\delta^2) \tag{2-6}$$

式中　y——概率密度；

x——测量值（随机变量）；

σ——方均根偏差（标准偏差）；

L——真值（随机变量 x 的数学期望）；

δ——随机误差（随机变量），$\delta = x - L$；

h——是精密度指数，$h = 1/(\sigma\sqrt{2})$。

式（2-5）或（2-6）称之为概率方程或高斯误差方程。σ 和 h 是正态分布中的重要特

征量，它们的大小决定后，概率密度 $f(\delta)$ 就是随机变量 δ 的单值函数，概率密度分布曲线也就完全确定了。如图 2-8 所示，钟形的正态分布曲线说明随机变量在 $x=L$ 或 $\delta=0$ 处的附近区域内具有最大概率。

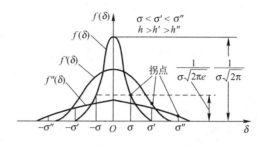

图 2-8 随机误差的正态分布曲线

凡是概率密度可由高斯方程描述的随机变量必然遵循正态分布，而服从正态分布的随机变量，其概率密度也一定可由高斯方程描述。随机误差和无系差、无粗差的测量值就是这样的随机变量，它们的概率密度分布曲线又称之为正态分布曲线。

正态分布在误差理论中占有重要地位，很多随机变量是服从正态分布的。尽管如此，有些误差并不服从正态分布，而按其他规律分布。例如，计算中的舍入误差，数字式仪表末位的读数误差等是按均匀分布的；圆盘偏心引起的角度误差是按反正弦分布的；放射性元素的原子衰变则遵从泊松分布等。

在检测系统中，绝大多数随机误差近似服从正态分布。如图 2-7 所示，图中：δ 表示随机误差；$f(\delta)$ 表示随机误差的概率密度。

2. 随机误差的估计

在实际检测中，由于系统误差和粗大误差都可以设法消除，因此测量值中往往只包含随机误差。随机误差由于没有明显的产生原因和规律，无法进行消除，因此它决定了测量结果的准确性。为了减小随机误差的大小，在科学实验中常用算术平均值作为真值的近似值，但其近似程度如何？这需要对随机误差进行估计。方均根估计最适合服从正态分布的随机误差的估计。如随机误差服从正态分布，则算术平均值处随机误差的概率密度最大，算术平均值是诸多测量值中最可信赖的，它可以作为等精度多次测量的结果。

（1）测量列的方均根偏差（标准偏差）

上述的算术平均值反映了随机误差的分布中心。由概率论可知，方差定义为随机变量的二阶中心距，方均根偏差（标准偏差）是方差的方均根值，它们更好地表征了随机变量相对于其中心位置（数学期望）的离散程度，即方均根偏差反映了随机误差的分布范围。方均根偏差愈大，测量数据的分散范围也愈大；方均根偏差越小，正态分布曲线越瘦高，测量数据的分散范围也愈小，测量误差越小，测量精密度越高。所以方均根偏差可以描述测量数据和测量结果的精度。

图 2-8 中为不同方均根偏差（标准偏差）σ 下的三条正态分布曲线。由图可见，标准偏差 σ 越小，精密度指数 $h=1/(\sigma\sqrt{2})$ 越大，正态分布曲线越陡，说明随机变量的分散性小，小误差的概率密度就越大，相对于大误差而言，小误差出现的概率也越大，这意味着测量值越向其算术平均值集中，则其精度高；反之，σ 愈大，分布曲线愈平坦，随机变量的分

散性也大，则精度也低。因此，σ 的大小说明了测量值的离散性和精度，即测量值对于真值的离散程度。

测量列为一组测量值 x_1，x_2，…，x_n，列方均根偏差 σ 可由下式求取：

$$\sigma = \sqrt{\frac{\sum_{i=1}^{n}(x_i - L)^2}{n}} = \sqrt{\frac{\sum_{i=1}^{n}\delta_i^2}{n}}$$

式中　n——测量次数；
　　　x_i——第 i 次测量值；
　　　L——真值（随机变量 x 的数学期望）；
　　　δ——随机误差（随机变量）。

在实际测量时，由于真值 L 无法确切知道，因此用测量值的算术平均值 $\bar{x}$ 代替，各测量值与算术平均值的差值称为残余误差，即

$$v_i = x_i - \bar{x}$$

用残余误差计算的方均根偏差称为方均根偏差的估计值 σ_s，即

$$\sigma_s = \sqrt{\frac{\sum_{i=1}^{n}(x_i - \bar{x})^2}{n-1}} = \sqrt{\frac{\sum_{i=1}^{n}v_i^2}{n-1}} \tag{2-7}$$

式中，$\bar{x}$ 为测量列的算术平均值，列方均根偏差反映测量列中各测量值相对于其算术平均值的离散程度，从而反映测量的精度。

列方均根偏差与误差估计的置信概率所服从的典型正态分布曲线如图 2-9 所示。

可见：

① 全部测量值分布在算术平均值附近。

② 以算术平均值为标准，测量值误差在 $-\sigma \sim +\sigma$ 范围内的概率为 68.27%；在 $-2\sigma \sim +2\sigma$ 范围内的概率为 95.45%；在 $-3\sigma \sim +3\sigma$ 范围内的概率为 99.73%。

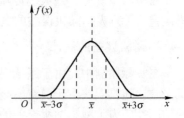

图 2-9　测量值典型正态分布曲线

（2）算术平均值的方均根偏差

通常在有限次测量时，算术平均值不可能等于被测量的真值 L，它也是随机变动的。设对被测量进行 m 组的"多次测量"，各组所得的算术平均值为 $\bar{x}_1$，$\bar{x}_2$，…，$\bar{x}_m$，围绕真值 L 有一定的分散性，也是随机变量。算术平均值 $\bar{x}$ 的精度可由算术平均值的方均根偏差 $\sigma_{\bar{x}}$ 来评定。如式（2-8）所示。

$$\sigma_{\bar{x}} = \sqrt{\frac{\sum_{i=1}^{m}(\bar{x}_i - \bar{\bar{x}})^2}{m-1}} \tag{2-8}$$

式中，$\bar{\bar{x}}$ 为 $\bar{x}_1$，$\bar{x}_2$，…，$\bar{x}_m$ 的算术平均值，利用（2-8）式计算算术平均值的方均根偏差，需要进行 $n \times m$ 次的测量，工作量很大。但是可以证明，列方均根偏差 σ_s 与算术平均值的方均根偏差 $\sigma_{\bar{x}}$ 有以下关系：

$$\sigma_{\bar{x}} = \frac{\sigma_s}{\sqrt{n}} \tag{2-9}$$

利用式（2-9），只需测量列测量值，就可计算出算术平均值的方均根偏差，大大简化了测量工作。$\sigma_{\bar{x}}$反映了测量列算术平均值相对于真值的离散程度，测量列算术平均值与真值的分布规律与图2-9类似，测量结果可表示为

$$x = \bar{x} \pm \sigma_{\bar{x}} \quad \text{或} \quad x = \bar{x} \pm 3\sigma_{\bar{x}}$$

【例2-5】 对某重物进行了十次等精度测量，测值为

20.62　　20.82　　20.78　　20.82　　20.70
20.78　　20.84　　20.78　　20.85　　20.85（单位：g）

求：1）测量值的算术平均值。

2）测量值的方均根偏差。

3）测量结果的表达。

解：

1）据算术平均值的公式，测量值的算术平均值为

$$\bar{x} = \frac{x_1 + x_2 + \cdots + x_{10}}{10} = 20.78 \text{ g}$$

2）据方均根偏差的定义，测量列的方均根偏差为

$$\sigma_s = \sqrt{\sum_{i=1}^{10} \frac{(x_i - \bar{x})^2}{n-1}} = 0.07 \text{ g}$$

3）因为算术平均值的方均根偏差为

$$\sigma_{\bar{x}} = \frac{\sigma_s}{\sqrt{10}} = 0.02 \text{ g}$$

所以，测量结果可表示为

$$x = \bar{x} \pm \sigma_{\bar{x}} = (20.78 \pm 0.02) \text{ g}$$

3. 正态分布的概率计算

人们利用分布曲线进行测量数据处理的目的是求取测量的结果，确定相应的误差限以及分析测量的可靠性等。为此，需要计算正态分布在不同区间的概率。分布曲线下的全部面积应等于总概率。由残余误差v表示的正态分布密度函数为

$$y = f(v) = \frac{1}{\sigma\sqrt{2\pi}} \exp\left(-\frac{v^2}{2\sigma^2}\right)$$

故

$$\int_{-\infty}^{+\infty} y \, dv = 100\% = 1$$

在任意误差区间（a，b）出现的概率为

$$P(a \leqslant v < b) = \frac{1}{\sigma\sqrt{2\pi}} \int_a^b \exp\left(-\frac{v^2}{2\sigma^2}\right) dv$$

σ是正态分布的特征参数，误差区间通常表示成σ的倍数，如$t\sigma$。由于随机误差分布对称性的特点，常取对称的区间，即

$$P_a = P(-t\sigma \leqslant v \leqslant +t\sigma) = \frac{1}{\sigma\sqrt{2\pi}} \int_{-t\sigma}^{+t\sigma} \exp\left(-\frac{v^2}{2\sigma^2}\right) dv$$

式中　t——置信系数；

P_a——置信概率;
$\pm t\sigma$——误差限。

表 2-1 给出了几个典型的 t 值及其相应的概率。

表 2-1 t 值及其相应的概率

t	0.6745	1	1.96	2	2.58	3	4
P	0.5	0.6827	0.95	0.9545	0.99	0.9973	0.99994

随机误差在 $\pm t\sigma$ 范围内出现的概率为 P,则超出的概率称为显著度,用 α 表示:

$$\alpha = 1 - P$$

P 与 α 关系如图 2-10 所示。

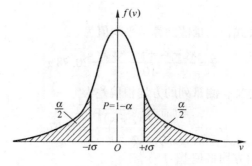

图 2-10 P 与 α 关系

从表 2-1 可知,当 $t=1$ 时,$P=0.6827$,即测量结果中随机误差出现在 $-\sigma \sim +\sigma$ 范围内的概率为 68.27%,而 $|v|>\sigma$ 的概率为 31.73%。出现在 $-3\sigma \sim +3\sigma$ 范围内的概率是 99.73%,因此可以认为绝对值大于 3σ 的误差是不可能出现的,通常把这个误差称为极限误差 $\sigma_{\lim}$。

2.3.3 疏失误差或粗大误差的处理

1. 粗大误差产生的原因

(1) 测量人员主观的原因

包括测量人员的经验不足、操作不当、工作过度疲劳或测量时不细心、不耐心、工作责任感不强等,造成了错误的读数或错误的记录。

(2) 客观外界条件的原因

由于测量条件意外的改变,如机械振动、强电磁辐射或电网电压波动等,引起仪器表示值或被测对象位置、性能的某些改变而产生误差。

2. 判断粗大误差的准则

通常在重复参数的测试中,得到一系列的测量值,求其平均值以得到最接近真值的测量。但是如果在测量中出现读错、记错数据,或仪器及工作条件突然变化而造成明显的错误时,则在测量值中混有坏值(或称"异常值"),则必然会歪曲测量结果,造成较大的误差。因此,在对测量值求平均值或其他处理前,必须找出坏值并舍弃,才能得到准确的测量结果。但人们绝对不能凭主观意愿对数据任意进行取舍,而是要有一定的根据。原则就是要看这个可疑值的误差是否仍处于随机误差的范围之内，是则留，不是则弃。因此要对测量数据进行必要的检验。

下面介绍几种常用的判断粗大误差的准则。

(1) 拉依达准则（3σ 准则）

发现坏值就是判断测量值是否含有粗大误差，判断粗大误差有多种方法，其中最简便的是拉依达准则：设某一测量列中，测量值只含有随机误差，根据随机误差的正态分布规律，其误差落在 $\pm 3\sigma$ 以外的概率约为 0.3%，所以，若发现某测值的残余误差 v_i 使以下关系式成立：

$$|v_i| = |x_i - \bar{x}| > 3\sigma \tag{2-10}$$

则认为该测值 x_i 含有粗大误差，应予剔除。

需要注意的是，拉依达准则虽然简单实用，但因它是在重复测量次数趋于无穷大的前提下推导的，故当测量数据较少时，此准则不可靠，需采用其他的方法判断。

在实际中应用拉依达准则（3σ 准则）时还要注意，在原始数据中发现满足式（2-10）的数据，说明它含有粗大误差，应予舍弃。舍弃坏值后重新在新的数据范围内计算算术平均值和标准偏差值，再用拉依达准则鉴别各个测量值数据，看有无新的坏值出现，重复进行直到无新的坏值出现为止，此时所有残余误差均在 3σ 范围内。

(2) 肖维勒准则

肖维勒准则以正态分布为前提，假设多次重复测量所得 n 个测量值中，某个测量值的残余误差 $|v_i| > Z_c\sigma$，则剔除此数据。实用中 $Z_c < 3$，所以在一定程度上弥补了 3σ 准则的不足。肖维勒准则中的 Z_c 值见表 2-2。

表 2-2 肖维勒准则中的 Z_c 值

n	3	4	5	6	7	8	9	10	11	12
Z_c	1.38	1.54	1.65	1.73	1.80	1.86	1.92	1.96	2.00	2.03
n	13	14	15	16	18	20	25	30	40	50
Z_c	2.07	2.10	2.13	2.15	2.20	2.24	2.33	2.39	2.49	2.58

(3) 格拉布斯准则

某个测量值的残余误差的绝对值 $|v_i| > G\sigma$，则判断此值中含有粗大误差，应予剔除。此即为格拉布斯准则。G 值与重复测量次数 n 和置信概率 P_a 有关，见表 2-3。

表 2-3 格拉布斯准则中的 G 值

测量次数 n	置信概率 P_a		测量次数 n	置信概率 P_a	
	0.99	0.95		0.99	0.95
3	1.16	1.15	11	2.48	2.23
4	1.49	1.46	12	2.55	2.28
5	1.75	1.67	13	2.61	2.33
6	1.94	1.82	14	2.66	2.37
7	2.10	1.94	15	2.70	2.41
8	2.22	2.03	16	2.74	2.44
9	2.32	2.11	18	2.82	2.50
10	2.41	2.18	20	2.88	2.56

以上准则是以数据按正态分布为前提的，当偏离正态分布，特别是测量次数很少时，则判断的可靠性就差。因此，对粗大误差除用剔除准则外，更重要的是要提高工作人员的技术水平和工作责任心。另外，要保证测量条件稳定，防止因环境条件剧烈变化而产生的突变影响。

【例 2-6】 对容器中一溶液的浓度共测量 15 次，结果为

20.42%，20.43%，20.40%，20.43%，20.42%，20.43%，20.39%，20.30%，20.40%，20.43%，20.42%，20.41%，20.39%，20.39%，20.40 %

试用拉依达准则（3σ 准则）判断并剔除异常值。

解：

1）首先对最初的 15 个测量数据进行分析。

根据拉依达准则，首先要求出方均根偏差 σ，所以先求得算术平均值为

$$\bar{x} = \frac{\sum_{i=1}^{15} x_i}{15} = 20.40$$

因此方均根偏差 σ 为

$$\sigma = \sqrt{\frac{\sum_{i=1}^{15}(x_i - \bar{x})^2}{n-1}} = 0.033$$

由于在 15 个数据中，只有 20.30% 一个数据满足以下不等式。

$$|20.30 - 20.40| = 0.10 > 3\sigma = 0.099$$

所以在最初的 15 个测量数据中只有 20.30% 一个含有粗大误差的数据，因此可以从 15 个数据中把 20.30% 剔除。

2）对剩下的 14 个数据继续作粗大误差判断：

$$\bar{x} = \frac{\sum_{i=1}^{14} x_i}{14} = 20.41 \qquad \sigma = \sqrt{\frac{\sum_{i=1}^{14}(x_i - \bar{x})^2}{14-1}} = 0.016$$

$3\sigma = 0.048$，据此逐一检查剩下的 14 个数据的残余误差，其绝对值无一超过 0.048。所以在剩下的 14 个数据中没有含有粗大误差的数据了。

因此，在最初的 15 个测量数据中只有 20.30% 是个异常值，将其剔除即可。

【例 2-7】 有一组等精度无系统误差的独立的测量列 $x_i(i=1,2,\cdots,16)$：39.44，39.27，39.94，39.44，38.91，39.69，39.48，40.56，39.78，39.35，39.86，39.71，39.46，40.12，39.39，39.76，试判别粗差及舍弃坏值。

解：

1）求得算术平均值为

$$\bar{x} = \frac{\sum_{i=1}^{16} x_i}{16} = 39.50$$

进而求得方均根偏差（标准偏差）：

$$\sigma = \sqrt{\frac{\sum\limits_{i=1}^{16}(x_i - \bar{x})^2}{16-1}} = 0.38$$

首先按拉依达准则判别。其鉴别值为 $3\sigma = 1.14$，判别结果为没有一个值的残余误差超过拉依达准则的测量值，即

$$|v_i| = |x_i - \bar{x}| = |x_i - 39.50| < 3\sigma = 1.14$$

故初步检查这组测量数据没有粗差及坏值。

其次，按格拉布斯准则复查。据表 2-3 查得格拉布斯的判别系数 $G = 2.44$（因为常取置信概率 $P_a = 0.95$，以及 $n = 16$），所以其鉴别值为 $G\sigma = 2.44 \times 0.38 = 0.93$，检查结果是第八个测量数据的残余误差超出了鉴别值：

$$|v_8| = |x_8 - \bar{x}| = |x_8 - 39.50| = 1.06 > 0.93$$

故知，$x_8 = 40.56$ 为含有粗差的数据，应予舍弃。舍弃后应进一步进行检查计算。

2）舍弃 40.56 后，重新计算算术平均值和方均根偏差，得到方均根偏差为 0.30。

依据拉依达准则：鉴别值 $3\sigma = 0.90$，无一坏值。

按拉格布斯准则复查：鉴别值 $G\sigma = 2.41 \times 0.30 = 0.72$（因为常取置信概率 $P_a = 0.95$，以及 $n = 15$），检查各个测量值，所有残余误差均小于鉴别值，故已无坏值。

至此，粗差判别结束，全部测量值中仅有 40.56 为坏值，应予舍弃。

【例 2-8】 在相同条件下，对某一电压进行了 16 次等精度测量，测量结果见表 2-4 前两列所示，试求出对该电压的最佳估计值及其方均根偏差。

解：

1）检查 16 次测量值中有无粗大误差。

首先计算 16 次测量值的算术平均值

$$\bar{x} = \frac{\sum\limits_{i=1}^{16} x_i}{16} = 205.3$$

填入表 2-4 第二列的最后一行。

再计算各次测量值的残余误差 $v_i = x_i - \bar{x}$，分别填入表 2-4 的第三列。

然后根据方均根偏差的公式计算

$$\sigma = \sqrt{\frac{\sum\limits_{i=1}^{16}(x_i - \bar{x})^2}{16-1}} = 0.444$$

$$3\sigma = 1.332$$

因为 $|v_5| = 1.35 > 3\sigma$，所以第 5 次测量值含有粗大误差，即剔除 x_5。

2）检查余下的 15 次测量值中有无粗大误差。

对余下的 15 次测量值重编顺序号 $i' = 1 \sim 15$，检查方法与第 1）步类似。

$$\bar{x}' = \frac{\sum\limits_{i'=1}^{15} x_{i'}}{15} = 205.21 \qquad \sigma' = \sqrt{\frac{\sum\limits_{i'=1}^{15}(x_{i'} - \bar{x}')^2}{15-1}} = 0.269 \qquad 3\sigma' = 0.807$$

显然，余下的 15 次测量值中已不包含粗大误差。

3）检查余下的 15 次测量值中有无系统误差。

因为
$$M = \left| \sum_{i'=1}^{8} v'_i - \sum_{i'=9}^{15} v'_i \right| = |(-0.23) - 0.22| = 0.45$$

而
$$|v'_i|_{max} = |v_{10}| = 0.51 > M$$

所以根据马利科夫判据知，测量结果中不包含线性系统误差。

又因为
$$A = \left| \sum_{i'=1}^{14} v'_i v'_{i+1} \right| = 0.1592$$

而
$$\sqrt{n'-1}\,\sigma'^2 = \sqrt{15-1} \times 0.269^2 = 0.2708 > A$$

所以根据阿贝-赫梅特判据知，测量结果中不包含周期性系统误差。

综上所述可认为，剔除 x_5 以后，余下的 15 次测量值中不包含粗大误差和系统误差，而仅有随机误差。

表 2-4 例 2-8 的测量数据及结果分析

测量顺序号 i	测量值 x_i/V	残差 v_i/V	剔除 x_5 以后		$v_i v_{i+1}/V^2$
			i'	v'_i/V	
1	205.30	0.00	1	0.09	-0.0243
2	204.94	-0.36	2	-0.27	-0.1134
3	205.63	0.33	3	0.42	0.0126
4	205.24	-0.06	4	0.03	-0.0072
5	206.65	1.35	×	×	
6	204.97	-0.33	5	-0.24	-0.0360
7	205.36	0.06	6	0.15	-0.0075
8	205.16	-0.14	7	-0.05	0.0180
9	204.85	-0.45	8	-0.36	0.1836
10	204.70	-0.60	9	-0.51	-0.2550
11	205.71	0.41	10	0.50	0.0700
12	205.35	0.05	11	0.14	0
13	205.21	-0.09	12	0.00	0
14	205.19	-0.11	13	-0.02	0
15	205.21	-0.09	14	0.00	0
16	205.32	0.02	15	0.11	
	$\bar{x} = 205.30$ $\bar{x}' = 205.21$				$A = 0.1592$

4）写出测量结果的表达式。

前已求出余下的 15 次测量值的算术平均值 $\bar{x}' = 205.21$，以及其方均根偏差 $\sigma' = 0.269$，

所以其算术平均值的方均根偏差为

$$\sigma_{\bar{x}'} = \frac{\sigma'}{\sqrt{n'}} = \frac{0.269}{\sqrt{15}} \approx 0.07$$

所以测量结果可表示为

$$x = \bar{x}' \pm \sigma_{\bar{x}'} = (205.21 \pm 0.07)V$$

2.4 测量误差的合成与分配

2.4.1 测量误差的合成

一个测量系统或一个传感器都是由若干部分组成的，设各环节为 $x_1, x_2, \cdots, x_n$，系统总的输入输出关系为 $y = f(x_1, x_2, \cdots, x_n)$，而各部分又都存在测量误差。各局部误差对整个测量系统或传感器测量误差的影响就是误差的合成问题。若已知各环节的误差而求总的误差，称为误差的合成；即测量误差的合成是根据间接测量中各直接测量量与被测量之间的关系，由各直接测量量的误差求得被测量的总误差。反之，总的误差确定后，要确定各环节具有多大误差才能保证总的误差值不超过规定值，这一过程叫做误差的分配。

由于随机误差和系统误差的规律和特点不同，误差的合成与分配的处理方法也不同，下面分别介绍。

1. 系统误差的合成

设 y 为被测量，x_i 为中间变量（直接测量量），已知被测量与各环节中间变量的函数关系为

$$y = f(x_1, x_2, \cdots, x_n) \tag{2-11}$$

各部分定值系统误差分别为 $\Delta x_1, \Delta x_2, \cdots, \Delta x_n$，因为系统误差一般均很小，其误差可用微分来表示，故对式（2-11）进行全微分，并以绝对误差代替微分量得：

$$\Delta y = \frac{\partial y}{\partial x_1}\Delta x_1 + \frac{\partial y}{\partial x_2}\Delta x_2 + \cdots + \frac{\partial y}{\partial x_n}\Delta x_n \tag{2-12}$$

式中 Δy 即合成后的总的定值系统误差，即总输出被测量的绝对误差，Δx_i 为中间变量 x_i 的绝对误差，$\partial y/\partial x_i$ 为 $y = f(x_1, x_2, \cdots, x_n)$ 对 x_i 的偏导数。

对式（2-12）两边除以 y，就可得相对误差的综合表达式：

$$\frac{\Delta y}{y} = \frac{\partial y}{\partial x_1}\frac{\Delta x_1}{y} + \frac{\partial y}{\partial x_2}\frac{\Delta x_2}{y} + \cdots + \frac{\partial y}{\partial x_n}\frac{\Delta x_n}{y} \tag{2-13}$$

【例 2-9】 如图 2-11 所示，已知桥臂电阻 R_1、R_2、R_3 的精度为 0.1%，假定 $R_1 = 100\Omega$，$R_3 = 100\Omega$，当 $R_2 = 1000\Omega$ 时电桥平衡，求 R_x 的精确值。

解：

根据电桥平衡条件知：

$$R_x = \frac{R_1}{R_2}R_3 = \frac{100}{1000} \times 100 = 10\Omega$$

对上式两边进行全微分得：

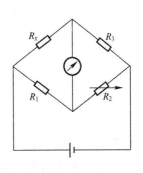

图 2-11 检测电桥

$$\partial R_x = \frac{\partial R_x}{\partial R_1}\Delta R_1 + \frac{\partial R_x}{\partial R_2}\Delta R_2 + \frac{\partial R_x}{\partial R_3}\Delta R_3$$

$$= \frac{R_3}{R_2}\Delta R_1 - \frac{R_1 R_3}{R_2^2}\Delta R_2 + \frac{R_1}{R_2}\Delta R_3$$

整理得：

$$\frac{\Delta R_x}{R_x} = \frac{R_3}{R_2} \cdot \frac{\Delta R_1}{R_x} - \frac{R_1 R_3}{R_2^2} \cdot \frac{\Delta R_2}{R_x} + \frac{R_1}{R_2} \cdot \frac{\Delta R_3}{R_x} = \frac{\Delta R_1}{R_1} - \frac{\Delta R_2}{R_2} + \frac{\Delta R_3}{R_3}$$

所以最大误差为

$$\delta_{\max} = (|\delta_{R_1}| + |\delta_{R_2}| + |\delta_{R_3}|) = 3 \times 0.1\% = 0.3\%$$

因此，R_x 可表示为

$$R_x = 10(1 \pm 0.3\%)\,\Omega$$

【例 2-10】 测量一段导线电阻。已知导线截面的测量误差是 $\pm 3\%$，导线长度的测量误差是 $\pm 2\%$，求该电阻的最大测量误差。

解：

由 $R = \rho \dfrac{l}{S}$ 全微分，并整理得：

$$\Delta R = \rho \frac{1}{S}\Delta l - \rho \frac{l}{S^2}\Delta S$$

$$\frac{\Delta R}{R} = \rho \frac{1}{RS}\Delta l - \rho \frac{l}{S^2 R}\Delta S = \frac{\Delta l}{l} - \frac{\Delta S}{S}$$

所以最大测量误差为

$$\delta_{\max} = \pm \left(\left|\frac{\Delta l}{l}\right| + \left|\frac{\Delta S}{S}\right| \right) = \pm(2\% + 3\%) = \pm 5\%$$

2. 随机误差的合成

设测量系统有 n 个环节组成（参量分别为 $x_1, x_2, \cdots, x_n$），各部分的方均根偏差为 $\sigma_{x_1}, \sigma_{x_2}, \cdots, \sigma_{x_n}$，并设 $x_1, x_2, \cdots, x_n$ 各量是独立的、相互无关的量，则由 $x_1, x_2, \cdots, x_n$ 间接求得的被测量 y 的随机误差（标准误差）的合成表达式为

$$\sigma_y = \sqrt{\left(\frac{\partial f}{\partial x_1}\right)^2 \sigma_{x_1}^2 + \left(\frac{\partial f}{\partial x_2}\right)^2 \sigma_{x_2}^2 + \cdots + \left(\frac{\partial f}{\partial x_n}\right)^2 \sigma_{x_n}^2} \tag{2-14}$$

若 $y = f(x_1, x_2, \cdots, x_n)$ 为线性函数，即

$$y = a_1 x_1 + a_2 x_2 + \cdots + a_n x_n$$

则有

$$\sigma_y = \sqrt{a_1^2 \sigma_{x_1}^2 + a_2^2 \sigma_{x_2}^2 + \cdots + a_n^2 \sigma_{x_n}^2} \tag{2-15}$$

如果 $a_1 = a_2 = \cdots = a_n = 1$，则

$$\sigma_y = \sqrt{\sigma_{x_1}^2 + \sigma_{x_2}^2 + \cdots + \sigma_{x_n}^2} \tag{2-16}$$

当各环节（中间变量）$x_1, x_2, \cdots, x_n$ 彼此有一定的联系或彼此相关时，被测量 y 的随机误差的合成就变得很复杂。为了简化计算，应尽量设法将有些相关的量转化为若干个独立的量来计算，或者把弱相关的量近似看做是彼此独立的量来处理。因为彼此线性无关的量的相

关系数为零,计算将大为简化。

【例2-11】 为了测量一直流电能损耗 A,根据函数式 $A = I^2Rt$,在相同条件下多次等精度直接测量 I、R 和 t,并分别对这三个量的测量结果进行误差分析,得到其测量结果分别为

$$I = (10.23 \pm 0.15)\text{A}$$
$$R = (11.68 \pm 0.01)\Omega$$
$$t = (405.2 \pm 0.2)\text{s}$$

试求电能损耗 A 的最佳估计值及其标准偏差。

解:

A 的最佳估计值为

$$\bar{A} = \bar{I}^2\bar{R}\bar{t} = 10.23^2 \times 11.68 \times 405.2 = 495.29 \text{ kJ}$$

用 $\bar{A}$ 估计 A 的标准偏差(方均根偏差)为

$$\begin{aligned}\sigma_{\bar{A}} &= \sqrt{\left(\frac{\partial A}{\partial I}\right)^2\sigma_{\bar{I}}^2 + \left(\frac{\partial A}{\partial R}\right)^2\sigma_{\bar{R}}^2 + \left(\frac{\partial A}{\partial t}\right)^2\sigma_{\bar{t}}^2}\\ &= \sqrt{(2\bar{I}\cdot\bar{R}\cdot\bar{t})^2\sigma_{\bar{I}}^2 + (\bar{I}^2\bar{t})^2\sigma_{\bar{R}}^2 + (\bar{I}^2\bar{R})^2\sigma_{\bar{t}}^2}\\ &= \sqrt{(\bar{I}^2\bar{R}\bar{t})^2\left[\left(\frac{2}{\bar{I}}\sigma_{\bar{I}}\right)^2 + \left(\frac{\sigma_{\bar{R}}}{\bar{R}}\right)^2 + \left(\frac{\sigma_{\bar{t}}}{\bar{t}}\right)^2\right]}\\ &= \bar{A}\sqrt{\left(\frac{2\times 0.15}{10.23}\right)^2 + \left(\frac{0.01}{11.68}\right)^2 + \left(\frac{0.2}{405.2}\right)^2}\\ &= 495.29 \times 0.0293\\ &= 14.53 \text{ kJ}\end{aligned}$$

因此,该直流电能损耗 A 的测量结果为

$$A = \bar{A} \pm \sigma_{\bar{A}} = (495.29 \pm 14.53)\text{kJ}$$

3. 总合成误差

设测量系统和传感器的系统误差和随机误差均为相互独立的,则总的合成误差 ε 表示为

$$\varepsilon = \Delta y \pm \sigma_y \tag{2-17}$$

2.4.2 测量误差的分配

已知系统总误差,求各组成环节的误差属于误差分配问题。误差分配原则是:
1)必须兼顾各环节可以达到的误差水平,合理地进行误差分配。
2)分配测量环节的误差应满足系统误差要求。
3)利用正负环节误差可相互抵消的特点,降低系统总误差。

知识拓展

1. 引用误差

任何测量仪表都存在误差,但是不同的仪表,由于其制造精度的不同,在测量同一个被

测量时，误差就不尽相同。那么如何来衡量不同仪表的测量误差呢？

相对误差比较全面地表征了测量的精度，但它与被测量数值的大小有关，在一个仪表的整个测量范围内并不是一个定值。因此，选用仪表在其极限测量值时的相对误差这一定值，来对不同仪表的测量精度进行比较，这一定值就是所谓的引用误差，它等于绝对误差除以仪表的量程，并用百分数表示

$$\gamma = \frac{\Delta x}{x_m} \times 100\% = \frac{\Delta x}{x_{\max} - x_{\min}} \times 100\%$$

式中　x_m——仪表的量程；

$x_{\max}$——仪表量程的上限值；

$x_{\min}$——仪表量程的下限值；

γ——引用误差。

通常以最大引用误差来定义测量仪表的公差等级，即

$$s\% \leq \gamma_m = \frac{\Delta x_m}{x_m} \times 100\%$$

式中　γ_m——最大引用误差；

Δx_m——仪表量程内出现的最大绝对误差；

s——仪表的精度等级。

这是一种特殊的相对误差表示法，常用于连续刻度的仪表中，实际给出仪表的最大绝对误差。

最大引用误差的用途：工程上，指示仪表通常按最大引用误差来划分其精确度等级，反映测量结果的可靠程度。例如：电工仪表按最大引用误差的大小分为7个等级：0.1，0.2，0.5，1.0，1.5，2.5，5.0。比如0.5级的仪表，即表示其允许的最大引用误差为0.5%。

对一定级别的仪表，其绝对误差为一常数，$\Delta x = \gamma \cdot x_m$，不随示值刻度发生变化，但示值相对误差则不同，越接近仪表满刻度，示值相对误差越小，反之则越大。

【例2-12】　满刻度为100 V，$\gamma = 2.5\%$ 的电压表其绝对误差为

$$\Delta x = x_m \cdot \gamma = 100 \times 2.5\% = 2.5 \text{ V}$$

若测量电压为25 V，其示值相对误差

$$\delta = \frac{\Delta x}{x} = \frac{2.5}{25} = 10\%$$

大于引用相对误差。

因此得到结论：在使用电工仪表进行测量时，为了减小测量误差，要选择合适的量程，一般要求被测量工作在不小于满刻度的2/3区域。

【例2-13】　已知某一被测电压约10 V，现有如下两块电压表：① 150 V，0.5级；② 15 V，2.5级。问选择哪一块表测量误差较小？

解：

用①表时，其公差等级$s = 0.5$，即$\gamma_m = 0.5\%$，故测量中可能出现的最大绝对误差为

$$\Delta U_m = U_m \gamma_m = 150 \times 0.5\% = 0.75 \text{ V}$$

用②表时，其公差等级$s = 2.5$，即$\gamma_m = 2.5\%$，故测量中可能出现的最大绝对误差为

$$\Delta U_m = U_m \gamma_m = 15 \times 2.5\% = 0.375 \text{ V}$$

显然，①表的公差等级高于②表，但因其量程较大，可能出现的最大绝对误差反而大于②表，所以用公差等级较低的②表测量 10 V 左右的电压，测量误差反而较小。

由此例可见，选用测量仪表时，不能单纯追求公差等级，还要考虑到量程是否合适等因素。

2. 实验数据的记数法和有效数字

实验测量中所使用的仪器仪表只能达到一定的精度，因此测量或运算的结果不可能也不应该超越仪器仪表所允许的精度范围。在实际测量中，要合理考虑有效数字的数量，有效数字只能具有一位存疑值。千万不要错误地认为小数点后面的数字越多就越正确，或者运算结果保留位数越多越准确。

例如：用最小分度为 1 cm 的标尺测量两点间的距离，得到 9140 mm，914.0 cm，9.140 m，0.009140 km。其精确度相同，但由于使用的测量单位不同，小数点的位置就不同。

表示有效数字时需要注意的是：应注意非零数字前面和后面的零。0.009140 km 前面的三个零不是有效数字，它与所用的单位有关。非零数字后面的零是否为有效数字，取决于最后的零是否用于定位。

例如：由于标尺的最小分度为 1 cm，故其读数可以到 5 mm（估计值），因此 9140 mm 中的零是有效数字，该数值的有效数字是四位。

科学的记数法可以用指数形式记数，如：9140 mm 可记为 9.140×10^3 mm，0.009140 km 可记为 9.140×10^{-3} km。

有效数字的运算规则：

（1）加、减法运算

有效数字进行加、减法运算时，有效数字的位数与各因子中有效数字位数最小的相同。

（2）乘、除法运算

两个量相乘（相除）的积（商），其有效数字位数与各因子中有效数字位数最少的相同。

（3）乘方、开方运算

乘方、开方后的有效数字的位数与其底数相同。

（4）对数运算

对数的有效数字的位数应与其真数相同。

问题与思考

问题 1　裁判评分处理方法的问题

目前在体操、声乐等许多需要多位专家评分竞赛项目中，通常采用去掉最高分和最低分的处理方法，这实际上是一种粗大误差的处理方法。本章所介绍的拉依达准则是粗大误差处理的一种方法，它不是万能的，只适合某些测量数据的处理。同样，去除最大值和最小值的方法比较适合竞赛评分的处理。但这些粗大误差的处理方法并不一定是最佳的方法，还有许多新的方法需要我们去研究和发现。比如，有 12 位评委为某选手打分，结果是 10.0，8.0，

8.0, 8.0, 5.0, 5.0, 8.0, 8.0, 8.0, 8.0, 8.0, 8.0。按照去除最大值和最小值的方法，可得平均分为

$$\bar{x} = \frac{8.0+8.0+8.0+5.0+8.0+8.0+8.0+8.0+8.0+8.0}{10} = 7.7$$

若不进行去除最大值和最小值的处理，其平均值为

$$\bar{x} = \frac{10.0+8.0+8.0+8.0+5.0+5.0+8.0+8.0+8.0+8.0+8.0+8.0}{12} \approx 7.7$$

结果近似相同，而从评分数据看，显然 10.0 和 5.0 这两种分数都过于偏离大多数评委的分数，应该去除。去除最大值和最小值的数据处理方法不能办到，那么采用什么方法可以较好地解决这个问题呢？应用本章介绍的粗大误差处理方法是否可以较好地解决这个问题？如果不能，是否还有其他的处理方法？

（提示：实际上，在误差分析理论中，还有许多粗大误差的处理方法，如格拉布斯准则、肖维勒准则等，所有这些方法都是人们在科学试验的基础上研究出来的，它们各有不同的适用范围。前面所提出的评分处理问题，也许采用已有的方法还不能获得理想的结果，这就需要进行进一步的研究，寻找新的处理方法。）

问题 2　载重汽车动态称重的问题

在煤矿中，运煤货车要经过地秤进行称重。过去货车通常行驶到地秤上要停一会儿，等称重读数稳定记录后才开走，这样做效率很低。利用地秤压力传感器的自动检测，完全可以进行快速称重，即装煤货车经过地秤不需要停车，就可以完成载煤的称重。但是这种称重方法会检测到许多不同的重量参数，首先当货车前轮到达或离开地秤压板时得到的检测数据肯定要远远小于载煤货车的重量，当货车完全在地秤的压力板上时，由于货车的运动，测量数据也是波动的，如何处理这些数据，才能得到真正反映载煤货车的重量？

（提示：货车没有完全在地秤压力板上时的检测数据，可以当做粗大误差进行剔除处理；货车完全在地秤压力板上时的检测数据，则可以求其平均值，最后得到较为合理的检测数据。）

本章小结

（1）误差主要可表示为绝对误差和相对误差，绝对误差是测量值与被测量真值之差，其量纲与被测量相同，与所取单位有关，能够反映误差的大小和方向，但不能反映测量的精细程度；相对误差是绝对误差相对于被测量真值的百分比，其大小与被测量单位无关，能够反映出误差的大小、方向和测量工作的精细程度。

（2）测量误差一般可分为系统误差、随机误差和疏失误差。系统误差是有规律的误差，随机误差是无规律的误差，疏失误差是由于人为或意外情况引起的异常误差。

（3）系统误差的判别方法主要有实验对比法、改变测量条件法、理论计算与分析法、采用残余误差观察法、残余误差之和相减法（马利科夫判据）。

（4）疏失误差常用的判别方法是拉依达准则，还有相类似的肖维勒准则、格拉布斯准则。

（5）随机误差具有统计规律，绝大多数随机误差近似服从正态分布。利用方均根偏差

可以对测量系统的随机误差进行估计。

（6）测量误差的综合处理是研究检测各个环节的误差对系统误差的影响规律，以确定总误差与各环节误差的关系，当找出被测量与中间变量的函数关系后，可以进行全微分处理，得到总误差的估计。

习题

1. 虽然绝对误差不能反映测量的精细程度，但是绝对误差比较直观，所以在实际工程测量中也常常采用绝对误差。但是为了弥补绝对误差的不足，往往需要补充一些条件。比如在说明一个钟表的走时误差时，要说明发生误差的工作时间。同样，对以下几种测量过程的绝对误差，请注明其相关条件。

1）某激光测距仪的测量误差小于 1 mm，…

2）某电子天平称重的绝对误差是 0.1g，…

2. 为什么随机误差决定测量系统的精密度，系统误差决定测量系统的准确度？

3. 对某一零件的长度进行测量，9 次测得其长度分别如下：

40.26，40.82，40.78，40.82，40.70，40.78，40.84，40.85，40.81（单位：mm）

1）求其算术平均值。

2）求其方均根偏差。

3）写出测量结果的表达式。

4. 为了测量某电阻，采用 5 位电桥重复测量 12 次：

184.54，   185.00，   184.58，   184.60，   184.55，   184.60，

184.63，   184.60，   184.55，   186.86，   184.65，   184.62（单位：Ω）

判断测量结果是否存在粗大误差。

5. 利用误差不超过 1.0% 的电感 L 和电容 C 测其谐振频率 f_0，求测量结果的最大误差。

$$\left(f_0 = \frac{1}{2\pi\sqrt{LC}}\right)$$

第3章 电阻应变式传感器

本章要点

电阻应变式传感器的工作原理温度补偿；电桥检测电路；电阻应变式传感器的典型应用。

学习要求

掌握电阻应变式传感器的工作原理；熟悉电阻应变式传感器的典型应用；熟悉不同类型电桥检测电路的特点；掌握电阻应变式传感器的温度补偿、零点调整的方法；掌握电阻应变式传感器创新应用的基本要领。

1885年，英国物理学家开尔文（Kelvin）发现金属在承受压力（拉力或扭力）后产生机械形变的同时，由于受材料尺寸（长度、截面积）的改变，电阻值也发生了特征性的变异（应变电阻效应）。人们从电阻值的变化量得出材料受力的特征和量值，从而出现了所谓"应变传感器"，实用中将特制的电阻应变片贴在相应的弹性敏感元件上，用以对不同的力学量进行测量。该应变式传感器结构十分简单，分辨率高，测量的应变量可达$(1\sim2)\times10^{-6}$mm/mm，且灵敏度高，测量范围大，响应时间短，易于实现同步、多点、远程测量，而且价格便宜。

应变式传感器就是利用应变电阻效应做成的传感器，是常用的传感器之一。应变式传感器的核心元件是电阻应变片，本章将先介绍其原理——应变电阻效应，然后再介绍其应用——应变式传感器。

3.1 电阻应变式传感器的工作原理

3.1.1 电阻应变片（计）

电阻应变式传感器是将被测量的应力（压力、荷重、扭力等）通过所产生的弹性形变转换成电阻变化的检测元件。电阻应变式传感器的核心元件是电阻应变片。目前应用最广泛的电阻应变片有两种：金属电阻丝应变片和半导体应变片。下面主要介绍的是金属电阻丝应变片。

1. 电阻应变片（计）的结构

利用金属丝的应变效应可以制成金属应变片。图3-1给出了金属应变片的典型结构，它一般由金属电阻丝（敏感栅）、基底、粘合剂层、引出线和覆盖层（盖片）等组成。敏感栅是应变片的转换元件，它由高电阻率的金属细丝制成，直径为0.01~0.05mm，为了获得较高的电阻值,电阻丝排列成栅网状(敏感栅),并用粘合剂将其固定在绝缘的基底上,图3-1中的 L 称为应变片的标距,也称(基)栅长,a 称为(基)栅宽,$L \times a$ 称为应变片的使用面积(敏感栅面积),一般敏感栅面积为 $3 \sim 10 \text{ mm}^2$,阻值为 $60 \sim 150 \Omega$。基底是将被测构件上的应变不失真地传递到敏感栅上的中间介质,因此它非常薄,一般为 $0.03 \sim 0.06$ mm。此外,基底应有良好的绝缘(起到电阻丝与试件之间的绝缘作用)、抗潮和耐热性能,且随外界条件变化的变形小,基底材料有纸、胶膜和玻璃纤维布等。敏感栅上面粘贴有覆盖层,用于保护敏感栅。敏感栅电阻丝两端焊接引出线,用于和外接电路相连接。

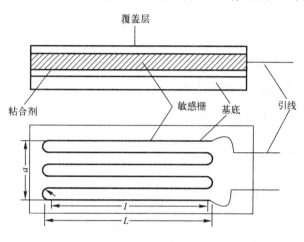

图 3-1 电阻应变片的典型结构

使用时,用粘合剂将应变片贴在被测试件表面上。试件形变时,应变片的敏感栅与试件一同变形,使其电阻发生变化,由测量电路将电阻变化转换为电压或电流的变化,再由显示器记录仪将其显示记录。应变片的电阻变化是与被测试件的形变成比例的,因此,由显示记录的电压或电流的变化,可得知被测试件应变的大小。

电阻应变片的工作原理是基于应变电阻效应的,下面加以介绍。

2. 应变电阻效应

(1) 应变电阻效应

应变电阻效应是指电阻丝的电阻随着它所承受机械变形(伸长或缩短)的大小而发生改变的一种物理现象。设有一根圆截面的金属电阻丝如图3-2所示,其原始电阻为

$$R = \rho \frac{l}{S}$$

式中 ρ——金属电阻丝的电阻率($\Omega \cdot$ m);

l——金属电阻丝长度(m);

S——金属电阻丝的横截面积(m^2)。

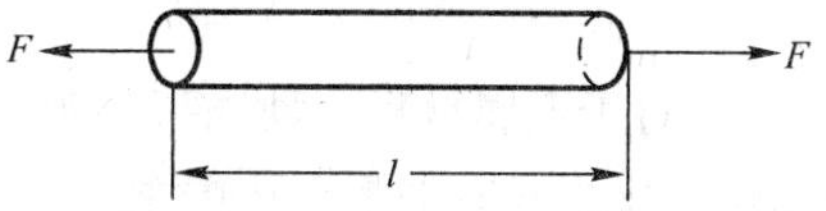

图 3-2 金属丝受拉力示意图

金属电阻丝受力拉长,l 变长,截面积 S 变小,由 $R = \rho \dfrac{l}{S}$ 知,R 将增大。

测量相对误差为

$$\frac{\Delta R}{R} = \frac{\Delta l}{l} + \frac{\Delta \rho}{\rho} - \frac{\Delta S}{S} \tag{3-1}$$

由 $S = \pi r^2$ 得 $\Delta S = 2\pi r \Delta r$

所以：
$$\frac{\Delta S}{S} = 2\frac{\Delta r}{r}$$

设横向应变
$$\varepsilon_r = \frac{\Delta r}{r}$$

由材料力学原理知：在弹性限度范围内，电阻丝横向应变 ε_r 与纵向应变 $\varepsilon_l = \frac{\Delta l}{l}$ 的关系可用泊松系数 μ 来描述：

$$\frac{\Delta r}{r} = \varepsilon_r = -\mu \frac{\Delta l}{l} = -\mu \varepsilon_l$$

式中　r——金属丝导体半径；

　　　μ——材料的泊松系数，$\mu = 0 \sim 0.5$；

　　　$\frac{\Delta l}{l}$——电阻丝纵向（轴向）应变，$\frac{\Delta l}{l} = \varepsilon_l$；

　　　$\frac{\Delta r}{r}$——电阻丝径向（横向）应变，

$\frac{\Delta r}{r} = \varepsilon_r$，应变常用单位是 $\mu\varepsilon$，$1\mu\varepsilon = 1 \times 10^{-6}$ mm/mm。

上式代入式（3-1）得

$$\frac{\Delta R}{R} = \frac{\Delta l}{l}(1 + 2\mu) + \frac{\Delta \rho}{\rho} = \left(1 + 2\mu + \frac{\Delta \rho/\rho}{\Delta l/l}\right)\frac{\Delta l}{l} = K\varepsilon_l \tag{3-2}$$

式（3-2）说明，应变片电阻变化率是由几何效应 $\frac{\Delta l}{l}(1 + 2\mu)$ 项和压阻效应 $\frac{\Delta \rho}{\rho}$ 项综合的结果，即电阻丝受力发生应变时，应变片电阻变化率由两个因素引起，一项是由于电阻丝几何尺寸的改变引起的，对某种材料来说它是常数；另一项是由电阻丝材料的电阻率发生变化而引起的，对多数材料的电阻丝来说，其值也是常数，并且很小，可以忽略。一般材料（半导体、金属）受力产生形变时，晶格畸变引起电阻率变化的现象称为压阻效应。

（2）灵敏系数

灵敏度系数的物理意义是单位应变所引起的电阻相对变化。由式（3-2）可知，电阻应变片的灵敏度系数 K 为

$$K = 1 + 2\mu + \frac{\Delta \rho/\rho}{\Delta l/l} \tag{3-3}$$

1）对于金属材料，勃底特兹明通过实验研究发现，金属材料电阻率的相对变化与其体积相对变化之间有如下正比关系：

$$\frac{d\rho}{\rho} = C\frac{dV}{V}$$

式中　C——金属材料的某个常数，例如，康铜（一种铜镍合金）丝 $C \approx 1$；

　　　V——体积。

因为体积相对变化 $\frac{dV}{V}$ 与应变 ε_l、ε_r 之间有下列关系：

$$V = S \cdot l$$

$$\frac{\mathrm{d}V}{V} = \frac{\mathrm{d}S}{S} + \frac{\mathrm{d}l}{l} = 2\varepsilon_r + \varepsilon_l = -2\mu\varepsilon_l + \varepsilon_l = (1-2\mu)\varepsilon_l$$

由此得

$$\frac{\mathrm{d}\rho}{\rho} = C\frac{\mathrm{d}V}{V} = C(1-2\mu)\varepsilon_l$$

将上述各关系式一并代入式（3-2），得

$$\frac{\mathrm{d}R}{R} = C(1-2\mu)\varepsilon_l + (1+2\mu)\varepsilon_l = [(1+2\mu) + C(1-2\mu)] \cdot \varepsilon_l = K_m \cdot \varepsilon_l$$

式中 K_m 对于一种金属材料在一定应变范围内为一常数。将微分 $\mathrm{d}R$、$\mathrm{d}l$ 改写成增量 ΔR、Δl，可写成下式

$$\frac{\Delta R}{R} = K_m \cdot \frac{\Delta l}{l} = K_m \cdot \varepsilon_l$$

即金属丝电阻的相对变化与金属丝的伸长或缩短之间存在比例关系。比例系数 K_m 称为金属丝的应变灵敏系数，其物理意义为单位应变引起的电阻相对变化。由 $K_m = (1+2\mu) + C(1-2\mu)$ 可知，K_m 由两部分组成：前一部分仅由金属丝的几何尺寸变化引起；后一部分为电阻率随应变而引起的变化，它除与金属丝几何尺寸变化有关外，还与金属本身的特性有关。

应该指出的是：从上述金属应变灵敏系数的推导过程可见，单根金属丝的灵敏度与用相同材料做成的应变片的灵敏度不同（因与应变片的形状等因素有关）。

当力作用到用金属材料制作的应变片上时，应变片即发生相应的压缩应变（为负）或拉伸应变（为正），由应变效应可知，应变片电阻发生变化，其电阻相对变化与电阻丝轴向应变成正比关系。

2）对于半导体，史密兹等学者很早发现，锗、硅等单晶半导体材料具有压阻效应。半导体材料有远比金属导体显著的压阻效应，这是半导体材料具有较大的电阻率变化的原因。当在半导体（例如单晶体）的晶体结构上加上外力时，会暂时改变晶体结构的对称性，因而改变了半导体的导电机构，表现为其电阻率 ρ 的变化，这就是所谓的压阻效应。而且，根据半导体材料情况和所加外力的方向可使电阻率增加或减小。

$$\frac{\mathrm{d}\rho}{\rho} = \rho\sigma = \rho E \varepsilon_l$$

式中 σ——作用于材料的轴向应力；
ρ——半导体材料在受力方向的压阻系数；
E——半导体材料的弹性模量。

同样，将上式代入式（3-2），可得

$$\frac{\Delta R}{R} = [(1+2\mu) + \rho E]\varepsilon_l = K_S \cdot \varepsilon_l$$

式中 $K_S = 1 + 2\mu + \rho E$——半导体材料的应变灵敏系数（简称灵敏系数）。

因此，半导体材料的应变电阻效应可表述为半导体材料的电阻相对变化与纵向应变成正比。

3）常用的应变片灵敏度系数大致是：对于金属材料，$K = K_m = (1+2\mu) + C(1-2\mu)$。可见它由两部分组成：前一部分为受力后金属丝几何尺寸变化所致，一般金属 $\mu \approx 0.3$，因此 $(1+2\mu) \approx 1.6$；后一部分为电阻率随应变而变的部分。以康铜为例，$C \approx 1$，$C(1-2\mu) \approx 0.4$，所

以此时 $K = K_m \approx 2.0$。显然，金属丝材料的应变电阻效应以结构尺寸变化为主。对其他金属或合金，$K_m = 1.8 \sim 4.8$，约为2左右，但不超过4～5，一般取 K_m 为2（应变片的灵敏度）。

对于半导体材料，$K = K_S = 1 + 2\mu + \pi E$。它也由两部分组成：前一部分同样为尺寸变化所致；后一部分为半导体材料的压阻效应所致，而 $\pi = (40 \sim 80) \times 10^{-11} \text{m}^2/\text{N}, E = 1.67 \times 10^{11} \text{N/m}^2$，$\pi E \approx (65 \sim 130) \gg (1 + 2\mu)$，因此半导体丝材料的 $K = K_S \approx \pi E$。可见，半导体材料的应变电阻效应主要基于压阻效应。通常 $K_S \approx 100 K_m$，半导体应变片的灵敏度系数值比金属导体的灵敏度系数值大几十倍。此外，根据选用的材料或掺杂多少的不同，半导体应变片的灵敏度系数可以做成正值或负值，即拉伸时应变片电阻值增加（K 为正值）或降低（K 为负值）。

3.1.2 电阻应变片的种类

1. 应变片的分类

电阻应变片（计）有很多品种系列。从尺寸上讲，长的有几百毫米，短的仅0.2毫米；从结构形式上看，有单片、双片、应变花和各种特殊形状的图案；就使用环境而言，有高温、低温、水、核辐射、高压和磁场等；而安装形式上，有粘贴、非粘贴、焊接和火焰喷涂等。表3-1列出了几种主要电阻应变材料类型的特性比较。

表3-1 不同类型电阻应变材料的性能比较

材料类型	阻值范围/kΩ	灵敏系数/K	滞后及蠕变	制造工艺	备注
金属丝	<1	2.0～6.0	小	简易	具有多种组合的合金，K 值及温度系数具有较好的一致性，可承受较大形变，廉价，寿命长
金属箔	<2	2.0～2.4	微小	简易	阻值一致性好，K 值温度系数较小，横向效应小，形状可变，易于依附基片
金属薄膜	<5	1.0～2.0	近于0	不易	精度高，输出功率密度大，应变极限与基片依赖关系大
体型半导体单晶硅	<1	140	小	较难	K 值高，温度系数大
扩散半导体硅	<5	140	近于0	困难	重复性好，温度系数大
半导体锗薄膜	<5	30	小	难	温度系数更高，需附加温度补偿材料

应变片的分类方法很多，常用的方法是按照制造应变片时所用的敏感元件材料的不同、工作温度范围以及用途的不同来进行分类。

1）按应变片敏感栅的材料分类，可将应变片分成金属应变片和半导体应变片两大类，具体分类如下：

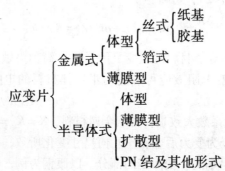

2）按应变片基底材料和安装方法分类，具体分类如下：

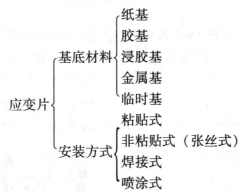

3）按应变片的工作温度分类，可分常温应变片（-30～60℃）、中温应变片（60～300℃）、高温应变片（300℃以上）和低温应变片（低于-30℃）等。

4）按用途分类，可分一般用途应变片和特殊用途应变片（水下、疲劳寿命、抗磁感应、裂缝扩展等）。

2. 几种常用的应变片

（1）金属丝式应变片

丝式应变片根据基底材料不同可分为纸基、胶基、纸浸胶基和金属基等。其敏感栅由金属丝绕制而成。丝式应变片的电阻丝直径为0.02～0.05mm，常用的为0.025mm。其基底很薄，一般在0.03mm左右，能保证有效地传递变形。电流安全允许值为10～12mA至40～50mA之间。电阻值一般应在50～1000Ω范围内，常用的为120Ω。引出线使用直径为0.15～0.30mm的镀银或镀锡铜带或铜丝。

金属丝式应变片按照敏感栅电阻丝的结构又分为回线式和短接式两种。

1）回线式应变片。图3-3中应变片就是回线式应变片，它是将电阻丝绕制成栅粘在绝缘基片上制成的。其特点是制作简单，性能稳定，价格便宜，易于粘贴；但横向效应大，散热性差。实际测量时可能粘贴成应变花结构，如图3-3所示。

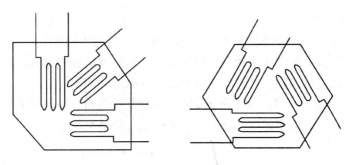

图3-3 应变花结构示意图

2）短接式应变片。短接式应变片是将数根等长的敏感金属丝平行放置，两端用直径比金属丝大5～10倍的镀银丝短接起来而构成，即敏感栅的轴向部分用高电阻率丝材、横向部分用低电阻率丝材组合而成，如图3-4所示。此应变片的优点是克服了回线式应变片的横向效应。但因焊点多，在冲击振动条件下，焊接点易出现疲劳破坏，并且制作工艺复杂，将逐渐被横向效应小、其他方面性能更优越的箔式应变片所代替。

（2）箔式应变片

箔式应变片是利用照相制版或光刻腐蚀法，将电阻箔材在绝缘基底上制成各种敏感栅图案形成的应变片（见图3-5）。其箔栅厚度一般在0.003~0.01 mm之间；箔金属材料为康铜或合金（卡玛合金、镍铬锰硅合金等）；基底可用环氧树脂、缩醛或酚醛树脂等制成。

图3-4 短接式应变片　　　　图3-5 几种箔式应变片

金属箔式应变片的工作原理与金属丝式应变片完全相同，只是其敏感栅由很薄的金属箔片制成，采用了光刻、腐蚀等工序，其基底为胶基，因此箔式应变片有更多的优点：

1）工艺上能保证线栅的尺寸正确，线条均匀，大批量生产时，阻值离散程度小。

2）可根据需要制成任意形状的箔式应变片，而且尺寸很小，如微型小基长（如基长为0.1 mm）的应变片。

3）敏感栅截面积为矩形，表面积大，散热好，在相同截面情况下能允许通过较大电流，从而可以提高灵敏度。

4）厚度薄，因此具有较好的可挠性，其扁平状箔栅（与粘合层的接触面大）有利于形变的传递。

5）疲劳寿命长，蠕变小，机械滞后小。

6）箔式应变片的横向部分特别粗，可大大减少横向效应。

7）便于批量生产，生产效率高，成本低。

因此，箔式应变片使用范围日益扩大，已逐渐取代金属丝式应变片，在国内外应用很广泛。

（3）半导体应变片

半导体应变片是基于半导体材料的"压阻效应"，即电阻率随作用应力而变化的效应。所有材料都在某种程度上呈现压阻效应，但半导体的压阻效应特别显著，能反映出很微小的应变，因此，半导体和金属丝一样可以把应变转换成电阻的变化。

常见的半导体应变片采用锗和硅等半导体材料制作敏感栅，一般为单根状（见图3-6）。半导体应变片应用较普遍的有体型、薄膜型、扩散型、外延型等。

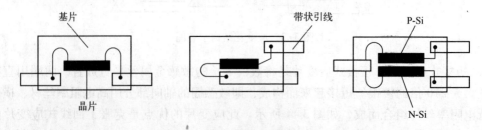

图3-6 体型半导体应变片示意图

体型半导体应变片是将晶片按一定取向切片、研磨、再切割成细条，粘贴于基片上制作而成。几种体型半导体应变片示意图如图 3-6 所示。

薄膜型半导体应变片是利用真空沉积技术将半导体材料沉积于绝缘体或蓝宝石基片上制成的。

扩散型半导体应变片是将 P 型杂质扩散到高阻的 N 型硅基片上，形成一层极薄的敏感层制成的。

外延型半导体应变片是在多晶硅或蓝宝石基片上外延一层单晶硅制成的。

半导体应变片与金属丝式应变片和箔式应变片相比较，具有如下优点：

1）灵敏系数高。比金属应变片的灵敏度系数大 50～100 倍。如此高的灵敏系数解决了处理微弱小信号的困难，从而大大简化了线路。工作时不必用放大器就可用电压表或示波器等简单仪器记录测量结果。

2）体积小，耗电量少。

3）机械滞后小，动态特性好。

4）由于具有正、负两种符号的应力效应（即在拉伸时，P 型硅应变片的灵敏度系数为正值，N 型硅应变片的灵敏度系数为负值。压缩时其结果恰恰相反），则可以用有正、负两种符号应力效应的半导体应变片组成同一应力方向的电桥桥臂，提高灵敏度。

上述优点使其具有独特的应用价值。但是，半导体应变片的电阻温度系数大（温度稳定性差），测量较大应变时非线性严重，灵敏度分散性大。这些缺点不同程度地制约了它的应用发展。不过，随着近年来半导体集成电路工艺的飞速发展，相继出现的扩散型、外延型和薄膜型半导体应变片，使其缺陷得到了一些改善。目前应用越来越多的是扩散型半导体应变片，它是在感压硅膜上采用集成工艺扩散技术形成力敏电阻，将膜片和力敏电阻做成一体，不需要粘贴，精度高，容易实现小型化，抗振和耐冲击能力强，是国外目前应用最普遍的一种类型。

（4）金属薄膜应变片

所谓金属薄膜是指厚度在 $0.1\ \mu m$ 以下的金属膜；厚度在 $25\ \mu m$ 左右的膜称厚膜，箔式应变片即属厚膜类型。

金属薄膜应变片是采用真空溅射或真空沉积等镀膜技术制成的。它可以将产生应变的金属或合金直接沉积在弹性元件上而不用粘合剂，制成各种各样的敏感栅薄膜（薄膜厚度在零点几纳米到几百纳米），再加上保护层形成应变片。这种应变片的滞后和蠕变均很小；灵敏度也高，易实现工业化生产；工作温度范围广，可工作于 -197～$+317℃$，也可用于核辐射等特殊情况下；特别是它可以直接制作在弹性敏感元件上，形成测量元件或传感器，这种应用方式免去了应变片的粘贴工艺过程。因此，金属薄膜应变片是一种很有前途的新型应变片，适合于制作高内阻、小型化、高精度和高稳定性的力敏器件。

（5）高温及低温应变片

按工作温度来分类的高、低温应变片，其性能取决于应变片的应变电阻合金、基底、粘合剂的耐热性能及引出线的性能等。

3.1.3 电阻应变片的选用及粘贴

1. 应变片的型号代号

在使用应变片时，首先要确切了解各种应变片的应用特点及型号代码的含义，举例如下：

应变片的型号为 BX120-3CA100（11），其中：

- B——应变片类型，如箔式（B）、丝绕式（S）、短接式（D）、半导体式（A）和特殊用途（T）等。
- X——基底材料种类，如纸（Z）、环氧类（H）、聚酯类（J）、聚胺酯（X）、酚醛类（F）、聚酰亚胺类（A）、玻璃纤维布浸胶（B）、金属片类（P）和临时基类（L）等。
- 120——标称电阻值（Ω），如60、120、200、350和500Ω等。
- 3——应变片栅长（mm），如1、3、5、8、12、20、50和150mm等。
- CA——敏感栅结构形状，如单轴片（AA）、45°双联片（HA）、半桥片（GB）、全桥片（FG）和圆片（KA）。
- 100——极限工作温度（℃）。
- 11——可进行温度自补偿的材料的线膨胀系数，单位为 $\times 10^{-6}/℃$，如9、11（铜）、16（不锈钢）、23（铝）和 $27 \times 10^{-6}/℃$。

又如型号为 BF120-6.35AA（11），表示箔式应变片，基底材料为酚醛类，标称电阻值为120Ω，栅长为6.35mm，敏感栅的结构形状为AA型，可进行温度自补偿，其材料的线膨胀系数为11。

2. 应变片的主要参数

要正确选用电阻应变片，必须了解下面影响其工作特性的一些主要参数。

（1）应变片电阻值（R_0）

应变片电阻值是指应变片在未使用和不受力的情况下，在室温条件下测定的电阻值，也称原始阻值。应变片电阻值已趋于标准化，有60Ω、120Ω、350Ω、600Ω和1000Ω等多种阻值，其中120Ω最常用。应变片的电阻值大，可以加大应变片承受的电压，从而可以提高输出信号，但一般情况下其相应的敏感栅的尺寸也要随之增大。

（2）绝缘电阻

绝缘电阻是敏感栅与基底之间的电阻值，一般应大于 $10^{10}Ω$。绝缘电阻还包括应变片的引线与被测试件之间的电阻值，一般以兆欧计。绝缘电阻过低，会造成应变片与试件之间漏电而产生测量误差。

（3）灵敏系数（K）

当应变片应用于试件表面时，在其轴线方向的单向应力作用下，应变片的电阻值相对变化与试件表面上粘贴应变片区域的轴向应变之比，称为应变片的应变灵敏系数。K值的准确性直接影响测量准确度，其误差大小是衡量应变片质量优劣的主要标志。要求K值尽量大且稳定。对于金属丝做成的电阻应变片，其电阻应变特性与金属单丝时是不同的，因此，必须重新用实验来测定。

（4）机械滞后

机械滞后是指粘贴的应变片在一定温度下受到增（加载）、减（卸载）循环机械应变时，同一应变量下应变指示值的最大差值。

产生机械滞后的主要原因是由于敏感栅基底和粘合剂在承受机械应变之后留下的残余变

形所致。机械滞后的大小与应变片所承受的应变量有关，加载时的机械应变量大，卸载过程中是新的应变量；第一次承受应变载荷时常常发生较大的机械滞后，经过几次加、卸载循环之后，机械滞后便明显减少。通常，在正式使用之前都预先加、卸载若干次，以减少机械滞后对测量结果的影响。

(5) 允许电流

允许电流是指应变片不因电流产生的热量而影响测量准确度所允许通过的最大电流。它与应变片本身、试件、粘合剂和使用环境等有关，要根据应变片的阻值和具体电路来计算。为了保证测量准确度，在静态测量时，允许电流一般为 25 mA；在动态测量时，可达 75～100 mA。通常箔式应变片的允许电流较大。

(6) 线性度

试件的应变 ε 和电阻的相对变化 $\Delta R/R$，在理论上呈线性关系。但实际上，在大应变时，会出现非线性关系。应变片的非线性度一般要求在 0.05% 或 1% 以内。

(7) 应变极限

应变片的应变极限是指在一定温度下，指示应变值与真实应变值的相对差值不超过规定值（一般为 10%）时的最大真实应变值。也就是说，当指示应变值大于真实应变值的 10% 时的真实应变值，即为应变片的应变极限。

(8) 零漂和蠕变

对于已粘贴好的应变片，在一定温度下不承受机械应变时，其指示应变随时间变化的特性，称为该应变片的零漂。

如果在一定温度下使应变片承受一恒定的机械应变，则这时指示应变随时间而变化的特性，称为应变片的蠕变。

可以看出，这两项指标都是用来衡量应变片特性对时间的稳定性的，对于长时间测量的应变片才有意义。实际上，无论是标定或用于测量，蠕变值中即已包含零漂，因为零漂是不加载的情况，是加载情况的特例。

应变片在制造过程中产生的残余内应力，丝材、粘合剂及基底在温度和载荷作用情况下内部结构的变化，是造成应变片零漂和蠕变的主要因素。

3. 应变片的选用方法

在选用应变片时，应从应变片的类型、材料、阻值和尺寸等方面进行考虑。

1) 选择类型。按使用的目的、要求、对象及环境条件等，并参照表 3-2 选择应变片的类别和结构形式。例如，用作常温测力传感器敏感元件的应变片，常选用箔式或半导体应变计。

2) 材料的考虑。包括敏感栅和基底材料两方面，根据使用温度、时间、最大应变量及精度要求等选用合适的材料。

3) 选择阻值。根据测量线路或仪器选定应变片的标称阻值。如配用电阻应变仪，常选用 120 Ω 阻值，因为电阻应变仪的平衡电阻为 120 Ω。为提高灵敏度，常采用较高的供桥电压和较小的工作电流，需选用大阻值的应变片，如 350 Ω、500 Ω 或 1000 Ω 等。

4) 选择尺寸。根据试件表面粗糙度、应力分布状态和粘贴面积的大小等选择应变片的尺寸。由于应变片测出的应变值实际上是粘贴区域内应变的平均值，所以当试件的应变梯度较大时，应选用栅长小的应变片，使测量值接近测点的真实值。在测量瞬态及高频动态应变时，为保证良好的频响特性，应尽量选择栅长小的应变片。但栅长小的应变片，其横向效应大$\left(H=\dfrac{\varepsilon_y}{\varepsilon_x}\right)$，精度难保证，因此，在选用应变片尺寸时应全面考虑。

5）其他考虑。指特殊用途、恶劣环境、高精度要求等情况，参见表3-2。

表3-2 电阻应变片（计）的应用特点

名 称	说 明	应用特点
单轴应变片	一栅或多栅同方向共基应变片	适用于试件表面主应力方向已知
多轴应变片（应变花）	一基底上具有几个方向敏感栅的应变片	适用于平面应变场中，检测试件表面某点的主应力大小和方向
丝绕式应变片	用耐热性不同的合金丝材绕制而成	可适应不同温度，尤其适用于高温，寿命较长，但横向效应大，散热性差
短接式应变片	敏感栅轴向部分用高电阻率丝材，横向部分用低电阻率丝材组合而成	横向效应小，可做成双丝温度自补偿，适用于中、高温，但N、$\varepsilon_{\lim}$低
箔式应变片	敏感栅用厚$3\sim10\,\mu m$的铜镍合金箔光刻而成的应变片	尺寸小，品种多，静态、动态特性及散热性好；工艺复杂，广泛用于常温
半导体应变片	由单晶半导体经切型、切条、光刻腐蚀成形，然后粘贴而成	灵敏系数比金属材料大$50\sim80$倍，动态特性好；但重复性及温度、时间稳定性较差
高温应变片	工作温度大于350℃，用耐高温基底、粘结剂经高温固化而成	常用金属基底，使用时点焊将应变片焊接在试件上
特殊用途应变片	大应变应变片	用于测量$\varepsilon=(2\sim5)\times10^5\,\mu\varepsilon$
	防水应变片	用于水下应变测量
	防磁应变片	用于强磁场环境中测应变
	裂缝扩展应变片	用于测量裂缝扩展速度

4. 应变片（计）的粘贴

应变片的使用性能，不仅取决于应变片本身的质量，而且取决于应变片的正确使用。对于常用的粘贴式应变片，粘贴质量是关键。在应用过程中，金属或半导体应变片往往需要粘结剂粘贴在被测试样上，在粘贴应变片时，粘结剂所形成的胶层起着重要作用，它要正确无误地将弹性体的变形传递到应变片的敏感栅上去，粘结剂性能的优劣，直接影响应变片的工作特性，所以，传感器性能的好坏除取决于应变片的质量外，还取决于粘结剂的质量及应变片粘贴方法是否正确等。

这样，一个无法回避的问题便是粘结材料的机械强度以及对形变效应的阻尼。因此，对粘结剂的选材、配方及制作工艺存在着许多需要考虑的细节，其中包括蠕变小、机械滞后小、具有准确的应变传递特性；韧性好、耐疲劳性能好、具有足够的粘接强度；对弹性元件及应变片不产生化学腐蚀作用，具有长期稳定性；具有较大的温度使用范围等。

（1）粘结剂的选择

粘结剂的主要功能是要在切向准确地传递试件的应变。因此，应具备：

1）与试件表面有很高的粘结强度，一般抗剪强度应大于$9.8\times10^6\,Pa$。

2）弹性模量大，蠕变、滞后小，温度和力学性能参数要尽量与试件相匹配。

3）抗腐蚀，涂刷性好，固化工艺简单，变形小，使用简便，可长期贮存。

4）电绝缘性能、耐老化与耐湿、耐温性能均良好。

一般情况下，粘贴与制作应变片的粘结剂是可以通用的。但是，粘贴应变片时受到现场加温、加压条件的限制。通常，在室温工作的应变片多采用常温、指压固化条件的粘结剂，如快干胶类的502，适合于纸、胶膜及玻纤布基底材料，粘贴时指压，常温下几分钟固化；非金属基底应变片若用在高温工作时，可将其先粘贴在金属基底上，然后再焊接在试件上。表3-3中列出了几种常用的粘结剂及其特性。

表3-3 常用的粘结剂特性

类 型	主 要 成 分	型 号	适用基片	固化条件	工作温度范围
酚醛类	酚醛-聚乙烯醇缩丁醛	JSF-2	酚醛膜玻璃纤维布	室温，1h	-50~80℃
	酚醛-有机硅	J-12	玻璃纤维布	200℃，3h	-60~350℃
环氧树脂类	环氧树脂、聚硫酚铜胺固化剂	914	玻璃纤维布	室温，2.5h	-60~80℃
	环氧树脂、甲苯二酚、石棉粉等	J06-2	玻璃纤维布	150℃，3h	-196~250℃
有机硅类	有机硅/无机填料	B19	金属片	300℃，3h	-100~450℃
聚酰亚胺类	聚酰亚胺	30-14	玻璃纤维布	280℃，2h	-150~250℃
聚酯类	不饱和聚酯/过氧化环己酮		玻璃纤维布	300℃，3h	-50~80℃
硝化纤维类	硝化纤维素	万能胶	纸	60℃，2h	-50~80℃
氰基烯金属类	氰基丙烯酸酯	KH5011	纸/玻璃纤维布	室温，24h	-50~80℃

（2）应变片的粘贴步骤

1）准备。试件：在试件粘贴部位的表面，用砂布在与轴向成45°的方向交叉打磨→清洗净打磨面→划线以确定贴片坐标线→均匀涂一薄层粘结剂作底。

应变片（计）：外表和阻值检查→刻划轴向标记→清洗。

2）涂胶。在准备好的试件表面和应变片基底上均匀涂一薄层粘结剂。

3）贴片。将涂好胶的应变片与试件按坐标线对准贴上→用手指顺轴向滚压，去除气泡和多余胶液→按固化条件固化处理。

4）复查。贴片偏差应在许可范围内；阻值变化应在测量仪器预调平范围内；引线和试件间的绝缘电阻应大于200MΩ。

5）接线。根据工作条件选择好导线，然后通过中介接线片（柱）把应变片引线和导线焊接，并加以固定。

6）防护。在安装好的应变片和引线上涂以中性凡士林油、石蜡（短期防潮）；或石蜡-松香-黄油的混合剂（长期防潮）；或环氧树脂、氯丁橡胶、清漆等（防机械划伤）作防护用，以保证应变片工作性能稳定可靠。

3.1.4 应变片的动态响应特性

当使用电阻应变片测量变化频率较高的动态应变时，应考虑其动态响应特性。实验表明，在动态测量时，机械应变以相同于声波速度的应变波形式在材料中传播。应变波由试件材料表面经粘合剂、基底到敏感栅，需要一定时间。前两者都很薄，可以忽略不计；但当应变波在敏感栅长度方向上传播时，就会有时间的滞后，而敏感栅电阻的变化是对某一瞬时作用于其上应力的平均值的反应，这样对动态（高频）应变的测量就会产生误差。应变片的动态响应特性就是其感受随时间变化的应变时的响应特性。

1. 应变波的传播过程

应变以波的形式从试件（弹性元件）材料经基底、粘合剂，最后传播到敏感栅，各个环节的情况不尽相同，下面分别讨论。

（1）应变波在试件材料中的传播

应变波在弹性材料中传播时，其速度为

$$v = \sqrt{\frac{E}{\rho}}$$

式中　v——应变波在弹性材料中的传播速度（m/s）；

　　　E——试件材料的纵向弹性模量（Pa）；

　　　ρ——试件材料的密度（kg/m³）。

表3-4列出了应变波在有关材料中的传播速度。

表3-4　应变波在有关材料中的传播速度

材料名称	传播速度 $v/(\mathrm{m\cdot s^{-1}})$	材料名称	传播速度 $v/(\mathrm{m\cdot s^{-1}})$
混凝土	2 800~4 100	石膏	3 200~5 000
水泥砂浆	3 000~3 500	有机玻璃	1 500~1 900
钢	4 500~5 100	赛璐珞	850~1 400
铝合金	5 100	环氧树脂	700~1 450
镁合金	5 100	环氧树脂合成物	500~1 500
铜合金	3 400~3 800	电木	1 500~1 700
钛合金	4 700~4 900	钢结构物	5 000~5 100

（2）应变波在粘合剂和基底中的传播

应变波由试件材料表面经粘合剂、基底到敏感栅，需要的时间非常短。如应变波在粘合剂中的传播速度为1 000 m/s，当粘合剂和基底的总厚度为0.05 mm时，则所需要的时间为 5×10^{-8}s，因此可以忽略不计。

（3）应变波在应变片敏感栅长度内的传播

当应变波在敏感栅长度方向上传播时，情况与前两者大不一样。应变片反映出来的应变波形，是应变片丝栅长度内所感受应变量的平均值，即只有当应变波通过应变片全部长度后，应变片所反映的波形才能达到最大值。这就会有一定的时间延迟，将对动态测量产生影响。

2. 应变片工作频率范围的估算

由上节分析可知，影响应变片频率响应特性的主要因素是应变片的基长。应变片的可测频率或称截止频率可分为如下两种情况。

（1）正弦应变波

应变片对正弦应变波的响应特性如图3-7a所示。

应变片反映的应变波形是应变片线栅长度内所感受应变量的平均值，因此应变片所反映的波幅将低于真实应变波，这就造成一定误差。应变片的基长增大，该误差也增大；当基长一定时该误差将随频率的增加而加大。图3-7a表示应变片正处于应变波达到最大幅值时的瞬时情况。

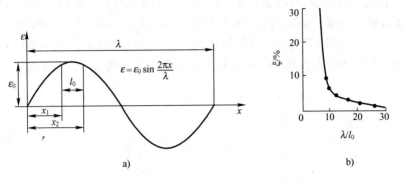

图3-7 应变片对正弦应变波响应特性和误差曲线
a) 响应特性 b) 误差曲线

假设应变波的波长为 λ，应变片的基长为 l_0，则应变波达到最大幅值时其两端坐标应为

$$x_1 = \frac{\lambda}{4} - \frac{l_0}{2}$$

$$x_2 = \frac{\lambda}{4} + \frac{l_0}{2}$$

借助于上述关系，应变片在其基长 l_0 内测得的平均应变 ε_{av} 的最大值为

$$\varepsilon_{av} = \frac{\int_{x_1}^{x_2} \varepsilon_0 \sin \frac{2\pi}{\lambda} x \, dx}{x_2 - x_1} = \frac{\lambda \varepsilon_0}{\pi l_0} \sin \frac{\pi l_0}{\lambda}$$

故应变波幅的测量误差为

$$\xi = \left| \frac{\varepsilon_{av} - \varepsilon_0}{\varepsilon_0} \right| = \left| \frac{\lambda}{\pi l_0} \sin \frac{\pi l_0}{\lambda} - 1 \right|$$

由上式可知：测量误差与应变波长对基长的相对比值 λ/l_0 有关（见图3-7b）。λ/l_0 愈大，误差愈小，一般可取 $\lambda/l_0 = 10 \sim 20$。在这种情况下，其相对误差为 1.6% ~ 0.4%。

考虑到 $\lambda = v/f$，$\lambda = nl_0$，故有

$$f = \frac{v}{nl_0}$$

式中 f——应变片的可测频率（Hz）；
v——应变波的传播速度（m/s）；
n——应变波长对基长的相对比值。

对于应变波速度为 $v = 5000$ m/s 的钢材，当取 $n = 20$ 时，利用上式可测频率的计算式，可算得不同基长的应变片的最高工作频率，见表3-5。

表3-5 不同基长应变片的最高工作频率（$v = 5000$ m/s）

应变片基长 l_0/mm	1	2	3	5	10	15	20
最高工作频率 f/kHz	250	125	83.33	50	25	16.67	12.5

(2) 阶跃应变波

阶跃应变波的情况如图 3-8 所示，阶跃波沿敏感栅轴向传播时，由于应变波通过敏感栅需要一定时间，当阶跃波的跃起部分通过敏感栅全部长度后，电阻变化才达到最大值。图 3-8a 为阶跃波形，应变片的理论响应特性如图 3-8b 所示，t_0 为上升时间滞后示意。由于应变片粘合层对应变中高次谐波的衰减作用，实际应变片响应波形如图 3-8c 所示。以输出从稳态值的 10% 上升到稳态值的 90% 的这段时间作为上升时间 t_r，估算式为

$$t_r = \frac{0.8l_0}{v}$$

应变片的可测频率为

$$f = \frac{0.35}{t_r} = \frac{0.35v}{0.8l_0} \approx 0.44 \frac{v}{l_0}$$

实际上 t_r 值是很小的。例如，应变片基长 $l_0 = 20\,\text{mm}$，应变波速 $v = 5000\,\text{m/s}$ 时，$t_r = 3.2 \times 10^{-6}\,\text{s}$，$f = 110\,\text{kHz}$。考虑到基片粘贴的影响，实际可用的最高工作频率要低于上述理论值。

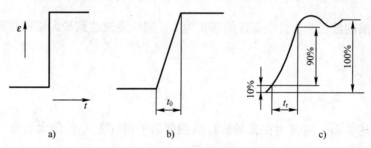

图 3-8 应变片对阶跃应变波的响应特性
a) 阶跃波形 b) 理论响应特性 c) 实际响应特性

3.1.5 电阻应变片的温度误差及其补偿

1. 温度误差产生的原因

作为电阻应变片，在测量时希望它只随应变而变，而不受任何其他因素影响。但实际上，造成电阻应变片测量误差的因素很多，测量时要加以考虑。其中环境温度的影响是首要的。当把应变片粘贴安装在一个可以自由膨胀的试件上时，使试件不受任何外力作用，则环境温度发生变化时，应变片阻值也将随之发生变化。在有些情况下，这个数值甚至要大于应变引起的信号变化，这种变化叠加在测量结果中将产生很大误差。这种由于环境温度变化带来的误差称为应变片的温度误差，又称热输出。

由环境温度引起的电阻丝应变片热输出时，电阻值变化的原因主要有两个：

1) 电阻的热效应。即当温度变化时，应变片敏感栅材料的电阻值将随温度的变化而变化，其电阻变化率为

$$\left(\frac{\Delta R}{R}\right)_\alpha = \alpha \Delta t$$

式中

α——电阻丝敏感栅材料的电阻温度系数；

Δt——环境温度的变化量。

2）电阻丝与被测件材料的线膨胀系数的不同。当温度变化时，应变片和被测试件材料均产生线膨胀，如果应变片敏感栅材料和试件材料的线膨胀系数不同，它们受温度影响的伸缩量也将不同，但应变片已贴牢在试件上，不能自由伸缩，只能跟试件一起变形，从而使应变片敏感栅产生附加应变，并引起电阻变化，其电阻变化率为

$$\left(\frac{\Delta R}{R}\right)_\beta = K(\alpha_1 - \alpha_2)\Delta t$$

式中

K——应变片的应变灵敏系数；

α_1——被测件材料的线膨胀系数；

α_2——电阻丝材料的线膨胀系数。

因此，应变片由温度变化所引起的总电阻变化率为

$$\left(\frac{\Delta R}{R}\right)_t = \left(\frac{\Delta R}{R}\right)_\alpha + \left(\frac{\Delta R}{R}\right)_\beta = [\alpha + K(\alpha_1 - \alpha_2)]\Delta t \tag{3-4}$$

实际上，温度对应变片特性的影响远非上述两个因素所能概括。温度变化还可通过其他途径来影响应变片的工作。例如，温度变化将影响粘合剂传递变形的能力，从而对应变片的工作特性产生影响。过高的温度甚至使粘合剂软化而使其完全丧失传递变形的能力。但是在常温和正常工作条件下，上述两个因素还是造成应变片温度误差的主要原因。

下面具体分析应变片的温度误差影响和正常工作条件下应变片输出的大小：

1）温度误差影响。当环境温度变化 Δt 时，应变片电阻的增量 ΔR_t 可用下式表示：

$$\Delta R_t = R_0 \alpha \Delta t + R_0 K(\alpha_1 - \alpha_2)\Delta t = R_0[\alpha + K(\alpha_1 - \alpha_2)]\Delta t$$

令 $\alpha_t = \alpha + K(\alpha_1 - \alpha_2)$

则

$$\Delta R_t = R_0 \alpha_t \Delta t$$

式中

R_0——0℃时电阻丝应变片的电阻值；

α_t——电阻丝应变片的电阻温度系数。

设电阻丝应变片的温度系数 $\alpha_t = 4.28 \times 10^{-3}/℃$，则当环境温度变化1℃时，电阻丝应变片的阻值变化为

$$\Delta R/R = \alpha_t \cdot \Delta t = 2 \times 2140 \times 10^{-6}$$

2）正常工作条件下应变片输出。由应变电阻效应可知电阻应变片的输出为 $\Delta R/R = k\varepsilon_l$，设 $k = 2$，一般 ε_l 应变单位为几百至几千微（$1\mu = 10^{-6}$），取 $\varepsilon_l = 1000\mu$，则由正常工作条件下应变所产生的应变片输出为

$$\Delta R/R = k\varepsilon_l = 2 \times 1000 \times 10^{-6}$$

所以，环境温度变化1℃引起的电阻应变片阻值的变化相当于 2140×10^{-6}（2140μ）应变引起的变化，因此在实际测量中必须解决电阻应变片的温度影响问题。

2. 温度补偿方法

为了解决环境温度引起的测量误差，必须采取温度补偿措施，常用的温度补偿方法有以下几种。

(1) 应变片自补偿法

即在被测部位粘贴一种特殊应变片来实现温度补偿的方法,当温度变化时,产生的附加应变为零或相互抵消,该特殊应变片称为温度自补偿应变片。

下面介绍几种自补偿应变片。

1) 选择式自补偿应变片。由式(3-4)可以看出,若使应变片在温度变化时热输出值为零,必须使

$$\alpha + K(\alpha_1 - \alpha_2) = 0$$

即要满足下式:

$$\alpha = -K(\alpha_1 - \alpha_2)$$

因此,合理选择应变片和使用构件就能使温度引起的附加应变变化为零。被测试件材料确定后就可以选择适合的应变片敏感栅材料来满足上式,达到温度自补偿。其优点是:结构简单,制造和使用都比较方便;但这种方法的最大不足是:一种确定的应变片只能用于一种确定的材料试件上,局限性很大。

2) 双金属敏感栅自补偿应变片。也称双丝组合式自补偿应变片,它是利用电阻温度系数不同(一个为正,一个为负)的两种电阻丝材料串联组合成敏感栅(见图3-9)。这两段敏感栅的电阻 R_1 和 R_2 由于温度变化而引起的电阻变化分别为 ΔR_{1t} 和 ΔR_{2t},它们大小相等、符号相反,起到了温度补偿的作用。电阻 R_1 和 R_2 的比值关系可由下式决定:

$$\frac{R_{1.0}}{R_{2.0}} = \left|\frac{\alpha_2}{\alpha_1}\right|$$

图 3-9 双金属敏感栅自补偿应变片

其中:

$R_{1.0}$、$R_{2.0}$ 分别为 R_1、R_2 在 0℃时的电阻值,α_1、α_2 分别为 R_1、R_2 的温度系数。

该补偿方法的优点是:制造时,可以调节两段敏感栅的丝长,以实现在一定温度范围内对某种材料的试件获得较好的温度补偿效果。这种温度补偿方法给应变片的应用带来了方便,但在制造工艺上不易达到理想的效果,且成本较高。

3) 双金属半桥片。此外,还有一种自补偿方案如图3-10所示。这种应变片在结构上与双金属自补偿应变片相同,但敏感栅是由同符号电阻温度系数的两种合金丝串联而成的,敏感栅的两部分电阻 R_1 和 R_2 分别接入电桥的相邻两臂上。R_1 是工作臂,R_2 与外接串联电阻 R_B 组成补偿臂,另两臂只能接入平衡电阻 R_3 和 R_4,适当调节它们之间的长度比和外接电阻 R_B 的阻值,可以使两桥臂因温度变化而引起的电阻变化相等或接近,达到热补偿的目的,即满足

$$\frac{\Delta R_{1t}}{R_1} = \frac{\Delta R_{2t}}{R_2 + R_B}$$

这种补偿法的最大优点是:通过调整 R_B 的阻值,不仅可使热补偿达到最佳效果,而且还适用于不同的线膨胀系数的测试件;缺点是:对 R_B 的精度要求高,而且,当有应变时,补偿栅同样起着抵消工作栅有效应变的作用,使应变片输出的灵敏度降低。因此,补偿栅材料通常选用电阻温度系数大而电阻率低的铂或铂合金,只要较小的铂电阻(几欧姆)就能做到温度补偿,同时使应变片的灵敏系数损失少一些。应变片必须使用电阻率大、电阻温度系数小的材料。这类应变片可以在不同膨胀系数材料的试件上实现温度自补偿,所以比较通用。

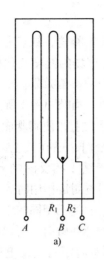 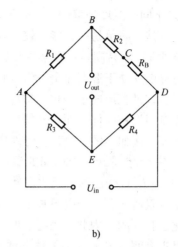

图 3-10 温度自补偿应变片
a) 外形示意 b) 原理电路

(2) 电桥补偿法

这是一种常用和效果较好的补偿法。将两个特性相同的应变片，用同样的方法粘贴在同样材质的两个器件上，置于相同的温度中，承受应力的为工作片，不受应力的为补偿片。将这两个应变片接成如图 3-11 所示的电桥。其中，应变片 R_1 为测量元件，应变片 R_B 为温度补偿元件，R_1 和 R_B 分别为电桥的相邻两臂。

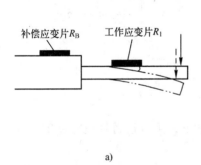 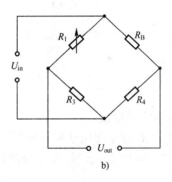

图 3-11 电桥补偿法
a) 外形示意 b) 原理电路

在实际测量中，当温度发生变化时，工作应变片 R_1 与补偿应变片 R_B 的电阻都发生变化。由于它们是同类应变片，粘贴在相同的材料上，又处于相同的温度场，所以温度变化引起的电阻变化量是相同的。而当试件受到外力，产生应变后，工作应变片 R_1 会有变化，补偿应变片 R_B 的电阻不会发生变化。因此电桥的输出对温度不敏感，而对应变很敏感，从而起到温度补偿的作用。

应当指出，为达到完全补偿，上述补偿法需满足下列三个条件：

1) R_1 和 R_B 须属于同一批号，即它们的电阻温度系数、线膨胀系数、应变灵敏系数都应相同，两片的初始电阻值也要求相同。

2) 两者用于粘贴补偿片的补偿块构件和粘贴工作片的试件材料必须相同，即要求两者线膨胀系数相等，并且补偿片不能承受应力。

3) 两应变片处于同一温度环境中。

此种方法的优点是，简单易行，能在较大温度范围内进行补偿，缺点是上述三个条件不易满足，尤其是条件3) 不易满足：在某些测试条件下，温度场的温度变化梯度较大时，很难做到使工作片与补偿片处于温度完全一致的状态，因而影响补偿效果。

上述方法进一步改进就形成了一种非常理想的差动方式，如图 3-12 所示。根据被测试件的应变情况，不专门设补偿件，而将补偿片亦贴在被测试件上，使其既能起到温度补偿作用，又能提高灵敏度。例如，图 3-12 中构件作纯弯曲形变时，贴在其上的两个应变片 R_1（R_4）和 R_2（R_3）完全相同，处于相同的温度场，但处于互为相反的受力状态，即当 R_1（R_4）受拉伸时，R_2（R_3）受压缩，反之亦然。当试件受到被测量作用时，应变片 R_1（R_4）和 R_2（R_3），一个电阻增加，一个电阻减小；同时，由于它们处于相同的温度场，因温度变化带来的电阻变化是相同的。因此，当把它们接入电桥的相邻两臂时，可以很好地补偿温度误差，同时还可以提高测量灵敏度和补偿非线性误差（参考后面的差动电桥检测电路和双差电桥检测电路）。

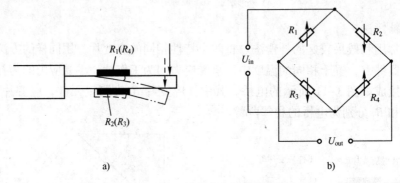

图 3-12　差动应变片补偿法
a) 外形示意　b) 原理电路

(3) 热敏电阻补偿法

将热敏电阻 R_t 置于和应变片相同的环境温度下，可以进行环境温度的补偿。补偿方法有多种方式，图 3-13 所示就是其中的两种方法。

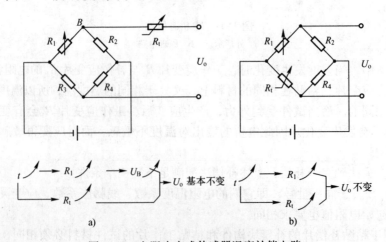

图 3-13　电阻应变式传感器温度补偿电路

显然，图3-13a是利用热敏电阻对输出电压的压降变化来补偿环境温度对输出电压的影响。这种方法只能在一定程度上减少环境温度引起的测量误差，适合于一些对测量准确度要求不高的场合；图3-13b则是利用电桥平衡的原理进行温度补偿。如果热敏电阻与电阻应变片的温度特性一致，则可以实现理想的补偿效果。但实际上，热敏电阻对环境温度的敏感程度远远要比电阻应变片大得多，为了实现较好的补偿效果，可以将普通电阻与热敏电阻进行串并联，以降低其温度系数。

3.2 电桥检测原理及电阻应变片桥路

传感元件把各种被测非电量转换为R、L、C的变化后，须进一步将其转换为电流或电压变化，才有可能用电测仪器来进行测定。电阻应变片把机械应变信号转换成 $\Delta R/R$ 后，由于应变量及其应变电阻变化一般都很微小，既难以直接准确测量，且不便直接处理，因此，必须采用转换电路或仪器，把应变片的 $\Delta R/R$ 变化转换成电压或电流变化。电桥测量线路正是进行这种变换的一种最常用的方法。下面结合电阻应变片介绍电桥的一些基本概念，并对电阻应变片桥路作简要分析。

3.2.1 电桥概述

电桥是最常见的检测电路，电桥分为直流电桥和交流电桥。直流电桥比较简单，使用方便，所以在一般情况下，电阻应变式传感器通常采用直流电桥作为检测电路。

1. 电桥工作原理

直流电桥的原理电路如图3-14所示。电桥电路有四个桥臂电阻，其中任何一个都可以是电阻应变片电阻，当任一个桥臂接入的是应变片时，就称其为应变片电桥测量电路。电桥的一条对角线接入工作电压 U_s，另一条对角线为输出电压 U_o。电桥的特点是：当四个桥臂电阻达到某一关系时，电桥输出为零，否则就有电压输出，可利用灵敏检流计来测量，

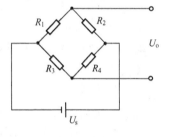

图3-14 直流电桥检测电路

故电桥能够准确地测量微小的电阻变化。如图各桥臂电阻分别为 R_1、R_2、R_3、R_4，直流电源为 U_s，则电桥输出电压 U_o 为

$$U_o = U_{R_1} - U_{R_3} = \frac{R_1 R_4 - R_2 R_3}{(R_1 + R_2)(R_3 + R_4)} U_s$$

当电桥满足平衡条件 $R_1 R_4 - R_2 R_3 = 0$ 时，输出 $U_o = 0$。

2. 电桥的分类

电桥的种类较多，按其供桥电源的性质可分为直流和交流电桥两大类。直流电桥的优点是：信号不会受各元件和导线的分布电感及电容的影响，抗干扰能力强，但由于机械应变所引起电桥的输出太小，要求具有很大的放大倍数和高稳定性能的放大器进行放大。故在一些场合（如电阻应变仪中）采用交流电桥为多。

(1) 按输入电源分类

电桥按输入电源分类，可分为直流电桥、交流电桥、恒压源电桥和恒流源电桥。

(2) 按被测电阻的接入方式分类

电桥按被测电阻的接入方式分类，可分为以下四种类型：

1) 单臂电桥。四个桥臂中只有一个桥臂是敏感元件，其他均为电阻。图 3-14 中，R_1 为敏感元件，R_2、R_3 和 R_4 为电阻。

2) 差动电桥。四个桥臂中有两个敏感元件是相邻桥臂，这两个敏感元件在测量对象中，阻值变化大小相等，方向相反。图 3-14 中，R_1 和 R_2 是大小相等，方向相反变化的两个敏感元件，R_3 和 R_4 为电阻。

3) 双差动电桥。四个桥臂中有四个敏感元件，其中每两个相邻桥臂上的敏感元件在测量对象中，阻值变化大小相等，方向相反，而且相对桥臂上的两个敏感元件的变化是大小相等、方向相同。图 3-14 中，R_1 和 R_2 是大小相等，方向相反变化的两个敏感元件，R_3 和 R_4 也是大小相等、方向相反变化的两个敏感元件，并满足 R_1 和 R_4，R_2 和 R_3 的变化大小相等、方向相同。

4) 相对臂电桥。四个桥臂中两个敏感元件在相对桥臂，且变化大小相等，方向相同。图 3-14 中，R_1 和 R_4 是大小相等、方向相同的两个敏感元件。

(3) 按桥臂电阻的配备方式分类

电桥按桥臂电阻的配备方式分类，可分为对称电桥和不对称电桥。其中对称电桥又有三种不同的类型。

1) 串联对称电桥（第一类对称电桥）。图 3-14 中，$R_1 = R_2$，$R_3 = R_4$。

2) 并联对称电桥（第二类对称电桥）。图 3-14 中，$R_1 = R_3$，$R_2 = R_4$。

3) 全对称电桥（或等臂电桥）。四个桥臂电阻全相等，图 3-14 中，$R_1 = R_2 = R_3 = R_4$。

不对称电桥，不满足上述条件的电桥。

(4) 按电桥的工作方式分类

电桥按电桥的工作方式分类，可分为平衡电桥和不平衡电桥。

当电桥满足平衡条件 $R_1 R_4 = R_2 R_3$ 时，称为平衡电桥，电桥输出为零；

不平衡电桥不满足电桥平衡条件，电桥输出不为零。

3.2.2 不平衡单臂电桥的工作特性

单臂 R_1 为敏感元件变化的电桥输出为

$$U_\mathrm{o} = \frac{\varepsilon}{\left(1 + \dfrac{R_2}{R_1} + \varepsilon\right)\left(1 + \dfrac{R_3}{R_4}\right)} U_\mathrm{s}$$

其中 $\varepsilon = \dfrac{\Delta R_1}{R_1}$

根据不同桥臂电阻的配备方式，输出电压有以下几种情况：

1. 串联对称电桥的工作特性

由 $R_1 = R_2$，$R_3 = R_4$，有

$$U_o = \frac{\varepsilon}{(2+\varepsilon)\cdot 2}U_s = \frac{\varepsilon}{4}\frac{1}{1+\frac{\varepsilon}{2}}U_s$$

由于 $\frac{1}{1+Q}$（Q 是微小量）可展成泰勒级数：

$$\frac{1}{1+Q} = 1 - Q + Q^2 - \cdots$$

所以得

$$U_o \approx \frac{\varepsilon}{4}\left(1 - \frac{\varepsilon}{2}\right)U_s = \frac{\varepsilon}{4}U_s - \frac{\varepsilon^2}{8}U_s$$

忽略后一项 $\varepsilon^2/8$，得理想输出为

$$U_{os} \approx \frac{1}{4}\varepsilon U_s$$

电桥电压灵敏度为

$$K_{us} = \frac{U_{os}}{\varepsilon} = \frac{1}{4}U_s$$

非线性度为

$$\delta_f = \frac{U_{os} - U_o}{U_{os}} = \frac{1}{2}\varepsilon$$

可见，输入量变化 ε 越大，非线性误差越大。若要求电桥误差小于 0.03，即 $\delta_f \leqslant 3\%$，则允许 ε 最大值为 0.06（最大的测量范围）。

2. 并联对称电桥的工作特性

在并联电桥中，$R_1 = R_3$，$R_2 = R_4$，且设 $\frac{R_2}{R_1} = \frac{R_4}{R_3} = D > 1$

得

$$U_o = \frac{\varepsilon}{(1+D+\varepsilon)\left(1+\frac{1}{D}\right)}U_s = \frac{\varepsilon}{(1+D)\left(1+\frac{\varepsilon}{D+1}\right)\left(1+\frac{1}{D}\right)}U_s$$

因为

$$\frac{1}{1+\frac{\varepsilon}{1+D}} = 1 - \frac{\varepsilon}{1+D} + \left(\frac{\varepsilon}{1+D}\right)^2 + \cdots$$

所以

$$U_o \approx \frac{\varepsilon}{(1+D)\left(1+\frac{1}{D}\right)}\left(1 - \frac{\varepsilon}{1+D}\right)U_s$$

理想输出为

$$U_{os} \approx \frac{\varepsilon}{(1+D)\left(1+\frac{1}{D}\right)} U_s$$

单臂并联对称电桥的灵敏度为

$$K_{us} = \frac{U_{os}}{\varepsilon} = \frac{U_s}{(1+D)\left(1+\frac{1}{D}\right)}$$

当 $D=1$ 时，$K_{usmax} = \frac{U_s}{4}$（与串联对称电桥相同）

非线性度为

$$\sigma_f = \frac{U_{os} - U_o}{U_{os}} = \frac{\varepsilon}{1+D}$$

$D=1$ 时，$\delta_f = \frac{1}{2}\varepsilon$（也与串联对称电桥相同）。

若 D 越大，则非线性误差越小，这是串联对称电桥所无法实现的。

等臂电桥与串联电桥分析结果一样，此处不再叙述。

3.2.3 差动电桥的工作特性

设图3-14所示的电桥为第一类对称电桥，$R_1 = R_2$，$R_3 = R_4$，R_1 和 R_2 为敏感元件，在测量时，有

$$R_1^1 = R_1 + \Delta R_1, \quad R_2^1 = R_2 - \Delta R_2 \text{ 且 } \Delta R_1 = \Delta R_2$$

则：

$$U_o = \frac{(R_1 + \Delta R_1)R_4 - (R_2 - \Delta R_2)R_3}{(R_1 + \Delta R_1 + R_2 - \Delta R_2)(R_3 + R_4)} U_s = \frac{1}{2}\varepsilon U_s$$

电压输出灵敏度为

$$K_{us} = \frac{U_o}{\varepsilon} = \frac{1}{2} U_s, \text{ 比单臂电桥高一倍}$$

非线性度为

$$\delta_f = 0$$

3.2.4 双差动电桥的工作特性

设图3-14所示电桥为全对称电桥，且 R_1、R_2、R_3 和 R_4 均为敏感元件，初始状态有 $R_1 = R_2 = R_3 = R_4 = R$，测量时有：

$$R_1^1 = R_1 + \Delta R_1, R_2^1 = R_2 - \Delta R_2, R_3^1 = R_3 - \Delta R_3, R_4^1 = R_4 + \Delta R_4$$

且 $\Delta R_1 = \Delta R_2 = \Delta R_3 = \Delta R_4 = \Delta R$

则：

$$U_o = \frac{(R_1 + \Delta R_1)(R_4 + \Delta R_4) - (R_2 - \Delta R_2)(R_3 - \Delta R_3)}{(R_1 + \Delta R_1 + R_2 - \Delta R_2)(R_3 - \Delta R_3 + R_4 + \Delta R_4)} U_s = \varepsilon U_s$$

电压输出灵敏度为

$$K_{us} = U_s$$

非线性度为

$$\delta_f = 0$$

对比以上电桥的三种工作方式可见，用直流电桥作应变的测量电路时，电桥输出电压与被测应变量呈线性关系（单臂电桥近似线性），单臂电桥具有一定的非线性度，而差动和双差动电桥的非线性度为零；在相同条件下（供桥电源和应变的型号不变），差动工作比单臂工作输出信号大，差动电桥输出是单臂输出的 2 倍，而双差动电桥输出是单臂输出的 4 倍。双差动电桥工作时输出电压最大，检测的灵敏度最高。

3.2.5 相对臂电桥的工作特性

设图 3-14 所示电桥为全对称电桥，且 R_1 和 R_4 为敏感元件，设 $R_1 = R_2 = R_3 = R_4 = R$，测量时有 $R_1^1 = R_1 + \Delta R_1$，$R_4^1 = R_4 + \Delta R_4$

得

$$U_o = \frac{(R_1 + \Delta R)(R_4 + \Delta R) - R_2 R_3}{(R_1 + \Delta R + R_2)(R_3 + R_4 + \Delta R)} U_s = \frac{2\varepsilon}{4\left(1 + \frac{\varepsilon}{2}\right)} U_s \approx \frac{\varepsilon}{2}\left(1 - \frac{\varepsilon}{2}\right) U_s$$

其中 $\varepsilon = \frac{\Delta R}{R}$，可见相对臂电桥的输出灵敏度较高，但非线性误差较大，常用于极性显示。

3.2.6 提高不平衡电桥输出线性度的方法

对于一般的应变片，所受应变通常在 5 000 微应变以下，若灵敏系数 $K = 2$，则 $\varepsilon = \Delta R/R = K\varepsilon_l = 0.01$，按单臂电桥的非线性度计算 $\delta_f = \varepsilon/2 = 0.5\%$，这还不算太大。但是对于一些电阻相对变化较大的情况，或者测量准确度要求较高时，这种误差就不能忽视了。例如，半导体应变片，其灵敏系数 $K = 125$，在承受 1 000 微应变时，电阻相对变化达到 0.125，非线性误差达到 6%，这时必须采取措施，以减小非线性误差。

如前所述，采用差动电桥（或双差动电桥）工作方式时，输出非线性误差为零，并且电压灵敏度比单臂时提高了一倍（或二倍），同时还起到了温度补偿作用。因此差动电桥是提高不平衡电桥输出线性度的最佳选择。但是，有些传感器却无法接成差动电桥，因此需要采用其他的方法提高电桥输出的非线性度。

1. 采用恒流源供电方式

差动电桥接法是使电桥工作臂支路中的电流不随 ΔR_1 的变化而变化，或者尽量变化小些，从而减小非线性误差。因此，如果采用恒流源供桥，势必能减小非线性误差。

在图 3-15 所示的等臂电桥加一电流源供电，

设 $R_1 = R_2 = R_3 = R_4 = R$

其中，R_1 为敏感元件，有

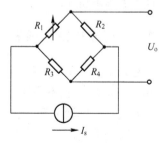

图 3-15 恒流源供电电桥

$$\varepsilon = \frac{\Delta R_1}{R_1} = \frac{\Delta R}{R}$$

$$U_o = \frac{R_1 R_4 - R_2 R_3}{R_1 + R_2 + R_3 + R_4} I_s$$

当 $R_1 \to R_1 + \Delta R_1$，有

$$U_o = \frac{\Delta R_1 \cdot R}{4R + \Delta R} I_s = \frac{\frac{\Delta R}{R}}{4\left(1 + \frac{\Delta R}{4R}\right)} \cdot R I_s = \frac{\varepsilon}{4\left(1 + \frac{\varepsilon}{4}\right)} U_s \approx \frac{\varepsilon}{4}\left(1 - \frac{\varepsilon}{4}\right) U_s$$

理想输出为

$$U_{os} = \frac{\varepsilon}{4} U_s$$

非线性度为

$$\delta_f = \frac{\varepsilon}{4}$$

灵敏度为

$$K_{us} = \frac{1}{4} U_s$$

结果表明，恒流源电桥与 $U_s = RI_s$ 供电的恒压源单臂电桥相比，电桥的输出灵敏度近似不变，但非线性误差却减小了一倍。

2. 采用有源电桥方式

如图 3-16 所示，由 $E_0 = \frac{U_s}{2}\left(1 + \frac{R + \Delta R}{R}\right) - U_s \frac{R + \Delta R}{R}$
（同相输入和反相输入的代数和）
得输出电压为

$$E_o = -\frac{U_s \Delta R}{2 R} = -\frac{\varepsilon}{2} U_s$$

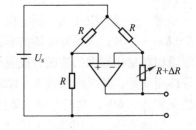

图 3-16 有源电桥

可见，有源电桥的输出在较小范围内为线性，灵敏度较单臂电桥提高一倍，输出信号的极性与无源电桥相反。

3.2.7 直流电桥的调零

在采用直流电桥进行测量时，如果被测量为零，输出信号也应为零，即满足电桥平衡条件 $R_1 R_4 = R_2 R_3$；若不平衡，则必须进行调零，否则会产生系统误差。直流电桥一般有两种调零方式：串联调零和并联调零，如图 3-17 和图 3-18 所示。

串联调零适用于 R_1、R_2 值较大的场合，此时，R_W 越小，对传感器灵敏度的影响越小。
并联调零适用于桥臂电阻 R_2、R_4 值较小的场合，此时，R_W 越大，对电桥影响越小。

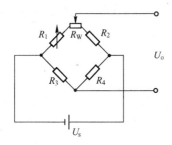
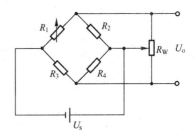

图 3-17 电桥串联调零电路　　　　图 3-18 电桥并联调零电路

【例 3-1】　某全对称电桥接有灵敏度为 2 的电阻应变片，若电桥工作电压为 4 V，应变片承受 1000×10^{-6} 的微应变，试求：

1）单臂电桥的开路输出电压 U_o？
2）单臂电桥的非线性误差 δ_f？
3）要进一步减小非线性误差，应采取什么措施？

解：

1）首先根据应变电阻效应原理，求得电阻应变片在承受应变下的输出：

$$\varepsilon = \frac{\Delta R}{R} = k\varepsilon_l = 2 \times 1000 \times 10^{-6} = 2 \times 10^{-3}$$

再根据全对称单臂电桥的输入输出关系得：

$$U_o = \frac{1}{4}\frac{\Delta R}{R}U_s = \frac{1}{4}\varepsilon U_s = \frac{1}{4} \times 2 \times 10^{-3} \times 4 = 2\ \text{mV}$$

2）由单臂电桥的非线性误差公式可得：

$$\delta_f = \frac{1}{2}\varepsilon = \frac{1}{2}\frac{\Delta R}{R} = \frac{1}{2} \times 2 \times 10^{-3} = 1 \times 10^{-3}$$

3）要进一步减小非线性误差，可把单臂电桥改为差动电桥或者双差电桥或采用有源电桥、恒流源电桥等。

3.2.8　交流电桥及其平衡

由前述可知，应变电桥输出电压很小，一般都要加放大器，由于直流放大器易产生零漂，交流放大器有利于抑制零漂，因此，应变传感器的检测电路常由交流电桥和交流放大器构成。交流电桥的结构与工作原理同直流电桥基本相同，不同的是交流电桥的输入、输出为交流信号。由于交流电桥的供桥电源为交流电源，引线分布电容（忽略引线电感）使得桥臂的四只应变片均呈现复阻抗特性，即相当于四只应变片各并联了一只电容。

1. 交流电桥的平衡条件和电压输出

如图 3-19 所示，交流电桥的桥臂阻抗可以用相量表示。设 $Z_1 = z_1 e^{j\varphi_1}$、$Z_2 = z_2 e^{j\varphi_2}$、$Z_3 = z_3 e^{j\varphi_3}$、$Z_4 = z_4 e^{j\varphi_4}$，则交流电桥平衡的条件为

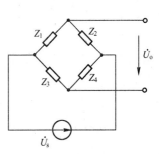

图 3-19　交流检测电桥

$$Z_1Z_4 = Z_2Z_3$$

式中 桥臂阻抗 Z_1、Z_2、Z_3、Z_4——电阻、电感、电容任意组合的复阻抗,且

$$Z_i = R_i + jx_i = z_i e^{j\varphi_i} \quad (i = 1,2,3,4)$$

式中 R_i、x_i——分别为各桥臂的电阻和电抗;

z_i、φ_i——分别为各桥臂复阻抗的幅值和幅角。

由此,可得到交流电桥平衡条件的另一形式为

$$\begin{cases} z_1z_4 = z_2z_3 \\ \varphi_1 + \varphi_4 = \varphi_2 + \varphi_3 \end{cases}$$

或

$$\begin{cases} R_1R_4 - x_1x_4 = R_2R_3 - x_2x_3 \\ R_1x_4 + R_4x_1 = R_2x_3 + R_3x_2 \end{cases}$$

以上各式说明:交流电桥的平衡条件与直流电桥的不同,必须同时满足阻抗幅值和幅角两个条件,调零时需要调两个参数。即:不仅各桥臂复阻抗的模满足一定的比例关系,而且相对桥臂的幅角和必须相等。

图 3-19 所示电桥,其输出电压的特性方程为

$$\dot{U}_o = \dot{U}_s \frac{Z_1Z_4 - Z_2Z_3}{(Z_1 + Z_2)(Z_3 + Z_4)}$$

设电桥起始处于平衡状态,有 $\dfrac{Z_1}{Z_2} = \dfrac{Z_3}{Z_4}$。四个桥臂中 Z_1 桥臂中是应变片,从而构成单臂电桥测量电路,由于工作应变片变化了 ΔR_1 后使 Z_1 变化了 ΔZ_1,则由上式可得:

$$\dot{U}_o = \dot{U}_s \frac{\dfrac{Z_4}{Z_3} \cdot \dfrac{\Delta Z_1}{Z_1}}{\left(1 + \dfrac{Z_2}{Z_1} + \dfrac{\Delta Z_1}{Z_1}\right)\left(1 + \dfrac{Z_4}{Z_3}\right)}$$

考虑到电桥的起始平衡条件并略去分母中的含 ΔZ_1 项,得:

$$\dot{U}_o = \frac{1}{4}\dot{U}_s \frac{\Delta Z_1}{Z_1}$$

所以一般情况下,与直流电桥类似,交流电桥的输出电压(电流)与桥臂阻抗相对变化 $\Delta Z_i/Z_i$ 成正比。又由于:

$$Z_1 = \frac{R_1}{1 + j\omega R_1 C_1}$$

$$\Delta Z_1 = \frac{\Delta R_1}{(1 + j\omega R_1 C_1)^2}$$

一般情况下,分布电容很小,电源频率不太高,满足 $\omega R_1 C_1 \ll 1$。例如,电源频率为 1000 Hz,$R_1 = 120\ \Omega$,$C_1 = 1000\ \text{pF}$,则 $\omega R_1 C_1 \approx 7.5 \times 10^{-4} \ll 1$,因此 $Z_1 \approx R_1$,$\Delta Z_1 \approx \Delta R_1$,则上式成为

$$\dot{U}_o = \frac{1}{4}\dot{U}_s \frac{\Delta R_1}{R_1}$$

上式说明:当电桥起始是平衡的,电源频率不太高,分布电容较小时,交流应变电桥仍可看

做纯电阻性电桥来进行计算,所有直流电桥公式仍然可用,只需将输出电压与电源电压写成复数即可。电桥输出电压为与供桥电压同频同相的交流电压,其幅值关系为

$$U_\text{o} = \frac{1}{4} U_\text{s} \frac{\Delta R_1}{R_1}$$

2. 交流电桥的调平方法

利用交流电桥测量应变时,由于引线产生的分布电容的容抗、供桥电源的频率及被测应变片的性能差异,将严重影响着交流电桥的初始平衡条件和输出特性,因此,为保证电桥在测量之前满足初始输出为零的平衡条件,必须在电桥未受载、无应变的初始条件下,进行电桥的调平,也称为预调平衡。

由于桥臂阻抗包括电阻和电容等参数,因此,交流电桥的平衡,应包含电阻和电容两个平衡条件,交流电桥的调平方法也就有电阻调整和电容调整两种。

(1)电阻调平法

1)串联电阻调平法。图 3-20 所示为串联电阻调平法示意图,R_5 为多圈电位器,调节 R_5 即可改变桥臂 AD 和 CD 的阻值比。

2)并联电阻调平法。图 3-21 所示为并联电阻调平法示意图,通过调节电阻 R_5 可改变桥臂 AD 和 CD 的阻值比,使电桥满足平衡条件。电阻 R_6 决定可调范围,R_6 越小,可调范围越大,但测量误差也越大。因此,在保证测量精度的前提下,应将 R_6 取得小些。电阻应变仪多采用这种并联电阻法进行电阻调平,多圈电位器 R_5 对应于应变仪面板上的"电阻平衡"旋钮。

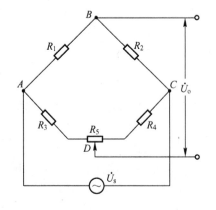

图 3-20 串联电阻调平法

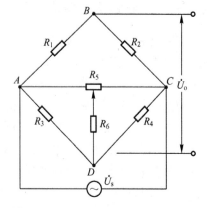

图 3-21 并联电阻调平法

(2)电容调平法

1)差动电容调平法。图 3-22 是差动电容调平法示意图,C_3 和 C_4 为同轴差动电容,调节 C_3 和 C_4 时,两电容变化大小相等,极性相反,以此调整电容平衡,使桥路平衡。

2)阻容调平法。图 3-23 是阻容调平法示意图,通过接入 T 形 RC 阻容电路,起到电容预调平的作用。对于电阻应变仪,同时具有电阻、电容调平装置进行阻抗调平,在调平过程中,两者应不断交替调整,才能取得理想的平衡结果。

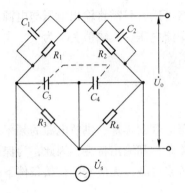
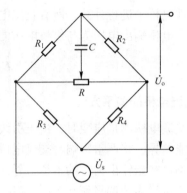

图 3-22　差动电容调平法　　　　　　　图 3-23　阻容调平法

3.3　电阻应变式传感器的典型应用

前面介绍了电阻应变片的种类、结构、工作原理及测量电路,在测量试件应变时,只要直接将应变片粘贴在试件上,即可用测量仪表(如电阻应变仪)测量出应变情况。然而,在测量力、加速度、位移等物理量时,就需要辅助构件,如弹性元件、补偿元件等,首先将这些物理量转换成应变,然后再用应变片进行测量。因此,应变式传感器的基本构成通常可分为两部分,即弹性敏感元件及应变片。弹性元件在被测物理量的作用下,产生一个与之成正比的应变,然后用应变片作为传感元件,将应变转换为电阻变化。

3.3.1　电阻应变式传感器应用特点

在测试技术中,除了直接用电阻应变丝(片)来测定试件的应变和应力外,还广泛利用它制成各种应变式传感器来测定各种物理量,如力矩、压力、加速度和流体速度等。应变式传感器与其他类型传感器相比具有如下特点:

1)测量范围广、准确度高。测力传感器,可测 $10^{-2} \sim 10^{7}$ N 的力,准确度达到 0.05% fs 以上;压力传感器,可测 $10^{-1} \sim 10^{7}$ Pa 的压力,准确度可达 0.1% fs。

2)性能稳定可靠,使用寿命长,性能价格比高。对于称重而言,机械杠杆秤由于杠杆、刀口等部分相互摩擦产生损耗和变形,欲长期保持其准确度是相当困难的。若采用电阻应变式称重传感器制成的电子秤、汽车衡、轨道衡等,只要传感器设计合理,应变片选择适当,粘贴、防潮、密封可靠,就能长期保持性能稳定可靠。应变式压力传感器也是这样。

3)频率响应特性较好。一般电阻式应变片响应时间约为 10^{-7} s,半导体应变片可达 10^{-11} s。若能在弹性元件上采取措施,则由它们构成的应变式传感器可测几十千赫甚至上百千赫的动态过程。

4)能在恶劣的环境条件下工作。只要进行适当的结构设计及选用合适的材料,对复杂环境的适应性强,易于实施对环境干扰的隔离或补偿,从而应变式传感器可在高(低)温、高速、高压、强烈振动、强磁场及核辐射和化学腐蚀等恶劣的环境条件下正常工作。

5)易于实现小型化、整体化;结构轻小,对试件影响小。随着大规模集成电路工艺的发展,已可将电路甚至 A/D 转换与传感器组成一个整体,传感器可直接接入计算机进行数据处理。

6）商品化。选用和使用都方便，也便于实现远距离、自动化测量。

因此，目前传感器的种类虽已繁多，但高准确度的传感器仍以应变片式应用最为普遍。

3.3.2 电阻应变式传感器的应用

1. 力的测量

应变式传感器的最大用武之地是称重和测力领域。这种测力传感器的结构由应变片、弹性元件和一些附件所组成。视弹性元件结构形式（如柱形、筒形、环形、梁式和轮辐式等）和受载性质（如拉、压、弯曲和剪切等）的不同，有许多种类。

（1）柱式转换法

如图 3-24 所示，将电阻应变片紧贴在弹性圆柱体上，当圆柱受到拉力或压力变形时，紧贴在上面的电阻应变片也随之产生变形，其阻值增大或减小，由此可检测出受力的大小。

（2）差动法

如图 3-25 所示，当横梁受到向下方向的力作用时，贴在横梁上端的应变片的电阻 R_1 增大，下端应变片的电阻 R_2 减小，在一定的应变范围内，两个电阻应变片的阻值是大小相等、方向相反，可构成差动电桥进行检测。

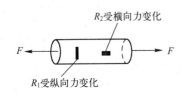

图 3-24 柱式测力示意图

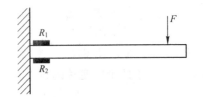

图 3-25 差动测力示意图

（3）环状法

圆环式传感器弹性元件的结构，如图 3-26 所示。其中，a 为拉力环，b 为压力环。环式常用于测几十千克以上的大载荷，与柱式相比，它的特点是应力分布变化大，且有正有负，便于接成差动电桥。如图 3-26 所示，在拉力作用下，内环拉长，外环压缩，因此紧贴在环内的电阻应变片的阻值增大，紧贴在环外的电阻应变片的阻值减小，可构成双差动电桥，灵敏度比差动电桥提高一倍。

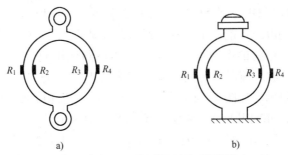

图 3-26 圆环式传感器弹性元件结构
a）拉力环 b）压力环

表3-6列出了几种应变式测力与称重传感器的性能，以供参考。

表3-6 几种应变式测力与称重传感器的性能

结构	型号	量程/t	准确度%FS	测定输出/（mV/V）	输出阻抗/Ω	使用温度/℃	安全超载（%）
柱式	BHR-4	1~50	0.05	1	700	-20~60	150
轮辐式	GY-1	1~50	0.05	3	700	-20~60	150
梁式	GF-1	0.5~30	0.03	2	350	-20~60	150

（4）手提电子秤

手提式电子秤，成本低，称重精度高，携带方便，适于购物时用。称重传感器采用准S型，双孔弹性体，如图3-27所示，重力 P 作用在中心线上。弹性体双孔位置贴四片箔式电阻应变片。双孔弹性体可简化为在一端受一力偶 M，其大小与 P 及双孔弹性体长度有关。

测量电路如图3-28所示，主要由测量电桥、差动放大电路、A/D转换及显示等组成。

测量电桥是由四个电阻应变片组成双差动全桥测量电路。当传感器的弹性元件受到被称重物的重力作用时，引起弹性体的变形，使得粘贴在弹性体上的电阻应变片 $R_1 \sim R_4$ 的阻值发生变化。不加载荷时，电桥处于平衡状态；加载时，电桥将产生输出。选择 $R_1 \sim R_4$ 为特性相同的应变片，其输出为

$$U_o = \frac{E}{4}\left(\frac{\Delta R_1}{R_1} - \frac{\Delta R_2}{R_2} + \frac{\Delta R_3}{R_3} - \frac{\Delta R_4}{R_4}\right)$$

由于 R_1、R_3 受拉，R_2、R_4 受压，故 ΔR_1、ΔR_3 为正值，ΔR_2、ΔR_4 为负值，又由于四个应变片的特性相同，故电桥的输出为

$$U_o = 4 \times \frac{E}{4} \times \frac{\Delta R}{R} = E k \varepsilon_l$$

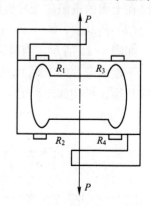

图3-27 准S型称重传感器

差动电压放大电路：由 A_1 和 A_2 组成一个电桥差动放大电路，其放大倍数为

$$A_V = 1 + \frac{R_8 + R_9}{R_7} = 1 + \frac{30k + 30k}{5.1k} \approx 13$$

A/D转换器及显示：A/D转换器选用 $3\frac{1}{2}$ 位 A/D 转换器 ICL7106，其接线如图3-28a所示。本手提电子秤的称重量程为5kg，测量电桥的输出电压为4.6mV，输入到A/D转换器的电压约为60mV。因此，用量程为200mV的数字电压表电路测量显示重量较为合适。小数点选择百分位，即用 DP_2，小数点的显示电路如图3-28b所示。

液晶显示器的驱动电源不能使用直流，若用直流驱动显示，液晶介质易被极化，使寿命大大缩短。因此，驱动液晶的电源均用交流电。本电路使用交流方波电源。7106的BP端（21脚）输出一系列方波。液晶显示的笔段电极和背电极（公共电极）间加上两个反相的方波电压时，该笔段显示。如图3-28b所示，4069的一个反相器将BP方波反相加到小数点 DP_2，这样 DP_2 即显示。4069B的 V_{SS} 端接7106的数字地为TEST（37脚）。

电路中 R_{P2} 为调零用，R_{P1} 调节运放的输出幅度。A/D转换器电路中的1kΩ电位器可调节电子秤的满度，当电子秤称准确的5kg重物时，调节1kΩ电位器，使液晶显示为5.00kg即可。

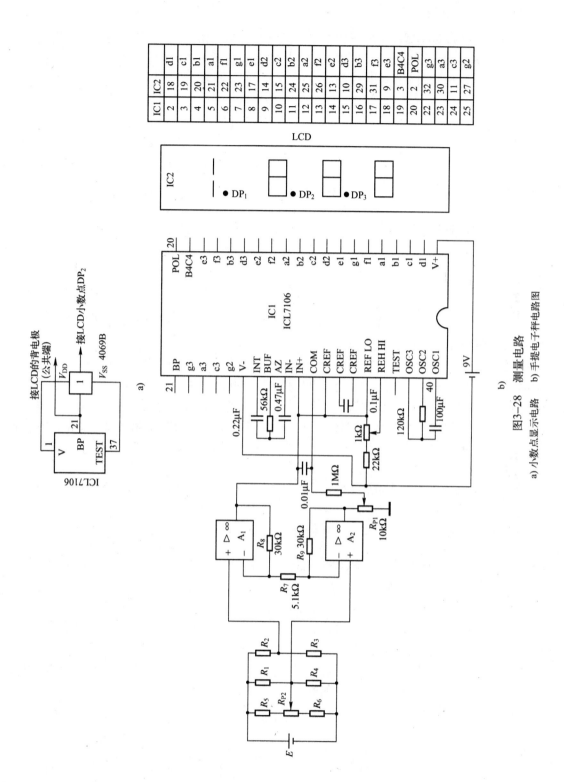

图3-28 测量电路
a) 小数点显示电路 b) 手提电子秤电路图

2. 加速度的测量

应变式加速度传感器的结构形式很多,但都可简化为如图3-29所示的形式。等强度楔形弹性悬臂梁(参见图3-29a)固定安装在传感器的基座上,梁的自由端固定一质量块 m,在梁的根部附近粘贴四个性能相同的应变片,上、下表面各两个,同时应变片接成对称差动电桥。

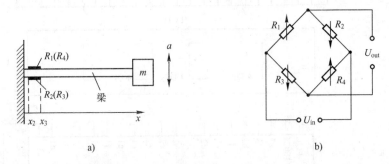

图3-29 应变式加速度传感器原理

一般情况下选择加速度传感器的工作频率远低于固有频率。下面考虑被测加速度的频率远小于悬臂梁固有频率的情况。

在被测加速度 a 变化时,其中两个应变片感受拉伸应变,电阻增大;另外两个应变片感受压缩应变,电阻减小。通过四臂受感电桥将电阻变化转换为电压的变化。这样将获得最大的灵敏度,同时具有良好的线性度及温度补偿性能。当被测加速度为零时,四个桥臂的电阻值相等,电桥输出电压为零;当被测加速度不为零时,四个桥臂的电阻值发生变化,电桥输出电压与加速度呈线性关系,从而通过检测电桥输出电压,实现对惯性力的测量,即实现对加速度的测量。

当质量块感受加速度 a 而产生惯性力 F_a 时,在力 F_a 的作用下,悬臂梁发生弯曲变形,由悬臂梁的应变公式可知其轴向应变 $\varepsilon_x(x)$ 为

$$\varepsilon_x(x) = \frac{6(L-x)}{Ebh^2}F_a = \frac{-6(L-x)}{Ebh^2}ma$$

式中 L,b,h——梁的长度、根部宽度和厚度,m;

　　　x——梁的轴向坐标(m);

　　　E——材料的弹性模量(Pa/m);

　　　m——质量块的质量(kg);

　　　a——被测加速度(m/s²)。

粘贴在梁两面上的应变片分别感受正(拉)应变和负(压)应变而使电阻增加和减小,电桥失去平衡而输出与加速度成正比的电压 U_{out},即

$$U_{out} = U_{in}\frac{\Delta R}{R}$$

$$\frac{\Delta R}{R} = \frac{K}{x_2-x_1}\int_{x_1}^{x_2}\varepsilon(x)dx = \frac{-6U_{in}ma}{Ebh^2}\cdot\frac{K}{x_2-x_1}\int_{x_1}^{x_2}(L-x)dx$$

$$= \frac{-6U_{in}Km}{Ebh^2}\cdot\left(L-\frac{x_2+x_1}{2}\right)a = K_a a$$

$$K_a = \frac{-6U_{in}Km}{Ebh^2} \cdot \left(L - \frac{x_2 + x_1}{2}\right)$$

式中 U_{in}——电桥工作电压（V）；
R——应变片的初始电阻（Ω）；
ΔR——应变片产生的附加电阻（Ω）；
K——应变片的灵敏系数；
x_2，x_1——应变片在梁上的位置（m）；
K_a——传感器的灵敏度（V·s²/m）。

通常认为 $L \gg \frac{x_2 + x_1}{2}$，即将应变片在梁上的位置看成一个点，且位于梁的根部，则上式中描述的传感器的灵敏度可以简化为

$$K_a = \frac{-6U_{in}LKm}{Ebh^2}$$

通过上述分析可以看出，这种应变式加速度传感器的结构简单，设计灵活，具有良好的低频响应，可测量常值加速度。

应变式加速度传感器除了可以采用在"悬臂梁"上粘贴应变片的方式见图 3-29，也可以采用非粘贴方式，直接由金属应变丝作为敏感电阻。图 3-30 为一种应变式加速度传感器的结构示意图。质量块用弹簧片和上、下两组金属应变丝支承。应变丝加有一定的预紧力，并作为差动对称电桥的两桥臂。在加速度作用下，一组应变丝受拉伸而电阻增大，另一组应变丝受"压缩"而电阻减小，因而电桥输出与加速度成正比的电压 U_{out}。

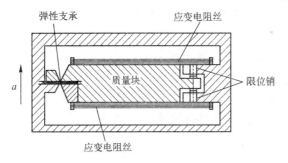

图 3-30 应变式加速度传感器的结构

非粘贴式加速度传感器主要用于测量频率相对较高的振动。其测量范围可达 ±5 ~ ±2000 m/s²，准确度较低，约为 1%，分辨率低于 0.1%，固有频率为 17 ~ 800 Hz。

3. 流体压力的测量

测量流体压力的示意图如图 3-31 所示。测量原理是：在管道侧壁上开有一个窗口，用一弹性膜片封堵，该膜片通过一横杆连着一端固定的支杆，支杆侧面紧贴着两个电阻应变片。当流体通过管道时，流体压力使管道侧壁的膜片变形，推动横杆右移，使支杆受力变形，通过支杆上电阻应变片阻值 R_1 和 R_2 的变化，测得支杆的受力 F，由此可间接得到

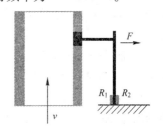

图 3-31 流体压力测量示意图

流体对管道侧壁的压力。

问题与思考

（1）图3-13中所示的温度补偿电路中采用正温度系数的热敏电阻 R_t 进行温度补偿，如果采用负温度系数的热敏电阻，应如何连接电路？

（2）如何应用电阻应变式传感器检测臂力？

（3）如何应用电阻应变式传感器检测人体的肺活量？

本章小结

（1）电阻应变式传感器是将被测物理量（应力）转换成阻值变化的一种元件，它分为电阻丝应变片和半导体应变片两种。

（2）电阻应变式传感器对温度敏感，因此在应用时要进行温度补偿，才能避免环境温度对测量准确度的影响。常用的补偿方法有桥路补偿、应变片自补偿和热敏电阻补偿。温度补偿方法的基本原则是当环境温度变化时，维持电桥的平衡状态。

（3）电阻应变式传感器的典型应用是检测使之产生应变的力。测量方法主要采用直流电桥电路进行测量，也可以采用有源电桥或其他检测电路。

（4）检测电桥有多种类型，其中常用的是对称电桥。在对称电桥中，常采用单臂电桥、差动电桥、双差动电桥和相对臂电桥。单臂电桥的输出电压灵敏度为 $K_{us}=U_s/4$，线性度 $\delta_f=\varepsilon/2$，差动电桥的电压灵敏度比单臂电桥高一倍，为 $K_{us}=U_s/2$，线性度 $\delta_f=0$；双差动电桥的电压灵敏度又比差动电桥高一倍，$K_{us}=U_s$，线性度 $\delta_f=0$；而相对臂电桥的灵敏度较高，约是单臂电桥的一倍，但非线性误差较大，常用于极性显示。

（5）电阻应变式传感器除了典型的力检测应用外，还有更广泛的应用，如加速度检测、流量压力检测等，这需要人们去观察，去分析，根据实际检测需要，创新思维，利用被测量与应变的关系，设计出合适的传感检测装置。

习题

1. 电阻应变片对温度非常敏感，请说出其产生的原因和补偿措施。

2. 已知灵敏度为2的电阻应变片采用差动电桥检测，电桥电压为6V，在 1000×10^{-6} 的应变作用下，输出电压为多少？

3. 图3-32为一直流应变电桥，U_s 为6V，$R_1=R_2=R_3=R_4=100\Omega$，试问：

1）如果 R_1 为应变片，R_2、R_3、R_4 为外接电阻，则当 R_1 的增量 $\Delta R_1=1.2\Omega$ 时，电桥输出 U_o 为多少？

2）如果 R_1、R_2 为应变片，且两者完全相同，感受应

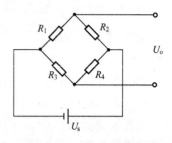

图3-32 题3图

变的极性和大小都相同，增量都为 1.2Ω，则电桥输出 U_o 为多少？

3）如果 R_1、R_2 为应变片，且两者完全相同，感受应变的极性相反，大小都相同，增量都为 1.2Ω，则电桥输出 U_o 为多少？

4．图 3-33 所示为等强度梁测力系统，R_1、R_2 为电阻应变片，应变片灵敏系数 $K=2$，未受应变时，$R_1=R_2=80\,\Omega$，当受力 F 时，应变片承受平均应变为 800×10^{-6}，若将 R_1、R_2 置于差动于电桥中构成相邻桥臂，电桥电源为 4V，试画出电路原理图，并求出电桥输出电压和非线性误差。

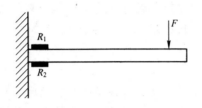

图 3-33　题 4 图

第4章 电容式传感器

本章要点

电容式传感器的定义与工作原理；变极距、变面积和变介质电容传感器的工作特点；电容式传感器的测量电路；电容式传感器的应用。

学习要求

掌握常用电容式传感器的工作原理；掌握变极距、变面积和变介质电容传感器的工作特性和典型应用；熟悉电容式传感器的常用测量电路及特点；掌握电容式传感器创新应用的基本要领。

电子技术中的三大类无源元件是电阻、电容和电感。前面介绍的电阻应变计是将非电量转化为电阻的变化，再利用应变电桥电路转化为电流或电压的变化。本章介绍的电容式传感器则是利用电容器的原理，将非电量转化为电容量的变化，进而实现由非电量到电量的转换。

电容测量技术近几年来有了很大进展，它不但广泛用于位移、振动、角度、加速度等机械量的精密测量，而且还逐步扩大应用于压力、差压、液面、料面、成分含量等方面的测量。电容式传感器具有一系列突出的优点，如结构简单、体积小、分辨率高、动态特性好、可非接触测量等，这些优点随着电子技术的迅速发展，特别是集成电路的出现，将得到进一步的体现，而它存在的分布电容、非线性等缺点又将不断地得到克服，因此电容式传感器在非电测量和自动检测中得到了广泛的应用。

4.1 电容式传感器的定义与工作原理

4.1.1 电容式传感器的定义

电容式传感器是把被测的非电量转换为自身电容量变化的一种传感器，这些被测量是用于改变组成电容器的可变参数而实现其转换的，如图4-1所示。

图4-1 电容式传感器示意图

4.1.2 电容式传感器的工作原理

电容式传感器可以任何类型的电容器作为传感器,最常见的是平行板电容器和圆柱形电容器作为传感器。

下面以最普遍的平行板电容器来说明电容式传感器的基本工作原理。两块相互平行的金属极板,当不考虑其边缘效应(两个极板边缘处的电力线分布不均匀引起电容量的变化)时,图4-2所示平板电容器的电容为

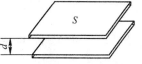

图 4-2 平板电容器

$$C = \frac{\varepsilon S}{d} = \frac{\varepsilon_r \varepsilon_0 S}{d} \tag{4-1}$$

式中 ε——极板间介质的介电常数(F/m);

ε_0——真空的介电常数,$\varepsilon_0 = 8.85 \times 10^{-12}$(F/m);

ε_r——极板间介质的相对介电常数,$\varepsilon_r = \frac{\varepsilon}{\varepsilon_0}$,对于空气介质 $\varepsilon_r \approx 1$;

S——两平行板覆盖的面积(m^2);

d——极板间的距离(m);

C——输出电容(F)。

显然,C 是 S、d、ε 的函数,如果保持其中两个参数不变,只改变另一个参数,就可将参数变化转换成电容量的变化,构成电容式传感器。因此,电容式传感器可分为变极距型、变面积型、变介质型三种类型。

4.2 电容式传感器的工作特性

4.2.1 变极距型电容传感器

1. 基本特性

变极距型电容传感器是通过改变电容极板间距来反映被测参数的传感器。由式(4-1)知,电容量 C 与极板间距 d 成双曲线关系,如图4-3所示。极板间距变化 Δd 时,电容量的变化为

$$\Delta C = -\frac{\varepsilon S}{d^2} \Delta d$$

由图4-3可定性地看到,当间隙变化范围 Δd 限制在远小于极板间距 d 的区间内,即当 $\Delta d \ll d$ 时,可把 ΔC 与 Δd 的关系近似地看成是线性关系。

下面将电容量与极板间距的关系做定量分析:

假设电容器的初始极距为 d_0,则初始电容量 C_0 为

$$C_0 = \frac{\varepsilon_r \varepsilon_0 S}{d_0} \tag{4-2}$$

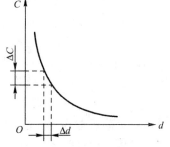

图 4-3 极距与电容量的关系

当动极板上移使极板间距减小 Δd 时,电容量增大为

$$C = C_0 + \Delta C = \frac{\varepsilon_r \varepsilon_0 S}{d_0 - \Delta d} = \frac{\varepsilon_r \varepsilon_0 S}{d_0(1 - \Delta d/d_0)} = \frac{\varepsilon_r \varepsilon_0 S(1 + \Delta d/d_0)}{d_0(1 - \Delta d^2/d_0^2)} \tag{4-3}$$

当 $\Delta d \ll d_0$ 时，$1 - \Delta d^2/d_0^2 \approx 1$，则式（4-3）简化为

$$C = \frac{\varepsilon_r \varepsilon_0 S(1 + \Delta d/d_0)}{d_0} = C_0 + C_0 \frac{\Delta d}{d_0} \tag{4-4}$$

这时，C 与 Δd 呈近似线性关系，所以改变极板间距的变间隙型电容传感器，往往是设计成 Δd 在极小的范围内变化。

由式（4-3）得电容相对变化量为

$$\frac{\Delta C}{C_0} = \frac{\Delta d}{d_0}\left(1 - \frac{\Delta d}{d_0}\right)^{-1} \tag{4-5}$$

当 $\Delta d/d_0 \ll 1$ 时，将 $\left(1 - \frac{\Delta d}{d_0}\right)^{-1}$ 按级数展开得：

$$\frac{\Delta C}{C_0} = \frac{\Delta d}{d_0}\left[1 + \frac{\Delta d}{d_0} + \left(\frac{\Delta d}{d_0}\right)^2 + \left(\frac{\Delta d}{d_0}\right)^3 + \cdots\right] \tag{4-6}$$

讨论：

1）略去高次项，得：

$$\frac{\Delta C}{C_0} = \frac{\Delta d}{d_0} \tag{4-7}$$

则灵敏度为

$$S = \frac{\Delta C}{\Delta d} = \frac{C_0}{d_0} = \frac{\varepsilon_r \varepsilon_0 S}{d_0^2} \propto \frac{1}{d_0^2} \tag{4-8}$$

由此可见，灵敏度 S 与初始极距 d_0 的平方成反比。因此，在设计时可通过减小 d_0 的办法提高灵敏度。一般电容式传感器的起始电容在 20～30 pF 之间，极板间距离在 25～200 μm 的范围内，最大位移（$\Delta d_{\max}$）应小于极板间距的 1/10。

2）考虑线性项和二次项（即略去（4-6）式中 $\Delta d/d_0$ 的二次方以上各项），则：

$$\frac{\Delta C}{C_0} = \frac{\Delta d}{d_0}\left(1 + \frac{\Delta d}{d_0}\right) \tag{4-9}$$

按式（4-7）得到的特性为直线1，按式（4-9）得到的则为非线性曲线2（见图4-4）。当以曲线2作为传感器的特性曲线使用时，其相对曲线1的非线性误差为

$$e_f = \frac{|(\Delta d/d_0)^2|}{|\Delta d/d_0|} \times 100\%$$
$$= |\Delta d/d_0| \times 100\% \tag{4-10}$$

因此，$|\Delta d/d_0|$ 越小，则 e_f 越小，即只有在 $\Delta d/d_0$ 很小时（小测量范围），才有近似的线性输出。

由以上分析看出，要提高传感器的灵敏度，就需减小极板初始极距 d_0，但 d_0 的减小，一方面会导致非线性误差 e_f 增大，另一方面，d_0 过小还容易引起电容器击穿（受电容器击穿电压限制），而且增加装配工作的困难。改善电容器击穿条件的方法是

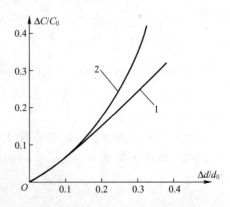

图 4-4 变间距电容传感器的非线性特性

在极板间放置云母片或塑料膜，构成有介电层的变间隙型电容传感器。

为了保证一定的线性度，应限制动极片的最大相对位移量。如取最大 $\Delta d/d_0 = 0.1 \sim 0.2$，此时线性度约为 2%～5%。为了改善非线性，可以采用差动式结构（见图 4-5），当一个电容增加时，其特性方程如式（4-6），另一个电容则减小，此时其特性方程与式（4-6）相似，但其奇次项均为负号。这时，如差动结构的两电容器并联，两电容相加。总输出为两式相加，即得：

$$\frac{\Delta C}{C_0} = 2\frac{\Delta d}{d_0}\left[1 + \left(\frac{\Delta d}{d_0}\right)^2 + \left(\frac{\Delta d}{d_0}\right)^4 + \cdots\right] \quad (4-11)$$

式中只含有偶次项，因此，差动式电容传感器比单一式结构的灵敏度提高了一倍，非线性误差也大为减小。

2. 应用技巧

在实际应用中，为提高灵敏度，减小非线性，克服环境温度等外界因素对检测精度的影响，常把电容式传感器接成差动方式，如图 4-5 所示。

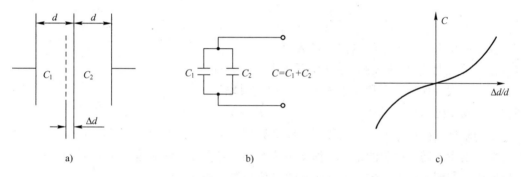

图 4-5 差动式电容传感器及输出特性

a) 差动式电容传感器 b) 电容并联 c) 输出特性

3. 有介电层的变极距型电容传感器

在电容器的两极板之间增加一层云母片等高介电常数的材料作介电层，以改善电容器的工作条件，提高传感器的灵敏度。

如图 4-6 所示，设两种介质的相对介电系数分别为 ε_{r1} 和 ε_{r2}，通常 $\varepsilon_{r1} = 1$，为空气介质，相应的两种介质的厚度为 δ_1 和 δ_2，此时电容 C 变为

$$C = \frac{1}{\dfrac{1}{C_1} + \dfrac{1}{C_2}} = \frac{1}{\dfrac{\delta_1}{\varepsilon_0 \varepsilon_{r1} S} + \dfrac{\delta_2}{\varepsilon_0 \varepsilon_{r2} S}} = \frac{\varepsilon_0 S}{\delta_1/\varepsilon_{r1} + \delta_2/\varepsilon_{r2}} \quad (4-12)$$

由于 $\varepsilon_{r1} = 1$，则

$$C = \frac{\varepsilon_0 S}{\delta_1 + \delta_2/\varepsilon_{r2}} \quad (4-13)$$

对于云母片，$\varepsilon_{r2} = 7$，即，其相对介电系数为空气的 7 倍，击穿电压不小于 10^3 kV，而空气的击穿电压为 3 kV，即使厚度为 0.01 mm 的云母片，其击穿电压也不小于 10 kV。因此，有了云母片，极板之间的起始距离

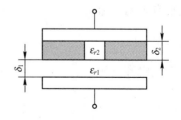

图 4-6 放置云母片的变极距电容器

可以大大减小。同时，式（4-13）中的分母项 $\delta_2/\varepsilon_{r2}$ 是恒定值，它能使传感器输出特性的线性度得到改善。只要云母片的厚度选取得当，就能获得较好的线性关系。

4.2.2 变面积型电容传感器

变面积型电容传感器是将被测参数转化为极板面积的变化，从而使电容量发生变化，根据结构型式的不同，可分为三种类型，即板状线位移变面积型、角位移变面积型和筒状线位移变面积型。

1. 输出灵敏度

变面积型电容传感器是通过改变电容极板间有效面积来反映被测参数的传感器。如图 4-7 所示，当平面板电容的可动极板发生平行位移时，有效面积 $S = bx$，电容量为

$$C_x = \frac{\varepsilon b}{d} x \qquad \Delta C_x = \frac{\varepsilon b}{d} \Delta x$$

输出灵敏度为

$$K = \frac{\Delta C_x}{\Delta x} = \frac{\varepsilon b}{d}$$

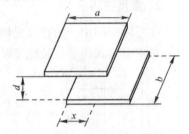

图 4-7 板状线位移变面积型电容传感器

变面积型电容传感器的输出与输入呈线性关系，其测量量程不受线性范围的限制，适合于测量较大的直线位移，而且增大极板长度 b 和减小间隙 d 可提高灵敏度，但增大 b 受到传感器体积的限制，d 的减小也受到电容击穿电压的限制。极板宽度 a 的大小不影响灵敏度，但也不能太小，否则边缘电场影响增大，非线性将增大。需要说明的是，位移 x 不能太大，否则边缘效应也会使传感器的特性产生非线性变化。变面积型电容传感器常用来检测位移等参数。

变面积型电容传感器除了板状线位移变面积型的方式外，还有筒状线位移变面积型和角位移变面积型电容传感器。其中，筒状线位移变面积型电容传感器如图 4-8 所示。
电容量为

$$C_l = \frac{2\pi\varepsilon l}{\ln(D/d)}$$

灵敏度为

$$K_l = \frac{\Delta C_l}{\Delta l} = \frac{2\pi\varepsilon}{\ln(D/d)}$$

显然，筒状线位移式变面积电容传感器的输出与输入的关系也呈线性关系。

角位移变面积型电容传感器如图 4-9 所示。
扇形有效面积为

$$S = \frac{1}{2} R^2 \theta$$

所以，电容量为

$$C_x = \frac{\varepsilon R^2 \theta}{2d} \qquad \Delta C_x = \frac{\varepsilon R^2}{2d} \Delta \theta$$

输出灵敏度为

$$K = \frac{\Delta C}{\Delta \theta} = \frac{\varepsilon R^2}{2d}$$

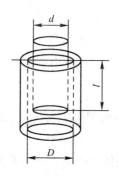

图 4-8 筒状线位移变面积型电容传感器

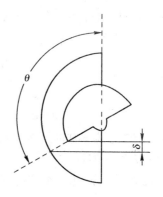

图 4-9 角位移变面积型电容传感器

2. 应用技巧

变面积型电容传感器与变极距式电容传感器相比较，前者灵敏度较低。为了提高输出灵敏度，变面积型电容传感器常采用差动式结构进行补充，如图 4-10 所示。

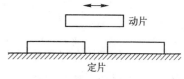

图 4-10 变面积差动电容传感器

4.2.3 变介质型电容传感器

变介质型电容传感器是通过电容极板间介质的变化来检测物理量的传感器。变介质型电容传感器可用来测试非导电流散物料的灌装量或液位高度，属于力学量传感器的延伸。此外还可测量低温、绝缘膜层的厚度以及粮仓、纺织品、木材等非导电固体物质的湿度等，其最典型的应用是检测液位。

图 4-11 是一种改变工作介质的电容式传感器，其电容量为

$$C = C_A + C_B = \frac{bl_1}{\frac{\delta_1}{\varepsilon_1} + \frac{\delta_2}{\varepsilon_2}} + \frac{b(l_0 - l_1)}{\frac{\delta_1 + \delta_2}{\varepsilon_1}} \tag{4-14}$$

式中 b——极板宽度。

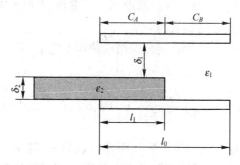

图 4-11 改变工作介质的电容式传感器

设在极板中无 ε_2 介质时的电容量为 C_0，即：

$$C_0 = \frac{\varepsilon_1 b l_0}{\delta_1 + \delta_2} \tag{4-15}$$

则式（4-14）可写成：

$$C = C_0 + C_0 \frac{l_1}{l_0} \frac{1 - \dfrac{\varepsilon_1}{\varepsilon_2}}{\dfrac{\delta_1}{\delta_2} + \dfrac{\varepsilon_1}{\varepsilon_2}} \tag{4-16}$$

可见，电容量 C 与介质 ε_2 的移动量 l_1 呈线性关系。

变介质型电容传感器的结构型式较多，下面通过两种典型应用实例分别说明。

（1）电容式液位计

图 4-12 中，1、2 为两个同心圆柱状极板，设被测液体不导电，介电常数为 ε_1，两极板构成的电容为

$$C = \frac{2\pi\varepsilon_2(l - l_1)}{\ln\left(\dfrac{D}{d}\right)} + \frac{2\pi\varepsilon_1 l_1}{\ln\left(\dfrac{D}{d}\right)}$$

式中：ε_2——空气的介电常数（F/m）；

D、d——两同心圆柱的直径（m）；

l——柱体的有效总长度（m）；

l_1——浸入液体的实际高度（m）。

由 $\Delta C = \dfrac{2\pi}{\ln\left(\dfrac{D}{d}\right)}(\varepsilon_1 - \varepsilon_2)\Delta l_1$

得输出灵敏度为

$$K = \frac{\Delta C}{\Delta l_1} = \frac{2\pi(\varepsilon_1 - \varepsilon_2)}{\ln\left(\dfrac{D}{d}\right)}$$

显然，图 4-12 测量液面高度的电容式液位计的输出与输入呈线性关系，输出灵敏度的大小与同心圆柱的直径比有关。

（2）电容式测厚仪

图 4-13 所示为一种电容式测厚仪的原理图。两电极的间距为 d，待测材料厚度为 x，介电常数为 ε_x，另一种介质的介电常数为 ε。

该电容器的总电容 C 等于两种介质分别组成的两个电容 C_1 与 C_2 的串联，即：

$$C = \frac{C_1 C_2}{C_1 + C_2} = \frac{\dfrac{\varepsilon S}{d-x} \cdot \dfrac{\varepsilon_x S}{x}}{\dfrac{\varepsilon S}{d-x} + \dfrac{\varepsilon_x S}{x}} = \frac{\varepsilon \varepsilon_x S}{\varepsilon x + \varepsilon_x d - \varepsilon_x x} = \frac{\varepsilon \varepsilon_x S}{\varepsilon_x d + (\varepsilon - \varepsilon_x)x}$$

当待测介电材料层的厚度 x 保持不变，而介电常数 ε_x 改变，如湿度变化，电容量 C 将随 ε_x 的改变产生相应的变化，据此可做成介电常数的测试传感器，如湿度传感器用以测量纺织品的含水量等；若介电材料层的介电常数保持不变，则电容量 C 与介电层的厚度 x 有关，从而可进行介电层的厚度测量。

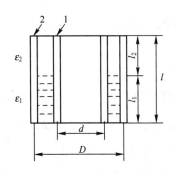
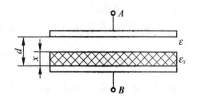

图 4-12 测量液面高度的电容式液位计　　　　图 4-13 电容式测厚仪

4.2.4 电容式传感器的其他特性

因为电容式传感器是以静电场有关理论为基础而制成的，这种传感器除了前面讨论的灵敏度和非线性是我们关心的特性外，从静电场角度考虑，影响其工作性能的还有如下几个方面的特性，在设计和应用这类传感器时，需给予考虑。

1. 电容式传感器的等效电路

在应用电容式传感器时，绝大多数情况下均可用一纯电容来表示。在高频（如几兆赫）时，即使电容很小，损耗一般也可忽略；在低频时，其中损耗主要是直流漏电阻和电极绝缘基座中的介质损耗，以及极板间隙中的介质损耗，可用图 4-14 中的并联电阻 R_P 来表示。对空气介质电容器，其损耗一般可忽略；对固体介质电容器，显然与介质性质有关。

由等效电路可知，等效电路有一个谐振频率，通常为几十兆赫。当工作频率等于或接近谐振频率时，谐振频率破坏了电容的正常作用，因此，应该选择低于谐振频率的工作频率，否则电容式传感器不能正常工作。

但在高频时，由于电流的集肤效应，将使导体电阻增加。因此，图 4-14 中 R_C 代表导线电阻和金属支座及极板电阻；而 L 代表传感器本身的电感和外部引线电感，前者与传感器结构形式有关，而引线电感则与引线的长度有关，引线越短，电感越小。

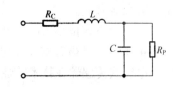

图 4-14 电容式传感器的等效电路

当使用频率超出规定使用频率时，就要考虑电感的影响，如图 4-14 中略去了 R_C 和 R_P 的影响。这时等效电容 C_e 为

因为
$$\frac{1}{j\omega C_e} = j\omega L + \frac{1}{j\omega C}$$

所以
$$C_e = \frac{C}{1 - \omega^2 LC}$$

$$\Delta C_e = \frac{\Delta C}{1 - \omega^2 LC} - \frac{\omega^2 LC \Delta C}{(1 - \omega^2 LC)^2} = \frac{\Delta C}{(1 - \omega^2 LC)^2}$$

由上式可知，由于电感的存在使有效电容增大。

电容的相对变化为
$$\frac{\Delta C_e}{C_e} = \frac{\Delta C}{C} \frac{1}{1 - \omega^2 LC}$$

上式表明，电容式传感器的实际相对变化量与传感器的固有电感 L 和角频率 ω 有关。

因此，在实际应用时必须与标定的条件相同（如电缆长度不能改变）。

2. 电容式传感器的其他特性

（1）小功率、高阻抗

电容式传感器由于受几何尺寸的限制，其电容量都是很小的，一般仅在几皮法到几十皮法之间。因 C 太小，故容抗 $X_C = \dfrac{1}{\omega C}$ 很大，为高阻抗元件，负载能力差；又因为电容式传感器的视在功率 $S = U_0^2 \omega C$，而电容器自身 C 很小，则 S 也很小。因此，电容式传感器是一个高阻抗、小功率、且电容变化量极小的传感器，这是电容式传感器的一个重要特征。由于这一特征，使它容易受到外界的干扰，且其信号一般需用电子线路加以放大。采取多个并联传感元件以提高总电容量或提高电源频率，都可减小容抗。

（2）小的静电引力、良好的动态特性

电容式传感器进行工作时，两极板间存在着静电场，也就是极板上作用着静电力或静电力矩。但这种静电引力是很小的，故对输出影响不大。但在被测力很小时，当动极板受被测量作用而运动时，这种静电引力也作用到动极板上，使动极板产生附加位移，造成测量误差。所以在被测力较小时，要考虑静电引力的影响。

由于电容式传感器的电容小，需要作用的能量也小，可动的质量也小，因而其固有频率很高，可以保证有良好的动态特性。

（3）本身发热影响很小

电容式传感器由于功率小，介质损耗也小，故本身几乎不发热，所以不存在因自身发热所产生的零漂和热变化。

（4）结构简单

电容式传感器由两个极板就可组成，结构简单紧凑小巧。极板还可以用玻璃、石英或陶瓷上面镀金属做成。

（5）初始电容量小，电缆电容、电子线路的杂散电路构成的寄生电容影响大。

表4-1 列出了电容式、压电式、应变式、压阻式传感器之间的特性，从表中可以对比看出，电容式传感器在技术特性上比其他传感器有着一系列的优点。

表4-1 各类传感器的特性

特　　性	压 电 式	应 变 式	压 阻 式	电 容 式
负载影响	高	低	低	高
灵敏度	小	中等	中等	高
直流响应	无	有	有	有
阻尼能力	无	有	有	有
温度范围	宽	中等	中等	很宽
震动漂移	有	无	无	无
抗干扰能力	差	好	好	差（不屏蔽时）
环境适应性	差	好	好	好
体积	小	中等	中等	可以很小

4.3 电容式传感器的结构及抗干扰问题

本章前面对各类电容式传感器的原理性能的分析，均是在理想条件下进行的。实际上由于温度、电场边缘效应、寄生电容等因素的存在，可能使电容式传感器的特性不稳定，严重时甚至使其无法工作。特性不稳定问题曾经长期阻碍了电容式传感器的应用和发展。随着电子技术、材料及工艺技术的发展，上述问题已得到了逐步解决。下面分别进行简单介绍。

4.3.1 温度变化对结构稳定性的影响

温度变化能引起电容式传感器各组成零件的几何尺寸改变，从而导致电容极板间隙或面积发生改变，产生附加电容变化。这一点对于变间隙电容式传感器来说更显重要，因为一般其间隙都取得很小，约为几十微米至几百微米。温度变化使各零件尺寸改变，可能对本来就很小的间隙产生很大的相对变化，从而引起较大的特性温度误差。

下面以电容式压力传感器的结构为例讨论这项误差的形成，如图4-15所示。

设温度为 t_0 时，极板间的间隙为 δ_0，固定极板厚为 h_0，绝缘件厚为 b_0，膜片至绝缘底部之间的壳体长度为 a_0，则：

$$\delta_0 = a_0 - b_0 - h_0$$

当温度 t_0 改变，Δt 出现时，各段尺寸均要膨胀。设其膨胀系数分别为 α_a，α_b，α_h，各段尺寸的膨胀最后导致间隙改变为 δ_t，则

$$\Delta \delta_t = \delta_t - \delta_0 = (a_0 \alpha_a - b_0 \alpha_b - h_0 \alpha_h) \Delta t$$

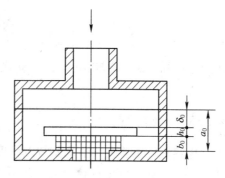

图4-15 温度变化对结构稳定性的影响

因此，由于间隙改变而引起的电容相对变化，即电容式传感器的温度误差为

$$\xi_t = \frac{C_t - C_0}{C_0} = \frac{\frac{\varepsilon S}{\delta_t} - \frac{\varepsilon S}{\delta_0}}{\frac{\varepsilon S}{\delta_0}} = \frac{\delta_0 - \delta_t}{\delta_t} = \frac{-(a_0 \alpha_a - b_0 \alpha_b - h_0 \alpha_h) \Delta t}{\delta_0 + (a_0 \alpha_a - b_0 \alpha_b - h_0 \alpha_h) \Delta t}$$

式中　ε——电容极板间的介电常数（F/m）；

　　　S——电容极板间的相对面积（m^2）。

可见，温度误差与组成零件的几何尺寸及零件材料的线膨胀系数有关。因此在结构设计中，应尽量减少热膨胀尺寸链的组成环节数目及其尺寸；另一方面要选用膨胀系数小，几何尺寸稳定的材料。因此高质量电容式传感器的绝缘材料（电极支架）多采用石英、陶瓷和玻璃等（比塑料或有机玻璃好）；而金属材料（电极材料）则选用低膨胀系数的镍铁合金；近年来，采用在陶瓷、石英等绝缘材料上蒸镀一层金属薄膜来代替电极，这样既可消除极板尺寸的影响，同时也可减少电容边缘效应。

减少温度误差的另一常用措施是采用差动对称结构，并在测量线路中对温度误差加以补偿。

4.3.2 温度变化对介质介电常数的影响

温度变化还能引起电容极板间介质介电常数的变化,使传感器的电容改变,带来温度误差。温度对介电常数的影响随介质不同而异。对于以空气或云母为介质的传感器来说,这项误差很小,一般不需考虑。但在电容式液位计中,煤油的介电常数的温度系数达 0.07%/℃,因此如环境温度变化 100℃(-50~50℃),造成的误差将达 7%,这样大的误差必须加以补偿。燃油的介电常数 ε_t 随温度升高而近似线性地减小,可描述为

$$\varepsilon_t = \varepsilon_{t_0}(1 + \alpha_\varepsilon \Delta t)$$

式中 ε_{t_0}——起始温度下燃油的介电常数(F/m);

ε_t——温度改变 Δt 时的介电常数(F/m);

α_ε——燃油介电常数的温度系数,如对于煤油 $\alpha_\varepsilon \approx -0.000684/℃$。

对于同心圆柱式传感器,在液面高度为 x 时,借助于前面变介质电容传感器的原理特性,可知:由于温度变化使 ε_t 改变,引起电容量的改变为

$$\Delta C_t = \frac{2\pi x}{\ln\left(\dfrac{D}{d}\right)}(\varepsilon_t - \varepsilon_0) - \frac{2\pi x}{\ln\left(\dfrac{D}{d}\right)}(\varepsilon_{t_0} - \varepsilon_0) = \frac{2\pi x}{\ln\left(\dfrac{D}{d}\right)}\varepsilon_{t_0}\alpha_\varepsilon \Delta t$$

由上式可知:ΔC_t 既与 $\Delta \varepsilon_t = \varepsilon_{t_0}\alpha_\varepsilon \Delta t$ 成比例,又与液面高度 x 有关,即

$$\Delta C_t \propto x \Delta \varepsilon_t$$

4.3.3 绝缘问题

电容式传感器有一个重要特点,即电容量一般都很小,仅几十皮法,甚至只有几个皮法,大的(如液位传感器)也仅几百皮法。如果电源频率较低,则电容式传感器本身的容抗就可高达几兆欧至几百兆欧。由于它具有这样高的内阻抗,所以绝缘问题显得十分突出。在一般电器设备中绝缘电阻有几兆欧就足够了,但对于电容式传感器来说,却不能看作是绝缘。这就对绝缘零件的绝缘电阻提出了更高的要求。因此,一般绝缘电阻将被看做是对电容式传感器的一个旁路,称为漏电阻。考虑绝缘电阻的旁路作用,电容式传感器的等效电路如图 4-16 所示。漏电阻将与传感器电容构成一复阻抗而加入到测量线路中去影响输出。更严重的是当绝缘材料的性能不够好时,绝缘电阻会随着环境温度和湿度而变化,致使电容式传感器的输出产生缓慢的零位漂移。因此对所选绝缘材料,不仅要求其具有低的膨胀系数和几何尺寸的长期稳定性,还应具有高的绝缘电阻、低的吸潮性和高的表面电阻,故宜选用玻璃、石英、陶瓷和尼龙等材料,而不用夹布胶木等一般电绝缘材料。为防止水汽进入,使绝缘电阻降低,可将表壳密封。此外,采用高的电源频率(数 kHz~数 MHz),以降低电容式传感器的内阻抗,从而也相应地降低了对绝缘电阻的要求。

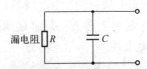

图 4-16 考虑漏电阻时电容式传感器的等效电路

4.3.4 电容电场的边缘效应

理想条件下，平行板电容器的电场均匀分布于两极板相互覆盖的空间。但实际上，在极板的边缘附近，电场分布是不均匀的。尤其是当极板厚度与极板间距离可比时，两极板边缘处电力线出现分布不均匀的现象，即边缘电场的影响就不能忽略了，从而使电容的实际计算公式变得相当复杂。由于边缘效应的存在，其结果使传感器的灵敏度下降和非线性增加。

为了尽量减少边缘效应，首先应增大电容器的初始电容量，即增大极板面积和减小极板间距，同时减小极板厚度。此外，加装等位环是一个有效方法。

为减小极板厚度，往往不用整块金属板作极板，而是将石英、陶瓷等非金属材料蒸涂一薄层金属作为极板，使极板的有效厚度减小，以减小边缘效应。

带等位环的结构以圆形平板电容器为例，如图 4-17 所示，在极板 A 的同一平面内加一个同心环面 G。A 和 G 在电气上相互绝缘，二者之间的间隙越小越好。因使用时必须始终保持 A 和 G 等电位，故称 G 为等位环。这样就可使 A、B 间的电场接近理想的均匀分布了。

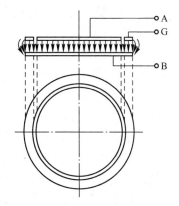

图 4-17 带等位环的圆形平板电容器

加装等位环的电容器有三个端子 A、B、G。应该说明的是，它虽然有效地抑制了边缘效应，但也增加了加工工艺难度。另外，为了保持 A 与 G 的等电位，一般尽量使二者同为地电位；但有时难以实现，这时就必须加入适当的电子线路。

4.3.5 寄生电容

在电容式传感器的设计和使用过程中，要特别注意防止寄生电容的干扰。由于电容式传感器本身电容量很小，仅为几皮法～几十皮法，因此传感器受寄生电容干扰的问题非常突出。这个问题解决不好，将导致传感器特性严重不稳，甚至完全无法工作。

任何两个导体之间均可构成电容联系，因此电容式传感器除了极板间的电容外，极板还可能与周围物体（包括仪器中各种元件甚至人体）之间产生电容联系。这种附加的电容联系，称之为寄生电容。寄生电容使传感器电容量改变。由于传感器本身电容量很小，再加上寄生电容又是极不稳定的，就会导致传感器特性的不稳定，从而对传感器产生严重干扰。

为了克服这种不稳定的寄生电容影响，必须对传感器及其引出导线采取屏蔽措施，即将传感器放在金属壳体内，并将壳体接地，从而可消除传感器与壳体外部物体之间的不稳定的寄生电容联系。传感器的引出线必须采用屏蔽线，而且应与壳体相连而无断开的不屏蔽间隙，屏蔽线外套同样应良好接地。

但是，对电容式传感器来说，这样做仍然存在以下所谓的"电缆寄生电容"问题：

1）屏蔽线本身电容量大，最大可达上百皮法/米，最小的亦有几皮法/米。由于电容式传感器本身电容量亦仅几十皮法甚至还小，当屏蔽线较长且其电容与传感器电容相并联时，传感器电容的相对变化量将大大降低，也就是说传感器的有效灵敏度将大大降低。

2）由于电缆本身的电容量随放置位置和其形状的改变而有很大变化，故将使传感器特性不稳定；严重时，有用的电容信号将被寄生电容噪声所淹没，以至传感器无法工作。

长期以来电缆寄生电容的影响一直是电容式传感器难于解决的技术问题，阻碍着电容式传感器的发展和应用。目前微电子技术的发展，已为解决这类问题创造了良好的技术条件。

一个可行的解决方案，是将测量线路的前级或全部与传感器组装在一起，构成整体式或有源式传感器，以便从根本上消除长电缆的影响。这一点在微电子技术高度发展的今天，技术上已无太大困难。更进一步，采用集成工艺，将传感器与测量电路集成在同一芯片上，构成集成电容式传感器，可完全消灭寄生电容的影响。

另外一种情况，即传感器工作在恶劣环境如低温、强辐射等情况下，当半导体器件经受不住这样恶劣的环境条件，而必须将电容敏感部分与电子测量线路分开，然后通过电缆连接时，为解决电缆寄生电容问题，可以采用所谓的"双层屏蔽等电位传输技术"，有的文献称之为"驱动电缆技术"。

这种技术的基本思路是连接电缆采用内、外双层屏蔽，使内屏蔽与被屏蔽的导线电位相同，引线与内屏蔽之间的电缆电容将不起作用，外屏蔽仍接地而起屏蔽作用。其原理如图 4-18 所示。图中电容式传感器的输出引线采用双层屏蔽电缆，电缆引线将电容极板上的电压输出至测量线路的同时，再输入至一个放大倍数严格为 1 的放大器，因而，在此放大器的输出端得到一个与输入完全相同的输出电压，然后将其加到内屏蔽上。由于内屏蔽与引线之

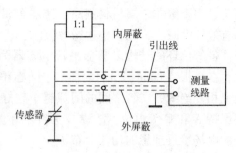

图 4-18　驱动电缆原理图

间处于等电位，因而两者之间没有容性电流存在，这就等效于消除了引线与内屏蔽之间的电容联系。而外屏蔽接地后，内、外屏蔽之间的电容将成为"1∶1"放大器的负载，而不再与传感器电容相并联。这样，无论电缆形状和位置如何变化，都不会对传感器的工作产生影响。采用这种方法，即使传感器的电容量很小，传输电缆较长（达数米）时，传感器仍能很好地工作。

由于电容式传感器是交流供电的，其极板上的电压是交流电压，因此上述"1∶1"放大，不仅要求在很宽的频带上严格实现放大倍数等于 1，即输入、输出电压幅度相等，而且要求相移也为零。此外，由图 4-18 可知：运算放大器的输入阻抗是与传感器的电容相并联的，这就要求放大器最好能有无穷大的输入阻抗与近于零的输入电容。显然，这些要求只能在一定程度上得到满足，尤其要使输入电容近于零和相移近于零是相当困难的。

4.4　电容式传感器的测量电路

电容式传感器将被测非电量变换为电容变化后，由于电容的变化不便于直接输出和记录，并且电容变化值十分微小，因此，必须采用测量电路将电容的变化转换为电压、电流或频率信号。用于电容式传感器的测量电路很多，归纳起来大致可分为三大类，即调幅电路、调频电路及脉冲宽度调制电路，以下分别进行简要介绍。

4.4.1　调幅型测量电路

这种测量电路输出的是幅值正比于或近似正比于被测信号的电压信号，即将电容的变化转换为输出电压幅值的变化，它包括运算放大器式电路和交流电桥电路。

1. 运算放大器测量电路

由于运算放大器的放大倍数 K 非常大，而且输入阻抗 Z_i 很高，运算放大器的这一特点可以作为电容式传感器的比较理想的测量电路，如图 4-19 所示为基本的运算放大器式电路，C_0 为标准电容，C_x 为电容式传感器。

由于

$$\dot{I}_1 = \frac{\dot{U}_i}{\frac{1}{j\omega C_0}} \qquad \dot{I}_2 = \frac{-\dot{U}_o}{\frac{1}{j\omega C_x}} \qquad \dot{I}_1 = \dot{I}_2$$

所以输出电压为

$$\dot{U}_o = -\frac{C_0}{C_x}\dot{U}_i$$

如果传感器为平行板电容器，有

$$C_x = \frac{\varepsilon S}{d}$$

所以

$$\dot{U}_o = -\frac{C_0}{\varepsilon S}\dot{U}_i \cdot d \qquad \Delta\dot{U}_o = -\frac{C_0}{\varepsilon S}\dot{U}_i \cdot \Delta d$$

上式表明，输出电压 U_o 与电容式传感器两电极的间距成正比，这就从原理上解决了使用单个变间隙型电容式传感器输出特性的非线性问题，这是采用本测量电路的最大特点。对于变间隙型电容式传感器的输出灵敏度为

$$K_0 = \frac{\Delta U_o}{\Delta d} = -\frac{C_0}{\varepsilon S}U_i$$

实际运算放大器当然不能完全满足理想运放的条件，仍具有一定的非线性误差。但只要其输入阻抗和增益足够大，这种误差是相当小的，可在要求的误差范围之内，所以，这种电路仍不失其优点。按这种原理已制成了能测出 0.1 μm 的电容式测微仪。

此外，由输出电压 U_o 和灵敏度 K_0 的表达式可知，输出电压和灵敏度还与 U_i 和 C_0 有关，因此，该电路要求电源电压必须采取稳压措施，固定电容必须稳定。由于其输出亦为交流电压，故需要经精密整流变为直流输出。这些附加电路将使整个变换电路变得较为复杂。

2. 交流电桥电路

交流电桥电路的供桥电源电压为交流信号，根据桥路结构的不同，可分为：普通电桥、耦合电感电桥、变压器电桥、双 T 二极管交流电桥。以下介绍普通交流电桥和变压器电桥。

（1）普通交流电桥

图 4-20 所示为电容式传感器单臂接法的交流电桥检测电路。固定电容 C_1、C_2、C_3 和电容式传感器 C_x 构成电桥的四臂。高频电源经变压器接到电桥上，U_o 是输出电压。

下面仅讨论空载（即输出端开路）时，输出电压 U_o 与被测电容 ΔC 之间的关系。在电容式传感器未工作时，先将电桥调到平衡状态，即 $C_1 C_3 = C_2 C_0$（C_x 的初始值为 C_0），$U_o = 0$。

当被测参数变化引起电容式传感器的输出电容变化 ΔC（$C_x = C_0 + \Delta C$）时，电桥失去平

衡，其输出电压为

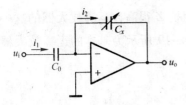

图 4-19 运算放大器测量电路

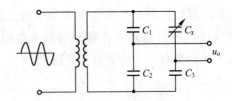

图 4-20 单臂接法交流电桥检测电路

$$\dot{U}_0 = \frac{\frac{1}{j\omega C_1}}{\frac{1}{j\omega C_1} + \frac{1}{j\omega C_2}}\dot{U}_s - \frac{\frac{1}{j\omega(C_0 + \Delta C)}}{\frac{1}{j\omega(C_0 + \Delta C)} + \frac{1}{j\omega C_3}}\dot{U}_s$$

$$= \left(\frac{C_2}{C_1 + C_2} - \frac{C_3}{C_0 + \Delta C + C_3}\right)\dot{U}_s$$

$$= \frac{\dot{U}_s C_2 \Delta C}{(C_0 + C_3)(C_1 + C_2) + (C_1 + C_2)\Delta C}$$

注意一点，在上式的推导过程中，用到了初始平衡条件 $C_1 C_3 = C_2 C_0$。由上式可见，输出电压 U_o 与被测电容的 ΔC 之间是非线性关系。

（2）变压器电桥

变压器电桥如图 4-21 所示，C_1 和 C_2 为电容式传感器的两个差动结构的电容，构成差动接法交流电桥的相邻工作臂，变压器次级耦合电感为电桥的固定臂，负载阻抗为 Z_L，输出电压为 U_{sc}。

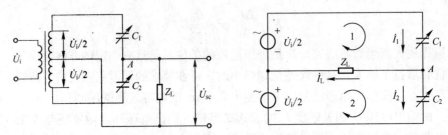

图 4-21 变压器电桥电路及简化形式

根据基尔霍夫定律列方程组

回路 1 $\quad\quad\quad\quad \dfrac{1}{j\omega C_1}\dot{I}_1 + Z_L \dot{I}_L = \dot{U}_i/2$

回路 2 $\quad\quad\quad\quad \dfrac{1}{j\omega C_2}\dot{I}_2 - Z_L \dot{I}_L = \dot{U}_i/2$

结点 A $\quad\quad\quad\quad \dot{I}_1 - \dot{I}_2 - \dot{I}_L = 0$

解方程得：

$$\dot{I}_L = \frac{\dot{U}_i}{2}(C_1 - C_2)\frac{j\omega}{1 + j\omega(C_1 + C_2)Z_L}$$

则输出电压 $\dot{U}_{sc}$ 为

$$\dot{U}_{sc} = \dot{I}_L Z_L = \frac{\dot{U}_i}{2}(C_1 - C_2)\frac{j\omega Z_L}{1 + j\omega(C_1 + C_2)Z_L}$$

当负载阻抗 $Z_L \to \infty$ 时：

$$\dot{U}_{sc} = \frac{\dot{U}_i}{2}\frac{C_1 - C_2}{C_1 + C_2}$$

对于差动变极距型电容传感器，有

$$C_1 = \frac{\varepsilon_0 S}{\delta_0 + \Delta\delta}$$

$$C_2 = \frac{\varepsilon_0 S}{\delta_0 - \Delta\delta}$$

则采用变压器电桥电路，在 $Z_L \to \infty$ 时：

$$\dot{U}_{sc} = -\frac{\dot{U}_i}{2}\frac{\Delta\delta}{\delta_0}$$

所以，将差动电容式传感器接入变压器电桥，在负载阻抗极大时，即使是非线性的变间隙型电容传感器，输出电压也与输入位移呈理想的线性关系。

4.4.2 谐振测量电路

谐振测量电路主要有调幅式测量电路和调频式测量电路两种基本形式。

1. 调幅式测量电路

调幅式测量电路的原理框图如图 4-22 所示，是利用 LC 谐振特性构成的检测电路。L、C_2、C_x 组成谐振回路，通过电感耦合，从振荡器取得高频振荡电源供给谐振电路。电容式传感器电容 C_x 是谐振回路调谐电容的一部分，当 C_x 发生变化时，谐振回路阻抗就发生相应的变化，而这个变化经整流放大后，即可得出输出量的大小。

为了获得较好的线性关系，一般谐振调幅电路的工作点选在谐振曲线一边最大振幅的 70% 附近，调整振荡器的频率，使之与振荡回路的谐振频率相近，并让其输出电压为谐振电压的 70%，这时工作点处于特性曲线中直线段的中间，如图 4-22 中 N 点，且工作范围在 NB 段内。如图 4-22 所示，自振荡回路的电压经过整流得到直流输出电压 U。这样就保证了输出电压与被测量引起的电容变化量 ΔC_x 的线性关系。

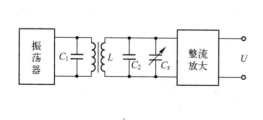
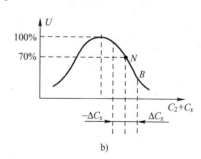

a)　　　　　　　　　　　　　　　　b)

图 4-22　谐振测量电路
a) 谐振电路框图　b) 谐振电路工作特性

灵敏度高是谐振调幅电路的最大优点，这是因为在工作点 N 附近谐振曲线的斜率大，但此电路也有几点不足：

1）工作点不易选。变化范围较窄，给检测带来不便。
2）传感器与谐振回路距离要尽可能近，否则杂散电容较大，影响测量精度。
3）振荡器的频率稳定性要尽可能高，否则会产生测量误差。

2. 调频式测量电路

调频式测量电路是将传感器电容 C_X 与电感元件、再配合放大器构成的一个振荡器谐振电路。当电容式传感器工作时，输入量导致电容量发生变化，振荡器的振荡频率就发生变化，将频率的变化通过鉴频电路变换为振幅的变化，经放大后，就可用仪表指示或记录仪器记录下来。

调频接收系统可分为直放式调频和外差式调频两种类型。外差式调频线路比较复杂，但性能远优于直放式调频电路，其主要优点是选择性高、特性稳定、抗干扰能力强，图 4-23 是调频式测量电路框图。调频振荡器的振荡频率为

$$f = \frac{1}{2\pi\sqrt{LC}}$$

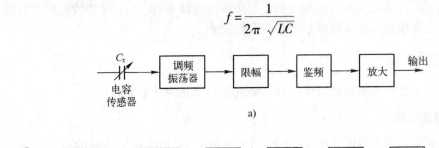

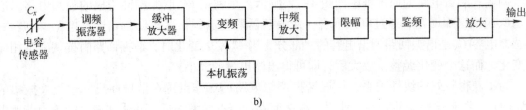

图 4-23　调频测量电路框图
a）直放式　b）外差式

式中　L——振荡回路的电感；
　　　C——总电容，$C = C_1 + C_X \pm \Delta C + C_2$；
　　　C_1——振荡回路的固有电容；
　　　C_2——传感器的引线分布电容；
　　　$C_X \pm \Delta C$——传感器的电容。

当被测信号为零时，$\Delta C = 0$，则 $C = C_1 + C_X + C_2$，所以振荡器有一个固有频率 f_0，常选在 1 MHz 以上，且

$$f_0 = \frac{1}{2\pi\sqrt{(C_1 + C_X + C_2)L}}$$

当被测信号不为零时，即 $\Delta C \neq 0$，振荡频率有相应变化，此时频率为

$$f = \frac{1}{2\pi\sqrt{(C_1+C_X+C_2\pm\Delta C)L}} = f_0 \pm \Delta f$$

此变化过程的波形如图 4-24 所示。

图 4-24a 是被测信号为零时，电容 $C = C_1 + C_X + C_2$，输出信号频率为 f_0；图 4-24b 是被测信号，使电容变为 $C = C_1 + C_X \pm \Delta C + C_2$；图 4-24c 是受被测信号调制的振荡频率（经限幅后的等幅调频信号）；图 4-24d 是鉴频器后的输出信号，将频率变化转换为直流电压，再用直流放大器放大。

用调频系统作为电容式传感器的测量电路的特点：
1）抗干扰能力强。
2）特性稳定。
3）能取得高电平的直流信号（伏特数量级）。
4）因为是频率输出，易于同数字仪器和计算机接口。

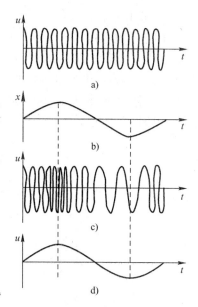

图 4-24 调频测量电路的波形图

4.4.3 脉冲宽度调制电路

脉冲宽度调制电路如图 4-25 所示，IC_1 与 IC_2 为电压比较器，FF 为双稳态触发器，IC_3 为低通滤波器，C_1 和 C_2 为差动电容，U_r 为参考直流电压，R_1、R_2 为充电电阻，一般取 $R_1 = R_2$，FF 的两个输出端 A、B 间的电压经低通滤波器 IC_3 滤波后，作为该测量电路的输出电压 U_o。双稳态触发器的输入端为 R、S，输出端为 $A(Q)$、$B(\overline{Q})$。

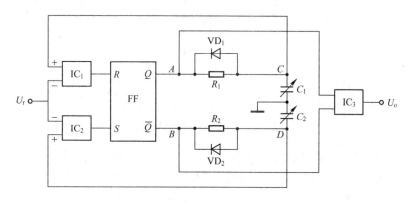

图 4-25 脉冲宽度调制电路

当双稳态触发器 FF 的 Q 端输出为高电平时，即 $Q = 1$，$\overline{Q} = 0$。A 点的高电位通过 R_1 对 C_1 充电，同时 B 端为低电平，C_2 通过二极管 VD_2 放电，D 点被钳制在低电位。C_1 充电后使 C 点的电位升高，当高于参考电压 U_r 时，比较器 IC_1 产生正跳变信号，激励触发器翻转，使输出 $Q = 0$，$\overline{Q} = 1$，于是 B 点为高电位，对 C_2 充电，A 点为低电位，C_1 放电。当 D 点电位上升至大于 U_r 时，比较器 IC_2 产生触发脉冲使 FF 翻转，如此交替，在 FF 的 A、B 两端输出极性相反，宽度取决于 C_1 和 C_2 的脉冲。当差动电容 $C_1 = C_2$ 时，电路各点波形如图 4-26a 所示，A、B 输出电平的脉冲宽度相等，A、B 两点的平均电压相等，对应的 $U_o=0$。而当 $C_1 \neq C_2$ 时，即差动电容式传感器处于工作状态，设 $C_1 > C_2$，则 C_1 和 C_2 的充放电时间常数发生变化，各点电压波形如图 4-26b 所示，A、B 两点的平均电压值不再相等，此时直流输出电压 U_o 等于 A、B 两点的平均电压之差而不为零。

A、B 两点间的电压 U_{AB} 经低通滤波器 IC_3 滤波后，输出为 U_o，U_o 为 A、B 两点电压平均值之差，即：

$$U_o = \overline{U}_A - \overline{U}_B = \frac{T_1}{T_1+T_2}U_1 - \frac{T_2}{T_1+T_2}U_1$$

$$= \frac{T_1-T_2}{T_1+T_2}U_1$$

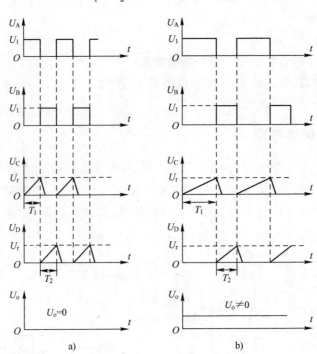

图 4-26 电路各点的电压波形

式中 U_1——双稳态触发器的输出高电平；

T_1、T_2——C_1、C_2 充电至 U_r 所需的时间。

根据电路知识可求出

$$T_1 = R_1 C_1 \ln \frac{U_1}{U_1-U_r}$$

$$T_2 = R_2 C_2 \ln \frac{U_1}{U_1-U_r}$$

将 T_1、T_2 代入到上面 U_o 的计算式中得

$$U_o = \frac{C_1-C_2}{C_1+C_2}U_1$$

可见，直流输出电压 U_o 正比于电容 C_1 和 C_2 的差值，并有正负向。

对变间隙型差动电容传感器，有

$$U_o = \frac{\delta_2 - \delta_1}{\delta_2 + \delta_1} U_1$$

式中，δ_1 和 δ_2 分别为电容 C_1、C_2 极板间的距离，当差动电容 $C_1 = C_2 = C_0$，即 $\delta_1 = \delta_2 = \delta_0$ 时，$U_o = 0$；当 $C_1 \neq C_2$（设 $C_1 > C_2$），差动电容传感器处于工作状态时，$\delta_1 = \delta_0 - \Delta\delta$，$\delta_2 = \delta_0 + \Delta\delta$，则

$$U_o = \frac{\Delta\delta}{\delta_0} U_1$$

同样，对变面积型差动电容传感器，有

$$U_o = \frac{S_1 - S_2}{S_1 + S_2} U_1$$

式中，S_1 和 S_2 分别为电容 C_1 和 C_2 的有效极板面积，当差动电容 $C_1 \neq C_2$ 时，$U_o = \frac{\Delta S}{S_0} U_1$。

由此可见，对于差动脉冲调宽电路，无论是变间隙型电容传感器还是变面积型差动电容传感器，其输出都与变化量呈线性关系。

以上分析表明，差动电容传感器在初始状态时 $C_1 = C_2$，输出电压 $U_o = 0$；当被测量的变化使得 $C_1 \neq C_2$ 时，双稳态触发器的输出方波脉冲宽度将相应地变化，即受到差动电容的调制，而输出电压 U_o 也同时变化，且正比于 C_1 与 C_2 的差值，即具有线性输出特性。这是脉宽调制型测量电路的重要优点。此外，该电路的输出信号一般为 100 kHz ~ 1 MHz 的高频矩形波，只需简单地经由低通滤波器就可获得直流输出。

4.5 电容式传感器的应用

电容式力学量传感器由于其分辨力极高，测量绝对值低达 0.01 μm，可测量的电容量变化值约为 10^{-7} μF，而测量相对变化量则高达 $\Delta C/C = (100 \sim 200)\%$，从而十分适合于微信息的监测；另一方面，由于其动极板质量小，从而响应时间短，并可实现非接触式测量及在线动态测量。其测量检测头结构简单，由于电极间相互吸引力十分微弱，保证了高精确度的测量；由于自身功耗很小，发热及迟滞现象极小，从而过载能力强，特别是微电子技术的发展为其提供了条件，所以成为当前传感技术领域一个很有潜力的发展方向。目前已从微位移传感器拓展为对其他力学量，诸如压力、加速度、应力乃至容器中液位及不同分散物体（诸如米麦、水泥、煤粉等存积量）的测量上。

1. 膜片电极式压力传感器

图 4-27a 所示是单只变极距型电容压力传感器，其结构是由一个固定电极和膜片电极构成电容。由于膜片电极很薄，在外压力的作用下，向固定电极方向呈球状凸起，改变了电容的极距，使电容量发生变化。因此，这种压力传感器实质上是变极距型电容传感器，用于测量气体或液体的压力流体或气体压力（P）作用于弹性膜片（动极板），使弹性膜片产生位移，位移导致电容量变化。

图 4-27b 是一种差动式电容压差传感器。加有预张力的不锈钢膜片作为弹性敏感元件，同时也是电容式传感器的动极板，而凹型玻璃基片上镀有金属层的极板作为传感器的两个定

极板。当被测压力通过多孔金属过滤器进入空腔时,由于弹性膜片两侧的压力差,使膜片凹向压力小的一侧,产生位移,从而使一个电容的电容量增大,另一个则相应减小。这种传感器的灵敏度和分辨率都很高,灵敏度取决于初始间隙 d_0,d_0 越小,灵敏度越高。同时,当过载时,膜片受到凹曲的玻璃表面的保护,而不致发生破裂。根据实验,该传感器可以测量 0~0.75 Pa 的微小压差,其动态响应主要取决于弹性膜片的固有频率。该传感器可与差动脉冲宽度调制电路构成压力测量系统。

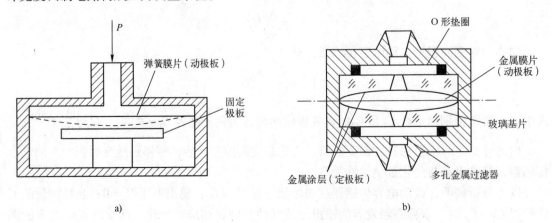

图 4-27 电容式膜片压力传感器
a) 单只变极距型电容压力传感器　b) 差动式电容压差传感器

2. 电容加速度传感器

在对物体惯性或振动特性的研究中,经常存在加速度的测量问题。比如在航空、航海、导弹发射中的惯性导航,地震预测系统,矿井钻探垂直度的测控,以及大型旋转机械,如水轮发电机中均有出现。对于绝对加速度,一般利用电容式加速度传感器进行测量。

图 4-28 所示的是一种差动式电容加速度传感器。它有两个固定极板,中间有一个用弹簧片支撑的质量块,此质量块两个端面经过磨平抛光后作为可动极板。当传感器随被测对象在垂直方向上作直线加速运动时,质量块在惯性空间中相对静止,而两个固定电极将相对质量块在垂直方向上产生大小正比于被测加速度的位移。此位移使两电容的间隙发生变化,一个增大,一个减小,从而使 C_1、C_2 产生大小相等、符号相反的增量,出现差动式变化状态,而破坏了原电容电桥的平衡平,最终产生一个与输出加速度信号呈线性关系的电压输出信号。该类加速度计的频率响应可从直流到 500 Hz,非线性误差小于 0.2%。

3. 电容式称重传感器

电容式称重传感器的结构形式很多,只要利用弹性敏感元件的变形,造成电容随外加重量的变化而变化,就可构成电容式称重传感器。

电容荷重传感器原理结构如图 4-29 所示,用一块特殊钢(一般采用镍铬钼钢,其浇铸性好,弹性极限高),在同一高度上并排打圆孔,在孔的内壁以特殊的粘接剂固定两个截面为 T 型的绝缘体,保持其平行并留有一定间隙,在相对面粘贴铜箔,从而形成一排平板电容。当圆孔受荷重变形时,电容值将改变,在电路上各电容并联,总电容增量将正比于被测平均荷重 F。由于在电路上各电容是并联的,因而输出反映的结果是平均作用力的变化,测量误差大大减小（误差平均效应）。测量电路可装于孔中，减小体积。以此可制作电容式电子秤，此类电子秤，对接触面无要求，总误差较小。

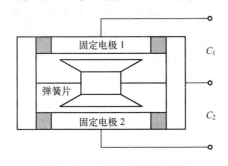

图 4-28　电容加速度传感器

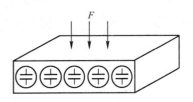

图 4-29　电容荷重传感器原理结构

4. 电容测厚仪

电容测厚仪在板材轧制装置中应用的工作原理如图 4-30 所示。在被测带材的上、下两侧各放置一块面积相等、与带材距离相等的极板，这样，极板与带材就构成了两个电容器 C_1 和 C_2。将两块极板用导线连接形成一个电极，而带材就是电容的另一个电极，其总电容为 $C_x = C_1 + C_2$。电容 C_x 与固定电容 C_0、变压器的次级 L_1 和 L_2 构成电桥，信号发生器提供变压器初级信号，经耦合作为交流电桥的供桥电源。

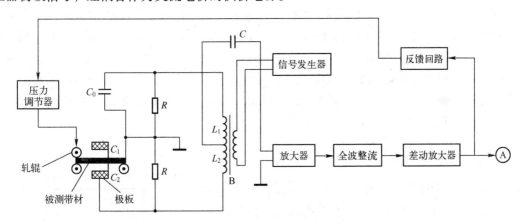

图 4-30　电容测厚装置

当被轧制板材的厚度相对于要求值发生变化时，则 C_x 发生变化。若 C_x 增大，表示板材厚度变厚；反之，板材变薄。此时电桥输出信号也将发生变化，变化量经耦合电容 C 输出给放大器放大、整流，再经差动放大器放大后，一方面由指示仪表读出板材厚度，另一方面，通过反馈回路将偏差信号传送给压力调节装置，调节轧辊与板材间的距离。经过不断调节，使板材厚度控制在一定误差范围内。

这种电容测厚传感器将测出的变化量与标定量进行比较，比较后的偏差量反馈控制轧制过程，以控制板材厚度，其中的电容测厚仪是关键设备。

5. 电容式微位移传感器（容栅传感器）

微位移通常采用差动式梳齿传感器测量，其定、动极板的设置如图 4-31 所示。定极板上设计交叉间隔的两组极栅，栅宽为 a，栅距为 p；动极板设定为一组栅宽为 b，栅距为 p 的极栅。定、动极栅间存在间隙 δ 而构成差动式结构，即为若干个变面积差动式电容传感器相互并联构成。一般使 $a = b = (0.3 \sim 0.6)p$，且极板间的绝缘特性优良时，测量值具有较好线性度和灵敏度。容栅式位移传感器的测量误差以栅极平均值计算，具有误差平均效应，测量精度很高，目前已利用该原理制成电子数字显示卡尺，配用细分电路处理，其测量范围为 $0 \sim 150\,\text{mm}$，可检测的微位移精度可达约 $10\,\mu\text{m}$ 量级。

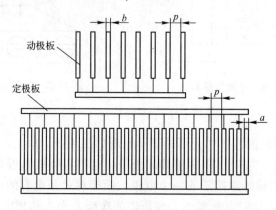

图 4-31　容栅式位移传感器的极板结构

该微位移传感器实际上也是一个测振动传感器，其动极板实际上是被测构件，在测量时，首先调整好作为传感器的固定极栅与被测工件间的原始间距 δ_0，当轴旋转时，因轴承间隙等原因，使极栅产生轴向位移或振动（$\pm\delta$），从而相应产生了一个电容值的变化（$\pm\Delta c$），这样便利用差动式变极板面积电容式传感器原理，在记录仪或图形显示器上记录下 Δd 的变化情况。这是一种非接触式测量仪器，可用以测量旋转轴的回旋精度、振动幅度、往复机构的定位精度、相对变形以及工件平直度和尺寸。

6. 电容湿度传感器

图 4-32 是利用多孔氧化铝吸湿的电容式湿度传感器示意图。以铝棒和能渗透水的黄金膜为极板，极板间充以氧化铝微孔介质。多孔性氧化铝可从含有水分的气体中吸收水蒸气或从含水液体介质中吸收水分，吸水以后，介电常数 ε 发生变化，电容量随之改变。

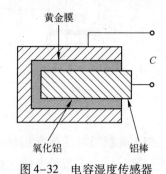

图 4-32　电容湿度传感器

知识拓展

纳米科学技术（Nano Science and Technology）是在纳米空间（$0.1 \sim 100\,\text{nm}$）内研究物质的特性、物质相互作用以及如何利用这些特性的多学科交叉的前沿科学与技术。随着科学的发展，它涉及越来越广泛的内容，其中纳米测量技术是纳米科学技术的一个重要分支。在科学研究中的量子物理学、化学、分子生物学等往往需要纳米级的位移测量，电容式传感器可以测量位移，它是否能胜任纳米级微小位移的测量？回答是肯定的。电容式传感器在纳米位移测量中可以发挥一定的作用，但是，由于电容式传感器极板间静电引力的限制，可测量的最小位移受到限制。

有关研究表明，电容式传感器测量的最小位移是 4.3 nm，压电传感器测量的最小位移是 1.1 nm，压敏传感器测量的最小位移是 0.2 nm，隧道电流传感器测量的最小位移是 10^{-4} nm，微波传感器测量的最小位移是 10^{-3} nm，电感传感器测量的最小位移是 0.2 nm，光学传感器测量的最小位移是 10^{-3} nm。

问题与思考

（1）在图 4-5 的差动电容器中，如果两电容串联，输出特性如何？灵敏度是否增大？

（2）若按照应变电阻传感器的差动连接方式，将图 4-5 的差动电容器中的两电容作为电桥的两臂，另外两臂采用标准电容，且在初始状态下桥臂电容值相等，为全对称电桥，此时输出特性如何？

（3）图 4-10 的电容式传感器应如何连线？输出表达式如何？

（4）角位移筒状线位移式电容传感器是否能构成差动方式？如何构成？

（5）如果盛液体的容器是金属圆柱形，则只需要用一根裸导线就可完成液位的检测，它与图 4-12 液位测量相比有什么不同？

（6）图 4-19 所示的运算放大器测量电路，虽然解决了变极距型电容传感器的非线性问题，但是，对具有线性输出特性的变面积和变介质型电容传感器，则会产生非线性的输出电压，如何解决这个问题？试对图 4-19 所示的运算放大器测量电路进行简单的改进。

（7）在图 4-20 所示的检测电桥中，如果加以直流电源，输出如何？

（8）差动电容传感器的电桥检测电路应如何设计？输出特性如何？

（9）在图 4-22 所示的谐振检测电路中，设电源频率为 ω，绕组参数为 L、R，试推导输出电压的表达式。且考虑采取什么措施可使输出灵敏度增大？

（10）图 4-22 所示谐振检测电路是利用 LC 谐振幅度特性的原理进行工作的，故又称之幅度调制检测电路。同样，利用谐振频率特性也可实现电容式传感器的检测，即频率调制检测电路。此时，输出频率与电容式传感器的变化有关，试画出检测原理图并推导输出表达式。

（11）在机械变速箱内，利用齿轮可进行速度的传递和变换。为了减小齿轮间的磨损，一般在齿轮箱中注满润滑机油。现在的问题是，虽然润滑油大大减小了齿轮的磨损程度，但在长时间的使用中，随着磨损铁屑的增多，会逐渐加剧齿轮的磨损，最后导致齿轮缺损，影响变速效果。如何利用电容传感器检测或监测这种状态，以便及时更换？

（12）是否可以利用电容传感器监测海底输油管道的漏油？采用的电容传感器属于哪种类型？

本章小结

（1）电容式传感器是将被测物理量转换成电容变化的一种装置。它分为变极距型、变面积型和变介质型三种类型。

(2) 由于电容量与极距成反比,与介质和有效面积成正比,所以变极距型电容传感器的输出特性呈非线性,而变面积型和变介质型电容传感器的输出特性呈线性关系。

(3) 变极距型和变面积型电容传感器的典型应用是检测位移变化,前者非线性差,但灵敏度高,适合检测微小的位移,后者线性好,但灵敏度低,适合检测较大的位移。变介质型电容传感器的典型应用是液位检测。

(4) 电容检测电路常用的有电桥检测电路、运算放大器检测电路和幅度调制检测电路等。除了本章介绍的检测电路外,还有其他的检测电路,如二极管双T型交流电桥等。根据需要还可以发明设计其他的检测电路,使输出具有较好的线性特性。

(5) 电容式传感器除了典型的位移和液位检测应用外,还有更广泛的应用,这需要我们去观察,去分析,根据实际检测需要,运用创新思维,利用不同类型电容式传感器的特性,设计出合适的传感检测装置。

习题

1. 如何改变单个变极距电容传感器的非线性?
2. 试比较本章介绍的几种测量电路的灵敏度、线性度和稳定性。
3. 试分析环境温度对电容式传感器的影响。
4. 已知变面积型电容传感器,两平行极板几何尺寸相同,均为 $30\,mm(长) \times 20\,mm(宽) \times 0.1\,mm(厚)$。初始状态下,两极板正对,两极板间距离为 $1\,mm$,极间介质 $\varepsilon = 50\,pF/m$。在外力作用下,其中动极板沿长度方向移动了 $10\,mm$,求 ΔC、K。
5. 以空气为介质的变极距式电容传感器,极板间有效重叠面积为 $20\,mm^2$,极板间初始间距为 $1\,mm$。已知空气相对介电常数为 1,真空介电常数为 $\varepsilon_0 = 8.854 \times 10^{-12}\,F/m$。当压力作用在动极板上,使其向内移动了 $0.15\,mm$,求 ΔC、K。
6. 除了电阻应变式传感器可以检测应变,电容式传感器也可以检测应变,试考虑利用电容式传感器检测应变的方案(画出传感器装置的示意图)。
7. 液体在管道内流动,需要检测液体对管壁的压力,试用电容式传感器完成这一检测工作(画出传感器装置的示意图)。
8. 试设计一个采用电容式传感器检测金属工件表面光滑度的装置(画出检测示意图和检测电路)。
9. 试采用电容式传感器作为感应器,设计一种地雷的电子感应触发装置(画出检测示意图和检测电路)。

第5章 电感式传感器

本章要点

自感式传感器、互感式传感器和电涡流传感器的工作原理；自感式传感器、互感式传感器和电涡流传感器的工作特点；自感式传感器、互感式传感器和电涡流传感器的检测电路；自感式传感器、互感式传感器和电涡流传感器的应用。

学习要求

掌握自感式传感器、互感式传感器和电涡流传感器的工作原理；掌握自感式传感器、互感式传感器和电涡流传感器的工作特点；熟悉电感式传感器的常用检测电路及特点；了解自感式传感器、互感式传感器和电涡流传感器的应用范围；掌握电感式传感器创新应用的基本要领。

电感式传感器是一种机电转换装置，在现代工业生产和科学技术上，尤其在自动控制系统中应用十分广泛，是非电量测量的重要传感器之一。

电感式传感器也称为变磁阻式传感器，它是利用电磁感应把被测量（如位移、压力、流量、振动等）转换成线圈的自感系数 L 或互感系数 M 的变化量，再由测量电路转换成电压或电流的变化量输出，实现非电量到电量的转换。常用的电感式传感器转换原理的实现方式主要有：∏形、E形和螺管形三种。电感元件由线圈、铁心和活动衔铁三个部分组成。

变磁阻式传感器与其他传感器相比较有如下几个特点：

1) 结构简单。工作中没有活动电接触点，因而，比电位器工作可靠，寿命长。

2) 灵敏度高、分辨率大。能测出 $0.01\ \mu m$ 甚至更小的机械位移变化，能感受小至 $0.1''$（$''$ 是角度单位秒，$1' = (1/60)°$，$1'' = (1/60)'$）的微小角度变化。传感器的输出信号强，电压灵敏度一般每一毫米可达数百毫伏，因此有利于信号的传输与放大。

3) 重复性好线性度优良。在一定位移范围（最小几十微米，最大达数十甚至数百毫米）内，输出特性线性度好，并且比较稳定。高精度的变磁阻式传感器，非线性误差仅 0.1%。同时，这种传感器能实现信息的远距离传输、记录、显示和控制。

当然，变磁阻式传感器也有缺点，如存在交流零位信号、不宜于高频动态测量、频率响应较低等。以下将分别讨论自感式、互感式、电涡流式传感器等几种变磁阻式传感器。

5.1 自感式传感器

自感式传感器是利用线圈自身电感的改变实现非电量与电量的转换。目前常用的自感传感器有三种类型：变气隙型、螺管插铁型和变面积型，但使用最广泛的是变气隙型自感传感器。其基本结构包括线圈、铁心和衔铁三个部分，铁心和衔铁均由导磁材料制成，如硅钢片或坡莫合金。

5.1.1 闭磁路式自感传感器

闭磁路式自感传感器（变气隙型自感传感器）结构如图 5-1 所示。在铁心和活动衔铁之间有气隙，气隙宽度为 δ_0，传感器的运动部分与衔铁相连，当衔铁移动时，气隙宽度 δ_0 发生变化，从而使磁路中磁阻变化，导致电感线圈的电感值改变，然后通过测量电路测出其变化量，由此判别被测位移量的大小。这就是变气隙型自感传感器的工作原理。

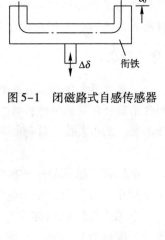

线圈的电感值 L 由电工学公式知

$$L = \frac{\Psi}{I} = \frac{n\varphi}{I}$$

$$\varphi = \frac{nI}{\sum R_m}$$

式中 $n\varphi$——磁通链；
nI——安匝；
$\sum R_m$——磁路总磁阻，$\sum R_m = \sum \frac{\delta_i}{\mu_i S_i} + 2\frac{\delta_0}{\mu_0 S} = R_{Fe} + R_{\delta_0}$；
R_{Fe}——导磁体磁阻；
R_{δ_0}——气隙磁阻。

图 5-1 闭磁路式自感传感器

因为磁导率 $\mu_i \gg \mu_0$，有 $R_{\delta_0} \gg R_{Fe}$，忽略 R_{Fe}，得：

$$\varphi = nI / \frac{2\delta_0}{\mu_0 S}$$

由 $\varphi = nI / \frac{2\delta_0}{\mu_0 S}$ 知，δ_0 在外界位移下改变，φ 随 δ_0 变化则：

$$L = \frac{n^2 \mu_0 S}{2\delta_0} = K \cdot \frac{1}{\delta_0}$$

$$\Delta L = -\frac{n^2 \mu_0 S}{2\delta_0^2} \Delta \delta_0$$

传感器的灵敏度为

$$K_S = \frac{\Delta L}{\Delta \delta_0} = -\frac{n^2 \mu_0 S}{2\delta_0^2}$$

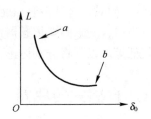

图 5-2 自感传感器特性曲线

闭磁路式自感传感器的特性曲线如图 5-2 所示，显然，要使传感器工作在线性区，只能在 a 段或 b 段小范围内，而且 a 段的灵敏度要远远大于 b 段。这说明了输出特性与测量范围之间存在矛盾，因此，闭磁路式自感传感器用于测量微小位移量是比较准确的，约 10^{-6} m 级。在使用中，为减小非线性误差，量程必须限制在较小的范围内，一般为气隙的 1/5 以下，例如，某闭磁路式自感传感器的气隙 $\delta_0 = 0.1 \sim 0.5$ mm，$\Delta \delta_0$ 的最大值 $< \delta_0 / 5$，即 $0.02 \sim 0.1$ mm。同时，这种传感器在制作上难度比较大。为减小非线性误差和提高灵敏度，实际测量中广泛采用差动式自感传感器。

5.1.2 螺管型自感传感器

要测量较大的位移,可以采用螺管结构的自感电感传感器。如图5-3所示,一个螺管线圈内套入一个活动的柱型衔铁,就构成了螺管型自感传感器。

螺管型自感传感器的工作原理是:基于线圈激励的磁通路径因活动的柱型衔铁的插入深度不同,其磁阻发生变化,从而使线圈电感量产生了改变。在一定范围内,线圈电感量与衔铁位移量(衔铁插入深度)有对应关系。

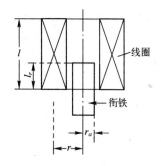

图5-3 螺管结构的自感传感器

假定螺管内磁场强度是均匀的,而且衔铁插入深度 l_r 小于螺管长度 l,则单个线圈的电感量和衔铁进入长度的关系为

$$L = \frac{n^2 \mu_0 \pi r^2}{l}\left[1 + (\mu_r - 1)\frac{l_r}{l} \cdot \frac{r_a^2}{r^2}\right]$$

式中 L——单个线圈的电感量;

n——单个线圈的匝数;

r——线圈的平均半径;

r_a——柱形衔铁的半径;

l——单个螺线管长度;

l_r——柱形衔铁在单个螺管内的长度;

μ_0——真空磁导率;

μ_r——铁心相对磁导率。

可见,螺管插铁型自感传感器的电感量 L 与衔铁位移量 l_r 有线性关系,但由于螺管内磁场强度沿轴向并非均匀,因而实际上螺管插铁型自感传感器的 $L-l_r$ 关系(也可称为输出特性)并非线性。

这种螺管型自感传感器的电感灵敏度为

$$K_S = \frac{n^2 \mu_0 \pi r_a^2}{l^2}(\mu_r - 1)$$

螺管型自感传感器的衔铁移动范围大,传感器量程大,但灵敏度较低,而且结构简单便于制作,故应用也比较广泛。

5.1.3 差动自感传感器

上面所述两种类型的自感传感器都是单个线圈工作,在起始时均通以激励电流,电流将流过外接负载,因此,在没有输入信号(如衔铁的位移)时仍有输出,因而不适宜于精密测量。对于单个线圈工作,如变气隙式自感传感器的非线性误差就比较大。另外,外界的干扰如电源电压频率的变化与温度的变化,都会使输出产生误差。这些问题的存在,限制了它们的应用,为此,发展了差动自感传感器。差动自感传感器不仅可以克服零位输出信号的问题,同时还可以提高自感传感器的灵敏度,以及减小测试误差等。

(1)闭磁路式差动自感传感器

为了减小传感器的非线性误差,提高传感器的灵敏度,闭磁路式自感传感器可以利用两只完全对称的单个自感传感器合用一个活动衔铁,构成差动自感传感器结构。差动自感传感器的结构各异，图 5-4 是闭磁路式差动式自感传感器，其结构特点是，上下两个磁体的几何尺寸、材料、电气参数均完全一致，传感器的两个电感线圈接成交流电桥的相邻桥臂，另外两个桥臂由纯电阻 Z_3、Z_4 组成（参图 5-5），构成交流电桥的四个臂，供桥电源为 u（交流），桥路输出为交流电压 u_{sc}。

其输出特性分析如下：

$$L_1 = \frac{n^2 \mu_0 S}{2\delta_1}, \quad L_2 = \frac{n^2 \mu_0 S}{2\delta_2}$$

$$\Delta L = L_1 - L_2$$

当衔铁处于中间位置，有

$$L_1 = L_2 = L_0, \quad \Delta L = L_1 - L_2 = 0$$

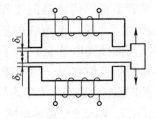

图 5-4 闭磁路式差动式自感传感器

当衔铁偏离中间位置，有

$$\delta_1 = \delta_0 + \Delta\delta, \quad \delta_2 = \delta_0 - \Delta\delta$$

则

$$L_1 = \frac{n^2 \mu_0 S}{2(\delta_0 + \Delta\delta)} \quad L_2 = \frac{n^2 \mu_0 S}{2(\delta_0 - \Delta\delta)}$$

$$\Delta L = L_1 - L_2 = -\frac{\Delta\delta n^2 \mu_0 S}{\delta_0^2 - \Delta\delta^2} = -L_0 \frac{2\Delta\delta}{\delta_0(1-\varepsilon^2)}$$

其中 $\varepsilon = \frac{\Delta\delta}{\delta_0}$，灵敏度 $K = -\frac{2L_0}{\delta_0} \cdot \frac{1}{1-\varepsilon^2}$

显然，与单一的闭磁路式自感传感器相比，灵敏度约提高了一倍，非线性大大减小。

（2）差动自感传感器测量电路

闭磁路式和螺管型差动自感式传感器的接线与测量电路如图 5-5 所示。

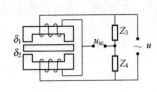 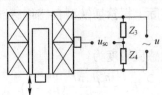 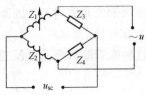

图 5-5 差动自感传感器及测量电路

设 $Z_3 = Z_4 = Z_0$，$Z_1 = Z_0 + \Delta Z_1$，$Z_2 = Z_0 - \Delta Z_2$

则，电桥电路输出电压为

$$\dot{U}_{sc} = \frac{\dot{U}}{2} \cdot \frac{\Delta Z_1 + \Delta Z_2}{2Z_0 + \Delta Z_1 - \Delta Z_2}$$

在理想情况下，有 $\Delta Z_1 = \Delta Z_2$，且 ΔZ 与 ΔL 成正比，ΔL 又与 $\Delta\delta$ 成正比，所以

$$\dot{U}_{sc} = \frac{\dot{U}}{2} \cdot \frac{\Delta\delta}{\delta_0}$$

灵敏度为

$$K = \frac{\dot{U}_{sc}}{\Delta\delta} = \frac{\dot{U}}{2} \cdot \frac{1}{\delta_0}$$

由上式可知,输出电压 U_{sc}(即差动自感传感器输出信号)的大小与衔铁的位移量 $\Delta\delta$ 成正比,其相位与衔铁运动方向有关,若设衔铁向上运动 $\Delta\delta$ 为正,而且输出电压 U_{sc} 为正,则衔铁向下运动的 U_{sc} 反相180°,为负值。理想的输出特性曲线如图5-6所示。

从上述分析和图5-6所示可知,差动自感传感器由于采用了对称的两个线圈,衔铁共用,而且用交流电桥作为测量转换电路,因此它与单个线圈的自感传感器相比较,具有如下优点:

1)从理论上消除了起始时的零位输出信号。

2)灵敏度较高,在相同的位移情况下,电感的变化($\Delta L_1 + \Delta L_2 = 2\Delta L$)成倍增加,输出增大。

3)由于两个线圈电感变化量中高次项(非线性项)能够部分相互抵消,所以线性度得到改善。

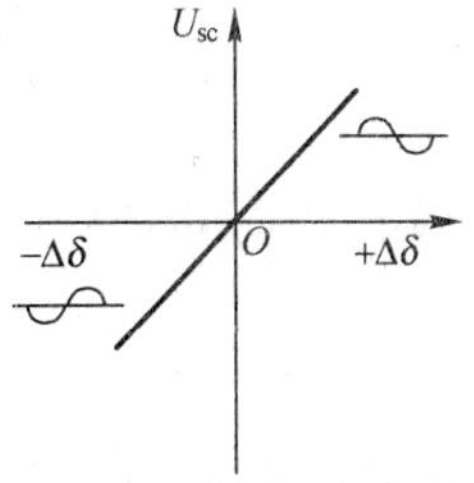

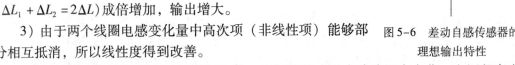

图5-6 差动自感传感器的理想输出特性

4)差动形式结构还可以进行温度补偿,从而得以减弱或消除温度变化、电源频率变化及外界干扰的影响。

5.1.4 自感传感器的测量电路

自感传感器所采用的测量电路一般为交流电桥,常用的交流电桥形式有电阻平衡交流电桥、相敏整流交流电桥和变压器交流电桥。

(1)电阻平衡交流电桥

电阻平衡交流电桥的特点是平衡臂(Z_3 和 Z_4)均为纯电阻,故得其名。其工作原理已在差动自感传感器中作过介绍,不再赘述。

(2)变压器交流电桥

变压器式交流电桥的电路原理如图5-7所示。电桥的工作臂为相邻的 Z_1 与 Z_2,它们是差动自感传感器的两个线圈的阻抗;另两个臂为变压器的次级线圈的两半部分(每半电压为 $U/2$),输出电压取自 A 和 B 两点,B 点为变压器的次级线圈中心抽头。假定 B 点为零电位,而且传感器线圈为高 Q 值(Q 为线圈的品质因素,$Q = \omega L/r$),此时线圈电阻远远小于其感抗,即 $r \ll \omega L$,则 Z_1 与 Z_2 为纯电抗,由电桥电路可得:

$$\dot{U}_{sc} = \dot{U}_A - \dot{U}_B = \frac{Z_1}{Z_1 + Z_2}\dot{U} - \frac{1}{2}\dot{U}$$

在初始时(即衔铁位于中间位置),由于线圈完全对称,$Z_1 = Z_2 = Z_0 = j\omega L_0$,电桥处于平衡状态,$U_{sc} = 0$。

当传感器工作(衔铁偏离中间位置有一位移 $\Delta\delta$)时,两个线圈的电感量发生变化,设 $Z_1 = Z_0 + \Delta Z_1 = j\omega(L_0 + \Delta L_1)$,$Z_2 = Z_0 - \Delta Z_2 = j\omega(L_0 - \Delta L_2)$,且 $\Delta L_1 = \Delta L_2 = \Delta L$,那么可得:

$$\dot{U}_{sc} = \frac{\dot{U}}{2L_0}\Delta L$$

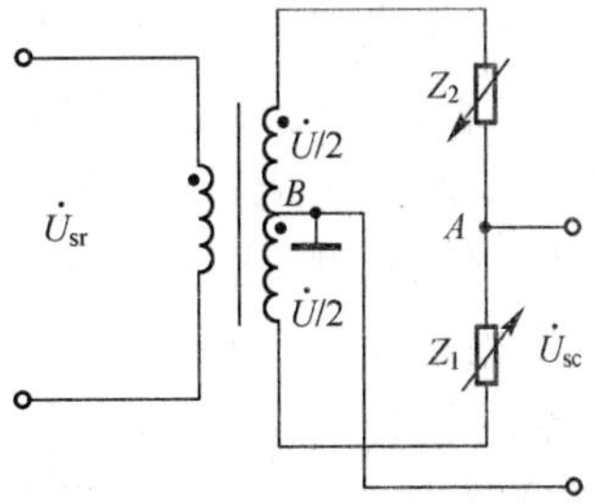

图5-7 变压器交流电桥电路原理

若假定衔铁向上移为正,此时输出电压如上式表示时,U_{sc} 为正;衔铁下移为负,则此时 $Z_1 = j\omega(L_0 - \Delta L_1)$,$Z_2 = j\omega(L_0 + \Delta L_2)$,输出电压表示式为

$$\dot{U}_{sc} = -\frac{\dot{U}}{2L_0}\Delta L$$

综合以上两式可得：

$$\dot{U}_{sc} = \pm\frac{\dot{U}}{2L_0}\Delta L$$

通常变压器的输入信号 $U_{sr} = U$，故可得：

$$\dot{U}_{sc} = \pm\frac{\dot{U}_{sr}}{2L_0}\Delta L$$

由上式可知，变压器式交流电桥同样可以具备上面介绍的电阻平衡交流电桥所具有的特点；也可以反映出输入量的变化大小和极性（方向），衔铁上、下移动时，输出电压大小相等，极性相反，但由于 U_{sr} 是交流电压，输出指示无法判断出位移方向，必须采用相敏检波器，鉴别出输出电压极性随位移方向变化而产生的变化。此种电桥结构简单，还可以减弱电源的影响。

（3）带相敏整流器的交流电桥

电阻平衡式和变压器式交流电桥虽然输出电压 U_{sc} 可以反映位移量的正负，但是在输出端接上电压表时，不论是直流还是交流的电压表，都无法判别输入位移量的极性（方向）。在使用交流电压表时，输出特性曲线如图 5-8 所示。

为了正确判别衔铁的位移大小和方向，可以采用带相敏整流器的交流电桥，图 5-9 所示为这种电桥的输出特性。此特性正确地反映了衔铁位移的大小和极性。

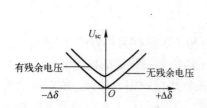 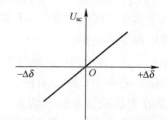

图 5-8 一般交流电桥的输出特性　　图 5-9 带相敏整流器交流电桥的输出特性

图 5-10 所示为带相敏整流器的交流电桥的电路原理图。其中，L_1 和 L_2 是差动自感传感器的两个线圈的电感，作为交流电桥的相邻工作臂；C_1 和 C_2 为另两个桥臂；VD_1、VD_2、VD_3、VD_4 构成相敏整流器；R_1、R_2、R_3 和 R_4 为四个线绕电阻，用于减小温度误差，R_L 为负载电阻，输出信号由电压表指示；C_3 为滤波电容；供桥电压由变压器 B 的次级提供，加在 E、F 点，输出电压自 G、H 取出。

当衔铁位于中间位置时，$L_1 = L_2$，电桥平衡，$U_G = U_H$，输出为零，电压表无指示。

当衔铁上移，上线圈 L_1 电感增大，下线圈 L_2 电感减小。如果输入交流电压为正半周，即 E 点电位为正，F 点电位为负，则二极管 VD_1、VD_4 导通，VD_2、VD_3 截止，这样，在 $EJGF$ 支路中，G 点电位由于 L_1 的增大而比平衡时的电位降低，而在 $EKHF$ 支路中，H 点电位由于 L_2 的减小而比平衡时的电位增高，所以，H 点电位高于 G 点，指针正向偏转。

如果输入交流电压为负半周，即 E 点电位为负，F 点电位为正，则二极管 VD_1、VD_4 截止，VD_2、VD_3 导通，这样，在 $EKGF$ 支路中，G 点电位由于 L_2 的减小而比平衡时减小，而在 $EJHF$ 支路中，由于 L_1 的增大，使 H 点电位比平衡时增大，仍然是 H 点电位高于 G 点，

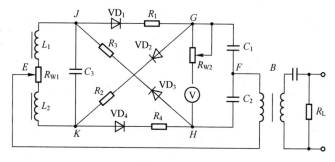

图 5-10 带相敏检波的交流电桥的电路原理图

指针正向偏转。

当衔铁下移,上线圈 L_1 的电感减小,下线圈 L_2 的电感增大。同理分析可知,无论输入交流电压为正半周还是负半周,H 点电位总是低于 G 点,指针反向偏转。

从上述分析可知,该桥式电路中二极管 VD_1、VD_4 和 VD_2、VD_3 的导通和截止是由输入电压(即 E、F 间的电压)所决定的。此种接法是,输入电压正半周时 VD_1、VD_4 导通,VD_2、VD_3 截止;输入电压负半周时 VD_1、VD_4 截止,VD_2、VD_3 导通。这就是相敏整流,即四只整流二极管的导通和截止是受输入电压的极性(相位)来控制的。由 VD_1、VD_2、VD_3、VD_4 四只二极管组成的全波整流电路即为相敏整流器。

由此可见,采用带相敏整流器的交流电桥,所得到的输出信号既能反映位移大小(电压数值),也能反映位移的方向(电压的极性)。因此可得如图 5-9 所示的输出特性;并且还可以看到,带相敏整流器的交流电桥能更好地消除零位输出信号(因为,输出信号从负到正总要通过零点)。

(4)其他测量电路

1)调频检测电路。如图 5-11 所示,自感线圈作为振荡器谐振回路的一部分,当电感随被测量变化时,振荡频率发生相应的变化,经鉴频器把频率的变化转换成电压的变化,得到检测输出信号。

图 5-11 调频检测电路

2)调幅检测电路。如图 5-12 所示,自感 L 为谐振回路的一部分,由稳频限幅的高频振荡器供电,调整电容 C,使回路工作在谐振频率附近。检测时 L 变化,输出电压幅度在峰值附近变化,经放大整流得到输出信号。此电路灵敏度很高,但线性差,适用于线性要求不高的场合。

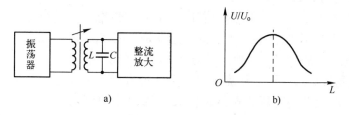

图 5-12 调幅检测电路及特性
(a)调幅检测电路 b)调幅谐振曲线

5.1.5 自感传感器的主要误差

由于自感传感器的实际特性曲线与理想特性（直线）之间存在偏差，由此引起的主要误差有：

（1）输出特性的非线性误差

因为自感式传感器的输出特性并不是线性的，这是由传感器输入位移与输出电感之间的非线性和测量电路中交流电桥的非线性所造成的。

（2）零位误差

当没有位移输入时，自感传感器衔铁处于中间位置，从理论上讲，输出信号应该为零，但实际上，输出电压并不为零，这就带来了零位误差。产生零位误差的原因很多，对于差动自感传感器来讲，主要是两个线圈不完全对称（尺寸形状、特性参数等不完全相同）和衔铁材料、尺寸不均匀所致。减少零位误差的有效办法是采用带相敏整流的交流电桥作测量电路。

（3）温度影响造成的误差

温度变化对自感传感器中线圈电阻和导磁材料的磁导率，以及衔铁与导磁体（铁心）端面气隙长度均会产生影响，即使还未测量（即输入为零）或测量不发生变化时，仍然使输出有变化，这就造成了误差。这种温度误差可用温度补偿的方法使之减弱或消除。从电桥原理中可知，只要有两线圈及导磁体是完全对称均匀的，那么电桥本身就可以补偿温度误差。

（4）电源影响造成的误差

电源的幅值波动和频率波动，以及其他干扰因素都会影响电压的输出，使测量产生误差。对电源采取稳压、屏蔽和加滤波等措施就可减弱或消除其影响。

5.2 互感式传感器

互感式传感器原理如图 5-13 所示。根据电磁感应原理，当初级线圈 W_p 通入激励电流 I_p 时，次级线圈 W_s 将产生感应电势：

$$\dot{U}_{ps} = M \frac{d\dot{I}_p}{dt}$$

式中，M 是初次级线圈间的互感，其大小与两线圈的相对位置，周围介质导磁性等因素有关。

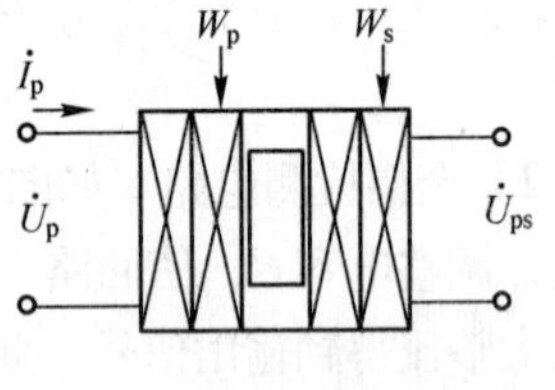

图 5-13 互感式传感器原理图

互感传感器实质上是一个变压器，俗称变压器式传感器。它与自感式传感器不同之处在于互感式传感器是先把被测非电量的变化转换成线圈相互的互感量 M 的变化，然后再经过变换，成为电压信号而输出。

变压器式传感器以差动形式为最常用。实际的互感传感器的次级线圈一般有两个，可接成差动形式，所以差动变压器式传感器又简称为差动变压器。差动变压器的结构形式主要有三种：螺管型差动变压器、∏型差动变压器以及旋转变压器（又称同步器或同步机）。

5.2.1 螺管型互感传感器

1. 基本结构

螺管型互感传感器的结构和等效电路如图 5-14 所示。螺管型差动变压器按绕组排列形式有二节式（节又称段，如二节式又称二段式）、三节式、四节式和五节式。

不管绕组排列方式如何，其主要结构都是由线圈绕组（分初级绕组和次级绕组）、可移动衔铁和导磁外壳三大部分组成。

线圈绕组由初、次级线圈和骨架组成，初级线圈加激励电压，次级线圈输出电压信号。

可移动衔铁采用高导磁材料做成，输入位移量加于衔铁导杆上，用以改变初、次级线圈之间的互感量。

导磁外壳的作用是提供磁回路、磁屏蔽和机械保护，一般与可移动衔铁的所用材料相同。

2. 工作原理

差动变压器的工作原理可以用一般变压器的原理来解释，所不同的是：一般变压器的磁路是闭合的，而差动变压器是开路的；一般变压器当结构确定后，初、次级线圈之间的互感量为常数，而差动变压器初、次级线圈间的互感量则随活动衔铁的移动而相应变化。差动变压器的工作也正是建立在互感变化的基础上。

现以三段式螺管型差动变压器为例，分析其工作原理，如图 5-14' 所示。

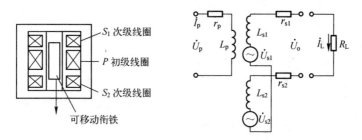

图 5-14 螺管型互感传感器的结构和等效电路

设 $\dot{I}_p = I_{pm} e^{-j\omega t}$，则，$\dfrac{d \dot{I}_p}{dt} = -j\omega \dot{I}_p$

$$\dot{U}_{s1} = -j\omega M_1 \dot{I}_p$$

$$\dot{U}_{s2} = -j\omega M_2 \dot{I}_p$$

$$\dot{U}_o = \dot{U}_{s1} - \dot{U}_{s2} = -j\omega(M_1 - M_2)\dot{I}_p$$

又 $\dot{I}_p = \dfrac{\dot{U}_p}{r_p + j\omega L_p}$，所以输出有效值为 $U_o = \dfrac{\omega(M_2 - M_1)}{\sqrt{r_P^2 + (\omega L_p)^2}} U_p$

差动变压器的输出电压有效值与衔铁之间的关系如图 5-15 所示。当差动变压器接入负载 R_L 后，负载电流会影响初级回路。若采用输入电阻较高的放大器，则可忽略其影响，得到负载上的输出电压为

$$\dot{U}_L = \frac{R_L}{Z_o + R_L}\dot{U}_o$$

其中,差动变压器的输出阻抗为

$$Z_o = r_{s1} + r_{s2} + j\omega L_{s1} + j\omega L_{s2} = r_s + j\omega L_s$$

最后得到负载电压的有效值为

$$U_L = \frac{R_L}{\sqrt{(r_s + R_L)^2 + (\omega L_s)^2}} \times \frac{\omega(M_2 - M_1)}{\sqrt{r_p^2 + (\omega L_p)^2}} U_P$$

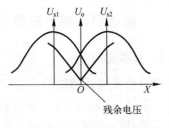

图 5-15 差动变压器的特性

5.2.2 互感传感器的主要性能

1. 输出特性

差动变压器的输出特性是指输出电压与衔铁位移的关系。差动变压器的输出电压可用下式求得:

$$U_L = k_1 x(1 - k_2 x^2) \tag{5-1}$$

式中 U_L——差动变压器输出电压有效值;

x——衔铁的位移量;

k_1——与差动变压器结构尺寸和电参数有关的系数;

k_2——与差动变压器结构尺寸有关的系数。

式(5-1)中表明的差动变压器输出电压(有效值)与衔铁位移的关系,也可用图 5-16 表示。图中虚线为理想特性,实线为实际特性。

2. 线性度

式(5-1)中,当 $k_2 x^2 \ll 1$ 时,得理想输出特性,即

$$U_L = k_1 x \tag{5-2}$$

对于差动变压器,其非线性误差就是实际输出特性与理想输出特性之间的最大偏差,以满量程输出的百分率表示。从式(5-1)和式(5-2)可知,最大偏差发生在满量程处,即

$$\Delta_{max} = [k_1 x_{max}(1 - k_2 x_{max}^2)] - k_1 x_{max}$$

则

$$e_f = \frac{k_1 k_2 x_{max}^3}{k_1 x_{max}} \times 100\%$$
$$= k_2 x_{max}^2 \times 100\%$$

式中,系数 k_2 是一个很小的数,差动变压器的线性范围一般为 ±2.5 ~ ±500 mm 之间,线性度可达 0.1% ~ 0.5%。

3. 灵敏度

灵敏度用单位位移时的输出电压表示,在式(5-1)中若忽略 $k_2 x^2$ 项,则差动变压器的灵敏度 $K = k_1$。

影响差动变压器灵敏度的因素较多,诸如激励电源的频率、电流、初级与次级线圈匝数、线圈几何尺寸、衔铁的几何尺寸以及骨架的参数等。一般当差动变压器的结构确定之后,电源频率的大小对灵敏度的影响较大。

一般差动变压器的灵敏度可达 0.1~5 V/mm。

4. 激励频率

由于差动变压器激励电源的工作频率对其灵敏度和线性均有较大影响，因而恰当地选择激励频率是很重要的；另一方面，差动变压器在使用中，应保证激励频率至少大于衔铁运动频率的十倍。

差动变压器的可用激励频率为 50 Hz~1 MHz，但实际最常用的是在 400 Hz~10 kHz。

5. 温度影响

由于温度的变化将引起线圈电阻、导磁材料的磁导率等的变化，从而使输出电压、灵敏度、线性度等发生变化，给测量带来了误差。为了减少温度影响所造成的误差，可采取提高线圈品质因素以及稳定激励电源的方法。

差动变压器一般使用温度可达 80℃。

6. 零位输出电压

零位输出电压通常又称为零位电压。它是指差动变压器衔铁处于中间位置时，按理论分析并无输出电压，而实际上有一残余电压输出，其数值从几毫伏到几十毫伏。如果差动变压器不采取相应措施，无论如何进行调节，该零位残余电压总是存在的。

零位残余电压的存在使传感器的输出特性曲线不通过零点，并使实际特性不同于理想特性（如图 5-16 实线所示），而且带来很多危害：它使得传感器在零点附近的范围内不灵敏（曲线斜率小），限制分辨力的提高；零位时若传感器后接高增益放大器，易使放大器出现饱和而堵塞有用信号通过，致使传感器不再反映被测量的变化；如果传感器用来控制一个执行元件（如伺服电动机）时，零位电压将使其产生误动作。总之，零位电压对差动变压器的使用带来不利，因此，它的大小是评定差动变压器性能优劣的重要指标。

零位电压产生的原因，概括地讲是由于两个次级线圈的感应电势的幅值不完全相等，相位也不完全相反所造成的，也就是由于两只线圈的几何尺寸、电磁参数不对称（即不完全相同）使得在两次级线圈中的磁场分布不均匀的缘故，使其产生了谐波分量。

零位电压是应设法消除的。最根本的消除方法是使传感器的几何尺寸和电磁参数严格地均匀对称，并使导磁体避开磁饱和区，这就要求传感器的制造工艺非常精密，材料非常均匀。但这些要求往往很难达到，一般是采用合适的测量电路来减小零位电压，使其达到实用的要求和精度。

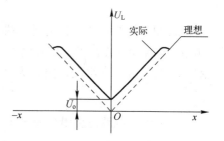

图 5-16 差动变压器的输出特性

5.2.3 差动变压器的测量电路

差动变压器的输出电压是幅值受衔铁位移调制的交流信号，若直接用交流模拟数字电压表来测量和指示，则总有零位电压输出，因而零位附近的小位移测量起来很困难，并且交流电压表只能反映衔铁位移的大小，不能反映移动方向。为了达到能辨别移动方向和消除零点残余电压的目的，实际测量时，常采用两种测量电路，即差动整流电路和相敏检波电路。

1. 差动整流电路

这种电路把差动变压器的两个次级线圈的感生电压分别整流，然后再将整流后的电压或电流的差值作为输出。现以电压输出型全波整流电路为例，说明其工作原理，其电路如图 5-17 所示。

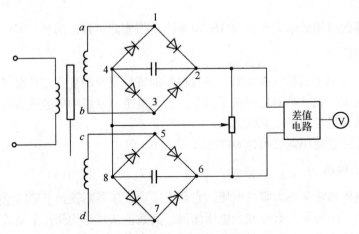

图 5-17 差动整流电路（电压输出型、全波）

图 5-17 中，假设某瞬时载波为正半周，即上线圈 a 端为正、b 端为负，下线圈 c 端为正、d 端为负。在上线圈中，电流自 a 点出发，路径为 a→1→2→4→3→b，流过电容的电流方向是 2→4，电容上的电压为 $\dot{U}_{24}$；在下线圈中，电流由 c 点出发，路径为 c→5→6→8→7→d，流过电容的电流方向是 6→8，电容上的电压为 $\dot{U}_{68}$。总的输出电压 $\dot{U}_{sc} = \dot{U}_{24} + \dot{U}_{86} = \dot{U}_{24} - \dot{U}_{68}$。

当载波为负半周时，上线圈 a 端为负、b 端为正，而下线圈 c 端为负、d 端为正。在上线圈中，电流由 b 点出发，路径为 b→3→2→4→1→a，流过电容的电流方向是 2→4；在下线圈中，电流由 d 点出发，路径为 d→7→6→8→5→c，流过电容的电流方向仍是由 6→8，总的输出电压 $\dot{U}_{sc} = \dot{U}_{24} - \dot{U}_{68}$。

可见，无论载波是正半周还是负半周，通过上、下线圈中电容的电流方向始终不变，因而总的输出电压始终为

$$\dot{U}_{sc} = \dot{U}_{24} - \dot{U}_{68}$$

1）当衔铁在零位时，$\dot{U}_{24} = \dot{U}_{68}$，输出电压 $\dot{U}_{sc} = 0$。

2）当衔铁在零位以上时，$\dot{U}_{24} > \dot{U}_{68}$，则 $\dot{U}_{sc} > 0$。

3）当衔铁在零位以下时，$\dot{U}_{24} < \dot{U}_{68}$，则 $\dot{U}_{sc} < 0$。

同时，由于 $\dot{U}_{24}$ 和 $\dot{U}_{86}$ 输出电压极性相反，零点残余电压自动抵消。全波差动整流电路的波形如图 5-18 所示。

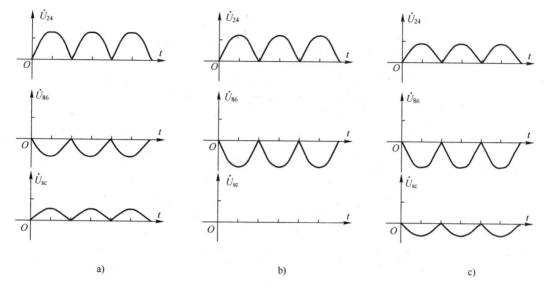

图 5-18 全波差动整流电路的波形图
a) 衔铁在零位以上 b) 衔铁在零位 c) 衔铁在零位以下

2. 相敏检波电路

二极管相敏检波电路如图 5-19 所示，U_i 为差动变压器的输出电压，U_j 为与 U_i 同频的参考电压，且 $U_j > U_i$，它们作用于相敏检波电路中两个变压器 B_1 和 B_2。

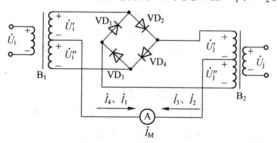

图 5-19 相敏检波电路

当 $U_i = 0$，由于 U_j 的作用，在正半周时，VD_3、VD_4 处于正向偏置，电流 $\dot{I}_3$ 和 $\dot{I}_4$ 以不同方向流过电流表 A，由电路对称性，通过电表的电流为零，输出为零；在负半周时，VD_1 和 VD_2 导通，$\dot{I}_1$ 和 $\dot{I}_2$ 相反，输出电流为零。

当 $U_i \neq 0$ 时，分两种情况分析：

1) 当 $\dot{U}_j$ 和 $\dot{U}_i$ 同相位时，若在正半周，由于 $U_j > U_i$，VD_3、VD_4 导通，则作用于 VD_4 两端的信号是 $\dot{U}_j' + \dot{U}_i'$，因此 $\dot{I}_4$ 较大；而作用于 VD_3 两端的电压为 $\dot{U}_j - \dot{U}_i$，所以 $\dot{I}_3$ 较小，则 $\dot{I}_M = \dot{I}_4 - \dot{I}_3$ 为正。在负半周时，VD_1 和 VD_2 导通，此时在 $\dot{U}_i$ 和 $\dot{U}_j$ 作用下，$\dot{I}_1$ 增加而 $\dot{I}_2$ 减小，$\dot{I}_M = \dot{I}_1 - \dot{I}_2 > 0$。$\dot{U}_i$ 和 $\dot{U}_j$ 同相时，各电流波形如图 5-20 所示。

2) 当 $\dot{U}_j$ 和 $\dot{U}_i$ 反相时，在 $\dot{U}_j$ 为正半周，$\dot{U}_i$ 为负半周时，VD_3 和 VD_4 仍导通，但 $\dot{I}_3$ 增加 $\dot{I}_4$ 减小，通过电流表的电流 $\dot{I}_M < 0$；在 $\dot{U}_j$ 为负半周，$\dot{U}_i$ 为正半周时，$\dot{I}_M < 0$。

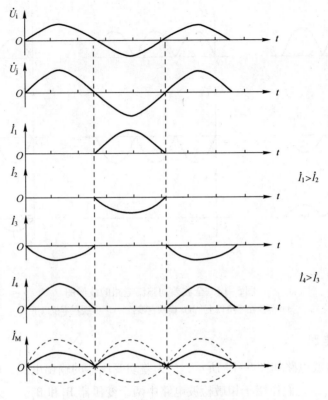

图 5-20　相敏检波电路在 $\dot{U}_i$ 和 $\dot{U}_j$ 同相时的波形

所以，上述相敏检波电路，可根据流过电流表的平均电流的大小和方向，来判别差动变压器的位移大小和方向。

随着集成电路技术的发展，出现了集成电路的相敏检波器。如 LZX1 单片全波相敏检波放大器，它与差动变压器的连接如图 5-21 所示。相敏检波电路要求参考电压和差动放大器次级输出电压同频率，相位相同或相反，因此需要在电路中接入移相电路，LZX1 的输出信号还需经过低通滤波器，除去调制时引入的高频信号，只让与位移信号对应的直流电压信号通过。

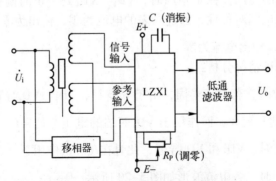

图 5-21　差动变压器与 LZX1 的连接电路

5.3 电涡流式传感器

电涡流式传感器是20世纪70年代以来得到迅速发展的一种传感器,它利用电涡流效应进行工作。由于它结构简单、体积较小、灵敏度高、频响范围宽、抗干扰能力强、测量线性范围大、不受油污等介质影响,并能进行非接触测量,适用范围广,因此一问世就受到各国的重视。目前,这种传感器已被广泛用来测量位移、振动、厚度、转速、温度、工件表面粗糙度、金属表面裂纹、硬度等参数,以及用于无损探伤领域。

5.3.1 电涡流传感器原理

1. 电涡流效应

置于交变磁场中的金属导体,当交变磁场穿过该导体时,将在导体内产生感生电流,且呈闭合回线,类似于水涡流形状,故称为电涡流。当金属在变化磁场中时,产生的涡流大小与金属板的磁导率 μ、电阻率 ρ、厚度 d 以及励磁线圈与金属板的距离、励磁电流的频率 f 等参数有关,固定其中一些参数,就能根据涡流的大小测出另外的参数。电涡流传感器在金属体上产生的涡流,由于涡流的集肤效应,其渗透深度 h 与传感器励磁电流的频率 f 有关,它们的关系是:

$$h = 50.3 \sqrt{\frac{\rho}{\mu f}}$$

因为涡流的大小与渗透深度均与励磁电流频率密切相关,所以根据励磁电流的频率进行分类,电涡流传感器可分为高频反射式和低频透射式两种。

2. 等效电路分析

设图 5-22 中,有一通以交变电流 $\dot{I}_1$ 的传感器线圈,由于 $\dot{I}_1$ 的存在,线圈周围就产生一个交变磁场 $\dot{H}_1$。若被测导体置于该磁场范围内,基于法拉第电磁感应定律,导体内将产生电涡流 $\dot{I}_2$,$\dot{I}_2$ 也将产生一个新磁场 $\dot{H}_2$,且 $\dot{H}_2$ 力图削弱 $\dot{H}_1$ 的作用,从而使线圈的电感量、阻抗和品质因素发生变化。

为分析方便,建立电涡流传感器的简化模型以得到其等效电路。将被测导体上形成的电涡流等效为一个短路环中的电流,R_2 和 L_2 为短路环的等效电阻和电感,如图 5-23 所示,设线圈的电阻为 R_1,电感为 L_1,加在线圈两端的激励电压为 $\dot{U}_1$。线圈与被测导体等效为相互耦合的两个线圈,它们之间的互感系数 $M(x)$ 是距离 x 的函数,且随 x 的增大而减小。

对电涡流传感器等效电路,根据基尔霍夫定律,列出回路1和回路2的电压平衡方程:

$$R_1 \dot{I}_1 + j\omega L_1 \dot{I}_1 - j\omega M \dot{I}_2 = \dot{U}_1$$

$$R_2 \dot{I}_2 + j\omega L_2 \dot{I}_2 - j\omega M \dot{I}_1 = 0$$

解方程可得到回路内的电流 $\dot{I}_1$ 和 $\dot{I}_2$,并可进一步求得线圈受金属导体影响后的等效阻抗为

$$Z = \frac{\dot{U}_1}{\dot{I}_1} = R_1 + R_2 \frac{\omega^2 M^2}{R_2^2 + \omega^2 L_2^2} + j\omega (L_1 - L_2 \frac{\omega^2 M^2}{R_2^2 + \omega^2 L_2^2})$$

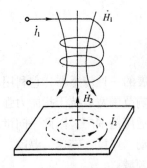
图 5-22 电涡流传感器的基本原理

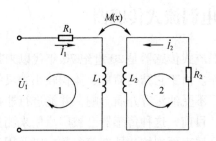
图 5-23 电涡流传感器的等效电路

等效电感为

$$L = L_1 - L_2 \frac{\omega^2 M^2}{R_2^2 + \omega^2 L_2^2}$$

品质因数为

$$Q = \frac{I_m(Z)}{R_e(Z)} = \frac{Q_0 \left(1 - \frac{L_2}{L_1} \cdot \frac{\omega^2 M^2}{Z_2^2}\right)}{1 + \frac{R_2}{R_1} \cdot \frac{\omega^2 M^2}{Z_2^2}}$$

式中 $Q = \frac{\omega L_1}{R_1}$ ——无涡流影响时的 Q 值；

Z_2 ——短路环阻抗，且 $Z_2 = \sqrt{R_2^2 + \omega^2 L_2^2}$。

由上面的分析看出：

1) 由于涡流的影响，线圈等效阻抗的实数部分增大，虚数部分减小，因此品质因数 Q 值下降。

2) 影响线圈 Z、L、Q 变化的因素有导体的性质（L_2、R_2）、线圈的参数（L_1、R_1）、电流的角频率 ω 以及线圈与导体间的互感系数 $M(x)$。由于线圈 Z、L、Q 的变化与 L_1、L_2 及 M 有关，因此将电涡流式传感器归为电感式传感器。

3) 线圈的 Z、L、Q 都是系统互感系数 $M(x)$ 平方的函数，当构成电涡流传感器时，$Z = f_1(x)$、$L = f_2(x)$、$Q = f_3(x)$ 都是非线性函数。但在一定范围内，可将这些函数近似地用线性函数表示，于是就可通过测量 Z、L 或 Q 的变化线性地获得位移等的变化。

总之，电涡流传感器测量位移的工作原理可总结为：当传感器线圈与被测导体间距离远近不同时，它们间的耦合程度不同，反映出的线圈 Z、L、Q 的变化就不一样，通过测量 Z、L、Q 的变化，就可得到位移量的变化。

5.3.2 电涡流传感器特性分析

由电涡流传感器原理可知，电涡流传感器线圈的阻抗受到多种参数的影响。因此，用固定几个参数不变而控制一个参数的改变来决定其阻抗，就可用来测量位移、温度和硬度等。电涡流传感器的基本测量参数是位移，因此重点分析位移型电涡流传感器的特性。

1. 输出特性

电涡流传感器的输出特性是指传感器的输出与被测导体同线圈（探头）之间距离的关

系。若传感器输出信号为电压，则输出特性为 $U_{sc} = f(x)$，即输出电压是间距的函数。经实验测得的位移型电涡流传感器的输出特性如图 5-24 所示，这是一条非线性的曲线，当间距 x 很小时，由于电涡流效应显著，使线圈阻抗减小，输出电压值小；当间距很大时，由于电涡流效应减弱，传感器输出电压升高；而当间距超过一定数值后，电涡流效应很弱，故输出电压趋向一稳定值。因此，只有当间距在一定范围内（如图 5-24 中 $x_1 \sim x_2$ 之间），传感器的输出才近似为线性变化。

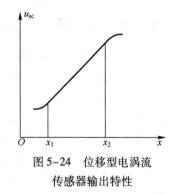

图 5-24 位移型电涡流传感器输出特性

电涡流传感器输出的线性范围大约为 1/3~1/5 线圈的外径，其线性度也较低。

2. 灵敏度

电涡流传感器的灵敏度根据被测参量的不同有不同的定义。对于位移型电涡流传感器，其灵敏度是指单位位移时，传感器输出电压的大小。

电涡流传感器的灵敏度受下列因素的影响：

1) 受探头线圈尺寸的影响。可从实验中得知，当线圈外径与内径之比增大时，传感器的灵敏度会升高，而且输出特性的线性度好。另外线圈的厚度减小也能使灵敏度提高，故探头线圈做成扁平的为好。

2) 受被测物体（导体）的形状和大小的影响。一般被测物体的半径应大于线圈外径的 1.8 倍时，才不影响传感器的灵敏度。若被测物体半径只有线圈外径的一半时，传感器的灵敏度将要降低一半。被测物体的厚度对传感器的灵敏度也有影响，一般磁性材料的厚度要在 0.2 mm 以上，非磁性材料厚度要在 0.1 mm 以上，才能不影响到传感器的灵敏度。

3) 受被测物体材料特性的影响。一般说来被测物体的电导率 σ 越高则传感器越灵敏，而被测物体的磁导率大，反而使传感器的灵敏度有所降低。

4) 受工作频率的影响。当工作频率升高时，传感器的灵敏度将提高，但输出电压的幅值不一定增大。

5.3.3 高频反射电涡流传感器

如图 5-25 所示，高频反射电涡流传感器的工作原理是：线圈通以高频交流电流 i_1，线圈周围产生交变磁通 φ_1，它通过金属板形成闭路，金属导体便产生涡流。由于集肤效应，高频电磁场不能透过具有一定厚度的金属板，而仅作用于表面的薄层内，电涡流 i_2 除要消耗在金属板发热之外，还将产生交变磁通 φ_2。

根据楞次定律，φ_2 与 φ_1 方向相反。由于 φ_2 的反作用，抵消部分 φ_1，故两个磁场叠加后，使原来的电感量减小，导致其阻抗的变化，随之线圈电流 i_1 的大小和相位都要发生变化，变化的程度与 x 有关，据此可测量 x 的大小。

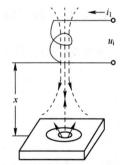

图 5-25 高频反射电涡流传感器

5.3.4 低频透射电涡流传感器

根据电路理论,由于集肤效应,金属导体产生的电涡流贯穿深度与传感器线圈励磁电流的频率有关。频率越低,电涡流的贯穿深度越厚。利用此原理,制成低频透射电涡流传感器,适合测量金属材料的厚度,如图 5-26 所示。

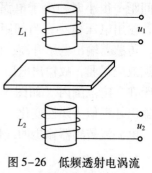

低频透射电涡流传感器工作原理是:图 5-26 中 L_1 为发射线圈,L_2 为接收线圈,L_1 通入音频信号后,产生交变磁场。磁力线在金属板上产生涡流 i,涡流 i 产生的磁场抵消 L_1 的部分磁力线,使 L_2 接收的磁力线减少,感应电压 u_2 减小。金属板越厚,涡流损耗越大,接收线圈的输出电压 u_2 越小。由此可以检测出金属板的厚度。

图 5-26 低频透射电涡流传感器的工作原理

5.3.5 测量电路

根据电涡流传感器的工作原理,被测量可以转换为线圈电感、阻抗和 Q 值的变化,相应的测量电路也应有三种:测量线圈电感的谐振电路、测量阻抗的电桥电路以及测量 Q 值的电路。Q 值测试电路较少采用,电桥电路在前面电阻应变式传感器中已作了较详细的阐述,谐振电路(本章前面也已简单介绍)的基本工作原理是:将传感器线圈和电容组成 LC 谐振回路,谐振频率 $f=\dfrac{1}{2\pi\sqrt{LC}}$;谐振时回路阻抗最大,为 $Z_0=\dfrac{L}{R'C}$;R' 为回路等效损耗电阻。当电感 L 变化时,f 和 Z_0 都随之变化,因此,通过测量回路的阻抗或谐振频率即可获得被测量。相应的,谐振回路可分为调频式、调幅式两种。

5.4 电感式传感器的应用

电感式传感器的应用可分为直接应用和间接应用。直接应用就是根据衔铁的移动量(或传感器与被测件之间距离)直接对位移进行测量;间接应用就是用电感式传感器构成测量装置或设备。

5.4.1 电(自)感式传感器的应用

1. 变隙电感式和变隙式差动电感压力传感器

图 5-27 所示是变隙电感式压力传感器的结构图。它由膜盒、铁心、衔铁及线圈等组成,衔铁与膜盒的上端连在一起。

当压力进入膜盒时,腔盒的顶端在压力 P 的作用下产生与压力 P 大小成正比的位移。于是衔铁也发生移动,从而使气隙发生变化,流过线圈的电流也发生相应的变化,电流表指示值就反映了被测压力的大小。

图 5-28 所示为变隙式差动电感压力传感器。它主要由 C 形弹簧、衔铁、铁心和线圈等组成。

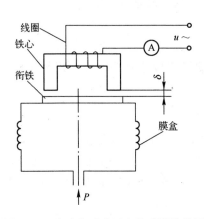
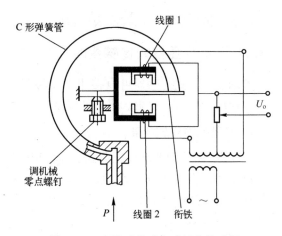

图 5-27 变隙电感式压力传感器结构图　　图 5-28 变隙式差动电感压力传感器

当被测压力进入 C 形弹簧管时，C 形弹簧管产生变形，其自由端发生位移，带动与自由端连接成一体的衔铁运动，使线圈 1 和线圈 2 中的电感发生大小相等、符号相反的变化，即一个电感量增大，另一个电感量减小。电感的这种变化通过电桥电路转换成电压输出。由于输出电压与被测压力之间成比例关系，所以只要用检测仪表测量出输出电压，即可得知被测压力的大小。

2. 电感式位移传感器

电感式传感器的主要应用是作为位移传感器，对位移进行测量。如图 5-29 所示，为利用电感式传感器构成的直线度及平面度测量系统。传感器固定在数控铣床的主轴上，测量直线度时，使数控机床沿被测直线运动，定距离地对直线上的点进行采样，从而计算出直线的直线度；测量平面度时，使数控机床沿一定的网格进行运动，并在网格点上进行采样，通过计算可得被测平面的平面度。测量电路如图 5-30 所示。

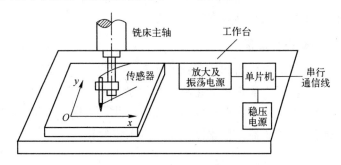

图 5-29　直线度及平面度测量系统

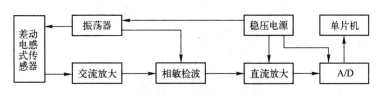

图 5-30　直线度及平面度测量电路框图

电感式传感器还可以构成表面粗糙度测量仪,在公差与技术测量中得到广泛应用。

5.4.2 差动变压器式传感器的应用

差动变压器式传感器可直接用于位移测量,也可测量与位移有关的任何机械量,如振动、加速度、应力、比重、张力和厚度等。

1. 测量振动和加速度

图 5-31 所示为差动变压器式加速度传感器的原理图。它由悬臂弹簧梁和差动变压器构成。测量时,将悬臂弹簧梁底座及差动变压器的线圈骨架固定,而将衔铁的一端与被测振动体相连。当被测体带动衔铁振动时,导致差动变压器的输出电压也按相同规律变化。

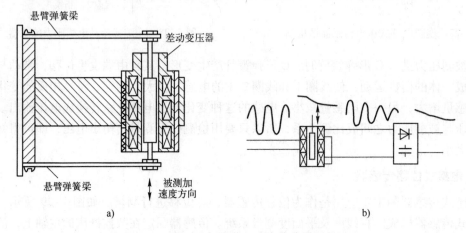

图 5-31 差动变压器式加速度传感器原理图

测量振动物体的频率和振幅时,信号源频率必须大于振动频率的 10 倍,这样测定的结果才十分精确。可测量振动物体的振幅为 0.1~5.0 mm,振动物体的频率一般为 0~150 Hz。采用特殊设计的结构,还可以提高其频率响应的范围。

2. 测量大型构件的应力和位移

用差动变压器式传感器测量应力和位移这些参数,较之常用的千分表来说,准确度高、分辨率高、重复性好,并且可以实现自动化测量和记录。图 5-32 表示一种测量大型构件的应力和位移的方案,当外力作用于大型构件时,构件由此发生形变和位移,它们的变化通过安装在构件上的衔铁使差动变压器式传感器输出信号发生变化,从而使构件的受力和构件情况得到测量。

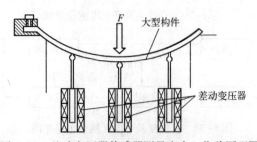

图 5-32 差动变压器传感器测量应力、位移原理图

5.4.3 电涡流传感器的应用

1. 测量位移

电涡流式传感器的主要用途之一是可用来测量金属件的静态或动态位移,最大量程达数百毫米,分辨率为 0.1%。目前,电涡流位移传感器的分辨力最高已做到 0.05 μm(量程 0 ~15 μm)。凡可转换为位移量的参数,都可用电涡流式传感器测量,如机器转轴的轴向窜动、金属材料的热膨胀系数、钢液液位、纱线张力、流体压力等。

(1)轴向位移测定

如图 5-33 所示,采用高频反射电涡流传感器检测反射面的距离,则可以检测轴向位移。

(2)轴径向振动测量

如图 5-34 所示,高频反射电涡流传感器通过检测转轮边缘的距离可以检测轴径的振动情况,常用于检测轴旋转的偏心程度。

图 5-33 轴向位移测定原理图　　图 5-34 轴径向振动测量原理图

(3)线膨胀系数测量

如图 5-35 所示,高频反射电涡流传感器通过检测轴向反射面的距离,检测出线材的膨胀变形,然后计算出膨胀系数。

(4)接近检测开关

如图 5-36 所示,当运动体离高频反射电涡流传感器的距离越近,其输出信号越大,大到一定值后输出信号控制开关动作。

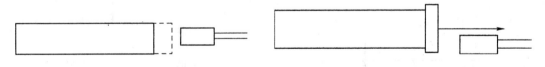

图 5-35 线膨胀系数测量原理图　　图 5-36 接近检测开关示意图

电涡流传感器测位移,由于测量范围宽、反应速度快、可实现非接触测量等特点,常用于在线检测。

2. 转速测量

转速测量原理如图 5-37 所示,由于金属转轮突出部离电涡流传感器距离近,传感器输出信号大,因此当转轮旋转时,传感器便输出连续的脉冲信号,对脉冲信号进行计数,便可以算出转轮的转速。

3. 零件数的检测

如图 5-38 所示,当皮带运送金属零件水平移动时,每当有零件通过电涡流传感器的下端时，传感器便会输出一个较大的信号，因此，随着零件的移动，传感器输出一系列脉冲，脉冲的个数反映零件的个数。

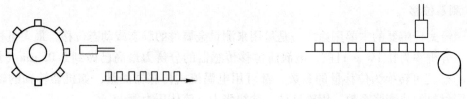

图 5-37　转速测量原理　　　　　　　　图 5-38　零件数检测示意图

4. 表面粗糙度测量

表面粗糙度测量的原理示意图如图 5-39 所示，根据电涡流传感器检测金属工件表面距离的原理，如果工件表面平整，输出信号则不变；如果工件表面凹凸不平，输出信号则呈波浪形。

5. 测量板材厚度

前面原理中介绍了低频透射电涡流传感器可以测金属材料的厚度，高频反射电涡流传感器也可用于厚度测量，这时金属板材厚度的变化相当于线圈与金属表面间距离的改变。为克服金属板移动过程中上、下波动以及带材不够平整的影响，常采用图 5-40 的结构，在板材上、下两侧对称放置两个特性相同的高频反射电涡流传感器 L_1 和 L_2，则板厚 $d = D - (x_1 + x_2)$，这里，D 是两个传感器之间的距离，x_1 和 x_2 分别是板材距两个传感器 L_1 和 L_2 间的距离。工作时，两个传感器分别测得 x_1 和 x_2，板厚不变时，即使板材波动或表面不平整，$(x_1 + x_2)$ 始终是常值；而板厚改变时，$(x_1 + x_2)$ 随之变化，由输出电压可反映出来。

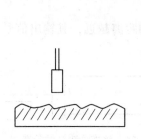 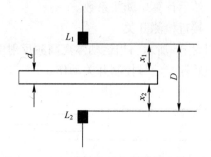

图 5-39　表面光洁度测量原理示意图　　　图 5-40　测金属板厚度示意图

6. 测量温度

在较小的温度范围内，导体的电阻率与温度的关系为

$$\rho_1 = \rho_0 [1 + \alpha(t_1 - t_0)]$$

式中　ρ_1、ρ_0——温度为 t_1 与 t_0 时的电阻率；

　　　α——在给定温度范围内的电阻温度系数。

若保持电涡流传感器的机、电、磁各参数不变，使传感器的输出只随被测导体电阻率而变，就可测得温度的变化。上述原理可用来测量液体、气体介质温度或金属材料的表面温度，适合于低温到常温的测量。

图 5-41 为一种测量液体或气体介质温度的电涡流传感器。它有以下优点：

1) 不受金属表面涂料、油、水等介质的影响。

2) 可实现非接触测量。

3) 反应快，目前已制成热惯性时间常数仅 1 ms 的电涡流温度计。

除上述应用外，电涡流传感器还可利用磁导率与硬度有关的特性实现非接触式硬度连续测量，利用裂纹引起导体电阻率、磁导率等变化的综合影响，进行金属表面裂纹及焊缝的无损探伤等。

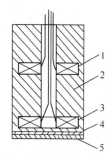

图 5-41 测温用电涡流传感器
1—补偿线圈 2—管架 3—测量线圈
4—隔热衬垫 5—温度敏感元件

问题与思考：测量液位通常采用变介质型电容传感器，是否可以用电涡流传感器实现液位的检测？如何检测？与电容传感器相比，电涡流传感器检测液位有什么优缺点？

问题与思考

问题的引出：我国曾发生过一起特大黄金造假案。有一非法之徒，通过金矿收购黄金，在黄金中包入钨粉后再卖给银行。银行工作人员用试金石检查黄金表面后没有发现问题，结果该非法之徒屡屡得手，获利数百万元。此事一直到年底银行上交黄金时，在熔炼厂熔炼收购的黄金时才发现有假。如何避免类似的情况发生，显然需要研究一种能有效识别黄金真假的检测仪器。采用电感式传感器是否可以实现黄金真假的检测识别？

本章小结

（1）自感式传感器包括闭磁路式自感传感器、螺管型自感传感器、变气隙型差动式自感传感器，闭磁路式自感传感器一般用于检测很小的位移，其灵敏度 $K_S = -\dfrac{n^2 \mu_0 S}{2\delta_0^2}$，螺管型自感传感器的衔铁移动范围大，但灵敏度较低，其中，$K_S = \dfrac{n^2 \mu_0 \pi r_a^2}{l^2}(\mu_r - 1)$，变气隙型差动式自感传感器灵敏度 $K = -\dfrac{2L_0}{\delta_0} \cdot \dfrac{1}{1-\varepsilon^2}$。

（2）互感传感器又称为"差动变压器"；它利用互感 M 变化引起输出电压的变化来检测有关的物理量。实际的互感传感器的次级线圈一般有两个，可接成差动形式，应用比较广泛。

（3）金属在变化磁场中产生的电流称为涡流，其大小与金属板的磁导率、电阻率、厚度以及励磁线圈与金属板的距离、励磁电流的频率等参数有关，根据励磁电流的频率进行分类，电涡流传感器可分为高频反射式和低频透射式两种。

（4）根据电路理论，由于集肤效应，金属导体产生的电涡流贯穿深度与传感器线圈励磁电流的频率有关。频率越低，电涡流的贯穿深度越厚。利用此原理，制成低频透射电涡流传感器，适合测量金属材料的厚度。而高频反射电涡流传感器则适合测量位移。

（5）涡流传感器用途非常广泛，可以测量轴向位移、轴径向振动、线膨胀系数、接近开关、转速、零件数、表面粗糙度等。

 习题

1. 闭磁路式自感传感器的输出特性与哪些因素有关？怎样改善其非线性，怎样提高其灵敏度？

2. 差动变压器式传感器有几种结构形式，各有什么特点？

3. 已知闭磁路式自感传感器的铁心截面积 $S = 1.5 \text{ cm}^2$，磁路长度 $L = 20 \text{ cm}$，相对磁导率 $\mu_i = 5000$，气隙 $\delta_0 = 0.5 \text{cm}$，$\Delta\delta = \pm 0.1\text{mm}$，真空磁导率 $\mu_0 = 4\pi \times 10^{-7} \text{ H/m}$，线圈匝数 $n = 3000$，求单端式自感传感器的灵敏度，若做成差动结构形式，其灵敏度将如何变化？

4. 利用低频透射电涡流传感器对钢材进行探伤检测时，如果钢材中含有杂质，检测信号会产生什么变化？

5. 试用电感传感器设计一检测气压的装置。

第6章 热电阻传感器

本章要点

金属热电阻传感器的原理、半导体热敏电阻传感器的原理;热电阻传感器的应用。

学习要求

学习和了解金属热电阻传感器的工作原理和特点;学习和了解半导体热敏电阻传感器的工作原理和特点;了解热电阻式传感器的测量电路和应用。

热电阻传感器是利于导电物体的电阻率随温度变化的温度电阻效应而制成的传感器。物质的电阻率随温度变化而变化的现象称为热电阻效应。纯金属具有正温度系数热电阻效应;而半导体具有负温度系数热电阻效应。利用金属制成的热电阻传感器称为金属热电阻(简称"热电阻");利用半导体材料制成的称为半导体热电阻(简称"热敏电阻")。

热电阻传感器主要用于温度以及与温度有关的参量的测量。常用测温范围为 $-200 \sim 500\text{℃}$;随着科学技术的进步,热电阻的测温范围已扩展到 $1 \sim 5\text{K}$ 的超低温领域,同时,在 $1000 \sim 1200\text{℃}$ 温度范围内也有足够好的特性。

6.1 金属热电阻

6.1.1 金属热电阻的工作原理和材料

由物理学可知,对于大多数金属导体的电阻,都具有随温度变化的特性,其特性方程满足于下式:

$$R_t = R_0(1 + \alpha t)$$

式中,R_t、R_0 分别为热电阻在 $t\text{℃}$ 和 0℃ 时的电阻值,α 为热电阻的温度系数($1/\text{℃}$)。

对于绝大多数金属导体,α 值并不是一个常数,而是随温度而变化,但在一定温度范围内可近似视为一个常数,对于不同的金属导体,其 α 保持为常数所对应的温度范围也不同。

金属热电阻由热电阻丝、绝缘骨架、引出线等部件组成,其中,热电阻丝是金属热电阻的主体。

金属热电阻丝的材料一般应满足下列要求:

1)电阻温度系数要大,以便提高热电阻的灵敏度。一般纯金属的 α 值比合金的高,所以均采用纯金属作热电阻元件。

2)电阻率(比电阻)尽可能大,以便在相同灵敏度下减少热电阻体尺寸。

3)热容量要小,以便提高热电阻的响应速度。

4)在整个测量温度范围内,应具有稳定的物理和化学性能。

5)电阻与温度的关系最好接近于线性。在测温范围,选用 α 较稳定不变的材料,以便获得线性化的输出特性。

6)应有良好的可加工性,且价格便宜。

根据对热电阻丝的要求及金属材料的特性,目前最广泛使用的热电阻丝材料是铜和铂,另外随着低温和超温测量技术的发展,已开始采用钢、锰和碳等作为热电阻的材料。

6.1.2 常用金属热电阻

根据热电阻传感器的原理,任何金属都可以构成金属热电阻。但实际考虑到传感器的灵敏度、线性度及稳定性等因素,常用的金属热电阻有铂热电阻和铜热电阻,还有一些特殊场合应用的金属热电阻,如铟热电阻和锰热电阻等。

1. 铂热电阻

铂热电阻是用很细的铂丝($\phi = 0.03 \sim 0.07$ mm)绕在云母支架上制成的。铂热电阻被广泛用做温度的基准和标准的传递。铂热电阻是目前测温复现性最好的一种温度计,其长时间稳定复现性可达 10^{-4} K。

铂热电阻的特点是精度高、稳定性好、性能可靠。这是因为铂在氧化性介质中,甚至在高温下其物理、化学性质都非常稳定。但在还原介质中,特别是在高温下很容易被从氧化中还原出来的蒸汽所沾污,使铂丝变脆,并改变其温度系数,因此采用铂热电阻测量温度的范围是有限的。它的测温范围一般为 $-200 \sim 850$℃

铂热电阻的阻值与温度之间的关系近似线性,其特性方程为

$$\begin{cases} R_t = R_0[1 + At + Bt^2 + Ct^3(t-100)], & -200℃ \leq t \leq 0℃ \\ R_t = R_0(1 + At + Bt^2), & 0℃ \leq t \leq 850℃ \end{cases}$$

式中,R_t 为温度为 t℃ 时的电阻值;R_0 为温度为 0℃ 时电阻值;A、B、C 为常数,$A = 3.96847 \times 10^{-3}$;$B = -5.847 \times 10^{-7}$;$C = -4.22 \times 10^{-12}$。

使用铂热电阻的特性方程式,每隔 1℃,求取一个相应的 R_t,便可得到铂热电阻的分度表。这样在实际测量中,只要测得铂热电阻的阻值 R_t,便可从分度表中查出对应的温度值。

2. 铜热电阻

由于铂是贵重金属,因此,在一些测量精度要求不高且温度较低的场合,普遍采用铜热电阻进行温度的测量,其测量温度范围为 $-50 \sim 150$℃。在此温度范围内线性特性好;灵敏度也比铂电阻高($\alpha = (4.25 \sim 4.28) \times 10^{-3}$/℃),容易得到高纯度材料,复制性好。但铜易于氧化,一般只用于150℃以下的低温测量和无水及无侵蚀性介质中的温度测量。

铜热电阻的优点如下:

1)价格便宜。

2)铜的电阻与温度几乎是线性关系,即 $R_t = R_0(1 + \alpha t)$。

3)电阻温度系数较大,$\alpha = (4.25 \sim 4.28) \times 10^{-3}$/℃。

铜热电阻的缺点如下:

1)电阻率较小,体积较大。

2)易氧化,使用环境要求高。

3)测量温度范围小。

3. 其他金属热电阻

随着科学技术的发展，对低温和超低温的测量提出了迫切要求。用于低温测量的热电阻材料有：

（1）铟热电阻

铟的熔点为150℃，用99.999%高纯度的铟丝绕成电阻。可在室温至4.2K温度范围内使用。实验证明：在4.2~15K温域内的灵敏度比铂电阻高10倍。缺点是材料软，复制性很差。

（2）锰热电阻

锰电阻的特点是在2~63K低温范围内，电阻随温度变化很大，灵敏度高。缺点是材料脆，难以拉制成丝。

（3）碳热电阻

适合于液氦温域的温度测量，价格低廉，对磁场不敏感，热稳定性较差。

6.1.3 金属热电阻传感器的结构

金属热电阻的结构比较简单，一般将电阻丝绕在云母、石英、陶瓷、塑料等绝缘的骨架上，经过固定，外面再加上保护套管而制成。但骨架性能的好坏，将影响其精度、体积大小和使用寿命。对骨架的要求是：

1）电绝缘性能要好。
2）在高、低温下应具有足够的强度，在高湿度下有足够的刚度。
3）体膨胀系数要小，在温度变化后不给电阻丝造成压力。
4）不对电阻丝产生化学作用。

6.1.4 金属热电阻传感器的测量电路

在实际的温度测量中，金属热电阻的测量电路最常用的是电桥电路。由于金属热电阻的电阻值很小，所以导线电阻值不可忽视。例如：50Ω的铂电阻，若导线电阻为1Ω，将会产生5℃的测量误差，为了解决这一问题，消除由于连接导线电阻随环境温度变化而造成的测量误差，常采用三线和四线制电桥连接方法。

1. 三线制电桥电路

三线制电桥电路如图6-1所示。

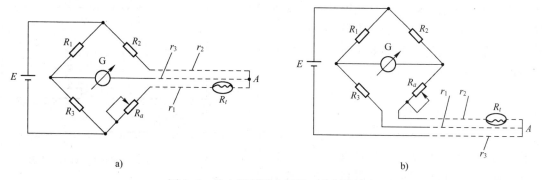

图6-1 热电阻测温电桥的三线制接线法

图6-1中，G为检流计；R_1、R_2、R_3为固定电阻；R_a为零位调节电阻；热电阻R_t通过线电阻为r_1，r_2，r_3的三根导线和电桥连接（r_1和r_2分别连接在相邻的两臂内），r_3接至检流计或电源回路，其电阻变化不影响电桥的平衡状态。这样，当温度变化时，只要它们的长度和电阻温度系数 α 相等，它们的电阻变化就不会影响电桥的工作状态。

电桥在零位调整时就使 $R_4 = R_a + R_{t_0}$，R_{t_0} 为金属热电阻在参考温度（如0℃）时的电阻值。在三线制中，因可调电阻 R_a 触点的接触电阻，造成了零点不稳定。

2. 四线制电桥

四线制电桥电路如图6-2所示。

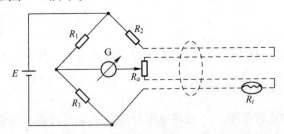

图6-2　热电阻测温电桥的四线制接线法

调零电位计及 R_a 的接触电阻和检流计串联，这样接触电阻的不稳定就不会破坏电桥的平衡状态和正常工作。

热电阻式温度计性能稳定、测量范围广、精度也高，特别是在低温测量中应用广泛。其缺点是需要辅助电源，热容量也大，限制了它在动态测量中的应用。

为了避免热电阻中流过电流时产生加热效应，在设计电桥时，要使流过热电阻的电流应尽量小些，一般要求小于10 mA。

6.1.5　金属热电阻的应用

1. 热电阻式流量计

图6-3是采用铂热电阻测量气体或液体流量的原理图。热电阻 R_{T1} 的探头放在气体流路中，而另一个热电阻 R_{T2} 的探头则放置在温度与被测介质相同、但不受介质流速影响的连通室内。

热电阻式流量计是根据介质内部热传导现象制成的，如果将温度为 t_n 的热电阻放入温度为 t_c 的介质内，设热电阻与介质相接触的面积为 A，则热电阻耗散的热量 Q 可用下式表达，即

$$Q = KA(t_n - t_c)$$

式中　K——热传导系数。

实验证明，K 与介质的密度、粘度、平均流速等参数有关。当其他参数为定值时，K 仅与介质的平均流速有关。这样就可通过测量热电阻耗散热量 Q，获得介质的平均流速或流量。

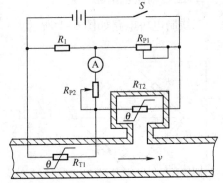

图6-3　热电阻式流量计电路原理图

电桥在介质静止不流动时处于平衡状态，电流表中无电流指示。当介质流动时，由于介质会带走热量，从而使热电阻 R_{T1} 与 R_{T2} 的散热情况出现差异，R_{T1} 的温度下降，使电桥失去平衡，产生一个与介质流量变化相对应的电流流经电流表。如果事先将电流表按平均流量标定过，则从电流表的刻度上便知介质流量的大小。

2. 热电阻测量真空度

把铂电阻丝装入与介质相通的玻璃管内，铂电阻丝由较大的恒定电流加热，当环境温度与玻璃管内介质导热而散失的热量相平衡时，铂丝就有一定的平衡温度，则对应有一定电阻值。当被测介质的真空度升高时，玻璃管内的气体变得稀少，气体分子间碰撞进行热传递的能力降低，即导热系数减小，原温度不易散失，铂丝的平衡温度和电阻值随即增大，其大小反映了被测介质真空度的高低。为了避免环境温度变化对测量结果的影响，通常设有恒温或温度补偿装置，一般可测到 10^{-3} Pa。

图 6-4 所示的电路为 BA_2 铂电阻作为温度传感器的电桥和放大电路。当温度变化时，电桥处于不平衡状态，在 a、b 两端产生与温度相对应的电位差；该电桥为直流电桥，其输出电压 U_{ab} 为 0.73 mV/℃。U_{ab} 经比例放大器放大，其增益为 A–D 转换器所需要的 0～5 V 直流电压。VD_3、VD_4 是放大器的输入保护二极管，R_{12} 用于调整放大倍数。放大后的信号经 A–D 转换器转换成相应的数字信号，因此，该电路便于与微机接口。

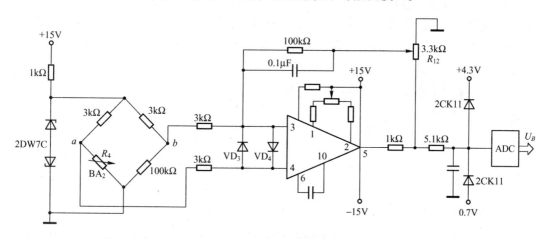

图 6-4 铂电阻测温电路

6.2 半导体热敏电阻

金属的电阻值随温度的升高而增大，但半导体却相反，它的电阻值随温度的升高而急剧减小，并呈现非线性。一般说来，半导体比金属具有更大的电阻温度系数。在温度变化相同时，热敏电阻的阻值变化约为铂热电阻的 10 倍，因此可用它来测量 0.01℃ 或更小的温度差异。半导体这种温度特性源于半导体的导电方式是载流子（电子、空穴）导电。由于半导体中载流子的数目远比金属中的自由电子少得多，所以它的电阻率很大。随着温度的升高，半导体中参加导电的载流子数目就会增多，故半导体电导率就增加，它的电阻率也就降低。

半导体热敏电阻正是利用半导体的电阻值随温度显著变化这一特性制成的热敏元件。它是由某些金属氧化物,如锰、镍、铜和铁的氧化物,采用不同比例的配方,经过 1000~1500℃高温烧结而成。在一定的范围内,根据测量热敏电阻阻值的变化,便可知被测介质的温度变化。

6.2.1 热敏电阻分类及结构

热敏电阻(Thermistor)是一种对温度敏感的元件。从特性上它可分为三类:

1)负温度系数的热敏电阻(Negative Temperature Coefficient Thermistor,NTC)。其阻值随温度上升而减小。NTC 热敏电阻具有很高的负温度系数,特别适用于 -100~300℃之间的温度测量。在点温、表面温度、温差、温度场等测量中得到日益广泛的应用,同时也广泛应用在自动控制及电子线路的热补偿电路中。其特性曲线如图 6-7 所示。

2)正温度系数的热敏电阻(Positive Temperature Coefficient Thermistor,PTC),它的阻值随温度上升而增大,具有开关特性,使用温度范围为 -50~+150℃,主要应用于彩电消磁、电器设备的过热保护及温度开关,也可作限流元件使用。其特性曲线如图 6-7 所示。

3)临界温度热敏电阻(Critical Temperature Resistor,CTR)。其具有开关特性,使用温度范围为 0~150℃,主要应用于温度开关及报警。

热敏电阻有珠粒状、圆柱状及圆片状。一般珠粒状由玻璃封装,圆柱状由树脂或玻璃封装,而圆片状一般由树脂封装。

圆柱状热敏电阻的外形与一般玻璃封装二极管一样。这种结构生产工艺成熟,生产效率高,产量大而价格低,成为热敏电阻的主流。珠粒状热敏电阻,由于体积小,热时间常数小,适合制造点温度计、表面温度计。

热敏电阻的外形及电路符号如图 6-5 和图 6-6 所示。

图 6-5　热敏电阻外形图　　　　图 6-6　热敏电阻电路符号图

6.2.2 热敏电阻的特性

热敏电阻是非线性电阻。这主要表现在电阻值与温度间呈指数关系;电流随电压的变化不服从欧姆定律。图 6-7 是典型的三种热敏电阻的特性曲线。

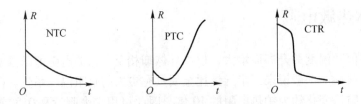

图 6-7　三种热敏电阻的温度电阻特性

NTC 热敏电阻的电阻-温度特性曲线,可以用如下经验公式描述

$$R = Ae^{\frac{B}{T}(T-1)}$$

式中 R——温度为 T 时的电阻值;
A——与热敏电阻材料和几何尺寸有关的常数;
B——热敏电阻常数。

若已知 T_1 和 T_2 时电阻为 R_{T1} 及 R_{T2},则可通过公式求取 A、B 值,即

$$A = R_{T1} e^{\frac{B}{T_1}(1-T_1)}$$

$$B = \frac{T_1 T_2}{T_2 - T_1} \ln \frac{R_{T1}}{R_{T2}}$$

热敏电阻与热电阻相比,其特点是:

1) 电阻温度系数绝对值大,因而灵敏度高,约为热电阻的 10 倍,测量线路简单,甚至不用放大器便可输出几伏的电压。
2) 体积小,重量轻,热惯量小,可以测量点温度,适宜动态测量。
3) 本身电阻值大,不需要考虑引线长度带来的误差,因此适于远距离测量。
4) 热敏电阻产品已系列化,便于设计选用。
5) 工作寿命长,且价格便宜。
6) 非线性大,在电路上要进行线性化补偿。
7) 稳定性稍差,并有老化现象。
8) 同一型号有 3%~5% 的阻值误差。

6.2.3 新材料热敏电阻

新材料热敏电阻的大致情况如下:

1) 氧化物热敏电阻的灵敏度都比较高,但只能在低于 300℃ 时工作。用硼卤化物与氢还原研制的硼热敏电阻,在 700℃ 高温时仍能满足灵敏度、互换性、稳定性的要求。可用于测量流体流速、压力、成分等。

2) 负温度系数热敏电阻的特性曲线非线性严重。研制的 $CdO—Sb_2O_3—WO_3$ 和 $CdO—SnO_2—WO_3$ 两种热敏电阻,在 -100~300℃ 温度范围内,特性曲线呈线性关系,解决了负温度系数热敏电阻存在的非线性问题。

3) 四氰醌二甲烷新型有机半导体材料具有电阻率随温度迅速变化的特性,如图 6-8 所示。这种有机热敏材料不仅可以制成厚膜,还可以制成薄膜或压成杆形。用它可以制成电子定时元件,具有定时时间宽、体积小、造价低的优点。

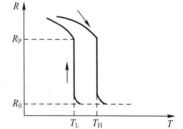

图 6-8 有机热敏电阻特性曲线

6.2.4 热敏电阻的线性化

热敏电阻的主要优点是电阻温度系数大、灵敏度高、热容量小、响应速度快,而且分辨率高达 10^{-4}℃;但主要缺点是互换性差、热电特性的非线性严重,它是扩大测量范围和提高测量精度必须要解决的关键问题。

下面介绍几种常用的线性化方法:

1. 串联（或并联）电阻法

利用温度系数很小的金属电阻与热敏电阻串联，只要金属电阻 R_X 选得合适，在一定温度范围内可得近似双曲线特性，即温度与电阻的倒数呈线性关系，从而使温度与电流呈线性关系。如图 6-9 所示。

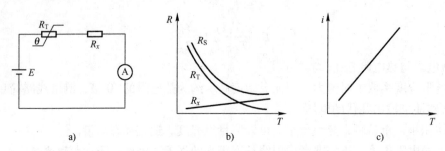

图 6-9 热敏电阻串联补偿线性化
a) 电路图 b) 双曲线特性 c) 线性特性

图 6-10a 中热敏电阻 R_T 与补偿电阻 r_C 并联，其等效电阻 $R = \dfrac{r_C R_T}{r_C + R_T}$。由图可知，电阻 R 与温度的关系曲线显得比较平坦，因此可以在某一温度范围内得到线性的输出特性。并联补偿的线性电路常用于电桥测温电路，如图 6-10b 所示。

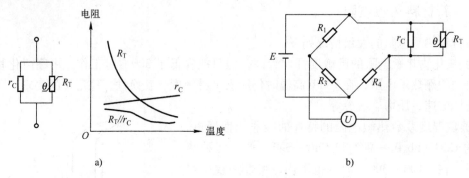

图 6-10 热敏电阻并联补偿线性化
a) 并联补偿线性化 b) 应用并联补偿的测量桥式电路

当电桥平衡时，$R_1 R_4 = R_3 (r_C // R_T)$，电压 $U = 0$，这时对应某一个温度 T_0。当温度变化时，R_T 将变化，使得电桥失去平衡，电压 $U \neq 0$，输出的电压值就对应了变化的温度值。

2. 计算修正法

大部分传感器的输出特性都存在非线性，因此实际使用时，都必须对之进行线性化处理，其方法不外乎两大类：硬件（电子线路）法和软件（程序）法。在带有微处理机的测量系统中，就可以用软件对传感器进行处理。当已知热敏电阻的实际特性和要求的理想特性时，可采用线性插值等方法将特性分段，并把分段点的值存放在计算机的内存中，计算机将根据热敏电阻的实际输出值进行校正计算，给出要求的输出值。这种线性化方法的具体实现将在第 14 章中详细介绍，作为传感器线性化的一般方法。微机编程插值法可实现较宽范围内的线性化。

6.2.5 热敏电阻的应用

1. 温度控制

图 6-11 是采用 NTC 热敏电阻的温度控制电路实例。它是通过控制加热装置,使温度保持恒定。工作原理是:把现场温度 a 点相对应的电压与预先设定温度 b 点相对应的电压进行比较,如果 $V_a > V_b$,即 $T_a > T_b$,晶体管 VT_1 加反偏电压 V_{BE1} 导通,VT_2 加正偏电压 V_{BE2} 也导通,使继电器 K 接通,继电器的常闭触点 K 断开,加热器断电;如果 $V_a < V_b$,即 $T_a < T_b$,过程与上述相反,继电器触点闭合,加热装置通电加热。这样,根据现场温度的高低,反复通断加热装置,使现场温度保持恒定。

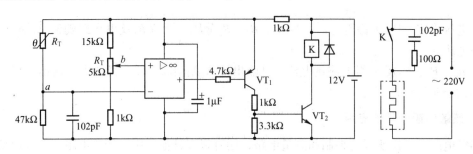

图 6-11 温度控制电路实例

2. 温度上下限报警

温度上下限报警电路如图 6-12 所示。此电路中采用运放构成迟滞电压比较器,晶体管 VT_1 和 VT_2 根据运放输入状态导通或截止。如果 $V_a > V_b$,VT_1 导通,LED_1 发光报警;$V_a < V_b$ 时,VT_2 导通,LED_2 发光报警;$V_a = V_b$ 时,VT_1 和 VT_2 都截止,LED_1 和 LED_2 都不发光。

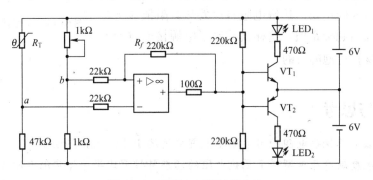

图 6-12 温度上下限报警电路

3. 温度测量

图 6-13 所示是一种 0~100℃ 的测温电路,相应输出电压为 0~5 V,其输出灵敏度为 50 mV/℃,可以直接与计算机 A-D 板接口。

LED 为电源指示,A_1、A_2 为 LM358 运放,D_{Z1} 为 IN154,R_T 为 PTC 热敏电阻,25℃ 时阻值为 1 kΩ。

传感器的工作电流一般选择 1 mA 以下,这样可避免电流产生的热影响测量精度,并要

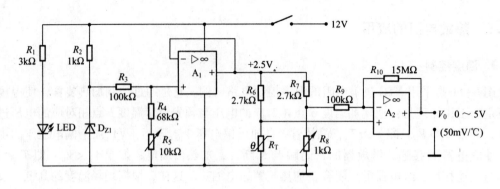

图 6-13 温度测量电路

求电源电压稳定。D_{Z1} 为稳压管，并经 R_3、R_4、R_5 分压，调节 R_5 使电压跟随器 A_1 输出 2.5 V 的工作电压。

由 R_6、R_7、R_T 及 R_8 组成测量电桥，其输出接 A_2 差动放大器，经放大后输出，其非线性误差不大于 ±2.5℃。

4. 热敏电阻的其他应用

热敏电阻除了用于温度控制和测量电路，还有很多其他应用。如在电阻应变计电桥臂中串联热敏电阻，补偿温度对测量电桥的影响。普通热敏电阻的功率较小，一般只有几分之一瓦。新开发出特殊用途的大功率热敏电阻，其电流容量与体积比普通热敏电阻大得多。

功率热敏电阻主要用于限制电流，多用于各种电子装置的过电流保护。

如图 6-14 所示，功率热敏电阻串联在灯泡与开关之间。电源接通时，热敏电阻阻值很大，可抑制负载中的冲击电流，但随着通电时间增长，热敏电阻自然发热，阻值显著减小，使负载电流达到额定值。这样就抑制了电源接通时的冲击电流，达到保护灯泡的目的。

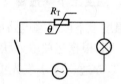

图 6-14 功率热敏电阻的应用

问题与思考

（1）为什么金属铜热电阻的温度测量范围要远远小于金属铂热电阻？
（2）试从温度敏感原理解释金属热电阻的动态特性要比半导体热敏电阻差的原因。

本章小结

热电阻式传感器 { 金属热电阻 { 铂热电阻：准确度高
铜热电阻：价格低，检测范围小，线性好
铟热电阻和锰热电阻：用于低温检测
热敏电阻：特点是灵敏度高，体积小，非线性差。根据其温度电阻特性有 NTC、PTC 和 CTR 三种类型

习题

1. 金属热电阻的测量线路为何要采用三线制或四线制?
2. 铜热电阻为什么不适合潮湿的环境使用?
3. 试列举一些热敏电阻在家用电器中的应用实例。
4. 相对一般热电阻而言,热敏电阻的特点是什么?
5. 半导体热敏电阻的主要缺点是线性差、互换性差,在电路中怎样克服?
6. 根据热敏电阻阻值随温度变化特性的差异,热敏电阻大体上可分为哪几种类型?它们的特点及应用范围如何?

第7章 热电偶传感器

本章要点

热电偶传感器的原理；热电偶应用定则、补偿导线和冷端补偿。

学习要求

学习和了解热电偶传感器工作原理和特点；了解热电偶的应用定则、补偿导线和冷端补偿、测量电路和应用。

热电偶是一种将温度差转换为电势的电能量传感器，是目前接触式温度测量中应用最广泛的传感器之一，在工业用温度传感器中占有极其重要的地位，具有结构简单、制造方便、测温范围宽、热惯性小、准确度高、输出信号便于远传等特点，而且自身能产生电压，不需要外加驱动电源。主要应用在化工、冶金、石油、机械等领域测量液体、气体、蒸气等介质的温度。它与其他温度传感器相比具有以下突出的优点：

1) 能测量较高的温度，常用的热电偶能长期地用来测量 180~2 800℃ 的温度。

2) 热电偶可以将温度信号转换成电压信号，测量方便，且便于远距离信号传递和自动记录，有利于集中检测、报警和控制。

3) 结构简单、准确可靠、性能稳定、维护方便。

4) 热容量和热惯性都很小，适合温度的快速测量。

热电偶的主要缺点是输出信号和温度示值呈非线性关系，并且下限范围的灵敏度较低。

7.1 热电偶传感器的工作原理

热电偶的基本工作原理是基于"热电势效应"。将两种不同材料的导体 A 和 B 组成一个闭合回路，如图 7-1 所示。如果两端分别置于温度各为 T 及 T_0（假定 $T > T_0$）的热源中，回路中将产生热电动势或温差电动势，其大小和方向，与两种导体的性质和接点温度有关。这个物理现象称为热电势效应，有时也称温差效应。

热电偶产生热电势现象是 1823 年由塞贝克发现的，后来经研究，热电势由两部分组成，一部分是两种导体的接触电势（称珀尔贴电势）；另一部分是导体的温差电势（又叫汤姆逊电势）。

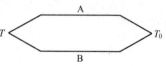

图 7-1 热电偶示意图

1. 温差电势

温差电势是在同一导体的两端，因其温度的不同而产生的一种热电动势。由于高温端的电子能量比低温端的电子能量大，因而从高温端移向低温端的电子数比低温端移向高温端的电子数多，结果高温端失去电子而带正电荷，低温端因得到电子而带负电荷，从而形成一个静电场，产生温差电动势。根据物理学的推导有下列公式：

$$e_A(T,T_0) = \frac{K}{e}\int_{T_0}^{T}\frac{1}{N_A}\frac{d(N_A t)}{dt}dt \tag{7-1}$$

$$e_B(T,T_0) = \frac{K}{e}\int_{T_0}^{T}\frac{1}{N_B}\frac{d(N_B t)}{dt}dt \tag{7-2}$$

式中，$e_A(T,T_0)$ 和 $e_B(T,T_0)$ 为导体 A 和 B 在两端温度分别为 T 和 T_0 时的温差电动势；e 为单位电荷；K 为波尔兹曼常数；N_A 和 N_B 为导体 A 和 B 的自由电子密度，它们均为温度 t 的函数。

2. 接触电势

两种导体连接后在温度场中产生的接触电动势的原因是：当两种导体 A 和 B 接触时，由于两者电子密度不同，电子在两个方向上扩散的速率就不同，假定导体 A 的电子密度高于导体 B 的电子密度（$N_A > N_B$），则从 A 到 B 的电子数要比从 B 到 A 的电子数多，结果导体 A 因失去电子而带正电荷，导体 B 因得到电子而带负电荷，在 A、B 的接触面上便形成了一个从 A 到 B 的静电场，于是在 A、B 之间形成电位差 $e_{AB}(T)$，即接触电动势，有：

$$e_{AB}(T) = \frac{kT}{e}\ln\frac{N_{AT}}{N_{BT}} \tag{7-3}$$

$$e_{AB}(T_0) = \frac{kT}{e}\ln\frac{N_{AT_0}}{N_{BT_0}} \tag{7-4}$$

式中，$e_{AB}(T)$ 和 $e_{AB}(T_0)$ 为导体 A 和 B 的接点在温度 T 和 T_0 时形成的接触电动势；N_{AT} 和 N_{AT_0} 为导体在接点温度为 T 和 T_0 时电子密度；N_{BT} 和 N_{BT_0} 为导体 B 在接点温度为 T 和 T_0 时电子密度。

综上所示，热电偶回路中产生的总电动势 $E_{AB}(T,T_0)$ 为

$$E_{AB}(T,T_0) = e_{AB}(T) + e_B(T,T_0) - e_{AB}(T_0) - e_A(T,T_0) \tag{7-5}$$

对式（7-5）整理后得：

$$E_{AB}(T,T_0) = \frac{k}{e}\int_{T_0}^{T}\ln\frac{N_A}{N_B}dt \tag{7-6}$$

由式（7-6）可知，热电偶总电动势与导体的电子密度 N_A、N_B 及两接点温度 T、T_0 有关，而导体的电子密度 N_A、N_B 不仅取决于材料特性，也随温度变化而变化，所以热电偶的总电动势是温度的函数。

7.2 热电偶应用定则

热电偶应用定则如下：

1）若组成热电偶回路的两导体相同，则无论两端点温度如何，热电偶回路内的总热电动势为零。即：

$$E_{AA}(T,T_0) = \frac{k}{e}\int_{T_0}^{T}\ln\frac{N_A}{N_A}dt = 0$$

2）若热电偶两端点温度相同，即 $T = T_0$，则尽管导体 A、B 的材料不同，热电偶回路的

总热电动势亦为零。即：

$$E_{AB}(T_0, T_0) = \frac{k}{e} \int_{T_0}^{T_0} \ln \frac{N_A}{N_B} dt = 0$$

3）热电偶的总热电动势与 A、B 材料的中间温度无关，只与端点温度有关。

4）热电偶在接点温度为 T_1、T_3 时的热电动势，等于热电偶在接点温度为 T_1、T_2 和 T_2、T_3 时的热电动势之和。

5）中间导体定则。在热电偶回路中接入第三种材料的导线，只要该导线的两端温度相同，则第三种导线的接入不会影响热电偶的热电动势。

中间导体定则对热电偶的实际应用非常重要，在利用热电偶测量温度时，需要用导线将热电动势引出，再接入显示仪表或接入电路进行处理，这时导线及仪表电路均可看成中间导体，只要保证接线端温度相同，则对热电动势没有影响。

6）标准电极定则。如图 7-2 所示，用导体 A、B 组成的热电偶的热电动势等于 AC 热电偶和 CB 热电偶的热电动势的代数和，即，

$$E_{AB}(T, T_0) = E_{AC}(T, T_0) + E_{CB}(T, T_0)$$

采用同一个标准热电极与不同的材料组成热电偶，先测试出各热电动势，再根据标准电极定则计算合成热电动势，这是测试热电偶的通用方法，可以大大简化热电偶的选配工作。由于纯铂丝的物理化学性能稳定、熔点高、易提纯，故常用铂丝作为标准电极。

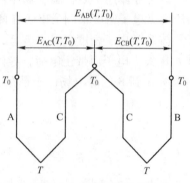

图 7-2　电极定则示意图

7.3　常用热电偶

目前我国广泛采用三种合金材料制作热电偶，主要有下列几种：

1）铂铑-铂热电偶（WRLB）。它由 0.5 mm 纯铂丝和相同直径的铂铑丝（90% 的铂和 10% 的铑）制成。正极是铂铑，负极是纯铂丝，以符号 LB 表示。在 1 300℃ 以下可长期使用。由于容易得到高纯度的铂和铂铑，故 LB 热电偶的复现性和测量准确度高，常用于精密的温度测量和作标准热电偶。其主要缺点是灵敏度低，平均只有 0.009 mV/℃；热电特性的非线性严重。铂铑丝中的铑分子在长期使用后，因受高温作用而产生挥发现象，使铂丝受到污染而变质，从而引起热电特性的改变，故必须定期进行校准，LB 热电偶的材料属贵金属，价格昂贵。

2）镍铬-镍硅（铝）热电偶（WREU）。由镍铬和镍硅（铝）制成，用符号 EU 表示，正极是镍铬，负极是镍硅（铝），热电极丝直径一般为 1.2~2.5 mm。材料的主要成分为镍，其化学稳定性较高，长期使用可测 900℃ 以下的温度。复现性好，灵敏度较高，可达 0.041 mV/℃。其缺点是在还原性及硫化物介质中易腐蚀，必须加保护套管，精度不如 LB 热电偶。

3）镍铬-康铜热电偶（WREA）。用符号 EA 表示。镍铬为正极，康铜为负极，合金丝直径一般为 1.2~2 mm。适用于氧化性及中性介质，长期使用温度不超过 600℃，灵敏度高达 0.078 mV/℃，且价格便宜。康铜合金丝易受氧化而变质。由于材料的质地坚硬而不易得到均匀的线径。

4）铂铑$_{30}$-铂铑$_6$热电偶（WRLL）。用符号 LL 表示。铂铑$_{30}$丝（铂 70%，铑 30%）为正极，铂铑$_6$丝（铂 94%，铑 6%）为负极。长期使用可测 1 600℃的高温。其性能稳定，精度高，适用于氧化性和中性介质。但其产生的热电势小，且价格贵。由于 WRLL 在低温时热电势极小，因此冷端在 40℃以下时，对热电势值可不必修正。

7.4 补偿导线与冷端补偿

7.4.1 补偿导线

热电偶远离测量仪表进行温度测量时，全部采用热电偶丝是非常理想的，但是这种热电偶价格高。如果采用适当长度的热电偶丝，用导线把热电偶与测量仪表连接起来比较经济，连接导线称为补偿导线。补偿导线有两类：一类是采用与热电偶相同材料的伸长型；另一类是利用与热电偶热电势类似特性合金材料的补偿型。补偿导线连接方式如图 7-3 所示。

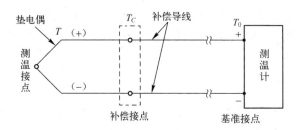

图 7-3 补偿导线连接方式

采用补偿导线要注意以下几点：

1）热电偶的长度由补偿接点的温度决定。测温接点温度高。热电偶可长，测温接点温度低，热电偶可短。热电偶长度与补偿导线长度要最佳配台。补偿导线使用温度为 90～150℃，因此，热电偶与补偿导线接点（这点称为补偿接点）的温度不能超过补偿导线的使用温度。

2）补偿接点要紧靠，做到两补偿接点没有温差。

3）在一定温度范围内，补偿导线的热电势必须与所延长的热电偶所产生的电势相同。

补偿导线采用多股廉价金属制造，不同热电偶采用不同的补偿导线（已标准化），几种常用的热电偶及其所用的补偿导线见表 7-1。

表 7-1 常用热电偶补偿导线

热电偶	补偿导线	线芯材料		颜色标志		$T=100℃$，$T_0=0℃$时热电势（mV）	$T=105℃$，$T_0=0℃$时热电势（mV）
		正极	负极	正极	负极		
镍铬-镍硅	铜-康铜	铜	康铜	红	黄	4.10±0.15	6.13±0.20
镍铬-康铜	镍铬-康铜	镍铬	康铜	红	蓝	6.95±0.3	10.69±0.38
铂铑$_{30}$-铂铑$_6$	铜-铜镍	铜	铜镍	红	绿	0.643±0.023	1.025+0.024 1.025-0.055

7.4.2 冷端补偿

热电偶的热电势与测温接点和基准接点（冷接点）的温度必须保持恒定。标准中规定基准接点的热电势为0℃时的热电势。而基准接点保持为0℃可以采用碎冰和水，但这样使用极其不方便。当基准接点温度不为0℃时，会产生测量误差，需要等效地加上相当于0℃时的基准接点的热电势进行补偿。

一般所采用的冷端补偿（基准节点补偿）如下：

1. 冰水保温瓶方式（冰点器方式）

将热电偶的冷端置于冰水保温瓶中，获取热电偶冷端的参考温度。

2. 恒温槽方式

即将冷端置于恒温槽中。如恒定温度为 T_0℃，则冷端的误差 Δ 为

$$\Delta = E_1(T, T_0) - E_1(T, 0) = -E_1(T_0, 0)$$

其中 T 为被测温度。由式可见，虽然 $\Delta \neq 0$，但是一个定值。只要在回路中加入相应的修正电压，或调整指示装置的起始位置，即可达到完全补偿的目的。常用的恒温温度有50℃和0℃等。

3. 冷端自动补偿方式

工业上，常采用冷端自动补偿法。自动补偿法是在热电偶和测量仪表间接入一个直流不平衡电桥，也称为冷端温度补偿器，如图7-4所示。当热电偶自由端（冷端）温度升高，导致回路总电势降低时，补偿器感受到自由端的变化，产生一个电位差。其值正好等于热电偶降低的电势，两者互相抵消以达到自动补偿的目的。

补偿电桥桥臂 R_1、R_2、R_3 及 R_{Cu} 与热电偶冷端处于相同的环境温度下。其中 $R_1 = R_2 = R_3 = 1\Omega$，且都是锰铜线绕成的，电阻温度系数为零，而 R_{Cu} 是铜线绕制

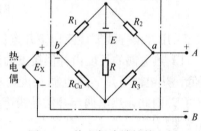

图7-4 热电偶冷端补偿电桥

的补偿电阻。E(DC4V)是电桥的电源，R 是限流电阻，其阻值随热电偶不同而有差异。在20℃时，电桥平衡 $u_{ab}=0$，当冷端温度升高时，R_{Cu} 随着增大，u_{ab} 也增大；而热电势 E_X 却随冷端温度升高而减小。若 u_{ab} 的增加量等于 E_X 的减小量，则热电偶输出 U_{AB} 的大小将不随冷端温度变化而变化，即

$$U_{AB} = E_X + u_{ab}$$

7.5 热电偶实用测量电路

1. 单点温度的基本测量线路

基本测量线路如图7-5所示。图中 A、B 为热电偶，C、D 为补偿导线，冷端温度为 T_0，E 为铜导线（在实际使用时，可将补偿导线一直延伸到配用仪表的接线端子，此时冷端温度即为仪表接线端子所处的环境温度），M 为所配用的毫伏计（或数字仪表）。如果采用数字

仪表测量热电势，必须加适当输入放大电路，这时回路中的总热电势为 $E_{AB}(T,T_0)$，流过测温毫伏计的电流为

$$I = \frac{E_{AB}(T,T_0)}{R_Z + R_C + R_M}$$

式中 R_Z、R_C、R_M 分别为热电偶、导线（包括铜线、补偿导线和平衡电阻）和仪表的内阻（包含负载电阻 R_L）。

2. 两点之间温差的测量线路

测温线路如图 7-6 所示。这是测量两个温度 T_1 和 T_2 之差的一种实用线路。用两只同型号的热电偶，配用相同的补偿导线，连接的方法应使各自产生的热电势互相抵消，此时仪表即可测得 T_1 和 T_2 的温度之差。证明如下：

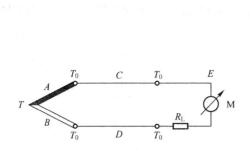

图 7-5　基本测量线路

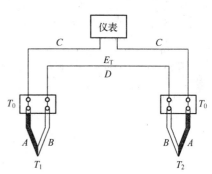

图 7-6　测量温差的线路

回路内的总电势为

$$E_T = e_{AB}(T_1) + e_{BD}(T_0) + e_{DB}(T_0) + e_{BA}(T_2) + e_{AC}(T_0) + e_{CA}(T_0)$$

因为 C、D 为补偿导线，其热电性质分别与 A、B 材料性质相同，所以可以认为

$$e_{BD}(T_0) = 0 \quad (\text{同一材料不产生热电势})$$

同理

$$e_{DB}(T_0) = 0$$
$$e_{AC}(T_0) = 0$$
$$e_{CA}(T_0) = 0$$

所以

$$E_T = e_{AB}(T_1) + e_{BA}(T_2) = e_{AB}(T_1) - e_{AB}(T_2)$$

如果连接导线用普通铜导线，则必须保证两个热电偶的冷端温度相等，否则测量结果是不正确的。

3. 平均温度的测量线路

测量平均温度的方法通常是用几支型号相同的热电偶并联在一起。例如，图 7-7 所示，要求三只热电偶都工作在线性段，在测量仪表中指示的为三只热电偶输出电势的平均值。在每一只热电偶线路中，分别串接均衡电阻 R_1、R_2 和 R_3，其作用是为了在 T_1、T_2 和 T_3 不相等时，使每一只热电偶的线路中流过的电流免受电阻不相等的影响，因此，与每一只热电偶的电阻变化相比，R_1、R_2 和 R_3 的阻值必须很大。使用热电偶并联的方法测量多点的平均温度，

其好处是仪表的分度仍旧和单独配用一个热电偶时一样，缺点是当有一只热电偶烧断时，不能很快地觉察出来。

如图所示的输出电势为

$$E_1 = E_{AB}(T_1, T_0)$$
$$E_2 = E_{AB}(T_2, T_0)$$
$$E_3 = E_{AB}(T_3, T_0)$$

此回路中总的热电势为

$$E_T = \frac{E_1 + E_2 + E_3}{3}$$

4. 几点温度之和的测量线路

利用同类型的热电偶串联，可以测量几点温度之和，也可以测量几点的平均温度。

图 7-8 是几个热电偶的串联线路图。这种线路可以避免并联线路的缺点，即当有一只热电偶烧断时，总的热电势消失，可以立即知道有热电偶烧断。同时由于总热电势为各热电偶热电势之和，故可以测量微小的温度变化。

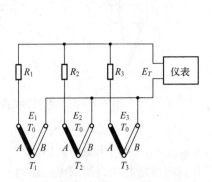
图 7-7 测量平均温度的线路

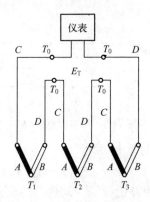
图 7-8 测量温度之和线路

图中 C、D 为补偿导线，回路的总热电势为

$$E_T = e_{AB}(T_1) + e_{DC}(T_0) + e_{AB}(T_2) + e_{DC}(T_0) + e_{AB}(T_3) + e_{DC}(T_0)$$

因为 C、D 为 A、B 的补偿导线，其热电性质相同，即

$$e_{DC}(T_0) = e_{BA}(T_0) = -e_{AB}(T_0)$$

将其代入回路的总热电势式中得：

$$E_T = e_{AB}(T_1) - e_{AB}(T_0) + e_{AB}(T_2) - e_{AB}(T_0) + e_{AB}(T_3) - e_{AB}(T_0)$$
$$= E_{AB}(T_1, T_0) + E_{AB}(T_2, T_0) + E_{AB}(T_3, T_0)$$

即回路的总热电势为各热电偶的热电势之和。

在辐射高温计中的热电堆，就是根据这个原理，由几个同类型的热电偶串联而成的。如果要测量平均温度，则

$$E_{平均} = \frac{1}{3} E_T$$

5. 若干只热电偶共用一台仪表的测量线路

在多点温度测量时，为了节省显示仪表，将若干只热电偶通过模拟式切换开关，共用一

台测量仪表，常用的测量线路如图 7-9 所示。条件是各只热电偶的型号相同，测量范围均在显示仪表的量程内。

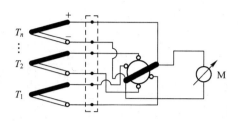

图 7-9　若干只热电偶共用一台仪表的测量线路

在现场，若大量测量点不需要连续测量，而只需要定时检测时，就可以把若干只热电偶通过手动或自动切换开关接至一台测量仪表上，以轮流或按要求显示各测量点的被测数值。切换开关的触点有十几对到数百对，这样可以大量节省显示仪表数目，也可以减小仪表箱的尺寸，达到多点温度自动检测的目的。常用的切换开关有密封微型精密继电器和电子模拟式开关两类。例如精密继电器 JRW-1M，其接触电阻≤0.1Ω，绝缘电阻≥100 MΩ，切换时间≤10 ms，它是慢速多点温度测量时较为理想的一种机械切换开关。常用的电子切换开关有 AD7501、AD7503 等。它们适用于快速测量，但其接触电阻较大，约在几百欧姆左右。

前面介绍了几种常用的热电偶测量温度、温度差、温度和或平均温度的线路。与热电偶配用的测量仪表可以用动圈式仪表（即测温毫伏计）、晶体管式自动平衡显示仪表（也叫做自动电子电位差计）、直流电位差计（通常只在实验室内应用）和数字电压表，若要组成微机控制的自动测温或控温系统，可直接将数字电压表的测温数据，利用接口电路和测控软件连接到微机中，对检测温度进行计算和控制。这种系统在工业检测和控制中应用普遍。

7.6　热电偶应用实例

用热电偶测温时，精度主要由下述一些误差决定：
1）热电偶的误差。
2）基准接点温度或基准接点温度补偿所产生的误差。
3）补偿导线产生的误差。
4）电路误差。
5）其他误差（噪声、绝缘电阻、热电阻等产生的误差）。

其中 1）项误差是热电偶自身的误差，由其精度等级决定。

1. K 型热电偶测温应用

如图 7-10 所示，是 K 型热电偶测温电路。二端集成温度传感器 AD592、78L05、R_R 及 R_{P2} 组成基准接点（冷接点）补偿电路，R_{11} 及 C_1 组成输入滤波电路，A_1 构成放大电路。AD592 的灵敏度为 1μA/℃，因此，可对温度系数为 40.44μV/℃ 的 K 型热电偶基准接点进行补偿，但有 273.2μA×40.44Ω=11.05 mV 的误差电压。电路中用 R_1、R_2 对 AD538AD 的 V_X 输出 10 V 的电压分压，来消除 11.05 mV 的误差电压。

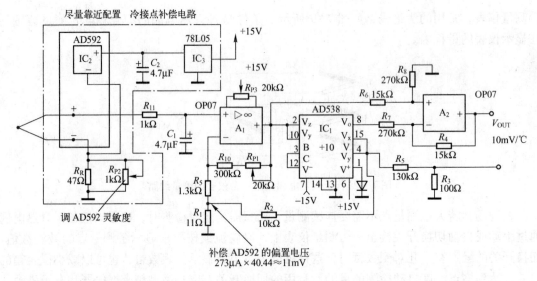

图 7-10 K 型热电偶测温电路（0~600℃）

2. 热电偶火药燃烧气体温度的测量

测量原理图如图 7-11 所示。其中温度传感器选用 $\phi0.05$ mm 镍铬-镍硅热电偶，该热电偶测量最高温度为 900℃，响应时间 10~20 ms。为防止燃烧气体损坏传感器，传感器应有良好的固定并距气体喷口有一定的距离。传感器测试前应进行标定。由振子示波器测得的燃烧气体的温度曲线如图 7-12 所示。

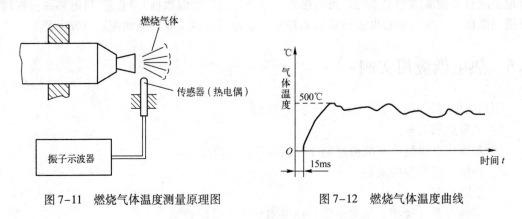

图 7-11 燃烧气体温度测量原理图   图 7-12 燃烧气体温度曲线

问题与思考

热电偶在测量高温时往往在外层加有保护陶瓷套管，这会影响传感器的什么特性？

本章小结

热电偶属于电能量传感器。热电偶是目前温度测量领域里应用最广泛的传感器之一。热电偶与其他温度传感器相比，主要优点是能够测量高温，其热容量和热惯性都很小，能用于快速测量温度，检测输出为热电动势，便于传输和处理；缺点是输出非线性较差。根据热电偶的特性，有6个应用定则，包括中间导体定则和标准电极定则。

 习题

1. 热电偶是否可以用于检测人体的温度？为什么？
2. 用热电偶测温为什么要进行温度补偿？常用的温度补偿法有哪几种？
3. 将一灵敏度为 0.08 mV/℃ 的热电偶与电压表相连接，电压表接线端是 40℃，若电压表上读数是 80 mV，热电偶的热端温度是多少？
4. 标准电极定则有何实际意义？已知在某特定条件下材料 A 与铂配对的热电势为 12.968 mV，材料 B 与铂配对的热电势为 7.560 mV，求出在此特定条件下，材料 A 与材料 B 配对后的热电势。
5. 想要测量变化迅速的 200℃ 的温度应选用何种传感器？测量 1 800℃ 的高温度又应选用何种传感器？
6. 试述热电偶为何适合于测量中、高温，而热电阻适合于测中、低温？

第8章　集成温度传感器

> **本章要点**
>
> 集成温度传感器的基本工作原理；常用的集成温度传感器。

> **学习要求**
>
> 学习和了解集成温度传感器基本工作原理和特点；学习和了解集成温度传感器的信号输出方式、常用的集成温度传感器和应用。

热电偶虽然有测温范围宽的优点，但其热电势较低；热敏电阻的工作温度范围窄，但灵敏度高，有利于检测微小温度变化。由于它们的输出都是非线性的，给使用带来一定的困难。PN结温度传感器（温敏二极管和温敏晶体管）和集成温度传感器（由温敏晶体管构成）与热电偶和热敏电阻相比，最大优点是输出特性呈线性，且测温精度高。PN结测温传感器（集成温度传感器）是利用半导体材料和器件的某些性能参数的温度依赖性，实现对温度的检测、控制和补偿等功能。

8.1　集成温度传感器的基本工作原理

随着半导体技术和测温技术的发展，人们发现在一定的电流模式下，PN结的正向电压与温度之间具有很好的线性关系。例如砷化镓和硅温敏二极管在 1～400K 范围的温度表现为良好的线性。实际研究证明，晶体管发射结上的正向电压随温度上升而近似线性下降，这种特性与二极管十分相似，但晶体管表现出比二极管更好的线性和互换性。温敏二极管的温度特性只对扩散电流成立，但实际二极管的正向电流除扩散电流成分外，还包括空间电荷区中的复合电流和表面复合电流成分，这两种电流与温度的关系不同于扩散电流与温度的关系。因此，实际二极管的电压-温度特性是偏离理想情况的。由于晶体管在发射结正向偏置条件下，虽然发射结也包括上述三种电流成分，但只有其中的扩散电流成分能够到达集电极，形成集电极电流，而另外两种电流成分则作为基极电流漏掉，并不到达集电极。因此，晶体管的 $I_C - U_{BE}$ 关系比二极管的 $I_F - U_F$ 关系更符合理想情况，所以表现出更好的电压-温度线性关系。

集成温度传感器是将温敏晶体管及其辅助电路集成在同一芯片上的集成化温度传感器。这种传感器最大的优点是，直接给出正比于热力学温度的理想的线性输出，另外，体积小、成本低廉。因此，它是现代半导体温度传感器的主要发展方向之一。目前，已经广泛用于 -50～150℃ 温度范围内的温度监测、控制和补偿的许多场合。

如前所述，晶体管的基极-发射极电压在其集电极电流恒定条件下，可以认为与温度呈线性关系；但是，严格地说，这种线性关系是不完全的，即关系式中仍然存在非线性项。另外，这种关系也不直接与任何温标（绝对、摄氏、华氏等）相对应。此外，温敏晶体管 U_{BE} 电压值在同一生产批量中，可能有 ±100 mV 的离散性。鉴于上述原因，集成温度传感器均采用了图 8-1 所示的一对非常匹配的半导体管作为温敏差分对管，利用它们的两个 U_{BE} 之差（ΔU_{BE}）所具有的良好正温度系数，来制作集成温度传感器。

图 8-1 是广泛采用的集成温度传感器温度传感部分的工作原理图。其中 VT_1 和 VT_2 是相互匹配的晶体管，I_1 和 I_2 分别是 VT_1 和 VT_2 管的集电极电流。这时 VT_1 和 VT_2 管的两个发射极和基极电压之差 ΔU_{BE} 可用下式表示，即

$$\Delta U_{BE} = \frac{kT}{q}\ln\left(\frac{I_1}{I_2} \cdot \frac{AE_2}{AE_1}\right)$$
$$= \frac{kT}{q}\ln\left(\frac{I_1}{I_2} \cdot \gamma\right)$$

式中，k 是波尔兹曼常数；q 是电子电荷量；T 是绝对温度；I_1 和 I_2 分别是 VT_1 和 VT_2 的集电极电流；γ 是 VT_1 和 VT_2 发射结的面积之比，γ 是与温度无关的常数。如果在较宽的温度范围内 I_1/I_2 为恒定的话，则 ΔU_{BE} 就是温度 T 的理想线性函数。这也是集成温度传感器的基本工作原理。以此为基础可以设计出各种不同电路和不同输出类型的集成温度传感器。

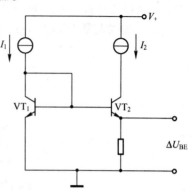

图 8-1　温度传感部分的工作原理图

8.2　集成温度传感器的信号输出方式

集成温度传感器将温度非电量转换成电信号输出的方式有以下两种。

1. 电压输出型

电压输出型集成温度传感器感温部分的基本电路如图 8-2 所示。当电流 I_1 恒定时，通过改变 R_1 的阻值，可实现 $I_1 = I_2$，当晶体管的 $\beta \geq 1$ 时，电路的输出电压可由下式确定，即

$$U_{OUT} = I_2 \cdot R_2 = \frac{\Delta U_{BE}}{R_1} \cdot R_2$$
$$= \frac{R_2}{R_1} \cdot \frac{kT}{q}\ln\gamma$$

如果取 $R_1 = 940\,\Omega$，$R_2 = 30\,k\Omega$，$\gamma = 37$，则电路输出的温度系数为

$$C_T = \frac{dU_{out}}{dT} = \frac{R_2}{R_1} \cdot \frac{k}{q}\ln\gamma = 10\,mV/K$$

2. 电流输出型

电流输出型集成温度传感器感温部分的基本电路如图 8-3 所示。图中 VT_1 和 VT_2 在结构上完全一样，作为恒流源的负载，可使电流 I_1 和 I_2 相等。VT_3 和 VT_4 是测温用的晶体管，其中 VT_3 是由 8 个

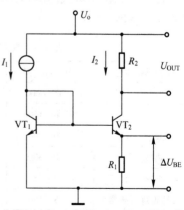

图 8-2　电压输出感温部分基本电路

晶体管并联相接在一起的，因此它的发射结面积等于 VT_4 发射结面积的 8 倍，即 $\gamma=8$。当晶体管 $\beta \gg 1$ 时，流过电路的总电流可由下式确定，即

$$I_T = 2I_1 = \frac{2\Delta U_{BE}}{R} = \frac{2kT}{qR} \cdot \ln\gamma$$

式中，R 是在硅基板上形成的薄膜电阻，具有零温度系数，因此电路输出的电流与热力学温度成正比。如果调整 R 为 $358\,\Omega$，则电路输出的温度系数为

$$C_T = \frac{dI_T}{dT} = \frac{2k}{qR} \cdot \ln\gamma = 1\,\mu A/K$$

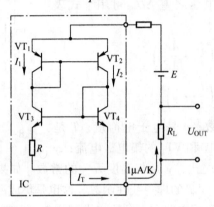

图 8-3　电流输出型感温部分基本电路

8.3　常用集成温度传感器

集成温度传感器与热敏电阻等温度传感器相比，具有良好的线性度和一致性。由于它集传感部分、放大电路、驱动电路、信号处理电路等于一个芯片上，还具有体积小、使用方便的优点。随着集成温度传感器生产成本的降低，它将会取代热敏电阻，在许多领域中得到广泛应用。

表 8-1 列出了集成温度传感器与其他温度传感器的性能对比，从中可直观地反映出集成温度传感器的特点。

表 8-1　集成温度传感器与其他温度传感器的性能对比

传感器类别	温度范围/℃	精度/℃	直线性	重复性/℃	灵敏度
铂测温电阻	-200~600	0.3~1.0	差	0.3~1.0	不高
热电偶	-200~1600	0.5~3.0	较差	0.3~1.0	不高
双金属片	-20~200	1~10	较差	0.5~5	不高
热敏电阻	-50~300	0.2~2.0	不良	0.2~2.0	高
半导体管	-40~150	1.0	良	0.2~1.0	高
集成温度传感器	-55~150	1.0	优	0.3	高

目前普遍使用的集成温度传感器见表 8-2。其中 AN6701S 型集成温度传感器具有很高的灵敏度，且价格便宜，其应用范围日益扩大。

表 8-2 几种集成温度传感器

型　号	输出形式	使用温度范围	温度系数	引　脚
μPC616A，SC616A	电压型	-40 ~ 125℃	10m V/℃	4 端
μPC616C，SL616C	电压型	-25 ~ 85℃	10m V/℃	8 脚
LX5600	电压型	-55 ~ 85℃	10m V/℃	4 端
LX5700	电压型	-55 ~ 85℃	10m V/℃	4 端
LM3911	电压型	-25 ~ 85℃	10m V/℃	4 端、8 脚
LM134，LS134M	电流型	-55 ~ 125℃	1μA/℃	3 端
SL334	电流型	-0 ~ 70℃	1μA/℃	3 端
AD590，LS590	电流型	-55 ~ 155℃	1μA/℃	3 端
AN6701S	电压型	-10 ~ 80℃	105 ~ 113 m V/℃	8 脚

下面简要介绍常用的 AD590 集成温度传感器。

AD590 型集成温度传感器是电流型集成温度传感器的代表产品，有以下几个特点：

1）AD590 型集成温度传感器是由生产厂商经过校正的温度传感器，不需要外围温度补偿和线性处理电路，接口简单，使用方便。

2）使用的直流电源范围比较宽（4 ~ 30 V）。

3）由于生产时对芯片上的薄膜进行过激光修正，器件具有良好的互换性，在 -55 ~ 150℃范围内，精度为 ±1℃。

4）由于输出阻抗高达 10 MΩ 以上，抗干扰能力强，不受长距离传输线电压降的影响，信号传输距离可达 100 m 以上。

AD590 集成温度传感器虽然在出厂时已经调整到 1 μA/℃，但实际使用时指示的温度值还会和实际温度有一定差值，这个差值称为校正误差，图 8-4 给出了理想情况和实际情况之间的校正误差。

校正误差虽然对总的精度有较大的影响，但可以通过外部电阻 R 进行简单的调整，便可得到补偿。最常用的方法就是一点温度校正法。在图 8-5 所示的一点温度校正电路中，只要调整 R 在 $T = 25℃$ 时，使 U_T 等于 298.2 mV 即可，从而保证输出电压的温度系数为 1 mV/℃。

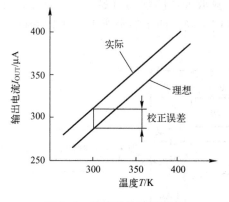

图 8-4 传感器的校正误差

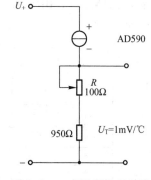

图 8-5 一点温度校正电路

AD590 集成温度传感器的用途广泛，除了可作温度计外，还能用于加热器、恒流器、空调机及一些家用电器上。

AD590 集成温度传感器的基本使用电路如图 8-6 所示。将 AD590 与一个电阻和电源接成图 8-6a 所示的电路，便可接成基本的温度检测电路，它将电流信号变为电压信号输出，在 R 上得到正比于温度的电压输出，其灵敏度为 1 mV/K。若用几个 AD590 与一个 R 串接，则可构成如图 8-6b 所示的最低温度检测电路，从电阻上取得的电压输出是最低温度。如果把几个 AD590 并联后和一个电阻 R 串联，则可得到如图 8-6c 所示的平均温度检测电路，在电阻 R 上得到的输出电压是平均温度。

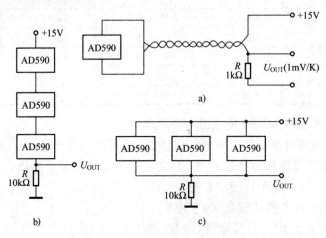

图 8-6 AD590 传感器常用电路

a）基本温度检测电路 b）最低温度检测电路 c）平均温度检测电路

8.4 集成温度传感器的应用

1. 集成温度传感器液位报警器

报警器的原理电路如图 8-7 所示，它由两个 AD590 集成温度传感器、运算放大器及报警电路组成。其中传感器 B_2 设置在警戒液面的位置，而传感器 B_1 设置在外部。平时两个传感器在相同的温度条件下，调节电位器 R_{P_1}，使运算放大器的输出为零。当液面升高时，传感器 B_2 将会被液体淹没，由于液体温度与环境温度不同，使运算放大器输出控制信号，经报警电路报警。

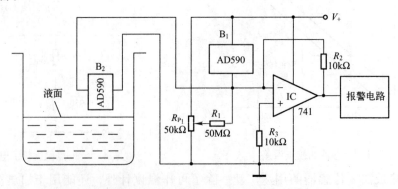

图 8-7 液位报警器

2. 集成温度传感器数字式温度计

图 8-8 是由集成温度传感器 AD590 及 A-D 转换器 7106 等组成的数字式温度计电路。AD590 是一个电流输出型温度传感器，其线性电流输出为 $1\,\mu A/℃$。该温度计在 $0\sim100℃$ 测温范围内的测量精度为 $±0.7℃$。

电位器 R_{P_1} 用于调整基准电压，以达到满度调节；电位器 R_{P_2} 用于在 $0℃$ 时调零。当被测温度变化时，流过 R_1 的电流不同，使 A 点电位发生变化，检测此电位即能检测到被测温度的高低。

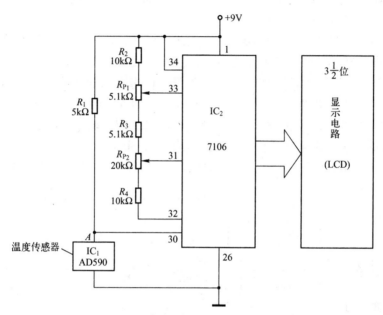

图 8-8 数字式温度计电路图

3. 空气流速检测

图 8-9 给出了一种利用集成温度传感器测量空气流速的检测电路。

该电路利用传感器在自然条件下，通以大电流，使其温度高于环境温度。在空气静止或流动的两种情况下，因空气流动会加速传感器的散热过程，而使传感器的温度不相同，故输出电压也不相同。空气流速越大，传感器的散热能力越强，温度越低，输出电压越低，这就是空气流速检测器的工作原理。

电路中采用的集成温度传感器是三端电压输出型集成温度传感器，三端电压输出型集成温度传感器是一种精密的、易于标定的温度传感器，它们是 LM135、LM235、LM335 系列等。其主要性能指标如下：

① 工作温度范围：$-55\sim150℃$、$-40\sim125℃$ 和 $-10\sim100℃$。

② 灵敏度：$10\,mV/K$。

③ 测量误差：工作电流在 $0.4\sim5\,mA$ 范围内变化

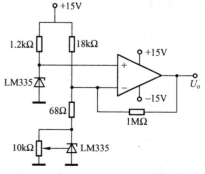

图 8-9 空气流速检测器

时，如果在25℃下标定，在100℃宽的温度范围内，误差小于1℃。

图8-9所示电路中采用了两只LM335温度传感器，一只工作在自然条件下，通以10 mA的工作电流；另一只通以小电流，工作在环境温度条件下，则自然温升可以忽略。在静止空气中进行零点整定，即调10 kΩ电位器使放大器输出为0。

注意：在标定和测量时，应该使两只LM335处在相同的环境温度下。

4. 恒温土壤加热器

要想使蘑菇等植物苗壮成长，仅靠玻璃或农膜构成的温室是不够的，还必须有温暖的土壤。本加热器可使温室内的土壤温度基本维持恒定。

恒温土壤加热器的电路如图8-10所示。由集成温度传感器IC_1、运算放大器IC_2等组成比较器。其中电位器R_{P_1}用来设定控制温度。当土壤温度低于设定温度时，集成温度传感器AD590的电流将减小，使IC_2反相输入端电位降低，IC_2输出端输出高电平，VT_1、VT_2导通，负载R_L加热。随着土壤温度的升高，集成温度传感器AD590的电流增大，直至达到设定温度，IC_2反相输入端的电压高于同相输入端的电压，此时IC_2输出低电平，VT_1、VT_2截止，停止对负载R_L的加热，这样就基本上保持了土壤温度的恒定。

集成温度传感器必须放置在土壤中合适的位置。另外导线和加热器应有较好的绝缘性。

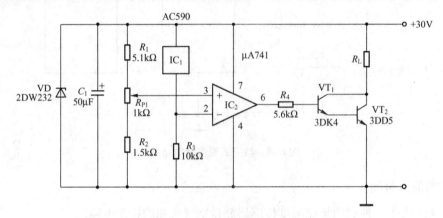

图8-10 恒温土壤加热器电路图

问题与思考

电流输出型的集成温度传感器与电压输出型的集成温度传感器相比，在哪方面的应用具有突出的优势？

本章小结

集成温度传感器是基于PN结温度特性，将温敏晶体管及其辅助电路集成在同一芯片的集成化温度传感器。其特点是输出线性好、价格低廉、使用方便。缺点是温度检测范围较小，如AD590，检测范围为-55～150℃，精度为±1℃。可以满足一般的应用场合。

根据集成温度传感器将温度非电量转换成电信号输出的方式，主要有电压输出型和电流输出型两种类型。

 习题

1. 试列举一些集成温度传感器在家用电器中的应用实例。

2. 集成温度传感器的设计原理是什么？从电路设计原理的角度而言，它分为哪两种类型？

3. 试分别用 LM3911 和 AD590 集成温度传感器设计一个直接显示摄氏温度 −50 ~ 50℃ 的数字温度计。若被测温度点距离测温仪 500 cm，应用何种温度传感器？为什么？

第9章 霍尔传感器

本章要点

霍尔传感器的工作原理；霍尔元件的测量误差和补偿方法。

学习要求

学习和了解霍尔效应和霍尔式传感器的工作原理；学习和了解霍尔元件的连接方式和输出电路；霍尔元件的测量误差和补偿方法。

霍尔元件，称为霍尔传感器，是利用半导体材料的霍尔效应原理将被测量（如电流、磁场、位移及压力等）转换成电动势的一种传感器。霍尔效应自1879年被发现至今已有100多年的历史。但直到20世纪50年代，由于微电子学的发展，才被人们所重视和利用，开发了多种霍尔元件。我国从20世纪70年代开始研究霍尔器件，经过几十余年的研究和开发，目前已经能生产各种性能的霍尔元件，例如普通型、高灵敏度型、低温度系数型、测温测磁型和开关式的霍尔元件。

由于霍尔传感器具有灵敏度高、线性度好、稳定性高、体积小和耐高温等特性，已广泛应用于非电量测量、自动控制、计算机装置和现代军事技术等各个领域。

9.1 霍尔效应和工作原理

将一块通以电流 I 的半导体薄片置于磁感应强度为 B 的磁场中，则在垂直于电流和磁场的薄片两端产生一个正比于电流和磁感应强度的电势 U_H。这称为霍尔效应。

产生霍尔效应的原理如图9-1所示。将一块N型半导体薄片通以电流 I 时，N型半导体中产生电流的载流子（电子）将沿着与电流相反的方向运动，若在垂直于半导体薄片平面的方向上加上磁场 B，则由于洛伦兹力 F_L 的作用，电子向受力方向偏转，并使一边积累电子，而另一边感应正电荷，于是产生电场。该电场将以电场力 F_E 阻止运动电子的继续偏转。当电场作用在运动电子上的电场力 F_E 与洛伦兹力 F_L 相等时，半导体一边的电子积累便达到动态平衡。此时，半导体两端之间建立的电场称为霍尔电场 E_H，输出的电动势为霍尔电动势 U_H。其大小可表示为

$$U_H = \frac{R_H I B}{d} \tag{9-1}$$

式中，R_H 为霍尔常数，单位为 m^3/C；I 为控制电流，单位为 A；B 为磁感应强度，单位为 T；d 为霍尔元件的厚度，单位为 m。

令

$$K_H = \frac{R_H}{d}$$

则
$$U_H = K_H IB \tag{9-2}$$

由式（9-2）可知，霍尔电动势的大小正比于控制电流 I 和磁感应强度 B 的乘积。K_H 称为霍尔元件的灵敏度，它表示单位磁感应强度和单位控制电流时，输出霍尔电动势大小的一个重要参数，一般希望它越大越好。霍尔元件的灵敏度与元件材料的性质和几何参数有关。由于半导体（尤其是 N 型半导体）的霍尔常数 R_H 要比金属的大得多，所以在实际应用中，一般都采用 N 型半导体材料作霍尔元件。此外，元件的厚度 d 对灵敏度的影响也很大，元件越薄，灵敏度就越高，所以霍尔元件的厚度一般都比较薄，尤其薄膜霍尔元件厚度只有 1 μm 左右。

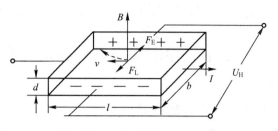

图 9-1　霍尔效应原理示意图

下面介绍影响霍尔效应的因素：

1. 磁场与元件法线的夹角

如果磁场与薄片法线有一定夹角 α（0°~90°），那么霍尔电势的值会减小，变化关系式为

$$U_H = K_H IB \cos\alpha \tag{9-3}$$

2. 霍尔元件的几何形状

霍尔元件的几何形状对霍尔电势 U_H 也有一定的影响，式（9-2）仅表示霍尔片的长度 l 远大于宽度 b 时的 U_H，但实际上当 b 加大或 l/b 减小时，载流子在磁场偏转中的损失会加大，U_H 将下降。通常用形状效应因子 $f(l/b)$ 对（9-2）加以修正，图 9-2 给出元件尺寸 l/b 与 $f(l/b)$ 的关系曲线。于是 U_H 应表示为

$$U_H = K_H IB f(l/b) \tag{9-4}$$

3. 控制电极对 U_H 的短路作用

以沿霍尔元件的长度方向 l 自左向右为 x 轴，测量 $U_H(x)$，得到不同宽长比时的曲线，如图 9-3 所示。由于控制电极的接触面积与其所在侧面的面积（$b \times d$）相比较大时，对霍尔电势具有短路作用，使得因洛仑兹力积累的部分电荷与其对面感应的部分相反电荷中和（见图 9-1 中 y 方向的两个面），霍尔电势下降，所以，离控制电极越近（0 和 1.0 两点），U_H 越小，在 $l/2$ 处 U_H 有最大值。故提示设计元件时，应尽量减小短路作用。

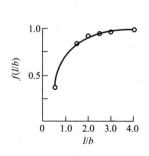

图 9-2　元件尺寸 l/b 与 $f(l/b)$ 的关系曲线

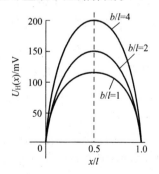

图 9-3　U_H 随 x 的变化曲线

式（9-2）还说明，当控制电流方向或磁场方向改变时，输出电动势方向也将改变。当控制电流方向和磁场方向同时改变时，输出电动势的方向不变。

9.2 霍尔元件连接方式和输出电路

9.2.1 基本测量电路

霍尔元件电路符号及基本检测电路如图9-4所示。霍尔元件一般采用N型半导体材料制成，在矩形半导体长边的两个端面引出两根控制电流线，在元件短边两端引出两根霍尔输出端。因此，霍尔元件是一个四端元件。

在霍尔元件的基本检测电路中，控制电流由E提供，R用于调节控制电流的大小，R_L为负载电阻，R_L可以是放大器的输入电阻或测量仪表的内阻。由于霍尔元件必须在磁场与控制电流作用下，才会产生霍尔电势U_H，所以在测量中，可以把I和B的乘积，或者I，或者B作为输入信号，则霍尔元件的输出电势分别正比于IB或I或B。

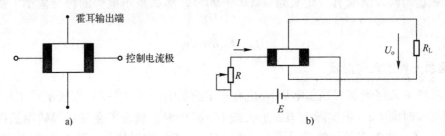

图9-4 霍尔元件电路符号及基本检测电路
a）霍尔元件电路符号 b）霍尔元件基本检测电路

9.2.2 霍尔元件的连接方式

为了获得较大的霍尔电势输出，增加霍尔传感器的灵敏度，可以采用多片霍尔元件串、并联的连接方式同时使用。

1. 当控制极电流为直流供电时

如图9-5a所示，将控制极通过W_1、W_2、…并联，利用电阻可调节电流分配的原理，由W_1和W_2调节各自串联的霍尔元件的输出霍尔电势，并将霍尔输出极串联，这样输出的电势为单块霍尔元件的2倍。

2. 当控制极电流为交流供电时

如图9-5b所示，为交流供电情况，它们的连接是：
① 采用变压器耦合。
② 两个霍尔元件的控制极为串联。
③ 两个霍尔输出极分别接在耦合变压器的两个原端绕组上，并采用磁势相加的接法，则在耦合变压器的次级绕组上得到两个霍尔电势之和。

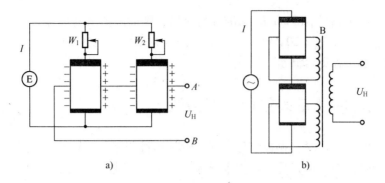

图 9-5　霍尔元件输出叠加连接方式
a）直流供电　b）交流供电

9.2.3　霍尔电势的输出电路

霍尔元件是一种四端器件，本身不带放大器。霍尔电势一般在毫伏量级，在实际使用时必须加差分放大器。霍尔元件大体分为线性测量和开关状态两种使用方式，因此，输出电路有如图 9-6 所示两种结构。下面以中国科学院半导体研究所生产的 GaAs 霍尔元件为例，给出两种参考电路，分别如图 9-6a 和 b 所示。

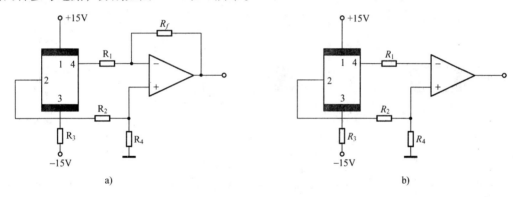

图 9-6　GaAs 霍尔元件的输出电路
a）线性应用　b）开关应用

当霍尔元件作线性测量时，最好选用灵敏度低一点、不等位电势小、稳定性和线性度优良的霍尔元件。

例如，选用 $K_H = 5\,\mathrm{mV/mA \cdot kGs}$，控制电流为 5 mA 的霍尔元件作线性测量元件，若要测量 1 Gs ~ 10 kGs 的磁场，则霍尔器件最低输出电势 U_H 为

$$U_H = 5\,\mathrm{mV/mA \cdot kGs} \times 5\,\mathrm{mA} \times 10^{-3}\,\mathrm{kGs} = 25\,\mathrm{\mu V}$$

最大输出电势为

$$U_H = 5\,\mathrm{mV/mA \cdot kGs} \times 5\,\mathrm{mA} \times 10\,\mathrm{kGs} = 250\,\mathrm{mV}$$

故要选择低噪声的放大器作为前级放大。

当霍尔元件作开关使用时，要选择灵敏度高的霍尔器件。

例如，$K_H = 20\,\mathrm{mV/mA \cdot kGs}$，如果采用 $2 \times 3 \times 5\,(\mathrm{mm})^3$ 的钐钴磁钢的器件，控制电流为

2 mA，施加一个距离器件为 5 mm 的 300 Gs 的磁场，则输出霍尔电势为

$$U_H = 20 \text{ mV/mA} \cdot \text{kGs} \times 2 \text{ mA} \times 300 \text{ Gs} = 120 \text{ mV}$$

这时选用一般的放大器即可满足。

9.3 霍尔元件的测量误差和补偿方法

霍尔元件在实际应用时，存在多种因素影响其测量精度，造成测量误差的主要因素有两类：一类是半导体固有特性；另一类为半导体制造工艺的缺陷。其表现为零位误差和温度引起的误差。

9.3.1 零位误差及补偿方法

零位误差是霍尔元件在加控制电流和不加外磁场时出现的霍尔电势。由制造霍尔元件的工艺问题造成的不等位电势是主要的零位误差。因为在工艺上难以保证霍尔元件两侧的电极焊接在同一等电位面上，如图 9-7a 所示。当控制电流 I 流过时，即使未加外磁场，C、D 两电极此时仍存在电位差，此电位差被称为不等位电势 U_0。不等位电势是霍尔元件在实际应用中产生的最主要零位误差，在应用中必须通过补偿方法进行解决。

为了对霍尔元件的不等位电势进行补偿，可以将霍尔元件的半导体看作四部分连接而成，从而可以等效为电桥。如图 9-7b 所示。

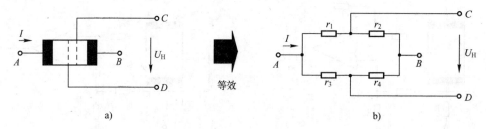

图 9-7 霍尔元件等效电桥示意图
a) 不等位电势 b) 霍尔元件的等效电路

如果两个霍尔电势极 C、D 处在同一等位面上，桥路处于平衡状态，即 $r_1 = r_2 = r_3 = r_4$，则不等位电势 $U_0 = 0$。如果两个霍尔电势极不在同一等位面上，电桥不平衡，不等位电势 $U_0 \neq 0$。此时根据 C、D 两点电位高低，判断应在某一桥臂上并联一个电阻，使电桥平衡，从而就消除了不等位电势。常用的几种补偿电路如图 9-8 所示。

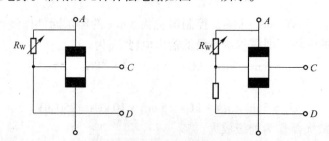

图 9-8 不等位电势的几种补偿电路

9.3.2 温度误差及其补偿

由于半导体材料的电阻率、迁移率和载流子浓度等都随温度的变化而变化，因此，会导致霍尔元件的内阻、霍尔电势等也随温度的变化而变化。这种变化程度随不同半导体材料有所不同。而且温度高到一定程度，产生的变化相当大。温度误差是霍尔元件测量中不可忽视的误差。针对温度变化导致内阻(输入、输出电阻)的变化，可以采用对输入或输出电路的电阻进行补偿。

1. 利用输出回路的并联电阻进行补偿

在输入控制电流恒定的情况下，如果输出电阻随温度增加而增大，霍尔电势增加；若在输出端并联一个补偿电阻 R_L，则通过霍尔元件的电流减小，而通过 R_L 的电流却增大。只要适当选择补偿电阻 R_L，就可达到补偿的目的，如图9-9所示。下面介绍如何选择适当的补偿电阻 R_L。

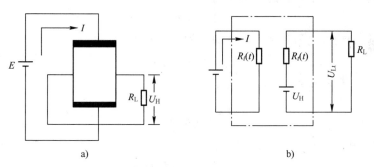

图9-9 输出回路补偿
a) 基本电路 b) 等效电路

在温度影响下，元件的输出电阻从 R_{t0} 变到 R_t，输出电阻 R_t 和电势应为

$$R_t = R_{t0}(1 + \beta t)$$
$$U_{Ht} = U_{H0}(1 + \alpha t)$$

式中，α、β 为温度 t 时，霍尔元件的输出电势 U_{Ht} 和电阻 R_t 的温度系数。此时 R_L 上电压则为

$$U_{Lt} = U_{H0} \frac{R_L(1 + \alpha t)}{R_{t0}(1 + \beta t) + R_L}$$

补偿电阻 R_L 上电压随温度变化最小的极值条件为

$$\frac{dU_{Lt}}{dt} = 0$$

即

$$\frac{R_L}{R_{t0}} = \frac{\beta - \alpha}{\alpha}$$

因此，当知道霍尔元件的 α、β、R_{t0} 时，便可以计算出能实现温度补偿的电阻 R_L 的值。

2. 利用输入回路的串联电阻进行补偿

霍尔元件的控制回路用稳压电源 E 供电，其输出端处于开路工作状态，如图9-10所示。当输入回路串联适当的电阻 R 时，霍尔电势随温度的变化可得到补偿。

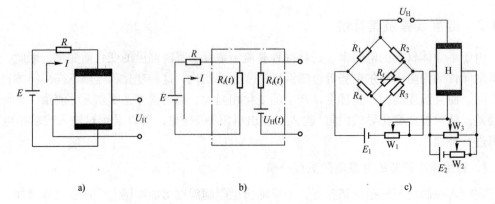

图 9-10 输入回路补偿原理及实际补偿电路
a）基本电路 b）等效电路 c）实际补偿电路

当温度增加时，霍尔电势的增加值为

$$\Delta U_H = U_{H0}\alpha t$$

另一方面，元件的输入电阻随温度的增加值为

$$\Delta R_i = R_{i0}\beta t$$

用稳压源供电时，控制电流的减少量为

$$\Delta I = \frac{I_{i0}R_{i0}\beta t}{R + R_{i0}(1+\beta t)}$$

它使霍尔电势的减少量为

$$\Delta U'_H = U_{H0}\frac{R_{i0}\beta t(1+\beta t)}{R + R_{i0}(1+\beta t)}$$

要想得到全补偿，应有 $\Delta U_H = \Delta U'_H$，则

$$R = \frac{(\beta - \alpha)R_{i0}(1+\beta t)}{\alpha}$$

给出霍尔元件的 α、β 值，即可求得 R 和 R_{i0} 的关系。

除此之外，还可以在霍尔元件的输入端采用恒流源来减小温度的影响。

实际的补偿电路如图 9-10c 所示。调节电位器 W_1 可以消除不等位电势。电桥由温度系数低的电阻构成，在某一桥臂电阻上并联热敏电阻 R_t，当温度变化时，热敏电阻将随温度变化而变化，使补偿电桥的输出电压 U_H 相应变化，只要仔细调节，即可使其输出电压 U_H 与温度基本无关。

9.4 霍尔传感器的应用

霍尔元件的尺寸小、外围电路简单、频响宽、动态特性好、使用寿命长，因此被广泛地应用于测量、自动控制及信息处理等领域。

1. 位移检测

如图 9-11 所示，当霍尔元件置于两个极性相对的磁铁中

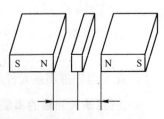

图 9-11 霍尔元件位移检测示意图

间时，$\Delta x = 0$ 时，磁场强度 $B = 0$，输出霍尔电势为零。

当 Δx 变化时，磁场强度 B 增大，输出电势增大，并且可以反映位移的方向。

该位移检测的动态范围为 5 mm，分辨率为 0.001 mm。

2. 霍尔转速测量装置

利用霍尔效应测量转速的工作原理非常简单，将永磁体按适当的方式固定在被测轴上，霍尔元件置于磁铁的气隙中，当轴转动时，主轴转动一圈，霍尔传感器发出一次检测信号。霍尔元件输出的电压则包含有转速的信息，将霍尔元件输出电压经后续电路处理，形成脉冲，只要对此脉冲信号计数，就可测得转速的数据。图 9-12 和图 9-13 是两种测量转速方法的示意图。

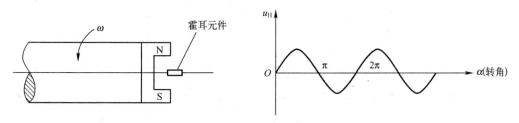

图 9-12 永磁体装在轴端的转速测量方法

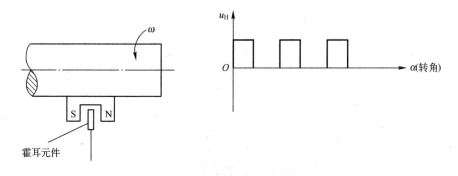

图 9-13 永磁体装在轴侧的转速测量方法

图 9-14 所示为转速测量装置电路图。当磁钢与霍尔传感器重合时，霍尔传感器输出低电平，信号经非门整形后，形成脉冲，然后经 ADVFC32 把频率转换成模拟电压输出，再送入 ICL7106 进行转换和驱动 LCD。

ICL7106 由 ICL7663 稳压提供 +15 V 电压，ICL7664 稳压提供 -15 V 电压。

由 R_5 调整，使霍尔传感器无脉冲输出时显示为零。由 R_{P1} 进行校准。

3. 霍尔开关电子点火器

图 9-15 所示为霍尔开关电子点火器分电盘及电路原理图。在分电盘上装几个磁钢（磁钢数与气缸数相对应），在盘上装一霍尔开关传感器，每当磁钢转动到霍尔开关传感器时，输出一个脉冲，经放大升压后送入点火线圈。

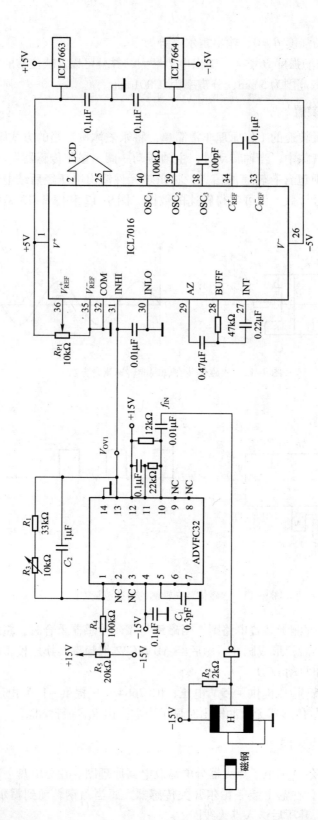

图9-14 霍尔转速测量装置电路图

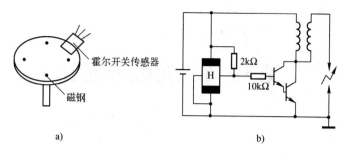

图 9-15 霍尔开关电子点火器
a) 分电盘　b) 电路原理图

 问题与思考

（1）霍尔传感器的输出与磁场强度相关，但实际上，该传感器一般不用于对磁场的检测，这是为什么？

（2）霍尔传感器目前常用于检测电路中的电流，如何检测？

 本章小结

霍尔传感器是基于半导体材料的霍尔效应原理制成的敏感元件。它一般用于位移检测、转速测量等等。由于输出端的不对称和其他原因，霍尔元件在外磁场为零的情况下，仍有电势输出，所以在应用时，要考虑其不等位电势的补偿及温度补偿。

习题

1. 什么是半导体材料的霍尔效应？霍尔电势与哪些因素有关？
2. 不等位电势的影响因素有哪些？怎样补偿？
3. 由于构成霍尔元件的半导体电阻随环境温度的升高而增大，控制电流减小，使输出产生误差，如何解决这个问题？
4. 试用霍尔元件设计一家庭防盗报警装置。（画出检测示意图和检测电路）。
5. 试分析霍尔元件输出接有负载 R_L 时，利用恒压源和输入回路串联电阻 R 进行温度补偿的条件。

第10章 光电传感器

本章要点

光电传感器的基本原理；光电器件的基本特性；光电传感器的光源及测量电路。

学习要求

学习和了解光电传感器工作原理；学习和了解光电器件的基本特性及参数；光电传感器的光源及测量电路；一般形式的光电传感器及其应用。

光电传感器是采用光电元件作为检测元件的传感器。它首先把被测量的变化转换成光信号的变化，然后借助光电元件进一步将光信号转换成电信号。光电传感器一般由光源、光学通路和光电元件三部分组成。光电检测方法具有精度高、反应快、非接触等优点，而且可测参数多，传感器的结构简单，形式灵活多样，加之激光光源、光栅、光学码盘、CCD 器件、光导纤维等的相继出现和成功应用，使得光电传感器的内容极其丰富，在检测和控制领域中获得了广泛应用。

图 10-1 为光电传感器的框图，图中 Φ_1 和 Φ_2 分别为光源的光信号和光电转换元件接受的光信号，被测量为 x_1 或 x_2，输出为电量 I。

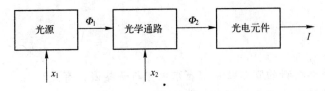

图 10-1 光电式传感器的原理框图

10.1 光电效应及光电器件

10.1.1 光电效应

光电元件是光电传感器中最重要的部件，常见的有真空光电元件和半导体光电元件两大类。它们的工作原理都基于不同形式的光电效应。

当前物理学界认为，光是由分离的能团——光子组成，兼有波和粒子的特性（光的波粒二象性）。把光看作一个波群，波群可想象为一个频率 f 的振荡，能量 E 和频率 f 的关系为

$$E = hf$$

式中 $h = 6.626 \times 10^{-34}$（Js），为普朗克常数。

因此，不同颜色的光子因其光波频率不同而能量不同，光波频率越高，光子能量越大，绿光光子比红光光子具有更多的能量。光照射在物体上可看成是一连串具有能量为 E 的粒子轰击在物体上，此时光子能量就传递给电子，并且是一个光子的全部能量一次性地被一个电子所吸收，电子得到光子传递的能量后，其状态就会发生变化，从而使受光照射的物体产生相应的电效应，我们把这种物理现象称为光电效应。光子与物质间的连接体是电子，例如一个光子被半导体吸收后，半导体内的一个电子从光子那里得到能量，并马上释放出来参加导电过程。同样，一个自由电子被俘获后，便失去能量，用发射光子的形式释放该能量。

由此可见，所谓光电效应，即物体吸收能量为 E 的光后所产生的电效应，通常把光电效应分为三类：

1) 在光线作用下能使电子逸出物体表面的现象称为外光电效应。基于外光电效应的光电元件主要有真空光电管、光电倍增管等，特别是用这种原理制成的辐射计数管仍在普遍使用。

2) 在光线作用下能使物体的电阻率改变的现象称为光电导效应。基于光电导效应的光电元件有光敏电阻。

3) 在光线作用下，物体产生一定方向电动势的现象称为光生伏特效应。基于光生伏特效应的光电元件有光电池等。

下面分别介绍目前所利用的这几种光电效应及其器件。

10.1.2 光电管、光电倍增管

真空光电管和光电倍增管是利用外光电效应制成的光电元件。下面简要介绍其结构和工作原理。

1. 光电管

光电管的外形和结构如图10-2所示，在一个真空泡内装有两个电极：光电阴极和光电阳极。半圆筒形金属片制成的阴极 K 和位于阴极轴心的金属丝制成的阳极 A 封装在抽成真空的玻壳内，光电阴极通常是用逸出功小的光敏材料（如铯）涂敷在玻璃泡内壁上做成，其感光面对准光的照射孔。当入射光照射在阴极上时，单个光子就把它的全部能量传递给阴极材料中的一个自由电子，从而使自由电子的能量增加。当电子获得的能量大于阴极材料的逸出功 W 时，它就可以克服金属表面束缚而逸出，形成电子发射。这种电子称为光电子，光电子逸出金属表面后的初始动能为 $(1/2)mv^2$。

根据能量守恒定律有

$$\frac{1}{2}mv^2 = hf - W$$

式中，m 为电子质量；v 为电子逸出的初速度。该方程称为爱因斯坦光电效应方程。

由上式可知，要使光电子逸出阴极表面的必要条件是 $hf > W$。由于不同材料具有不同的逸出功，因此对每一种阴极材料，入射光都有一个确定的频率限，当入射光的频率低于此频率限时，不论光强多大，都不会产生光电子发射，此频率限称为"红限"，相应的波长 λ_K 为

$$\lambda_K = \frac{hc}{W}$$

式中　　c——光速；
　　　　W——逸出功。

光电管正常工作时，阳极电位高于阴极，如图 10-3 所示。在入射光频率大于"红限"的前提下，从阴极表面逸出的光电子被具有正电位的阳极所吸引，在光电管内形成空间电子流，称为光电流。此时若光强增大，轰击阴极的光子数增多，单位时间内发射的光电子数也就增多，光电流变大。在图 10-3 所示的电路中，电流和电阻上的电压和光强成函数关系，从而实现了光电转换。

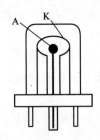
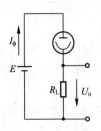

图 10-2　光电管的结构示意图　　　图 10-3　光电管测量电路

阴极材料不同的光电管，具有不同的红限，因此适用于不同的光谱范围。此外，即使入射光的频率大于红限，并保持其强度不变，但阴极发射的光电子数量还会随入射光频率的变化而改变，即同一种光电管对不同频率的入射光灵敏度并不相同。光电管的这种光谱特性，要求人们应根据检测对象是紫外光、可见光还是红外光去选择阴极材料不同的光电管，以便获得满意的灵敏度。

2. 光电倍增管

由于真空光电管的灵敏度低，因此人们研制了具有放大光电流能力的光电倍增管。图 10-4 是光电倍增管结构示意图。

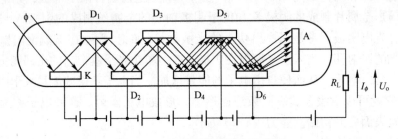

图 10-4　光电倍增管结构示意图

从图中可以看到光电倍增管也有一个阴极 K 和一个阳极 A，与光电管不同的是，在其阴极和阳极间设置了若干个二次发射电极，D_1、D_2、D_3…它们称为第一倍增电极、第二倍增电极、…，倍增电极通常为 10~15 级。光电倍增管工作时，相邻电极之间保持一定电位差，其中阴极电位最低，各倍增电极电位逐级升高，阳极电位最高。当入射光照射阴极 K 时，从阴极逸出的光电子被第一倍增电极 D_1 加速，以高速轰击 D_1，引起二次电子发射，一个入射的光电子可以产生多个二次电子，D_1 发射出的二次电子又被 D_1、D_2 间的电场加速，射向 D_2 并再次产生二次电子发射……，这样逐级产生的二次电子发射，使电子数量迅速增加，这些电子最后到达阳极，形成较大的阳极电流。若倍增电极有 n 级，各级的倍增率为 σ，则光电倍增管的倍增率可以认为是 σ^n，因此，光电倍增管有极高的灵敏度。在输出电流小于 1 mA 的情况下，它的光电特性在很宽的范围内具有良好的线性关系。光电倍增管的这个特点使其多用于微光测量。

图 10-5 所示为光电倍增管的基本电路，各倍增极的电压通过分压电阻获得，阳极电流流经负载电阻，得到输出电压。当用于测量稳定的辐射通量时，图中虚线连接的电容 C_1、C_2、…、C_n 和输出隔离电容 C_0 都可以省去。这时，电路往往将电源正端接地，并且输出可以直接与放大器输入端连接，从而使其能响应变化缓慢的入射光通量。但当入射光通量为脉冲通量时，则应将电源的负端接地，因为光电倍增管的阴极接地比阳极接地有更低的噪声，此时输出端应接入隔离电容，同时各倍增极的并联电容亦应接入，以稳定脉冲工作时的各级工作电压，稳定增益并防止饱和。

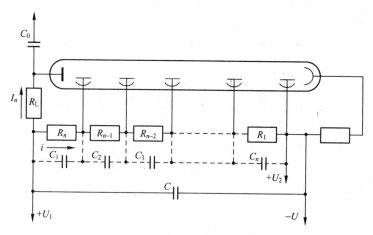

图 10-5 光电倍增管的基本电路

10.1.3 光敏电阻

1. 光敏电阻的工作原理

光敏电阻是采用半导体材料制作、利用内光电效应工作的光电元件。在光线的作用下，其阻值往往变小，这种现象称为光导效应。因此，光敏电阻又称光导管。

用于制造光敏电阻的材料主要是金属的硫化物、硒化物和碲化物等半导体。通常采用涂敷、喷涂、烧结等方法，在绝缘衬底上制作很薄的光敏电阻体及梳状欧姆电极，然后接出引线，封装在具有透光镜的密封壳体内，以免受潮影响其灵敏度。光敏电阻的原理结构如图 10-6 所示。在黑暗环境里，它的电阻值很高，当受到光照时，只要光子能量大于半导体材料的禁带宽度，则价带中的电子吸收一个光子的能量后可跃迁到导带，并在价带中产生一个带正电荷的空穴，这种由光照产生的电子-空穴对，增加了半导体材料中载流子的数目，使其电阻率变小，从而造成光敏电阻的阻值下降。光照愈强，阻值愈低。入射光消失后，由光子激发产生的电子-空穴对将逐渐复合，光敏电阻的阻值也就逐

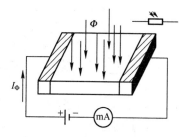

图 10-6 光敏电阻结构示意图及图形符号

渐恢复原值。

在光敏电阻两端的金属电极之间加上电压，其中便有电流通过，受到适当波长的光线照射时，电流就会随光强的增加而变大，从而实现光电转换。光敏电阻没有极性，纯粹是一个电阻器件，使用时既可加直流电压，也可加交流电压。

2. 基本特性和参数

（1）暗电阻、亮电阻

光敏电阻在室温和全暗条件下测得的稳定电阻值称为暗电阻，或暗阻。此时流过的电流称为暗电流。例如：MG41-21 型光敏电阻的暗阻大于等于 0.1 M。

光敏电阻在室温和一定光照条件下测得的稳定电阻值称为亮电阻或亮阻。此时流过的电流称为亮电流。MG41-21 型光敏电阻的亮阻小于等于 1K。

亮电流与暗电流之差称为光电流。

显然，光敏电阻的暗阻越大越好，而亮阻越小越好，也就是说暗电流要小，亮电流要大。这样光敏电阻的灵敏度就高。

（2）伏安特性

在一定照度下，光敏电阻两端所加的电压与流过光敏电阻的电流之间的关系，称为伏安特性。

由图 10-7 可知，光敏电阻伏安特性近似成直线，而且没有饱和现象。受耗散功率的限制，在使用时，光敏电阻两端的电压不能超过最高工作电压，图中虚线为允许功耗曲线，由此可确定光敏电阻的正常工作电压。

（3）光电特性

光敏电阻的光电流与光照度之间的关系称为光电特性。如图 10-8 所示，光敏电阻的光电特性呈非线性。因此不适宜作检测元件，这是光敏电阻的缺点之一，在自动控制中，它常被用作开关式光电传感器。

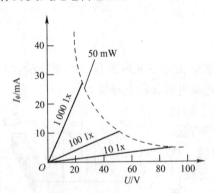

图 10-7 光敏电阻的伏安特性

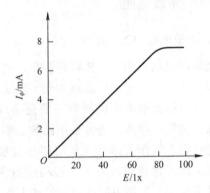

图 10-8 光敏电阻的光电特性

（4）光谱特性

对于不同波长的入射光，光敏电阻的相对灵敏度是不相同的。各种材料的光谱特性如图 10-9 所示，从图中看出，硫化镉的峰值在可见光区域，而硫化铅的峰值在红外区域，因此，在选用光敏电阻时，应当把元件和光源的种类结合起来考虑，才能获得满意的结果。

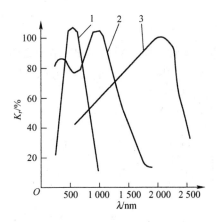

图 10-9 光敏电阻的光谱特性
1—硫化镉 2—硫化铊 3—硫化铅

(5) 频率特性

当光敏电阻受到脉冲光照时，光电流要经过一段时间才能达到稳态值，光照突然消失时，光电流也不立刻为零，这说明光敏电阻有时延特性。由于不同材料的光敏电阻时延特性不同，所以它们的频率特性也不相同。图 10-10 给出相对灵敏度 K_r 与光强变化频率 f 之间的关系曲线，可以看出硫化铅的使用频率比硫化铊高得多。但多数光敏电阻的时延都较大，因此不能用在要求快速响应的场合，这是光敏电阻的一个缺陷。

(6) 温度特性

光敏电阻和其他半导体器件一样，受温度影响较大，当温度升高时，它的暗电阻会下降。温度的变化对光谱特性也有很大影响。图 10-11 所示是硫化铅光敏电阻的光谱温度特性曲线，从图中可以看出，其峰值随着温度的上升向波长短的方向移动。因此，有时为了提高灵敏度，或为了能接受远红外光而采取降温措施。

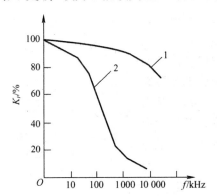

图 10-10 光敏电阻的频率特性
1—硫化铅光敏电阻 2—硫化铊光敏电阻

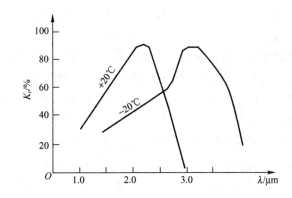

图 10-11 硫化铅的光谱温度特性

10.1.4 光敏二极管和光敏晶体管

光敏二极管和光敏晶体管的工作原理是基于光生伏特效应。

1. 结构原理

光敏二极管的结构和普通二极管相似，只是其 PN 结装在管壳顶部，光线通过透镜制成的窗口，可以集中照射在 PN 结上，图 10-12a 是其结构示意图。光敏二极管在电路中通常处于反向偏置状态，如图 10-12b 所示。

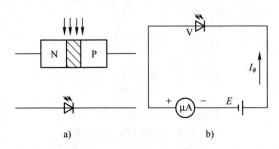

图 10-12　光敏二极管
a）结构示意图和图形符号　b）基本电路

PN 结加反向电压时，反向电流的大小取决于 P 区和 N 区中少数载流子的浓度，无光照时 P 区中少数载流子（电子）和 N 区中的少数载流子（空穴）都很少，因此反向电流很小。但是，当光照 PN 结时，只要光子能量 h 大于材料的禁带宽度，就会在 PN 结及其附近产生光生电子-空穴对，从而使 P 区和 N 区少数载流子浓度大大增加，它们在外加反向电压和 PN 结内电场作用下定向运动，分别在两个方向上渡越 PN 结，使反向电流明显增大。如果入射光的照度变化，光生电子-空穴对的浓度将相应变动，通过外电路的光电流也会随之变动，光敏二极管就把光信号转换成了电信号。

光敏晶体管有两个 PN 结，因而可以获得电流增益，它比光敏二极管具有更高的灵敏度。其结构如图 10-13a 所示。当光敏晶体管按图 10-13b 所示的电路连接时，其集电结反向偏置，发射结正向偏置，无光照时仅有很小的穿透电流流过，当光线通过透明窗口照射集电结时，和光敏二极管的情况相似，将使流过集电结的反向电流增大，这就造成基区中正电荷空穴的积累，发射区中的多数载流子（电子）将大量注入基区，由于基区很薄，只有一小部分从发射区注入的电子与基区的空穴复合，而大部分电子将穿过基区流向与电源正极相接的集电极，形成集电极电流。这个过程与普通晶体管的电流放大作用相似，它使集电极电流是原始光电流的 $(1+\beta)$ 倍。这样集电极电流将随入射光照度的改变而更加明显地变化。

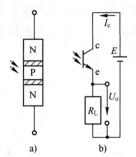

图 10-13　光敏晶体管
a）结构示意图　b）基本电路

2. 基本特性

（1）光谱特性

在入射光照度一定时，光敏晶体管的相对灵敏度随光波波长的变化而变化，一种光敏晶体管只对一定波长范围的入射光敏感，这就是光敏晶体管的光谱特性，如图 10-14 所示。

由曲线可以看出，当入射光波长增加时，相对灵敏度要下降，这是因为光子能量太小，不足以激发电子-空穴对。当入射光波长太短时,光波穿透能力下降,光子只在半导体表面附近激发电子-空穴对,却不能达到 PN 结,因此相对灵敏度也下降。从曲线还可以看出,不同材料的光敏晶体管,光谱峰值波长不同。硅管的峰值波长为 1 μm 左右,锗管的峰值波长为 1.5 μm 左右。

由于锗管的暗电流比硅管大,因此,锗管性能较差。故在探测可见光或赤热物体时,多采用硅管。但对红外光进行探测时,采用锗管较为合适。

(2) 伏安特性

光敏晶体管在不同照度下的伏安特性,就像普通晶体管在不同基极电流下的输出特性一样,如图 10-15 所示,在这里改变光照就相当于改变一般晶体管的基极电流,从而得到这样一簇曲线。

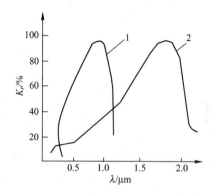

图 10-14　光敏晶体管的光谱特性
1—硅光敏晶体管　2—锗光敏晶体管

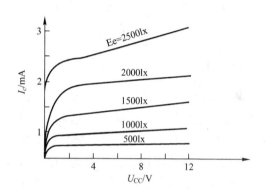

图 10-15　光敏晶体管的伏安特性

(3) 光电特性

指外加偏置电压一定时,光敏晶体管的输出电流和光照度的关系。一般说来,光敏二极管光电特性的线性较好,而光敏晶体管在照度小时,光电流随照度增加较小,并且在光照足够大时,输出电流有饱和现象。这是由于光敏晶体管的电流放大倍数在小电流和大电流时都下降的缘故。

(4) 温度特性

温度的变化对光敏晶体管的亮电流影响较小,但是对暗电流的影响却十分显著,如图 10-16 所示。因此,光敏晶体管在高照度下工作时,由于亮电流比暗电流大得多,温度的影响相对来说比较小。但在低照度下工作时,因为亮电流较小,暗电流随温度变化就会严重影响输出信号的温度稳定性。在这种情况下,应当选用硅光敏管,这是因为硅管的暗电流要比锗管小几个数量级。同时还可以在电路中采取适当的温度补偿措施,或者将光信号进行调制,对输出的电信号采用交流放大,利用电路中隔直电容的作用,就可以隔断暗电流,消除温度的影响。

(5) 频率特性

光敏晶体管受调制光照射时,相对灵敏度与调制频率的关系称为频率特性。如图 10-17 所示。减少负载电阻能提高响应频率,但输出降低。一般来说,光敏晶体管的频响比光敏二极管差得多,锗光敏晶体管的频响比硅管小一个数量级。

183

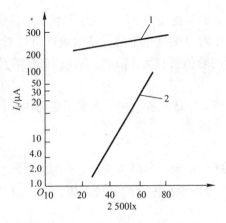
图 10-16 光敏晶体管的温度特性
1—输出电流　2—暗电流

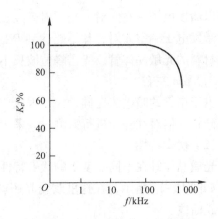
图 10-17 光敏晶体管的频率特性

10.1.5 光电池

光电池是一种自发电式的光电元件，它受到光照时，自身能产生一定方向的电动势，在不加电源的情况下，只要接通外电路，便有电流通过。光电池的种类很多，有硒、氧化亚铜、硫化铊、硫化镉、锗、硅、砷化镓光电池等，其中应用最广泛的是硅光电池，因为它有一系列优点，如性能稳定、光谱范围宽、频率特性好、转换效率高，能耐高温辐射等。另外，由于硒光电池的光谱峰值位于人眼的视觉范围，所以很多分析仪器、测量仪表也常用到它。下面着重介绍硅光电池。

1. 工作原理

硅光电池的工作原理基于光生伏特效应，它是在一块 N 型硅片上用扩散的方法掺入一些 P 型杂质而形成的一个大面积 PN 结，见图 10-18a 所示。当光照射 P 区表面时，若光子能量大于硅的禁带宽度，则在 P 型区内每吸收一个光子便产生一个电子-空穴对，P 区表面吸收的光子越多，激发的电子-空穴越多，越向内部越少。这种浓度差便形成从表面向体内扩散的自然趋势。由于 PN 结内电场的方向是由 N 区指向 P 区的，它使扩散到 PN 结附近的电子-空穴对分离，光生电子被推向 N 区，光生空穴被留在 P 区。从而使 N 区带负电，P 区带正电，形成光生电动势。若用导线连接 P 区和 N 区，电路中就有光电流流过。

2. 基本特性

（1）光谱特性

光电池对不同波长的光，其灵敏度是不同的。图 10-19 是硅光电池和硒光电池的光谱特性曲线。从图中可知，不同材料的光电池适用的入射光波长范围也不相同。硅光电池的适用范围宽，对应的入射光波长可在 0.45～1.1 μm 之间，而硒光电池只能在 0.34～0.57 μm 波长范围，它适用于可见光检测。

在实际使用中应根据光源的性质来选择光电池，当然也可根据现有的光电池来选择光源，但是要注意，光电池的光谱峰值位置不仅和制造光电池的材料有关，同时，也和制造工艺有关，而且随着使用温度的不同会有所移动。

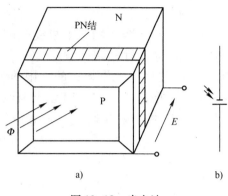

图 10-18 光电池
a) 结构示意图 b) 图形符号

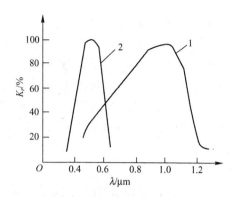

图 10-19 光电池的光谱特性
1—硅光电池 2—硒光电池

(2) 光电特性

光电池在不同的光照度下，光生电动势和光电流是不相同的。硅光电池的光电特性如图 10-20 所示，其中曲线 1 是负载电阻无穷大时的开路电压特性曲线，曲线 2 是负载电阻相对于光电池内阻很小时的短路电流特性曲线。开路电压与光照度的关系是非线性的，而且在光照度为 2000lx 时就趋于饱和，而短路电流在很大范围内与光照度呈线性关系，负载电阻越小，这种线性关系越好，而且线性范围越宽。因此，检测连续变化的光照度时，应当尽量减小负载电阻，使光电池处在接近短路的状态工作，也就是把光电池作为电流源来使用。在光信号连续变化的场合，也可以把光电池作为电压源使用。

(3) 温度特性

光电池的温度特性是指开路电压和短路电流随温度变化的情况。由于关系到应用光电池的仪器设备的温度漂移，影响测量精度或控制精度等重要指标，因此温度特性是光电池的重要特性之一。从图 10-21 中可以看出，硅光电池开路电压随温度上升而明显下降，温度上升，开路电压约降低 3mV。短路电流随温度每上升 1℃ 却是缓慢增加的。因此，光电池作为检测元件时，应考虑温度漂移的影响，并采用相应的措施进行补偿。

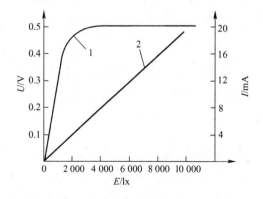

图 10-20 硅光电池的光电特性
1—开路电压特性曲线 2—短路电流特性曲线

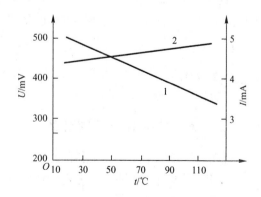

图 10-21 硅光电池温度特性
1—开路电压 2—短路电流

(4) 频率特性

光电池的频率特性是指输出电流与入射光调制频率的关系。当入射光照度变化时，由于光生电子－空穴对的产生和复合都需要一定时间，因此入射光调制频率太高时，光电池输出电流的变化幅度将下降。硅光电池的频率特性较好，工作频率的上限约为数万赫兹，而硒光电池的频率特性较差。在调制频率较高的场合，应采用硅光电池，并选择面积较小的硅光电池和较小的负载电阻，可进一步减小响应时间，改善频率特性。

10.2 光电传感器的光源及测量电路

要使光电传感器能很好地工作，除了合理选用光电转换元件外，还必须配备合适的光源和测量线路。

10.2.1 光电传感器的光源

从上面介绍的各种光电元件的特性来看，它们的工作状况与光源的特性有着密切关系。

1. 发光二极管

发光二极管是一种把电能变成光能的半导体器件。和白炽灯相比，它具有体积小、功耗低、寿命长、响应快、机械强度高以及能和集成电路相匹配等优点。因而广泛应用于计算机、仪器仪表和自动控制等设备中。

2. 钨丝灯泡

钨丝灯泡是一种最常用的光源，它具有丰富的红外线。如果光电元件的光谱区段在红外区，使用时可加滤色片、将钨丝灯泡的可见光滤去，而仅用它的红外线作光源，便可防止其他光线的干扰。

3. 电弧灯或石英灯

电弧灯和石英灯能产生紫外线，在测量液体中悬浮的化学药品含量时常用这种光源。紫外线的聚光镜头应采用石英或石英玻璃制造，因为普通玻璃具有吸收紫外线的能力。

4. 激光

激光与日光、各种灯光等一般光相比较，是很有规律而频率单纯的光波，具有很多优点，如能量高度集中、方向性好、频率单纯、相干性好等，所以是很理想的光源。

10.2.2 光电传感器的测量电路

由光源、光学通路和光电器件组成的光电传感器在用于光电检测时，还必须配备适当的测量电路。测量电路能够把光电效应造成的光电元件的电性能变化转换成所需要的电压或电流。不同的光电元件，所要求的测量电路不相同。下面介绍几种半导体光电元件常用的测量电路。

半导体光敏电阻可以通过较大的电流，所以在一般情况下，无需配备放大器。在要求较大的输出功率时，可用如图10-22所示的电路。

图 10-23a 给出带有温度补偿的光敏二极管桥式测量电路。当入射光强度缓慢变化时，光敏二极管的反向电阻也是缓慢变化的，温度的变化将造成电桥输出电压的漂移，必须进行补偿。图中一个光敏二极管作为检测元件，另一个装在暗盒里，置于电桥的相邻桥臂中，温度的变化对两只光敏二极管的影响相同，因此，可消除桥路输出随温度的漂移。

光敏晶体管在低照度入射光下工作时，或者希望得到较大的输出功率时，也可以配以放大电路，如图 10-23b 所示。

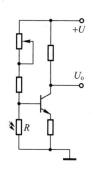
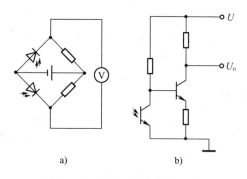

图 10-22 光敏电阻测量电路 　　　　图 10-23 光敏晶体管测量电路
　　　　　　　　　　　　　　　　　　a) 光敏二极管测量电路　b) 光敏晶体管测量电路

由于光敏电池即使在强光照射下，最大输出电压也仅 0.6 V，还不能使下一级晶体管有较大的电流输出，故必须加正向偏压，如图 10-24a 所示。为了减小晶体管基极电路阻抗变化，尽量降低光电池在无光照时承受的反向偏压，可在光电池两端并联一个电阻。或者如图 10-24b 所示，利用锗二极管产生的正向压降和光电池受到光照时产生的电压叠加，使硅管 e、b 极间电压大于 0.7 V，而导通工作。这种情况下也可以使用硅光电池组，如图 10-24c 所示。

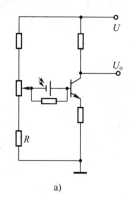
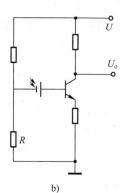
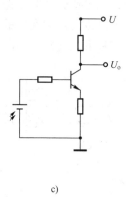

a) 　　　　　　　　b) 　　　　　　　　c)

图 10-24 光电池测量电路

半导体光电元件的光电转换电路也可以使用集成运算放大器。硅光敏二极管通过集成运放可得到较大输出幅度，如图 10-25a 所示，当光照产生光电流时，输出电压为了保证光敏二极管处于反向偏置，在它的正极要加一个负电压。图 10-25b 给出硅光电池的光电转换电路。由于光电池的短路电流和光照呈线性关系，因此将它接在运放的正、反相输入端之间，利用这两端电位差接近于零的特点，可以得到较好的效果。在图中所示条件下，输出电压

$$U_o = 2I_\Phi R_f 。$$

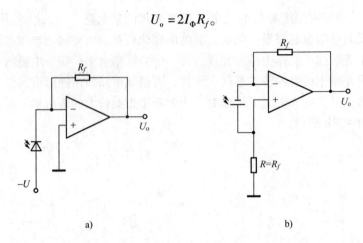

图 10-25 使用运算放大器的光敏元件放大电路
a) 硅光敏二极管放大电路　b) 硅光电池放大电路

10.3 一般形式的光电传感器及其应用

10.3.1 一般形式的光电传感器

根据图 10-1 可知，影响光电元件接收量的因素可能是光源本身的变化也可能是由光学通路所造成的。光电传感器按其接收状态可分为模拟式和脉冲式光电传感器两大类。

1. 模拟式光电传感器

模拟式光电传感器的工作原理是基于光电元件接受的光通量随被测量连续变化，因此，输出的光电流也是连续变化的，并与被测量呈确定的函数关系，故称为光电传感器的函数运用状态。这种形式通常有如图 10-26 所示的几种情况。

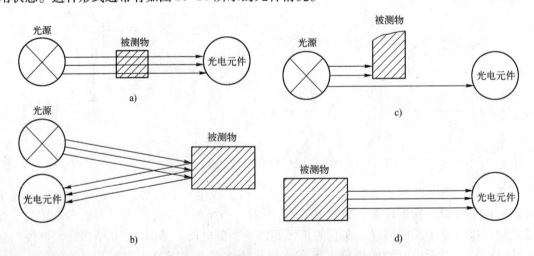

图 10-26 光电元件的测量方法
a) 吸收式　b) 反射式　c) 遮光式　d) 辐射式

1）吸收式。被测物放在光学通路中，光源的部分光通量由被测物吸收，剩余的投射到光电元件上，被吸收的光通量与被测物透明度有关，如图10-26a所示。所以常用来测量液体、气体的透明度、混浊度，对气体进行成分分析，测定液体中某种物质含量等。

2）反射式。光源发出的光投射到被测物上，被测物把部分光通量反射到光电元件上，如图10-26b所示。反射光通量取决于反射表面的性质、状态和与光源之间的距离。利用这个原理可制成表面粗糙度测试仪，也可检测表面缺陷、表面位移等。

3）遮光式。被测物体位于恒定光源与光电元件之间，光源发出的光通量经被测物遮去其一部分，使作用到光电元件上的光通量减弱，减弱程度与被测物在光学通路中的位置有关，如图10-26c所示。据此可测量长度、厚度、线位移、角位移、振动等。

4）辐射式。图10-26d中被测物体就是光辐射源，它可以直接照射在光电元件上，也可经过一定的光路后作用到光电元件上。光电高温计、比色高温计、红外侦察和红外遥感等均属于这一类。这种方式也可以用于防火报警和构成光照度计等。

2. 脉冲式光电传感器

脉冲式光电传感器的工作方式是使光电元件的输出仅有两种稳定状态，即"通"与"断"的开关状态，所以光电元件运用在开关状态。

脉冲式光电传感器可以用来测量物体的运动速度和转速。下面简单介绍直射型光电转速传感器的测量工作原理（见图10-27）。转轴1上装有带孔的圆盘2，3为光源，4为光电元件。当被测转速的转轴1和带孔圆盘2一起转动时，光源3发出的光线直透过圆盘上的小孔，被光电元件4接收，并将光照信号转换成一系列电脉冲信号。在圆盘上小孔数一定时，光电元件输出的电脉冲频率f与被测转速n成正比。那么，转速n为

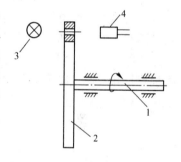

图10-27 光电转速传感器原理

$$n = \frac{60f}{k}$$

式中，k为开孔数。

10.3.2 光电传感器的应用

1. 火焰探测报警器

图10-28是采用以硫化铅光敏电阻为探测元件的火焰探测报警器电路图。硫化铅光敏电阻的暗电阻为$1\,M\Omega$，亮电阻为$0.2\,M\Omega$（在发光强度$0.01\,W/m^2$下测试），峰值响应波长为$2.2\,\mu m$，硫化铅光敏电阻处于VT_1管组成的恒压偏置电路，其偏置电压约为6V，电流约为$6\,\mu A$。VT_1管集电极电阻两端并联$68\,\mu F$的电容，可以抑制100 Hz以上的高频，使其成为只有几十赫兹的窄带放大器。VT_2、VT_3构成二级负反馈互补放大器，火焰的闪动信号经二级放大后送给中心控制站进行报警处理。采用恒压偏置电路是为了在更换光敏电阻或长时间使用后，器件阻值的变化不至于影响输出信号的幅度，保证火焰报警器能长期稳定的工作。

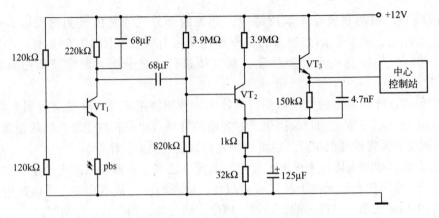

图 10-28　火焰探测报警器电路图

2. 燃气器具中的脉冲点火控制器

由于燃气是易燃、易爆气体，所以对燃气器具中的点火控制器的要求是安全、稳定、可靠。为此电路中有这样一个功能，即打火确认针产生火花，才可以打开燃气阀门；否则燃气阀门关闭，这样就保证使用燃气器具的安全性。

图 10-29 为燃气热水器高压打火确认电路的原理图，在高压打火时，火花电压可达 1 万多伏，这个脉冲高电压对电路工作影响极大，为了使电路正常工作，采用光耦合器 VB 进行电平隔离，大大增加了电路抗干扰能力。当高压打火针对打火确认针放电时，光耦合器中的发光二极管发光，耦合器中的光敏晶体管导通，经 VT_1、VT_2、VT_3 放大，驱动强吸电磁阀，将气路打开，燃气碰到火花即燃烧。若高压打火针与打火确认针之间不放电，则光耦合器不工作，VT_1 等不导通，燃气阀门关闭。

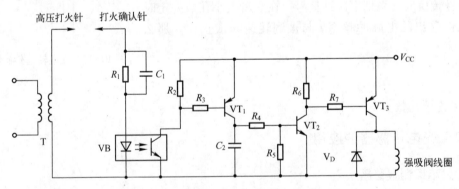

图 10-29　燃气热水器高压打火确认电路原理图

问题与思考

（1）光敏电阻常用于路灯的自动控制，如何实现？
（2）利用光电传感器如何实现医院点滴的在线监测？

本章小结

光电传感器是采用光电元件作为检测元件的传感器。光电传感器一般由光源、光学通路和光电元件三部分组成。光电元件是基于光电效应原理工作的器件,光电效应有三种表现形式:外光电效应、内光电效应、光生伏特效应,分别介绍了对应于三种光电效应的光电元件及其基本性能和参数。光源和测量电路也是光电式传感器正常工作的保证。最后介绍了一般形式的光电传感器及其应用。

习题

1. 光电效应有哪几种?与之对应的光电元件有哪些?
2. 试说明爱因斯坦光电效应方程的含意。
3. 试说明为什么光敏电阻不宜作为检测元件使用?
4. 试说明为什么光电池应作为电流源使用?
5. 要对白炽灯光敏感,采用哪种类型的光电传感器有较高的灵敏度和较少的干扰?
6. 光电传感器由哪些部分组成?被测量可以影响光电传感器的哪些部分?
7. 试利用廉价的光敏电阻设计几个应用实例。
8. 试比较光敏电阻、光电池、光敏二极管和光敏晶体管的性能差异,给出什么情况下应选用哪种器件最为合适的评述。

第11章 超声波传感器

本章要点

超声波的性质和传播特点；超声波传感器的工作原理与结构；超声波传感器的应用。

学习要求

熟悉超声波的传播特点；掌握超声波传感器的工作原理；掌握超声波传感器的特点和应用基本要领。

超声波是指频率在人耳听阈以上的在连续介质中传播的弹性波。人类早就从大自然中得到启示，利用超声波可以探测目标，如蝙蝠利用超声波在黄昏和夜晚不仅飞行自如而不撞击墙壁和树木，还可以捕捉食物；海豚在水中可以准确地跟踪捕捉目标，都是因为它们具有发射和接收超声波的功能。但直到19世纪末，人们在物理学上发现了压电效应与逆压电效应之后，掌握了用电子学技术产生超声波的办法，才使超声技术得以迅速发展和推广。利用超声波探测物体内部的缺陷和结构，最早是原苏联的萨卡洛夫（Sokolov）于1929年提出的。1931年德国人提出了工业应用方案。在二次世界大战中，由于雷达技术和脉冲技术的发展以及战争的需要，大大促进了超声检测技术的发展。由于超声波具有方向性好、穿透能力强、在水中传播距离远等特点，可用于无损探伤、测距、测速、清洗、焊接、碎石、医学成像诊断等，使超声波传感器在军事、医学、工农业等各领域都得到了广泛的应用。

11.1 超声波及其物理性质

振动在弹性介质内的传播称为波动，简称波。其频率在$(16 \sim 2) \times 10^4$ Hz之间，能为人耳听到的机械波，称为声波；低于16 Hz的机械波，称为次声波；高于2×10^4 Hz的机械波，称为超声波；频率在$3 \times 10^8 \sim 3 \times 10^{11}$ Hz之间的波，称为微波。声波的频率界限如图11-1所示。

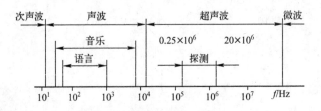

图11-1 声波的频率界限图

当超声波由一种介质入射到另一种介质时，由于在两种介质中传播速度不同，在介质界面上会产生反射、折射和波形转换等现象。

11.1.1 超声波的波形及其传播速度

超声波在介质中传播的波形取决于介质本身的固有特性和边界条件,对于流体介质(空气、水等),当超声波传播时,在介质中只有体积形变(即拉伸形变)而没有切变变形发生,所以只存在超声纵波;在固态介质中,由于切变产生,故还存在超声横波(切变波)。按照声源在介质中施力方向与波在介质中传播方向的不同,声波的波形通常有以下几种:

1) 纵波——指质点振动方向与波的传播方向一致的波,以 L 表示。它能在固体、液体和气体介质中传播。任何介质,当其体积发生交替变化时均产生纵波。由于纵波的产生和接收都较容易,在超声无损检测中得到广泛应用。

2) 横波——指质点振动方向垂直于传播方向的波,以 T 或 S 表示。它只能在固体介质中传播。以超声波入射的固体材料的界面为基准,横波又可分为垂直偏振和水平偏振两类,即 TV 波和 TH 波(或 SV 波和 SH 波)。

3) 表面波——指质点的振动介于横波与纵波之间,沿着介质表面传播,其振幅随深度增加而迅速衰减的波。表面波只在固体的表面传播。

① 在表面波的传播中,介质表面内受扰动的质点振动轨迹为一椭圆。

② 距表面四分之一波长深处的振幅最强,随着深度的增加其振幅衰减很快,实际上在距表面一个波长以上的地方,振动已近消失,因此,应用表面波进行检测时,一般只能发现介质表面下一个波长深度内的缺陷,对于近表面内的缺陷(如表面裂纹)则十分敏感。

③ 超声表面波在固态介质表面的传播速度小于介质体内超声横波的传播速度。

超声波的传播速度与介质密度和弹性特性有关。

当纵波以某一角度入射到第二介质(固体)的界面上时,除有纵波的反射、折射以外,还发生横波的反射及折射。在某种情况下,还能产生表面波。各种波形都符合反射及折射定律。在固体中,纵波、横波和表面波三者的声速有一定的关系,通常可认为横波声速为纵波声速的一半,表面波声速约为横波声速的 90%。

超声波在气体和液体中传播时,由于不存在剪切应力,所以仅有纵波的传播,其传播速度 c 为

$$c = \sqrt{\frac{1}{\rho B_a}} \tag{11-1}$$

式中,ρ 为介质的密度;B_a 为绝对压缩系数。

气体中的声速为 344 m/s、液体中声速在 900 ~ 1900 m/s。当液体温度、压强、成分发生变化时,会引起声速的变化。

11.1.2 超声波的反射和折射

声波从一种介质传播到另一种介质,在两个介质的分界面上一部分声波被反射,另一部分透射过界面,在另一种介质内部继续传播,如图 11-2 所示。这两种情况称之为声波的反射和折射。

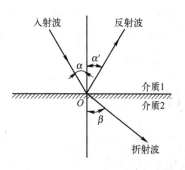

图 11-2 超声波的反射和折射

反射定律——入射角 α 的正弦与反射角 α' 的正弦之比等于波速之比。当入射波和反射波的波形相同、波速相等时，入射角 α 等于反射角 α'。

折射定律——入射角 α 的正弦与折射角 β 的正弦之比等于入射波中介质的波速 c_1 与折射波中介质的波速 c_2 之比，即：

$$\frac{\sin\alpha}{\sin\beta} = \frac{c_1}{c_2} \tag{11-2}$$

声波的反射系数 R 和透射系数 T 可分别由如下两式求得：

$$R = \frac{I_r}{I_0} = \left[\frac{\cos\beta}{\cos\alpha} - \frac{\rho_2 c_2}{\rho_1 c_1}\right]^2 \tag{11-3}$$

$$T = \frac{I_t}{I_0} = \frac{4\rho_1 c_1 \cdot \rho_2 c_2 \cdot \cos^2\alpha}{(\rho_1 c_1 \cos\beta + \rho_2 c_2)^2} \tag{11-4}$$

式中，I_0、I_r、I_t 分别为入射波、反射波、透射波的声强；α、β 分别为声波的入射角和折射角；$\rho_1 c_1$、$\rho_2 c_2$ 分别为两介质的声阻抗，其中 c_1 和 c_2 分别为反射波和折射波的速度。

当超声波垂直入射界面，即 $\alpha = \beta = 0$ 时，则有：

$$R = \left(\frac{1 - \frac{\rho_2 c_2}{\rho_1 c_1}}{1 + \frac{\rho_2 c_2}{\rho_1 c_1}}\right)^2 \tag{11-5}$$

$$T = \frac{4\rho_1 c_1 \cdot \rho_2 c_2}{(\rho_1 c_1 + \rho_2 c_2)^2} \tag{11-6}$$

由式（11-5）和式（11-6）可知，若 $\rho_1 c_1 \approx \rho_2 c_2$，则反射系数 $R \approx 0$，透射系数 $T \approx 1$，此时声波几乎没有反射，全部从第一介质透射入第二介质；若 $\rho_2 c_2 \gg \rho_1 c_1$，反射系数 $R \approx 1$，则声波在界面上几乎全反射，透射极少。同理，当 $\rho_1 c_1 \gg \rho_2 c_2$ 时，反射系数 $R \approx 1$，声波在界面上几乎全反射。如：在20℃水温时，水的特性阻抗为 $\rho_1 c_1 = 1.48 \times 10^6$ kg/(m²·s)，空气的特性阻抗为 $\rho_2 c_2 = 0.000429 \times 10^6$ kg/(m²·s)，$\rho_1 c_1 \gg \rho_2 c_2$，故超声波从水介质中传播至水气界面时，将发生全反射。

声波在介质中传播时，能量的衰减决定于声波的扩散、散射和吸收。在理想介质中，声波的衰减仅来自于声波的扩散，即随声波传播距离增加而引起声能的减弱。散射衰减是指超声波在介质中传播时，固体介质中的颗粒界面或流体介质中的悬浮粒子使声波产生散射，其中一部分声能不再沿原来传播方向运动，而形成散射。散射衰减与散射粒子的形状、尺寸、数量、介质的性质和散射粒子的性质有关。吸收衰减是由于介质粘滞性，使超声波在介质中传播时造成质点间的内摩擦，从而使一部分声能转换为热能，通过热传导进行热交换，导致声能的损耗。

11.2 超声波传感器的分类

在超声波检测技术中，通过超声波仪器首先将超声波发射出去，然后再将接收回来的超声波变换成电信号，完成这些工作的装置称为超声波传感器。习惯上把发射部分和接收部分均称为超声波换能器，也称为超声波探头。压电式超声波探头常用的材料是压电晶体和压电陶瓷，这种传感器统称为压电式超声波探头。它是利用压电材料的压电效应来工作的。探头中利用逆压电效应，将高频电振动转换成高频机械振动产生超声波，作为发射探头；利用正压电效应，则将接收的超声振动转换成电信号，作为接收探头。

11.2.1 超声探头的分类

超声探头可以按照以下几种不同方式进行分类：

1) 按工作原理分类。按照工作原理可分为压电式、磁致伸缩式、电磁式等，其中以压电式最为常用。

2) 按波形分类。按照在被探工件中产生的波形可分为纵波探头、横波探头、板波（兰姆波）探头和表面波探头。

3) 按入射波束方向分类。按入射波束方向可分为直探头和斜探头。前者入射波束与被探工件表面垂直，后者入射波束与被探工件表面成一定的角度。

4) 按耦合方式分类。按照探头与被探工件表面的耦合方式可分为直接接触式探头和液浸式探头。前者通过薄层耦合剂与工件表面直接接触，后者与工件表面之间有一定厚度的液层。

5) 按晶片数目分类。按照探头中压电晶片的数目可分为单晶探头、双晶探头和多晶片探头。

6) 按声束形状分类。按照超声声束的集聚与否可分为聚焦探头和非聚焦探头。

7) 按频谱分类。按照超声波频谱可分为宽频带探头和窄频带探头。

8) 特殊探头。除一般探头外，还有一些在特殊条件下和用于特殊目的的探头。如机械扫描切换探头、电子扫描阵列探头、高温探头、瓷绝缘子探伤专用扁平探头（纵波）及S型探头（横波）等。

11.2.2 超声换能器

超声波换能器主要由压电晶片组成，可发射及接收超声波。换能器根据其结构的不同，可分为直式换能器、斜式换能器、表面波换能器、板波（兰姆波）换能器及聚焦换能器等多种形式。

1. 直式换能器

直式换能器结构如图11-3所示。直式换能器主要由压电晶片、阻尼块（吸收块）、保护膜等组成。

压电晶片的作用是发射和接收超声波，是探头的核心元件，其性能好坏直接关系着探头的质量，因而各种探头的压电晶片都是经过精心制作选择而成的。晶片由压电单晶体按一定方式和一定方向切割或由压电陶瓷经极化制成。换能器中的压电晶片多为圆板形的，其两面敷有银层，作为导电极板，晶片底面接地线引至电路。

为避免压电晶片与被测试件直接接触而磨损晶片，在晶片下黏合一层软性保护膜或硬性保护膜。保护膜必须耐磨性能好、强度高、材质声衰

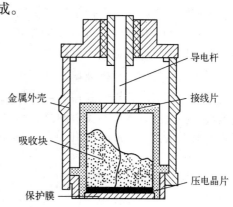

图11-3 直式换能器结构

减小、透声性能好、厚度合适。保护膜分为软保护膜和硬保护膜。软性保护膜可采用厚约 0.3 mm 的薄塑料膜,此种保护膜与表面粗糙工件的接触较好,而硬性保护膜可采用不锈钢片或陶瓷片。

保护膜的厚度为二分之一波长的整数倍时(即在保护膜中的波长),声波穿透率大。厚度为四分之一波长的奇数倍时,声波穿透率最小。在选择保护膜的材料性质时,要注意声阻抗的匹配,其最佳条件为

$$Z = \sqrt{Z_1 Z_2} \tag{11-7}$$

式中,Z 为保护膜的声阻抗;Z_1 为晶片的声阻抗;Z_2 为被测试件的声阻抗。

晶片保护膜粘合后,换能器的谐振频率将会降低。

吸收块又称阻尼块,通常用钨粉和环氧树脂按一定比例配制而成,其作用是阻止晶片的惯性振动和吸收晶片背面辐射的声能,从而减小脉冲宽度和杂波信号干扰。如果没有阻尼块,电振荡脉冲停止时,压电晶片会因惯性作用而继续振动,这就加长了超声波的脉冲宽度,使盲区增大,分辨力差。同时,超声是从晶片前后两面同时发射的,背面辐射的声能返回晶片将会产生杂波信号。在晶片背面加高阻尼吸收介质,一方面可阻止晶片的惯性振动,另一方面又可吸收晶片背面辐射的声能。阻尼块的声阻抗等于晶片的声阻抗时,效果最佳。

压电式超声波探头的超声波频率 f 与其厚度 d 关系为

$$f = \frac{1}{2d}\sqrt{\frac{E_{11}}{\rho}} \tag{11-8}$$

式中,E_{11} 为晶片沿 X 轴方向的弹性模量;ρ 为晶片的密度。

从上式可知,压电晶片在基频作厚度振动时,晶片厚度 d 相当于晶片振动的半波长,可依此规律选择晶片厚度。石英晶体的频率常数是 2.87 MHz·mm、锆钛酸铅陶瓷(PZT)频率常数是 1.89 MHz·mm。说明石英片厚 1 mm 时,其振动频率为 2.87 MHz,PZT 片厚 1 mm 时,振动频率为 1.89 MHz。

2. 斜式换能器

利用透声楔块使声束倾斜于工件表面射入工件的探头称为斜式换能器,简称斜探头。依入射角不同,可在工件中产生纵波、横波和表面波,也可在薄板中产生板波。通常所说的斜探头系指横波斜探头,典型斜式换能器结构如图 11-4 所示。斜式换能器主要由压电晶片、透声楔块、吸声材料和壳体等组成。

楔块材料常采用有机玻璃,其易于加工,声衰减系数较适宜。楔块形状对杂波占宽影响较大。设计时,应使楔块内多次反射声波不反射回晶片。楔块前部和上部常开有消声槽,使声波漫散射,以减少杂波幅度。

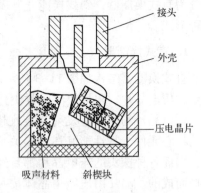

图 11-4 斜式换能器结构图

11.3 超声波传感器应用

利用超声波传感器可实现对液位、流量、速度、浓度、厚度等多种被测量的测量,还可

以进行材料的无损探伤、医学检测等方面的应用。

1. 超声波流量传感器

超声波流量传感器的测定方法是多样的,如传播速度变化法、波速移动法、多普勒效应法、流动听声法等。但目前应用较广的主要是超声波传播时间差法。

超声波在流体中传播时,在静止流体和流动流体中的传播速度是不同的,利用这一特点,可以求出流体的速度,再根据管道流体的截面积,便可知道流体的流量。

如果在流体中设置两个超声波传感器,它们既可以发射超声波,又可以接收超声波,一个装在上游,一个装在下游,其距离为 L,如图 11-5 所示。如设顺流方向的传播时间为 t_1,逆流方向的传播时间为 t_2,流体静止时的超声波传播速度为 c,流体流动速度为 v,则:

$$t_1 = \frac{L}{c+v} \tag{11-9}$$

$$t_2 = \frac{L}{c-v} \tag{11-10}$$

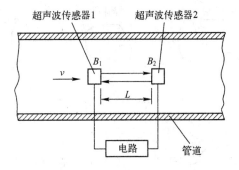

图 11-5 超声波测流量原理图

一般来说,流体的流速远小于超声波在流体中的传播速度,因此,超声波传播时间差为

$$\Delta t = t_2 - t_1 = \frac{2Lv}{c^2 - v^2} \tag{11-11}$$

由于 $c \gg v$,从上式便可得到流体的流速,即

$$v = \frac{c^2}{2L} \Delta t \tag{11-12}$$

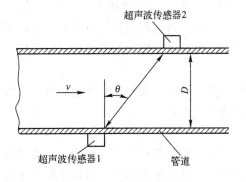

图 11-6 超声波传感器安装位置

此时超声波的传输时间将由下式确定：

$$t_1 = \frac{\frac{D}{\cos\theta}}{c + v\sin\theta} \tag{11-13}$$

$$t_2 = \frac{\frac{D}{\cos\theta}}{c - v\sin\theta} \tag{11-14}$$

超声波流量传感器具有不阻碍流体流动的特点，可测的流体种类很多，不论是非导电的流体、高粘度的流体，还是浆状流体，只要能传输超声波的流体都可以进行测量。超声波流量计可用来对自来水、工业用水、农业用水等进行测量。还适用于下水道、农业灌渠、河流等流速的测量。

2. 超声波物体/物位检测

超声波传感器用于物体/物位检测的使用方法主要有三种基本形式，如图 11-7 所示。

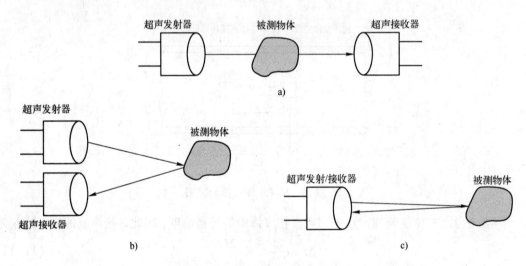

图 11-7 超声波物体/物位检测形式
a) 直射型　b) 发射接收分离型　c) 反射型

（1）直射型

其工作原理如图 11-7a 所示。直射型的使用方法由超声波发射及接收传感器组成，超声波在它们之间通过。由于超声波穿过被测物体，发生波束衰减或被截止，从而进行检测。

直射型虽然不能检测距离信号发生变化，但不像反射型那样，由于待测物体表面状态的影响，使接收信号发生变化。

此方法的特征在于探测灵敏度可自由设定，易于电路设计；另外就是设置的场所需要在两处，一般用于遥控及探测物体的电路中。

（2）发射接收分离型

其工作原理如图 11-7b 所示。分离型的使用方法也是由超声波发送及接收传感器组成，但与前一种不同的是，超声波不是穿过被测物体，而是被测物体将发射过来的超声波反射到接收传感器中。根据超声波衰减程度，或发射到接收所用的往返时间，从而计算出物体的有无或距离。因而该种方式常用于探测物体或测量距离。其电路设计特征为：需要从发射器向接收器直接迂回输入的对策；多用于近距离检测。

(3) 反射型

其工作原理如图 11-7c 所示。反射型的使用方法是让一只超声波传感器既作为发射器，又兼作为接收器，这是其优点，但需要发送、接收切换电路，而且只适于远距离探测。

反射型超声波传感器的工作原理是，传感器发射脉冲超声波，并以 34 cm/ms 的速度在空气中传播，在被测物体的表面反射，再返回该超声波传感器。由接收到的超声波信号和往返时间，既可检测有无物体存在，也可检测物体距离。该种方式也通常用于探测物体和测量距离。

3. 锻件探伤

锻件是一种常用的构件，它一般承受很高的载荷，制造成本也较高，因此对锻件的探伤要求是相当严格的。在锻件探伤中，首先要熟悉锻件的加工工艺过程，分析缺陷在工件中的存在形式和取向，选择最佳探测面以提高发现缺陷的能力。

锻件被探测表面要进行机械加工，表面粗糙度要达到▽4以上，目的是保证探头和被探测锻件的表面有良好的接触。在不能进行机械加工的情况下，可用砂轮打磨，使被探表面的光洁度达到▽3。

对于探伤工作频率的选择主要考虑两个方面，一是对缺陷的分辨能力，二是探测深度。一般说来，工作频率越高则分辨能力越强，但超声波在工件中传播时的能量损失越大，使得探测深度越小，因而，常常是根据具体探测对象进行综合考虑。对于大型锻件的探伤，工作频率选择在 2~5 MHz 的范围。

在锻件探伤中，常用纵波（直探头）脉冲反射法，有时用不同角度的斜探头（横波）进行补充探测。对于轴类锻件，以圆周探测为主，必要时辅以两端面的探测；对于方形锻件，在相互垂直的两个面上进行探测。

4. 声纳

声纳是利用水声传播特性对水中目标进行传感探测的技术设备，用于搜索、测定、识别和跟踪潜艇或其他水中目标，进行水声对抗、水下战术通信、导航和武器制导、保障舰艇、反潜飞机的战术机动和水中武器的使用等。此外，声纳技术还广泛用于鱼群探测、海洋石油勘探、船舶导航、水下作业、水文测量和海底地质地貌的勘测。

声纳按其工作方式可分为被动式声纳和主动式声纳。被动式声纳又称为噪声声纳，主要由换能器基阵（由若干个换能器按照一定规律排列组合而成）、接收机、显示控制台和电源等组成。当水中、水面目标（潜艇、鱼雷、水面舰艇等）在航行中，其推进器和其他机械运转产生的噪声，通过海水介质传播到声纳换能器基阵时，基阵将声波转换成电信号传送给接收机，经放大处理传送到显示控制台，进行显示和提供听测定向。被动式声纳主要搜索来自目标的声波，其特点是隐蔽性、保密性好，识别目标能力强，侦察距离远，但不能侦察静止无声的目标，也不能测出目标距离。主动式声纳又称回声声纳，主要由换能器基阵、发射机、接收机、收发转换装置、终端显示设备、系统控制设备和电源组成。在系统控制设备的控制下，发射机产生以某种形式调制的电信号，经过发射换能器变成声信号发送出去。当声波信号在传播途中遇到目标时，一部分声能被反射回接收换能器，再转换成电信号，送入接收机进行放大处理。根据声信号反射回来的时间和频率的高低，判断目标的方位、距离和速度，在终端显示设备上显示出来。主动声纳可以探测静止无声的目标，并能测出其方位和距离。但主动发射声信号容易被敌方侦听而暴露自己，且探测距离短。

5. 超声测风速、风向

利用超声波在顺风和逆风时传播速度的不同，可以通过测量其时间差的方法来判定风速的大小，再通过测量不同方向的风速，用矢量合成法来计算风向。其结构形式有两种：一种是利用两对探头，水平方向垂直布置，测定两个互相垂直方向的风速；另一种是利用三对探头，空间方向互相垂直布置，测定空间的三维风速。

超声波风速计的优点：

1）可以测量两个或者三个风向。

2）高精度。

3）测量距离短，但分辨率很高，没有机械零件，也没有惯性作用。两次测量的间隔很短，即便是十分短暂迅速的风速变化，也可以被测量到。

4）没有机械零部件，冬天的时候，在冰雪的环境下，超声波风速计比风杯风速计要可靠得多。

5）测量风速不受气压和潮湿度的影响。

缺点：

1）价格比风杯风速计要高很多。

2）操作比较复杂，长时间测量时，出现的问题很多。

3）受温度的影响，因为温度影响波速。

知识拓展

声成像：所谓声成像，用声波获得物体内部结构特点的可见图像的方法。在超声检测的历史进程中，声成像技术是在早期就被提出并且具有很强吸引力的课题。Sokolov 从 1920 年开始，对声成像问题做了近 20 年的系统研究，1935 年他完成了一种液面成像的装置，而后，Pohlman 在 1937 年成功地制作了第一台声－光图像转换器。由于这些装置要求的超声能量太高，响应时间太长，结果被人们放弃。后来，B 扫描、C 扫描等新的显示技术得到发展，在这些技术中若采用聚焦探头或信号处理技术来提高一般的图像分辨率和质量，则均可被理解为声成像。

声成像技术包括三个部分，即图像的形成、图像转换器和图像应用。声成像系统可以按不同的原理分类，如穿透或反射；用透镜或不用透镜。也可按图像转换器分类为机械的、压电的、光的、热电的。

声成像是一门综合利用声学、电子学和信息处理等的技术。声波可以透过很多不透光的物体，利用声波可以获得这些物体内部结构的声学特性的信息；而声成像技术则可将其变换成人眼可见的图像，即可以获得不透光物体内部声学特性分布的图像。物体的声学特性分布可能与光学特性分布不尽相同，因而同一物体的声像可能与其相应的光学像有差别。

声成像方法可分为常规声成像、扫描声成像和声全息。

（1）常规声成像

从光学透镜成像方法引申而来。用声源均匀照射物体，物体的散射声信号或透射声信号，经声透镜聚焦在像平面上形成物体的声像，它实质上是与物体声学特性相应的声强分布。用适当的暂时性或永久性记录介质，将此声强分布转换成光学分布，或先转换成电信号分布，再转换为荧光屏上的亮度分布，如此即可获得人眼能观察到的可见图像。将声强分布变成光学分布的永久性记录介质有多种，如经过特殊处理的照相胶片，以及利用声化学效应、声电化学效应、声致光效应和声致热效应的多种声敏材料。这些材料可对声像"拍照"，使其变成可直接观察的图像。但这种声记录介质的灵敏度较低，其阈值为 $0.1\ \text{W/cm}^2$ 到几 W/cm^2，信噪比也较低，且使用不便。

声强分布的临时性记录，可用液面或固体表面的形变来实现。其方法是用准直光照射形变表面，或用激光束逐点扫描形变表面，其衍射光经光学系统处理可得到与声强分布相应的光学像。此外，还可用声像管将声像转换为视频信号，并显示在荧光屏上。声像管的结构与电视摄像管类似，只是用压电晶片代替了光敏靶。声像管可用于声像实时显示，其灵敏度阈值约为 $10^{-4}\ \text{W/cm}^2$。与扫描成像技术相比，工艺比较复杂、孔径有限且灵敏度偏低。

（2）扫描声成像

通过扫描，用声波从不同位置照射物体，随后接收含有物体信息的声信号。经过相应的处理，获得物体声像，并在荧光屏上显示成可见图像。1970年以来，扫描声成像方法发展迅速。声束扫描经历了手动扫描、机械扫描、电子扫描或电子扫描与机械扫描相结合的几个阶段。声束聚焦也由透镜聚焦发展到电子聚焦、计算机合成。获得图像的方式和图像所含的内容也各有不同。

① B 型声像。平行于声束传播方向的物体断层的声像。广泛采用的有线扫描和扇扫描方式。线扫描采用换能器线阵，通过电子切换方法使聚焦声束沿线阵方向扫描，并逐次照射物体的不同部位，接收聚焦声束所达区域内的物体散射声信号，从而获得扫描断面内物体声散射信号的图像。扇扫描则是用相控扫描方法，旋转聚焦声束得到有一定张角的扇形截面内物体声散射信号的图像。

② C 型声像。图像为垂直于声束传播方向的物体断层的声像。它采用换能器面阵（或线阵加机械扫描）使聚焦声束在面阵范围内扫描，选取由焦点处散射的信号并加以显示，即可得到焦平面内物体声散射信号的图像。

③ F 型声像。物体内任意断层的声像。与 C 型的区别在于，扫描聚焦声束的焦点不固定，需根据欲成像的断层位置作相应调整。

④ 多普勒成像。利用运动物体散射声波的多普勒效应，按散射声信号的多普勒频移的幅度来显示图像，图像与散射体的运动速度分布相对应。多普勒成像分为连续波和脉冲两种。前者所用的装置与 C 型装置类似，后者则与 B 型装置类似。对接收的散射信号分别与主参考信号混频，然后解调并进行频谱分析，以便获得相应于各成像点的多普勒频移。

⑤ 计算机超声断层成像。由计算机 X 射线断层成像引申而来。利用此法可获得声速、声衰减系数和声散射系数等声学参量的定量分布图像。正在研究的计算机超声断层成像法有透射型和反射型两种。根据射线理论或衍射理论，可用计算机实现图像的重现。透射型超声断层成像重现方法是用声源以扇扫描或线扫描的方式照射物体，并接收与记录透射声的幅度分布和相位分布。这两个分布分别与声束的传播路径上各点的声衰减系数和声速有关。从不

同方位记录足够的数据，然后，用计算机重现声衰减系数和声速的分布，并转换为可见的定量图像，通常称之为重现像。像重现的方法有三种，即代数重现法、反向投影法和傅里叶变换法。这几种方法在计算误差和计算速度方面各有优缺点。

⑥ 合成孔径成像。采用换能器阵列，各单元作为点元发射，发射声束照射整个物体，接收来自物体各点的信号并加以存储，然后根据各成像点的空间位置，对各换能器元接收的信号引入适当的时延，以得到被成像物体的逐点聚焦声像。这样，整个图像的分辨率较高。用一维换能器阵列可获得二维断面图像信息，而用二维换能器阵列则可得到三维空间图像信息。此外，根据需要可显示任意断面的图像或进行三维显示。

⑦ 三维图像显示。利用三维合成孔径成像法可得到三维信息，或将若干个断面图像综合也可合成三维图像。根据绘透视图的原理进行计算机处理，可在荧光屏上显示三维图像。

(3) 声全息

将全息原理引进声学领域后产生的一种新的成像技术和数据处理手段。早期的声全息完全模仿光全息方法，新的声全息方法与光全息方法不同，只有液面法声全息基本上保留了光全息的做法。而各种扫描声全息不再采用声参考波。扫描声全息大致可分为两类。

① 激光重现声全息。用一声源照射物体，物体的散射信号被换能器阵列接收并转换成电信号，再加上模拟从某个方向入射声波的电参考信号，于是在荧光屏上形成全息图并拍照，然后用激光照射全息图，即可获得重现像。

② 计算机重现声全息。用上述方法记录换能器阵列各单元接收信号的幅度和相位，用计算机进行空间傅里叶变换，即可重现物体声像。

声成像质量的主要指标有图像的横向分辨率、纵向分辨率、信噪比、畸变和假象等。声成像的质量不仅与所用的仪器设备有关，而且在很大程度上还与声波在介质中传播的特性（如反射、折射和波形转换）有关。

声成像技术已得到广泛应用，主要用于地质勘探、海洋探测、工业材料非破坏探伤和医学诊断等方面。特别是 B 型断层图像诊断仪已成为与 X 射线断层扫描仪和同位素扫描仪并列的医学三大成像诊断技术之一。

问题与思考

(1) 考虑一下，图 11-7 所给出的三种超声波物体/物位检测形式，在实际生活中可以用在哪些地方？

(2) 现在越来越多的家庭拥有了自己的小汽车，车上配置的倒车防撞雷达多数是基于超声检测原理，请思考一下是如何实现这一功能的？

(3) 采用超声波传感器如何实现机器人的自动避障？

本章小结

(1) 超声波的概念。超声波在介质中传播的波形取决于介质本身的固有特性和边界条件。对于流体介质，超声波传播时，只存在超声纵波；在固态介质中，则存在超声纵波和超声横波。

（2）超声波传感器是利用压电材料的压电效应来工作的，也称为超声波换能器、超声波探头。压电式超声波探头常用的材料是压电晶体和压电陶瓷，利用逆压电效应将高频电振动转换成高频机械振动，以产生超声波，用以作为发射探头；利用正压电效应则将接收的超声振动转换成电信号，用以作为接收探头。

（3）利用超声波传感器可实现对物位、液位、流量、速度、浓度、厚度等多种被测量的测量，还可以进行材料的无损探伤、医学检测等方面的应用。

习题

1. 什么叫超声横波、超声纵波？在固体和流体介质中这两种波形是否都存在？
2. 影响超声波的传播速度的有哪些因素？
3. 超声换能器中的阻尼块起什么作用？
4. 超声波传感器进行物位检测有哪几种方式？举例说明其应用情况。

第 12 章 压电式传感器

本章要点

压电式传感器的工作原理；压电式传感器的检测变换电路；压电式传感器的应用。

学习要求

掌握压电式传感器的工作原理；熟悉压电式传感器的常用测量转换电路；掌握压电式传感器的特点和应用的基本要领。

晶体受外界机械压力的作用，在其表面产生电荷的现象，被称为压电效应（Piezoelectric effect，Piezo 源于希腊文，意为加压）。1880 年法国的比尔和约克·居里兄弟首先发现石英等一些晶体的压电现象。他们指出，表面所形成的电荷和外加压力成正比。后来他们又证实了逆压电效应，即晶体受电场作用时，可发生正比于电场强度的机械变形，而且正、逆压电效应的压电系数相等。逆压电效应也称电致伸缩效应。

压电式传感器就是基于某些介质材料的压电效应，实现对被测量检测的一种有源型传感器。由于压电式传感器具有体积小、重量轻、结构简单、工作可靠、固有频率高、灵敏度和信噪比高等优点，因此在各种动态应力、机械冲击、振动测量、加速度以及声学、力学、医学和宇航等广阔领域中都得到了广泛的应用。其主要缺点是不适合静态测量、输出阻抗高、测量转换需用低电容的低噪声电缆等，而且很多压电材料的工作温度过高，会使灵敏度下降，甚至失去压电特性。

12.1 压电式传感器的工作原理

12.1.1 压电效应

某些电介质在沿一定方向上受到外力的作用而变形时，其内部会产生极化现象，同时在其两个相对表面上出现正负相反的电荷。当作用力的方向改变时，电荷的极性也随之改变。当外力去掉后，它又会恢复到不带电的状态，这种现象称为正压电效应。相反，当在电介质的极化方向上施加电场，这些电介质也会发生变形，电场去掉后，电介质的变形随之消失，这种现象称为逆压电效应，或称为电致伸缩现象。压电式传感器大多是利用正压电效应制成的，而用逆压电效应制造的变送器可用于电声和超声工程等领域。

具有压电效应的电介质称为压电材料。根据材料的不同可分为压电晶体、压电陶瓷、高分子压电材料和半导体材料等。

1) 压电晶体。在自然界中，已发现 20 多种单晶具有压电效应，如 α-石英、铌（钽或镓）酸锂、锗酸铋、电石（碳酸钙）、γ-二氧化碲、酒石酸钾钠（四水）、酒石酸二钾

（半水）、磷（或砷）酸二氢钾（或铵）、α-碘酸锂及酒石酸乙烯二酸等，但其中大多数压电效应普遍较微弱，只有石英晶体性能较好。它是最重要、用量最大的振荡器、谐振器和窄带滤波器等元件的压电材料。

2）压电陶瓷。将某些物质作极化处理，使电畴按外电场方向排列并固定化得到的具有压电效应的多晶体压电材料。主要的压电陶瓷有如下4类：

① 钛酸钡类，其压电常数较高，温度系数较大，机械强度及居里点较低。除钛酸钡外，锆酸铅等也属此类。

② 锆钛酸铅类（PZT），其压电常数较高，居里点可达300℃以上，温度系数较小。添加微量碱土、稀土、锡、锑、铌、钨等元素，可获不同性能的PZT，现在应用较广。

③ 铌酸盐类三元陶瓷，如铌镁（或锌）酸铝（AMN或AZN）或铌（或钨）镁（锌、钴、锡或锑）酸铅（PMN）与锆钛酸铅的三元系压电陶瓷。

④ 四元系压电陶瓷，由双铌酸盐与锆钛酸铅组成，可获得高品质因子与机电耦合系数、高机械强度与低温度系数等优良性能。另外，以PVDF（聚偏二氟乙烯）为代表的压电聚合物薄膜，压电性强，柔性好。以压电陶瓷和压电聚合物复合而成的压电复合材料也得到了广泛的应用。

3）高分子压电材料。某些天然高分子化合物，由于分子排列有立规性而呈现切向压电效应。一些合成高分子材料经延展、拉伸和电场极化后，也呈压电效应，如聚偏氟乙烯（PVF_2）、聚氟乙烯（PVF）、聚氯乙烯（PVC）、聚L-谷氨酸甲酯、聚碳酸酯、尼龙11等。其优点是柔软不碎，易制成大面积薄膜，与空气的声阻抗匹配好。缺点是机电耦合系数低。通过将压电陶瓷粉加入其中，制成复合膜，可改善其性能。

4）半导体压电材料。兼具压电与半导体性能，便于实现传感器的微型化、智能化、集成化和阵列化。除ZnO、ZnS、CdS、CdSe、CdTe、GaAs之外，尚有硫碘（或溴）化锑（或铋）等。

12.1.2 压电效应表达式

压电方程是关于压电体中电位移、电场强度、应力和应变张量之间关系的方程组。常表现为当压电元件受到外力 F 作用时，在相应的表面产生表面电荷 Q，如图12-1所示。其关系为

$$Q = dF \tag{12-1}$$

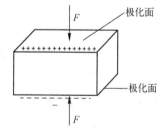

图12-1 正压电效应示意图

式中，d 为压电系数。它是描述压电效应的物理量，对方向一定的作用力和产生电荷的表面是一个常数。可以看出，上式仅适用于一定尺寸的压电元件，限制了使用的普遍性，为了使用方便，常用压电应变常数 d_{ij}，则有：

$$q_i = d_{ij}\sigma_j \tag{12-2}$$

式中，q 为表面电荷密度（C/cm^2）；σ 为单位面积上作用力（N/cm^2）；d 为压电（应力）常数。两个下脚注 i，j 的含义：$i = 1$、2、3，表示晶体的极化方向，$j = 1$、2、3、4、5、6，分别表示沿 x、y 和 z 轴方向作用的单向应力和在垂直于 x、y 和 z 轴的平面内作用的剪切力，如图12-2a和12-2b所示。单向应力的符号规定断裂应力为正而压应力为负；剪切应力的符号用右手螺旋定则确定，图12-2b表示了它们的正向。另外，尚需要对因逆压电效应而

在晶体内产生的电场方向也作一规定，以确定 d_{ij} 的符号，使所得方程组具有更普遍的意义。当电场方向指向晶轴的正向时为正，反之为负。因此，当晶体在任意受力状态下产生的表面电荷密度由下列方程组确定：

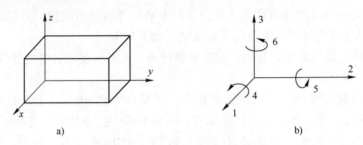

图 12-2　压电转换元件坐标表示法

$$\left.\begin{array}{l} q_1 = d_{11}\sigma_1 + d_{12}\sigma_2 + d_{13}\sigma_3 + d_{14}\sigma_4 + d_{15}\sigma_5 + d_{16}\sigma_6 \\ q_2 = d_{21}\sigma_1 + d_{22}\sigma_2 + d_{23}\sigma_3 + d_{24}\sigma_4 + d_{25}\sigma_5 + d_{26}\sigma_6 \\ q_3 = d_{31}\sigma_1 + d_{32}\sigma_2 + d_{33}\sigma_3 + d_{34}\sigma_4 + d_{35}\sigma_5 + d_{36}\sigma_6 \end{array}\right\} \quad (12\text{-}3)$$

式中　q_1、q_2、q_3——平面 S_x、S_y、S_z 上的电荷密度；

σ_1、σ_2、σ_3——作用在平面 S_x、S_y、S_z 上的应力；

σ_4、σ_5、σ_6——切应力。

这样，压电材料的压电特性可用矩阵表示，其矩阵形式为

$$\begin{bmatrix} q_1 \\ q_2 \\ q_3 \end{bmatrix} = \begin{bmatrix} d_{11} & d_{12} & d_{13} & d_{14} & d_{15} & d_{16} \\ d_{21} & d_{22} & d_{23} & d_{24} & d_{25} & d_{26} \\ d_{31} & d_{32} & d_{33} & d_{34} & d_{35} & d_{36} \end{bmatrix} \begin{bmatrix} \sigma_1 \\ \sigma_2 \\ \sigma_3 \\ \sigma_4 \\ \sigma_5 \\ \sigma_6 \end{bmatrix} \quad (12\text{-}4)$$

由上式可见，压电材料的压电特性可由压电常数表征。它是三阶张量，反映晶体弹性与介电性能的耦合关系。

12.1.3　石英晶体的压电效应机理

石英晶体分天然石英和人造石英单晶两种。石英晶体属六方晶系，有右旋和左旋石英晶体之分，它们的外形互为镜像对称，理想外形都有 30 个晶面。图 12-3a 表示右旋石英晶体。其中六个 m 面（或称柱面），六个大 R 面（或称大棱面），六个小 r 面（或称小棱面），还有六个 S 面及六个 X 面。天然和人造石英的外形虽有所不同，但是两个晶面之间的夹角是相同的。由于晶体的物理特性与方向有关，需要在晶体内选定参考方向，这种方向叫晶轴。晶轴并非一条直线，而是晶体中的一个方向。按规定，x 轴也称电轴，是平行于相邻棱柱面内夹角的等分线，垂直于此轴的棱面上压电效应最强；y 轴也称机械轴，垂直于六边形对边的轴线，在电场作用下，沿该轴方向的机械变形最明显；z 轴也称光轴或中性轴，是垂直于 x、y 轴的纵轴方向，沿 z 轴施加应力不产生压电效应。如果从石英晶体中切割一个平行六面体的切片，如图 12-3b、c 所示，使切片的六面分别垂直于光轴、电轴和机械轴，当晶体切

片受到沿 x 轴方向的作用外力时，在垂直于 x 轴的晶面上便会产生电荷，此压电效应称为纵向压电效应，当晶片受到沿 y 轴方向的作用外力时，在垂直于 x 轴的晶面上同样会产生电荷，此压电效应称为横向压电效应；而沿着 z 轴施加外力时，则不会有压电效应产生。

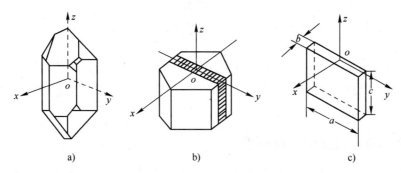

图 12-3　石英晶体
a) 石英晶体外形及晶轴　b) 晶体切割方向　c) 晶片

石英晶体的压电特性与其内部分子结构有关，其化学式为 SiO_2。在一个晶体单元中，有三个硅离子 Si^{4+}（用 ⊕ 表示）和六个氧离子 O^{2-}（用 ⊖ 表示），后者是成对的，所以一个硅离子和两个氧离子交替排列。当没有力作用时，Si^{4+} 和 O^{2-} 在垂直于晶体 z 轴的 xy 平面上的投影恰好等效为正六边形排列。如图 12-4a 所示，这时正、负离子正好分布在正六边形的顶角上，它们形成的电偶极矩 P_1、P_2 和 P_3 的大小相等，相互夹角为 120°。因为电偶极矩定义为电荷 q 与间距 l 的乘积，即 $P = ql$，其方向是从负电荷指向正电荷，是一种矢量，所以正负电荷中心重合，电偶极矩的矢量和为零，即 $P_1 + P_2 + P_3 = 0$。此时晶体表面不产生电荷，呈中性。

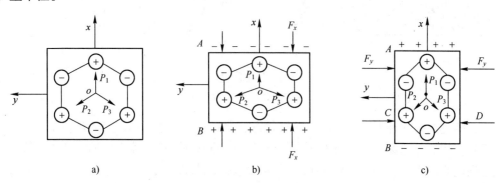

图 12-4　石英晶体的压电效应示意图
a) 不受力时　b) x 轴方向受力　c) y 轴方向受力

当晶体受到沿 x 轴方向的压力 F_x 作用时，因为 x 方向的变形，使正、负离子的相对位置发生变化，如图 12-4b 所示。此时正、负电荷中心不再重合，电偶极矩在 x 轴方向上的分量由于 P_1 减小和 P_2、P_3 的增大而不等于零，因此在 x 方向上产生负电荷。而 y 和 z 方向的电偶极矩仍为零，不出现电荷。在 x 方向上产生的负电荷 q_x 大小为

$$q_x = d_{11} F_x \tag{12-5}$$

其中 d_{11} 为 x 方向受力的压电系数。

当受到 y 轴方向压力 F_y 作用时，如图 12-4c 所示，P_1 增大，P_2 和 P_3 减小，因此能在 x

方向产生正电荷。而 y 和 z 方向的电偶极矩仍为零，不出现电荷。此时在 x 方向上产生的负电荷 q_y 大小为

$$q_y = d_{12} \frac{a}{b} F_y \tag{12-6}$$

其中 d_{12} 为 y 方向受力的压电系数，由于石英晶体的对称性，$d_{12} = -d_{11}$。a、b 分别为晶体的长度和厚度。

当受到 z 轴方向压力作用时，晶体在 z 方向和 x、y 平面上都产生伸缩形变，但这种形变既不改变 z 方向电偶极矩为零的状态，也不能改变 x、y 平面上总电偶极矩等于零的状态，因此不会产生压电效应。

12.1.4　压电陶瓷的压电效应机理

压电陶瓷实际上是一种经过极化处理的、具有压电效应的铁电陶瓷，是人工制造的多晶体压电材料。它是以钙钛矿型的 $BaTiO_3$、$Pb(Zr、Ti)O_3$、$(NaK)NbO_3$、$PbTiO_3$ 等为基本成分，将原料粉碎、成型，通过 1000℃ 以上的高温烧结得到的多晶铁电体。

需要注意，原始的压电陶瓷材料没有压电性，压电陶瓷要在极化后才具有压电效应。陶瓷烧结后，有自发的电偶极矩形成的微小极化区域称为"电畴"，它们有一定的极化方向，从而存在电场。在无外电场作用时，电畴在晶体中杂乱分布，它们各自的极化效应被相互抵消，压电陶瓷内极化强度为零。因此，原始的压电陶瓷呈中性，不具有压电性质。如图 12-5a 所示。

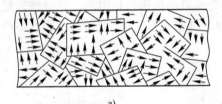
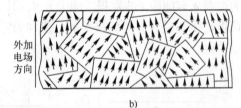

图 12-5　压电陶瓷的极化
a) 极化前　b) 极化后

当在陶瓷上施加外电场时，电畴的极化方向朝着趋向于外电场方向的排列发生转动，使材料得到极化。外电场愈强，就有更多的电畴转向外电场方向。让外电场强度大到使材料的极化达到饱和的程度，即所有电畴极化方向都整齐地与外电场方向一致时，当外电场去掉后，电畴的极化方向基本不变化，即剩余极化强度很大，这时的材料才具有压电特性，如图 12-5b 所示。极化处理后陶瓷材料内部存在有很强的剩余极化，当受到外力作用时，电畴的界限发生移动，电畴发生偏转，从而引起剩余极化强度的变化，因而在垂直于极化方向的平面上将出现极化电荷的变化，这就是压电陶瓷的正压电效应。压电效应所产生的电荷量的大小与外力成如下的正比关系：

$$q = d_{33} F \tag{12-7}$$

式中，d_{33} 为压电陶瓷的压电系数；F 为作用力。

目前压电陶瓷主要有钛酸钡（$BaTiO_3$）、锆钛酸铅（PZT）系列等，它们的压电系数比石英晶体的大得多，所以采用压电陶瓷制作的压电式传感器的灵敏度较高。但压电陶瓷的机

械强度、居里点温度、稳定性等要低于石英晶体，且由于极化处理后的压电陶瓷材料的剩余极化强度和特性与温度有关，它的参数也随时间变化，从而使其压电特性减弱。

12.1.5 压电式传感器的预载与技巧

压电式传感器就是利用压电材料的压电效应特性，当有力作用在压电材料上时，传感器就有电荷或电压输出。由于外力作用而在压电材料上产生的电荷，只有在无泄漏的情况下才能保存，即需要测量回路具有无限大的输入阻抗，这实际上是不可能的，因此压电式传感器不适用于静态测量。压电材料在交变力的作用下，电荷可以不断补充，以供给测量回路一定的电流，故适用于动态测量，如动态的应力、振动、加速度等。

1. 压电元件的基本变形

压电式传感器中的压电元件，按其受力和变形方式不同，大致有厚度变形、长度变形、体积变形和厚度剪切变形等几种形式，如图12-6所示。目前最常使用的是厚度变形的压缩式和剪切变形的剪切式两种。

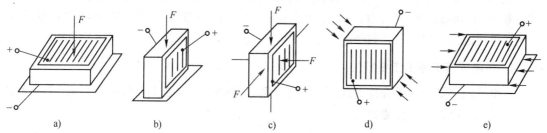

图12-6 压电元件变形方式
a) 厚度变形（TE） b) 长度变形（LE） c) 体积变形（VE）
d) 面切变形（FS） e) 剪切变形（TS）

2. 压电式传感器的预载

压电式传感器在测量低压力时，线性度不好，这主要是传感器受力系统中力传递系数为非线性所致，即低压力下力的传递损失较大。为此，在力传递系统中加入预加力，称预载。这除了消除低压力使用中的非线性外，还可以消除传感器内外接触表面的间隙，提高刚度。特别是它只有在加预载后，才能用压电传感器测量拉力和拉、压交变力及剪切力和扭矩等。

3. 应用技巧

由于单片压电元件产生的电荷量非常微小，为了提高传感器的灵敏度，实际应用中常采用两片（或两片以上）同型号的压电元件粘结在一起。由于压电材料的电荷是有极性的，因此接法也有两种。如图12-7所示，从作用力看，元件是串接的，因而每片受到的作用力相同，产生的变形和电荷数量大小，都与单片时相同。

① 并联接法。图12-7a是两个压电片的负端粘结在一起，中间插入的金属电极成为压电片的负极，正电极在两边的电极上，为并联接法。这种方法在同样外力作用下，可使输出正负电极上的电荷量增加1倍，电容增加了1倍，而输出电压与单片时相同。

② 串联接法。图12-7b是两压电片不同极性端粘结在一起，为串联接法。在同样外力作用下可使输出电压增大1倍，此时上下极板间电荷量与单片时相同，总电容量为单片时的一半。

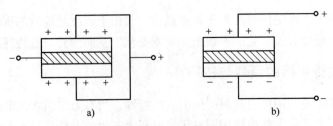

图 12-7 压电元件连接方式
a) 并联接法　b) 串联接法

在上述两种接法中,并联接法输出电荷大,本身电容大,时间常数大,适宜用在测量慢变信号并且以电荷作为输出量的场合。而串联接法输出电压大,本身电容小,适用于以电压作输出信号、并且测量电路输入阻抗很高的场合。

12.1.6 压电式传感器的特性

选用合适的压电材料是设计高性能传感器的关键。对压电材料的主要要求有:高的压电常数 d 和 g;机械强度高、刚度大,以便获得高的固有振动频率;高电阻率和大介电系数;高的居里点温度、湿度和时间稳定性好。

1. 压电式传感器的主要特性

压电传式感器的主要特性参数包括压电常数、介电常数、居里点温度等。表 12-1 给出了一些常用压电材料的性能参数。

表 12-1　常用压电材料的性能参数

性能参数 \ 压电材料	石英	钛酸钡	锆钛酸铅 PZT-4	锆钛酸铅 PZT-5	锆钛酸铅 PZT-8
压电系数/pC/N	$d_{11}=2.31$ $d_{14}=0.73$	$d_{15}=260$ $d_{31}=-78$ $d_{33}=190$	$d_{15}\approx 410$ $d_{31}=-100$ $d_{33}=230$	$d_{15}\approx 670$ $d_{31}=-185$ $d_{33}=600$	$d_{15}=330$ $d_{31}=-90$ $d_{33}=200$
相对介电常数 (ε_r)	4.5	1200	1050	2100	1000
居里点温度/℃	573	115	310	260	300
密度/ (10^3 kg/m³)	2.65	5.5	7.45	7.5	7.45
弹性模量/ (10^9 N/m²)	80	110	83.3	117	123
机械品质因数	$10^5 \sim 10^6$		≥500	80	≥800
最大安全应力/ (10^5 N/m²)	95~100	81	76	76	83
体积电阻率/Ω·m	>10^{12}	10^{10} (25℃)	>10^{10}	10^{11} (25℃)	
最高允许温度/℃	550	80	250	250	
最高允许湿度(%)	100	100	100	100	

1) 压电常数。压电常数是衡量材料压电效应强弱的参数,它直接关系到压电输出灵敏度。一般讨论的压电常数 d_{ij} 的物理意义是:在"短路条件"下,单位应力所产生的电荷密度。"短路条件"是指压电元件的表面电荷从一产生就立即被引开,因而在晶体形变上不存在"二次效应"。实际使用时还有压电常数 g 和 h:

① 压电常数 g。在"断路条件"下，单位应力在晶体内部产生的电势梯度，或者是应变引起的电位移。压电常数 g 和 d 之间的关系为

$$g = \frac{d}{\varepsilon_r \varepsilon_0} \tag{12-8}$$

式中，ε_r、ε_0 分别为相对介电常数和真空的介电常数。

② 压电常数 h。表示每单位机械应变在晶体内部产生的电势梯度，是关系到压电材料力学性能的参数，其值为

$$h = gE \tag{12-9}$$

式中，E 为晶体的杨氏模量。

2) 弹性常数。压电材料的弹性常数、刚度决定着压电器件的固有频率和动态特性。

3) 介电常数。对于一定形状、尺寸的压电元件，其固有电容与介电常数有关；而固有电容又影响着压电传感器的频率下限。

4) 机械耦合系数。在压电效应中转换输出能量（如电能）与输入的能量（如机械能）之比的平方根，是衡量压电材料机电能量转换效率的一个重要参数。机电耦合系数是一个没有量纲的物理量，与其他压电常数的关系为 $K = \sqrt{hd}$。

5) 电阻。压电材料的绝缘电阻将减少电荷泄漏，从而改善压电传感器的低频特性。

6) 居里点温度。它是指压电材料开始丧失压电特性的温度。

2. 不同材料压电式传感器应用特点

(1) 石英晶体

石英最明显的优点是其介电和压电常数的温度稳定性好，适于做工作温度范围很宽的传感器。压电式传感器的灵敏度至少是压电元件 d_{ij}、ε 和电阻率 ρ 三个参数的函数，其中每个参数都与温度有关。由图 12-8 可见，在常温时，d 和 ε 几乎不随温度变化，在 20~200℃ 时，温度每升高 1℃，d_{11} 仅减小 0.016%，当上升到 400℃ 时，也只减小 5%，但当温度超过 500℃ 时，d_{11} 急剧下降，当达到 573℃ 时，石英晶体就失去压电特性，该温度即石英晶体的居里点温度。从图 12-8c 可以看出，当温度变化到居里点时，ρ 变化是很大的，这种变化具有单调的特征，从室温到居里点，它几乎改变了六个数量级。

石英晶体的机械强度很高，可承受约 10^6 Pa 的压力，在冲击力作用下漂移也很小，弹性系数较大。可用来测量较大范围变化的力和加速度。

天然石英的稳定性很好，但资源少，并且大多存在一些缺陷。故一般只用在校准用的标准传感器或精度很高的传感器中。

(2) 铌酸锂晶体

铌酸锂晶体是人工拉制的，像石英那样，也是单晶体，时间稳定性远比多晶体的压电陶瓷好，居里点高达 1200℃，适宜作高温传感器。这种材料各向异性很明显，比石英脆，耐冲击性差，故加工和使用时，要小心谨慎，避免急冷急热。

(3) 压电陶瓷

用作压电陶瓷的铁电体都是以钙钛矿型的 $BaTiO_3$、$Pb(Zn,Ti)O_3$、$(NaK)NbO_3$、$PbTiO_3$ 等为基本成分，将原料粉碎、成型、通过 1000℃ 以上的高温烧结，得到多晶铁电体。由于它有制作工艺方便、耐湿、耐高温等优点，因此在检测技术、电子技术和超声等领域中

用得最普遍。

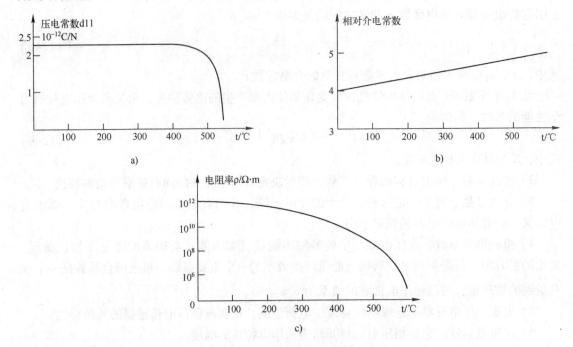

图 12-8 石英晶体的温度特性曲线
a) 压电常数—温度特性曲线 b) 相对介电常数—温度特性曲线 c) 电阻率—温度特性曲线

1) 钛酸钡压电陶瓷。由碳酸钡和二氧化钛按 1∶1 摩尔分子比例混合经烧结得到的，其 d、ε、ρ 都很高，抗湿性好，价格便宜。但其居里点只有 120℃，机械强度差，可以通过置换 Ba^{2+} 和 Ti^{4+} 以及添加杂质等方法来改善其特性。现在含 Ca 和 Pb 的 $BaTiO_3$ 陶瓷得到广泛的应用。

2) 锆钛酸铅系压电陶瓷（PZT）。PZT 是由 $PbTiO_3$ 与 $PbZrO_3$ 按 47∶53 的摩尔分子比组成，居里点温度在 300℃ 以上，性能稳定，具有很高的介电常数与压电常数，d_{33} 可达 500×10^{-12} C/N。用加入少量杂质或适当改变组分的方法能明显地改变机电耦合系数 K、介电常数 ε 等特性，得到满足不同使用目的的许多新材料。如铌镁酸铅压电陶瓷（PMN），就是在 $PbTiO_3 - PbZrO_3$ 中加入一定量的 Pb（Mg/3，Nb2/3）O_3 组成，d_{33} 很高，居里点为 260℃，能承受 7×10^7 Pa 的压力。

PZT 的出现，增加了许多 $PbTiO_3$ 时代不可能有的新应用。

如果把 $BaTiO_3$ 作为单元系压电陶瓷的代表，则二元系代表就是 PZT，它是自 1955 年以来压电陶瓷之王。PMN 属三元系列。我国于 1969 年成功地研制成这种陶瓷，成为我国具有独特性能的、工艺稳定的压电陶瓷系列，已成功地用在压电晶体速率陀螺仪等仪器中。

还有一类钙钛矿型的铌酸盐和钽酸盐系压电陶瓷，如（K、Na）NbO_3，固溶体、（Na、Cd）NbO_3 等。尚有非钙钛矿型氧化物压电体，发现最早的是 $PbNbO_3$，其突出优点是居里点达 750℃。

(4) 压电陶瓷-高聚物复合材料

无机压电陶瓷和有机高分子树脂构成的压电复合材料，兼备无机和有机压电材料的性能，并能产生两者都没有的特性。因此，可以根据需要，综合二者材料的优点，制作良好性能的换能器和传感器。它的接收灵敏度很高,比普通压电陶瓷更适合于水声换能器。在其他超声波换能器和传感器方面,压电复合材料也有较大优势。

(5) 压电半导体

压电半导体材料有硫化锌(ZnS)、碲化镉(CdTe)、氧化锌(ZnO)、硫化镉(CdS)、碲化锌(ZnTe)和砷化镓(GaAs)等。这些材料的显著特点是既有压电特性,又有半导体特性,因此,既可用其压电特性研制传感器,又可用其半导体特性制作电子器件;也可以两者结合,集敏感元件与电子电路于一体,形成新型集成压电传感器测试系统。

(6) 有机高分子压电材料

一类有机高分子压电材料是某些合成高分子聚合物,经延展拉伸和电极化后形成具有压电性的高分子压电薄膜,如聚氟乙烯(PVF)、聚偏二氟乙烯(PVF_2)、聚氯乙烯(PVC)等。

另一类有机高分子压电材料如聚偏二氟乙烯(PVF_2)(或称PVDF),是有机高分子半晶态聚合物,结晶度约50%。PVF_2原料可制成薄膜、厚膜、管状和粉状等。当聚合物由150℃熔融状态冷却时,主要生成α晶型,α晶型没有压电效应。若将晶型定向拉伸,则得到β晶型。β晶型的碳-氟极矩在垂直分子链取向,形成自发极化强度。再经过一定的极化处理后,晶胞内部的偶极矩进一步旋转定向,形成垂直于薄膜平面的碳-氟偶极矩固定结构。当薄膜受外力作用时,剩余极化强度改变,薄膜呈现出压电效应。

PVF_2压电薄膜的压电灵敏度很高,比PZT压电陶瓷大17倍,且在$10^{-5}Hz \sim 500MHz$频率范围内具有平坦的响应特性。此外,还有机械强度高、柔软、耐冲击、易加工成大面积元件和阵列元件、价格便宜等优点。

12.2 压电式传感器的测量电路

12.2.1 压电式传感器的等效电路

当作用在压电式传感器上的被测量变化时,压电元件的电极表面将产生电荷,因而,压电传感器可以看作是一个电荷发生器。同时,它又相当于一个以压电材料为介质的电容器,则其电容量为

$$C_a = \frac{\varepsilon_r \varepsilon_0 A}{d} \tag{12-10}$$

式中,A为压电片的面积,d为压电片的厚度,ε_r为压电材料的相对介电常数。

因此,压电式传感器可以等效为一个与电容相串联的电压源。如图12-9a所示,电容器上的电压U_a、电荷量q和电容量C_a三者关系为

$$U_a = \frac{q}{C_a} \tag{12-11}$$

压电式传感器也可以等效为一个电荷源。如图12-9b所示。

压电式传感器与测量仪器或测量电路相连接时,需考虑连接电缆的等效电容C_c、放大器的输入电阻R_i、输入电容C_i以及压电传感器的泄漏电阻R_a。压电式传感器在测量系统中的实际等效电路如图12-10所示。

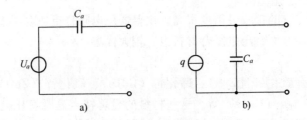

图 12-9 压电元件的等效电路
a) 电压源 b) 电荷源

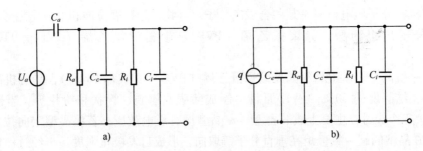

图 12-10 压电式传感器的实际等效电路
a) 电压源 b) 电荷源

12.2.2 压电式传感器的测量电路

压电式传感器的输出信号不论是电压输出还是电荷输出都很微弱，而且传感器本身的内阻抗很高，不能直接显示和记录，因此其测量电路通常需要采用低噪声电缆把信号接入一个高输入阻抗前置放大器。其作用一是把它的高输出阻抗变换为低输出阻抗；作用二是放大传感器输出的微弱信号。压电传感器的输出可以是电压信号，也可以是电荷信号，因此，前置放大器也有电压放大器和电荷放大器两种形式。

1. 电压放大器

电压放大器的作用是将压电传感器的高输出阻抗经放大器变换为低阻抗输出，并将微弱的电压信号进行放大，因此电压放大器也称为阻抗变换器。图 12-11a、b 是电压放大器电路原理图及其等效电路。容易看出，等效电路图 12-11b 中：

$$R = \frac{R_a R_i}{R_a + R_i} \qquad (12\text{-}12)$$

$$C = C_c + C_i \qquad (12\text{-}13)$$

$$U = \frac{q}{C_a} \qquad (12\text{-}14)$$

若压电元件受正弦力 $f = F_m \sin\omega t$ 的作用，则其电压为

$$\dot{U}_a = \frac{dF_m}{C_a}\sin\omega t = U_m \sin\omega t \qquad (12\text{-}15)$$

式中，U_m 为压电元件输出电压幅值，$U_m = dF_m/C_a$；d 为压电系数。

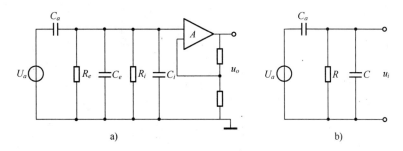

图 12-11 电压放大器电路原理及其等效电路图
a) 放大器电路 b) 等效电路

由此可得放大器输入端电压 $\dot{U}_i$，其复数形式为

$$\dot{U}_i = df \frac{j\omega R}{1 + j\omega R(C_a + C)} \tag{12-16}$$

$\dot{U}_i$ 的幅值 U_{im} 为

$$U_{im}(\omega) = \frac{dF_m \omega R}{\sqrt{1 + \omega^2 R^2 (C_a + C_c + C_i)^2}} \tag{12-17}$$

输入电压和作用力之间的相位差为

$$\Phi(\omega) = \frac{\pi}{2} - \arctan[\omega(C_a + C_c + C_i)R] \tag{12-18}$$

在理想情况下，传感器的 R_a 电阻值与前置放大器输入电阻 R_i 都为无限大，即 $\omega(C_a + C_c + C_i)R \gg 1$，那么由式（12-17）可知，理想情况下输入电压幅值 U_{im} 为

$$U_{im} = \frac{dF_m}{C_a + C_c + C_i} \tag{12-19}$$

式（12-19）表明前置放大器输入电压 U_{im} 与频率无关，一般在 $\omega/\omega_0 > 3$ 时，就可以认为 U_{im} 与 ω 无关，ω_0 表示测量电路时间常数之倒数，即

$$\omega_0 = \frac{1}{(C_a + C_c + C_i)R} \tag{12-20}$$

这表明压电式传感器有很好的高频响应，但是，当作用于压电元件的力为静态力（$\omega = 0$）时，前置放大器的输出电压等于零，因为电荷会通过放大器输入电阻和传感器本身漏电阻漏掉，所以压电传感器不能用于静态力的测量。

当 $\omega(C_a + C_c + C_i)R \gg 1$ 时，放大器输入电压 U_{im} 如式（12-19）所示，式中 C_c 为连接电缆电容，当电缆长度改变时，C_c 也将改变，因而 U_{im} 也随之变化。因此，压电传感器与前置放大器之间的连接电缆不能随意更换，如果改变电缆长度，必须重新校正灵敏度，否则由于电缆电容 C_c 的改变将引入测量误差。而随着集成技术的发展，将阻抗变换器直接与后面的测量电路器件集成，引线很短，可以避免电缆电容对灵敏度的影响，同时也可以消除电缆噪声。

2. 电荷放大器

电荷放大器由一个反馈电容 C_f 和高增益运算放大器构成，常作为压电传感器的输入电路。电荷放大器等效电路如图 12-12 所示。图中 A 为电荷放大器。

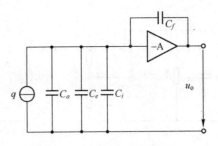

图 12-12 电荷放大器等效电路

由于运算放大器输入阻抗极高,放大器输入端几乎没有分流,故可略去 R_a 和 R_i 并联电阻。由运算放大器基本特性,可求出电荷放大器的输出电压:

$$u_o = -\frac{Aq}{C_a + C_c + C_i + (1+A)C_f} \tag{12-21}$$

式中,A 为放大器开环增益;负号(-)表示放大器的输入与输出反相。

当 $A \gg 1$,满足 $(1+A)C_f > 10(C_a + C_c + C_i)$ 时,可以认为:

$$u_o \approx -\frac{q}{C_f} \tag{12-22}$$

可见,电荷放大器的输出电压 u_o 只取决于输入电荷与反馈电容 C_f,与电缆电容 C_c 无关,且与 q 成正比,这是电荷放大器的最大特点。为了得到必要的测量精度,要求反馈电容 C_f 的温度和时间稳定性都很好,在实际电路中,考虑到不同的量程等因素,C_f 的容量做成可选择的,范围一般为 $100 \sim 10^4$ pF。另外为了稳定直流工作点,减小零点漂移,常在反馈电容 C_f 两端并联一个直流反馈电阻 R_f,一般 $R_f \geq 10^9$ Ω。

12.3 压电式传感器的应用

从上面的介绍可以看出,压电元件是一种典型的力敏感元件。可用来测量最终能转换为力的多种物理量,如各种动态应力、加速度以及振动检测等。

1. 压电式加速度传感器

压电式加速度传感器是输出与加速度成正比的电荷或电压量的装置。由于其结构简单、工作可靠,以及在精度、长时间稳定性等方面的突出优点,目前已成为冲击振动测量测试技术中使用十分广泛的一种传感器。压电式加速度传感器量程大、频带宽、体积小、重量轻,适用于各种恶劣环境。因此,广泛应用于航空、航天、兵器、造船、纺织、车辆、电气等各系统的振动、冲击测试、信号分析、机械动态试验、振动校准和优化设计中。

如图 12-13 所示,压电式加速度传感器的结构主要由压电元件、质量块、预压弹簧、基座及外壳等组成。整个部件装在外壳内,并由螺栓加以固定。

图中压电元件一般由两块压电片(石英晶片或压电陶瓷片)组成。在压电片上放置一个质量块,质量块一般采用比重较大的金属钨或高比重合金制成。基于与压电式力传感器相同的理由,压电式加速度传感器在装配时应对质量块、压电元件施加预压载荷。图中是利用硬弹簧对压电元件及质量块施加预紧力的。除此也可用螺栓、螺母等施加预载荷。静态预载荷的大小应远大于传感器在振动、冲击测试中可能承受的最大动应力。传感器的整个组件装在一个厚基座上，并用金属壳体加以封罩。为了避免试件的应变传递到压电元件上，防止由此产生的假信号，所以应加厚底座或选用刚度较大的材料，如钛合金、不锈钢等。

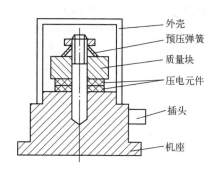

图 12-13　压电加速度传感器

当加速度传感器和被测物一起受到冲击振动时，压电元件受质量块惯性力的作用，根据牛顿第二定律，此惯性力是加速度的函数，即

$$F = ma \tag{12-23}$$

此惯性力 F 作用于压电元件上，因而产生电荷 q，当传感器选定后，m 为常数，则传感器输出电荷为

$$q = d_{11} F = d_{11} ma \tag{12-24}$$

与加速度 a 成正比。因此，测得加速度传感器输出的电荷便可知加速度的大小。

2. 大型设备设施的振动监测

火力发电厂中，十万千瓦以上的大型汽轮发电机组的安全运行极为重要。不论是汽轮机、发电机还是风机、球磨机等，均可采用压电式加速度传感器，配以振动仪表监测系统，以发现机组运行中的异常振动，及时排除隐患，防止事故。在大型客运飞机上，为保证飞行安全，也装有压电式加速度传感器振动监测系统。波音 747 客机上安装的监测用压电式加速度传感器，多达百件。桥梁、桥墩的检测，对保证交通安全十分重要，桥墩水下和地表以下部分的损坏是难以发现的，用压电式加速度计检测其振动并进行谱分析，可准确判定桥墩（堤坝）的内部缺陷。

3. 压电式金属加工切削力测量

图 12-14 是利用压电陶瓷传感器测量刀具切削力的示意图。

压电陶瓷元件的自振频率高，特别适合测量变化剧烈的载荷。图 12-14 中压电式传感器位于车刀前部的下方，当进行切削加工时，切削力通过刀具传给压电式传感器，压电式传感器将切削力转换为电信号输出，记录下电信号的变化便可测得切削力的变化。

4. PVDF 心音脉搏传感器

PVDF 心音脉搏传感器是一种高性能低成本的振动传感器，具有灵敏度高、频率响应范围宽、抗过载

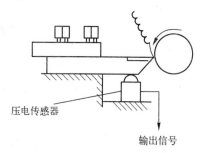

图 12-14　压电式刀具切削力测量示意图

及冲击能力强、抗干扰性好、操作简便等特点,是一种高质量的心音脉搏传感器。

该传感器采用 PVDF 压电薄膜作为换能元件,心音脉搏信号能通过特殊的匹配层,传递到换能元件上,变成电荷量,再经传感器内部放大电路转换为电压信号输出。

PVDF 心音脉搏传感器的结构如图 12-15 所示。图中 PVDF 薄膜呈圆顶状,略向外突出,以便很好地与皮肤表面接触。由于采用 PVDF 材料,其柔性好,能紧贴皮肤,阻抗能与皮肤阻抗匹配,即使在应力作用下也不会影响检测脉动的应力变化,故能检测到微小的脉动信号。

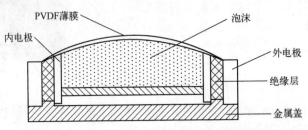

图 12-15　PVDF 薄膜心音脉搏传感器结构示意图

5. 高分子材料压电传感器

采用高分子压电材料制成的传感器具有压电系数大、频率响应宽、机械强度好、质量轻、耐冲击的特点。目前采用高分子材料制成的压力传感器已在一些领域得到应用,如称重传感器,称重的范围从几克到数百公斤,精度可达 0.01% FS。高分子压电薄膜还可制成机器人的触觉敏感元件,这种触觉敏感元件具有和人手同样的敏感压力、方向、振动和外形的能力。

聚偏氟乙烯(PVF$_2$)是一种高聚合物,经处理成薄膜后,具有压电特性,只要在薄膜上施加压力就有电信号输出,输出的电信号与压力成正比。

图 12-16 所示为 PVF$_2$ 薄膜声压传感器的结构图。这种传感器实际上是将 PVF$_2$ 压电薄膜和氧化物半导体场效应晶体管组在一起的集成器件。当入射的声波作用到 PVF$_2$ 薄膜上时,膜由于压电效应产生的电荷直接出现在场效应晶体管的栅极上,引起场效应晶体管沟道电流的变化,将声能转换为电能输出。

PVF$_2$ 材料的频响在常温下最高可达 500 MHz,其声学阻抗为 4×10^7 N/m^{2}s,因此用 PVF$_2$ 膜制成的传感器特别适合声压的测量。

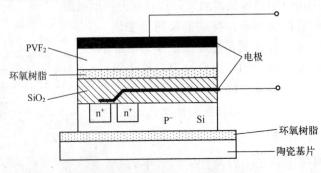

图 12-16　PVF$_2$ 薄膜声压传感器结构图

问题与思考

(1) 实现人体血压自动测量,可以采用以上介绍的哪种检测方法?
(2) 能否用压电式传感器进行地震或矿山地质灾害的监测?

 本章小结

(1) 压电效应。压电式传感器是基于某些介质材料的压电效应实现对被测量检测的一种元件,根据材料的不同可分为压电晶体、压电陶瓷、高分子压电材料和半导体材料。

(2) 压电式传感器是一种有源型传感器,在各种动态应力、机械冲击、振动测量、加速度以及声学、力学、医学和宇航等广阔领域中都得到了广泛的应用。主要缺点是不适合静态测量、输出阻抗高,测量转换需用低电容的低噪声电缆等。

(3) 压电式传感器的输出信号很微弱,且传感器内阻抗很高,不能直接显示和记录。测量电路的主要作用是将其高输出阻抗变换为低输出阻抗,并放大传感器输出信号。压电式传感器的前置放大器有电压放大器和电荷放大器两种形式。

(4) 压电式传感器除了常用来测量各种动态应力、加速度以及振动检测外,由于压电晶体的正、逆压电效应,是构成超声传感器的重要器件,从而可实现更多的应用。

 习题

1. 解释正、逆压电效应的概念。常用的压电材料有哪些?
2. 压电式传感器的主要特性参数有哪些?
3. 压电晶体采用并联和串联形式,其输出参数有何变化?在实际应用中如何选择?
4. 为什么说压电式传感器不适合静态测量?为什么要对压电式传感器施加预载?
5. 汽轮机的振动实时监测是确保发电厂安全运行的一项重要任务,试设计一个采用压电式传感器监测汽轮机振动幅度的装置(画出检测示意图和检测电路)。
6. 为防止放在玻璃展箱内的文物失窃,需要监测是否有人移动玻璃展箱或破坏玻璃。试采用压电式传感器作为感应器,设计一种防盗报警装置(画出检测示意图和检测电路)。

第13章　信号变换电路

> **本章要点**
>
> 直流-交流-直流变换的工作原理；电压-电流变换和电流-电压变换电路；电压-频率和频率-电压变换的工作原理；数模变换与模数变换原理。

> **学习要求**
>
> 掌握各种信号变换器的应用范围；熟悉各种信号变换器的工作原理和特点。

检测信号有各种不同的类型：电压信号和电流信号；直流信号和交流信号；模拟信号和数字信号；直流信号和频率或脉冲信号。各种不同的信号有不同的用途，在实际应用中，为了不同的目的，如信号处理或信号传输，都需要对信号进行转换，为此，人们设计了各种不同的信号变换电路。

13.1　直流-交流-直流变换

一般直流采用差分放大，但是放大器输入端的漂移可达mV数量级。如果要放大mV级甚至更低的直流，则应把漂移再降低1~2个数量级。一般差分直流放大器会将漂移逐级放大，无法满足要求。因此需要采用交流放大，放大后再还原成直流。将直流变换成交流信号采用调制器，将交流变换成直流信号采用解调器，如图13-1所示。

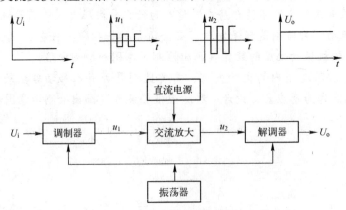

图13-1　调制式直流放大器原理框图

13.1.1　微弱信号的直流-交流变换工作原理

直流-交流变换器（调制器）的工作原理如图13-2所示。

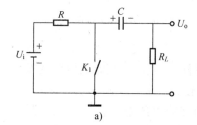 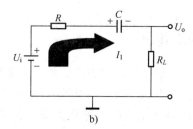 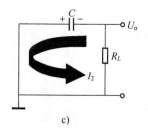

图 13-2 调制解调器工作原理图
a) 电路原理图　b) 充电回路　c) 放电回路

图中　U_i——输入直流电压；

　　　R——限流电阻；

　　　R_L——负载电阻；

　　　U_o——输出电压。

在 $0 \sim T/2$ 上半周期内，充电电流 I_1 在负载电阻上产生输出电压 U_{o1}；在 $T/2 \sim T$ 下半周期内，放电电流 I_2 在负载电阻上产生输出电压 U_{o2}。

如果 $R_L C \gg T/2$，可近似认为充放电流保持初始值，有

$$I_1 = \frac{U_i - U_{C1}}{R + R_L} \quad \text{和} \quad I_2 = \frac{U_{C2}}{R_L}$$

当电路处于稳定时，充电电荷等于放电电荷，则

$$I_1 \cdot \frac{T}{2} = I_2 \cdot \frac{T}{2} \quad \text{即} \quad I_1 = I_2$$

$$\frac{U_i - U_{C1}}{R + R_L} = \frac{U_{C2}}{R_L}$$

同时，可近似认为，在半个周期内，电容两端电压几乎不变，有 $U_{C1} = U_{C2} = U_C$，代入上式得

$$U_C = \frac{U_i R_L}{R + 2R_L}$$

所以

$$U_{o1} = \frac{R_L}{R + 2R_L} U_i \qquad U_{o2} = -\frac{R_L}{R + 2R_L} U_i$$

实际调制器的构成是用一电子开关代替图 13-2 中的 K_1。调制器中的电子开关主要有晶体管和场效应晶体管构成的调制器原理图，如图 13-3 所示。其中场效应晶体管构成的调制器优于晶体管构成的调制器。

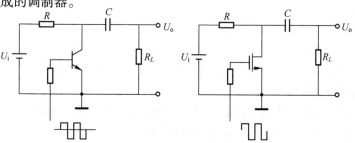

图 13-3　由晶体管和场效应晶体管构成的调制器原理图

13.1.2 交流-直流变换工作原理

交流电压变换成直流电压,通常是经过整流、滤波后取得的。此时,直流电压幅度大小与交流幅值成比例关系,但直流电压的极性与交流电压相位无关。

交流-直流变换器(解调器)工作时,解调器要变换的交流电压是某直流电压调制得到的,该交流电压还原成直流电压时,不仅幅度要与交流电压成比例关系,而且极性也要取决于交流信号的相位。因为交流信号的相位反映被调制的直流信号的极性,所以解调器应具有相敏作用,也常有放大功能。解调器工作原理如图13-4所示。

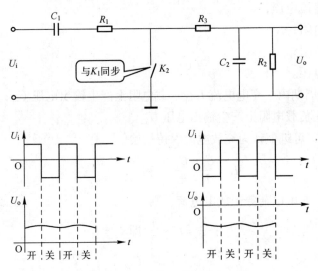

图13-4 解调器工作原理图

13.1.3 集成调制式直流放大器

将调制器和解调器集成为一体的电路称为调制式直流放大器,它不仅完成了直流-交流-直流的变换,抑制了零点漂移,而且还具有输入输出回路的隔离作用,有效防止了干扰信号对测量输出信号的影响,这种放大器又称为隔离放大器。

目前的调制式直流放大器一般包括下列基本部件:
① 高性能输入运算放大器。
② 调制器和解调器。
③ 信号耦合变压器或光耦合器。
④ 输出运算放大器。

调制式直流放大器线性和稳定性好,放大增益可变,应用电路简单,在各种信号的检测和数据采集系统中得到了广泛的应用。

例:AD210三端隔离放大器(调制式直流放大器),其原理框图如图13-5所示。

应用举例:热电偶温度测量,其原理图如图13-6所示。

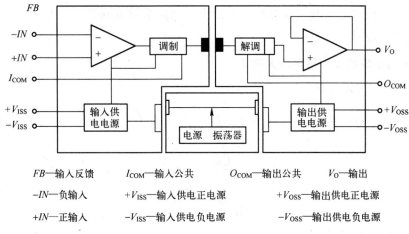

FB—输入反馈　　I_{COM}—输入公共　　O_{COM}—输出公共　　V_O—输出
-IN—负输入　　　$+V_{ISS}$—输入供电正电源　$+V_{OSS}$—输出供电正电源
+IN—正输入　　　$-V_{ISS}$—输入供电负电源　$-V_{OSS}$—输出供电负电源

图 13-5　AD210 三端隔离放大器原理框图

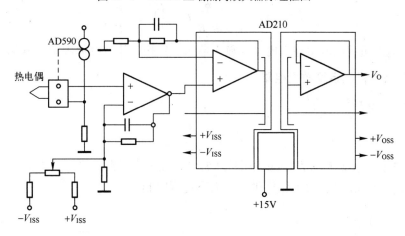

图 13-6　热电偶温度测量原理图

13.2　电压-电流变换

电压-电流变换的目的是避免电压信号在远距离传输中的损失及抗干扰。根据负载电阻的接法的不同，下面介绍几种电路。

13.2.1　浮置负载的电压-电流变换器

1. 负载浮置的反相运算放大电路

图 13-7 所示为负载浮置的反相运算放大电压-电流变换电路。图中 Z_L 是负载，但负载无一端接地，故称负载浮置。利用理想运放条件，流过负载 Z_L 的电流与流过电阻 R_1 的电流相等，由此可得

$$I_L = I_1 = \frac{U_i}{R_1}$$

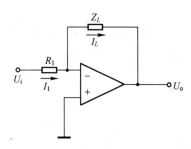

图 13-7　负载浮置的反相运算放大电路

可见输入信号电压 U_i 变换为电流信号 I_L 输出，变换系数可调整 R_1 改变。该电压 – 电流变换电路的优点是简单。

2. 负载接输出端的反相运算放大电路

电路如图 13-8 所示。有

$$I_2 = I_1 = \frac{U_i}{R_1}$$

$$U_o = -I_2 R_2 = -\frac{R_2}{R_1} U_i$$

$$I_3 = \frac{U_o}{R_3} = -\frac{R_2}{R_1 R_3} U_i$$

所以得流过负载的电流 I_L 为

$$I_L = I_2 - I_3 = \frac{U_i}{R_1} + \frac{R_2}{R_1 R_3} U_i = \frac{U_i}{R_1}\left(1 + \frac{R_2}{R_3}\right)$$

该电路所需的负载电流由输入电压和放大器共同负担。负载电流限制在数毫安级。

3. 负载浮置的同相运算放大电路

电路如图 13-9 所示。有

$$I_L = I_1 = \frac{U_i}{R_1}$$

优点：由于同相运算放大器的输入阻抗非常高，输入信号源几乎不提供电流。
缺点：负载电流由运算放大器提供，其大小受到限制。

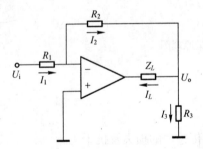
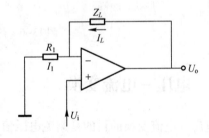

图 13-8　负载接输出端的反相运算放大电路　　　图 13-9　负载浮置的同相运算放大电路

13.2.2　负载接地的电压 – 电流变换器

1. 负载接地的单运放电压 – 电流变换器

电路如图 13-10 所示。有

$$\begin{aligned}U_o - U_2 &= -I_2 R_2 = -I_1 R_2 \\ &= -\frac{(U_i - U_2)}{R_1} R_2 \\ &= \frac{R_2}{R_1} U_2 - \frac{R_2}{R_1} U_i\end{aligned}$$

由 $U_2 = \dfrac{Z_L'}{R_3 + Z_L'}U_o$ 得

$$U_o = \dfrac{R_3 + Z_L'}{Z_L'}U_2$$

其中，$Z_L' = \dfrac{R_4 Z_L}{R_4 + Z_L}$

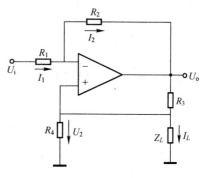

整理得

$$U_2 = -U_i \dfrac{R_2}{R_1\left(\dfrac{R_3}{Z_L'} - \dfrac{R_2}{R_1}\right)} = -U_i \dfrac{1}{\dfrac{R_1 R_3}{Z_L' R_2} - 1}$$

$$= -\dfrac{R_2 R_4 Z_L}{R_1 R_3 R_4 + R_1 R_3 Z_L - R_2 R_4 Z_L}U_i$$

图 13-10 负载接地的单运放
电压-电流变换器

负载上电流为

$$I_L = \dfrac{U_2}{R_L} = -U_i \dfrac{R_2 R_4}{R_1 R_3 R_4 + R_1 R_3 Z_L - R_2 R_4 Z_L}$$

如果选择电阻为

$$\dfrac{R_1}{R_2} = \dfrac{R_4}{R_3}$$

则有

$$I_L = -\dfrac{U_i}{R_4}$$

为了减少信号源电流在 R_4 上的分流，R_4 要取大些，所以该电路电流变换系数不大。

2. 负载接地的双运放电压-电流变换器

电路如图 13-11 所示，有

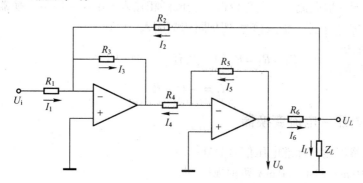

图 13-11 负载接地的双运放电压-电流变换电路

$$I_1 = \dfrac{U_i}{R_1}, \quad I_3 = I_1 + I_2 = \dfrac{U_i}{R_1} + \dfrac{U_L}{R_2}$$

$$I_2 = \dfrac{U_L}{R_2}, \quad I_4 = I_5 = \dfrac{I_3 R_3}{R_4} = \dfrac{R_3}{R_4}\left(\dfrac{U_i}{R_1} + \dfrac{U_L}{R_2}\right), \quad U_o = I_5 R_5 \quad I_6 = I_2 + I_L = \dfrac{U_L}{R_2} + \dfrac{U_L}{Z_L} \quad (13\text{-}1)$$

又

$$I_6 = \frac{U_o - U_L}{R_6} = \frac{R_5 I_5}{R_6} - \frac{U_L}{R_6}$$

得

$$I_6 = \frac{R_5 R_3}{R_6 R_4}\left(\frac{U_i}{R_1} + \frac{U_L}{R_2}\right) - \frac{U_L}{R_6} \tag{13-2}$$

由式（13-1）和式（13-2）得

$$U_L = U_i \frac{\dfrac{R_5 R_3 Z_L}{R_1 R_4}}{R_6 + Z_L\left(1 + \dfrac{R_6}{R_2} - \dfrac{R_5 R_3}{R_2 R_4}\right)}$$

所以

$$I_L = \frac{U_L}{Z_L} = U_i \frac{\dfrac{R_5 R_3}{R_1 R_4}}{R_6 + Z_L\left(1 + \dfrac{R_6}{R_2} - \dfrac{R_5 R_3}{R_2 R_4}\right)}$$

如果选择电阻参数满足下式

$$1 + \frac{R_6}{R_2} = \frac{R_3 R_5}{R_2 R_4}$$

则有

$$I_L = \frac{R_3 R_5}{R_1 R_4 R_6} U_i$$

如取电阻 $R_1 = R_3 = R_4 = R_5$ 时，则有

$$I_L = U_i / R_6$$

该电路虽然可得到较大的负载电流，但也要受运算放大器最大允许输出电流的限制。如果要避免从信号源获取电流，可稍作修改，变成同相输入的电压-电流变换器。

修改方法：将 R_1 去掉，输入信号 U_i 从同相端输入。

如果取 $1 + \dfrac{R_6}{R_2} = \dfrac{R_3 R_5}{R_2 R_4}$ 且 $R_3 = R_4 = R_5$ 时，则有

$$I_L = -2U_i / R_6$$

13.2.3 实用电压-电流变换器

实际要求传感器输出标准电压信号为 0~5V，标准电流为 0~10mA 和 4~20mA 两种规格。

下面介绍两款简单实用的 V-I 变换电路。

1. 0~10mA V-I 变换电路

0~10mA V-I 变换电路如图 13-12 所示，有 $U_1 = U_{IN}$

$$I_0 = \frac{U_1}{R_1} = \frac{U_{IN}}{R_1}$$

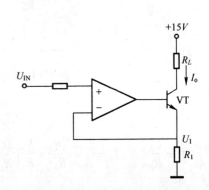

图 13-12　0~10mA V-I 变换电路

2. 4~20 mA V-I 变换电路

图 13-13 中，由于 R_4、$R_5 \gg R_3 + R_L$，可认为 $I_0 = I_E$

$$U_+ = \frac{U_{IN}}{R_1 + R_5}R_5 + \frac{I_0 R_L}{R_1 + R_5}R_1$$

$$U_- = \frac{I_0(R_3 + R_L)}{R_2 + R_4}R_2 - \frac{U_b}{R_2 + R_4}R_4$$

得

$$I_0 = \frac{R_4}{R_2 R_3}(U_{IN} + U_b)$$

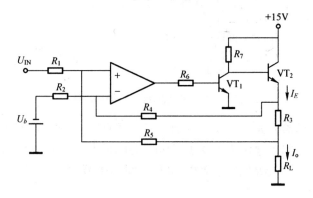

图 13-13　4~20 mA V-I 变换电路

13.2.4　集成 V-I 变换器

XTR101 是美国 BB 公司生产的 4~20 mA 输出的 V-I 变换器，14 脚 DIP 封装。电路原理框图如图 13-14 所示。

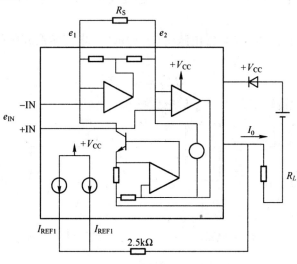

图 13-14　XTR101 电路原理框图

R_S 的选择可由下式决定：

$$R_S = \frac{40}{(\Delta i_o / \Delta e_{IN}) - 0.016}$$

注意：输入 e_{IN} 的最大值为 1 V，此时，R_S 值最大为 ∞。（$\Delta i_o = 16$ mA）

XTR101 的典型应用——铂电阻温度检测，如图 13-15 所示。

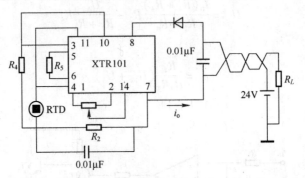

图 13-15 铂电阻温度检测原理图

RTD——铂电阻的参数如下：检测范围：25~150℃，其中，25℃→$i_o = 4$ mA；150℃→$i_o = 20$ mA。铂电阻在 0℃时电阻为 100 Ω，266℃时电阻为 200 Ω，则：铂电阻的灵敏度为

$$\Delta R / \Delta T = (200 - 100) / 266 = 0.376 \ \Omega / ℃$$

输入电压为

$$\Delta e_{IN} = 1 \text{ mA} \times (150 - 25) \times \frac{\Delta R}{\Delta T} = 47 \text{ mV}$$

13.3 电流-电压变换

电流信号经过长距离传送到目的地后，往往需要再转换成电压信号。下面介绍几种常用的转换电路。

图 13-16 所示电路是通过 500 Ω 电阻将 0~10 mA 的电流转换成 0~5 V 的标准电压输入。

在图 13-17 中，有

$$U_{OUT} = I_{IN} \cdot R$$

结果将 0~10 mA 的电流转换成 0~1 V 的电压输入。

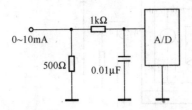 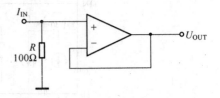

图 13-16 电流-电压变换电路（一）　　图 13-17 电流-电压变换电路（二）

在图 13-18 中，有

$$\frac{U_{OUT}}{R_1 + R_2} R_2 = I_{IN} \cdot R$$

得

$$U_{\text{OUT}} = I_{\text{IN}} \cdot R \cdot \frac{R_1 + R_2}{R_2}$$
$$= 100R \cdot I_{\text{IN}}$$

这是一个简单的 I – V 转换电路，输入信号源的电压可近似为零。

在图 13-18 电路中加一放大器后，效果更好，如图 13-19 所示。

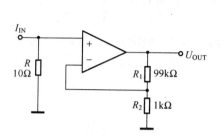

图 13-18 电流 – 电压变换电路（三）

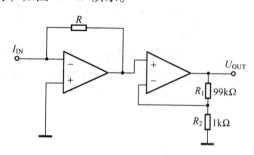

图 13-19 电流 – 电压变换电路（四）

13.4 电压 – 频率和频率 – 电压变换

13.4.1 电压 – 频率变换器

1. 简单 V – f 变换器

图 13-20 所示的电路中，R_1、C_F 和运算放大器构成积分器。

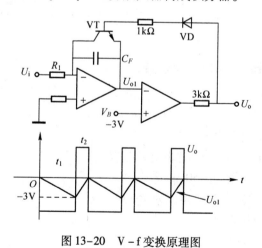

图 13-20 V – f 变换原理图

有：

$$U_{o1} = \frac{U_i}{R_1 C_F} \int_0^t \mathrm{d}t$$

当 $U_{o1} = V_B$ 时，$t = t_1$：

$$t_1 = \frac{U_{o1}R_1C_F}{U_i} = \frac{V_B R_1 C_F}{U_i}$$

因为 $t_2 \ll t_1$

所以可忽略 t_2，但有一定的非线性误差。

2. 精密 V–f 变换器

采用定时电路和运算放大器可构成精密 V–f 变换器，如图 13-21 所示。其工作波形如图 13-22 所示。

每当比较器输出从高电平变到低电平，定时器就输出一个脉宽固定为 t_2 的负脉冲，使 VD_2 截止，VD_1 导通。电容放电电荷为 $I_S t_2$，而在稳定状态下，充电电荷 $I_1 t_1$，由于 $t_1 \gg t_2$，所以，有

$$f_0 = \frac{1}{T_0} = \frac{I_1}{I_S t_2}$$

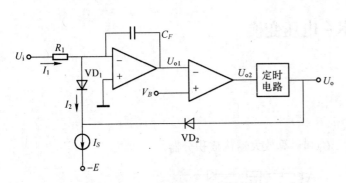

图 13-21　精密 V–f 变换电路

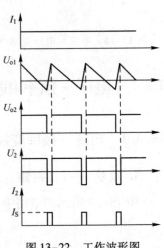

图 13-22　工作波形图

3. 集成 V–f 变换器——LM131 集成电路

主要特点：

1）线性度高，小于 0.01%。
2）可工作在单电源或双电源下。
3）脉冲输出与 TTL、CMOS 等逻辑电平兼容。
4）温度稳定性高，最大为 ±50 ppm/℃。
5）低功耗，5V 电源供电时典型值为 15 mW。
6）输入电压范围为 0.2~V_{CC}。
7）量程范围为 1~100 Hz。
8）低价格。

集成 V–f 变换器 LM131 的电路原理图和工作波形如图 13-23 所示。其工作原理是：首先，$U_i > U_x$，单稳输出电平使开关闭合，I 向电容 C_L 充电。有

$$t_W = 1.1 R_t C_t$$

（因为 R_t 和 C_t 决定触发器的定时时间）

充电 t_W 时间后，开始放电。由于流入 C_L 的平均电流（等于 $i \cdot t_W \cdot f_0$）与流出的平均电

流相等 $U_x/R_L = U_i/R_L$，故

$$f_o = \frac{U_i}{i \cdot t_w \cdot R_L} = \frac{U_i}{1.1 i R_t C_t R_L} = \frac{U_i R_s}{2.09 R_t C_t R_L}$$

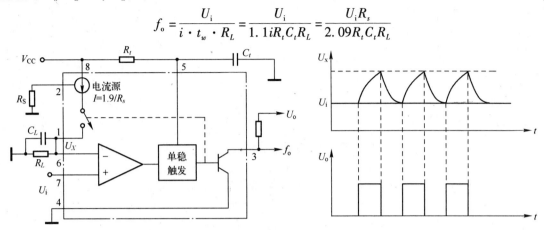

图 13-23　LM131 电路原理和工作波形图

典型应用：如图 13-24 所示，图中 R_i 和 C_i 构成低通滤波器，引脚 2 增加的可调电阻用于基准电流的调节，f_o 可远距离传输或给计算机处理。

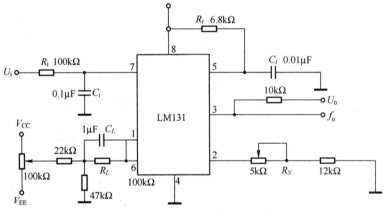

图 13-24　LM131 典型应用电路

13.4.2　频率-电压变换器

涡轮流量计和转速仪等都需要将频率信号转换成电压信号。也可以直接计数显示。

1. 简单的 f-V 变换器

f-V 变换器的电路原理图如图 13-25 所示。

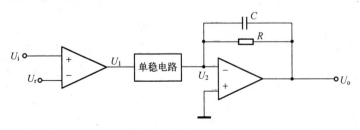

图 13-25　f-V 变换器的电路原理图

图中 U_r 为整形电路的阈值；t_1 为单稳电路的定时时间；T 为输入信号的周期。

f–V 变换器的工作波形如图 13-26 所示，其中：

$$U_o = \frac{U_2 t_1}{T}$$

或

$$U_o = U_2 t_1 f$$

2. 集成 f–V 变换器

LM131 配以外围电路也可用于 f–V 变换。如图 13-27 所示。

设 $Q=1$，VT 截止，C_t 充电，C_L 充电；$Q=0$，T 导通，C_t 放电，C_L 放电。

由于流入 C_L 的平均电流（$1.1R_tC_t$）等于其放电平均电流 U_o/R_L，得

$$U_o = 2.09 R_L R_t C_t f_i / R_s$$

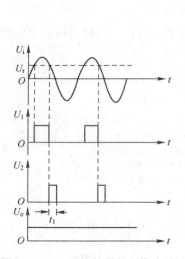

图 13-26 f–V 变换器的工作波形图

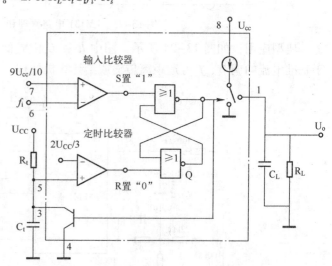

图 13-27 集成 f–V 变换电路

13.5 数/模变换与模/数变换

在各种仪器仪表和控制系统（含微型计算机组成的数据采集及控制系统）中，与被测量或被控制量有关的参量，往往是一些与时间成连续函数关系的模拟量，如温度、流量、压力、物位、成分、重量和速度等。在数字化测量及数据处理系统中，尤其是采用微型计算机进行实时数据处理和实时控制时，所加工的信息总是数字量，所以都需要将输入的模拟量转换成数字量。而当计算机处理后的数字量输出用于控制执行机构时，由于大多数执行机构，如电动执行机构和气动执行机构等，只能接收模拟量，因此，还必须把数字量变成模拟量，以便送入执行机构，对被控对象进行控制和调节。前者称为模/数（A–D）转换，后者称为数/模（D–A）转换。实现相应转换功能的设备，称为 A–D 转换器和 D–A 转换器。

由此可见，数据转换，即 A–D、D–A 转换是微型计算机与被测参数间相互连接的桥梁。因此，在微型机数据采集及控制系统中，应具备完善的 A–D、D–A 转换通道。利用

数据转换器可以组装成数字电压表、数字面板表、袖珍式数字万用表、数字秤、袖珍式数字温度计、袖珍式数字水平仪等体积小、重量轻的数字式仪器仪表。也可用于遥测遥控系统、数控系统，担负 A－D、D－A 转换的任务。

13.5.1 数/模（D－A）转换器

D－A 转换器是将数字量转换成相应的模拟量的器件。

1. D－A 转换器的基本组成

D－A 转换器主要由输入寄存器、模拟切换开关、电阻网络、基准电源及求和运算放大器组成。基本方法是将数字量输入，寄存器的数位控制相应的模拟开关，模拟开关将电阻网络的相应部分按寄存器的状态接入放大器，形成相应的模拟输出，然后相加即可得到所需要的模拟量，如图 13－28 所示。

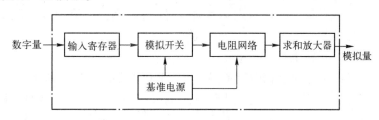

图 13－28　D－A 转换器原理框图

（1）电阻网络

它是 D－A 转换中的主要部分，在并行的 D－A 转换器中都用到一些电阻网络。转换器的精度直接与电阻的精度有关。为提高转换精度，要选用温度系数小的精密电阻来组成。在某些 D－A 转换网络中，转换精度只决定于电阻的比值，与电阻的绝对值关系不大。因为在某段时间里或环境条件变化的情况下，保持电阻比值的恒定比保持电阻本身数值的恒定要容易得多。尤其是对沉积在一个基片上的多个电阻组成的电阻网络更是如此，由于电阻形成在同一时间，用同一材料，同样结构并组装在同一工作环境的组件之中，较容易保证电阻比值的恒定。

（2）基准电源

在 D－A 转换器中，基准电源的精度直接影响 D－A 转换器的准确度。在双极性 D－A 转换器中还需要稳定和准确的正、负基准电源。如果要求 D－A 转换器准确到满量程的 ±0.05%，则基准电源准确度至少要满足 ±0.01% 的要求。另外，还要求噪声低、纹波小、内阻低等。在某些特殊情况下，还要求基准电源有一定的负载能力。

（3）模拟切换开关

模拟切换开关要求断开时电阻无限大，导通时电阻非常小，即要求很高的电阻断通比值；而且力求减小开关的饱和压降、泄漏电流以及导通电阻对网络输出电压的影响，还要开关速度快等。

（4）运算放大器

D－A 转换电路的输出端一般都接运算放大器。其作用是将电阻网络中各支路电流进行总加，同时为 D－A 转换电路提供低的输出阻抗和较强的负载能力。要求运算放大器零漂小，当D-A转换电路作快速转换时，还要考虑动态响应及输出电压的摆率。如果要求D-A转换器精确到满量程的±0.05%，则首先要求放大器本身的电压输出至少稳定在满量程的±0.01%以内。例如，放大器满量程输出为±10V，则要求其输出稳定在±1mV范围内。因此这样的放大器必须附加对偏移和漂移的校正，才能满足转换器的要求。

2. D-A转换器原理

D-A转换电路可分为并行和串行两种。并行D-A转换电路是将数字量各位代码同时转换，因此转换速度较快，但使用的元件多，成本高。快速D-A转换都采用并行转换方式。串行D-A转换电路，其数字量各位代码是串行输入的，在时钟脉冲的作用下，控制转换电路一位接一位地工作，其转换速度比并行转换慢得多，但电路简单，并且在某些情况下，采用串行D-A转换较方便。本节主要介绍并行D-A转换电路。

并行D-A转换器的转换速度比较快，原因是各位代码同时进行转换，转换时间只取决于转换器中电压或电流的稳定时间及求和时间，而这些时间都是很短的。下面介绍两种比较常用的D-A转换器及其转换原理。

(1) 权电阻D-A转换电路

权电阻D-A转换电路又称权电阻解码网络，其电路如图13-29所示，它是由许多电阻组成的网络，这些电阻的阻值与二进制数码每位的权有关联，转换电路的名称即由此而来。权愈大，对应位的权电阻愈小，在输出端产生的模拟电流就愈大。网络的输出端接有用运算放大器构成的缓冲器，它可以使输出的模拟电压不受负载变化的影响，又可以改变负反馈电阻R_f来调节转换系数，使之满足实际需要。权电阻按"2"位数配置，每只权电阻的一端都接有双向开关，二进制数码从低位到高位，分别控制双向开关$K_0 \sim K_{n-1}$。当数码为"0"时，开关与地电平相接；当数码为"1"时，开关与基准电源V_{REF}相连。根据线性电路的叠加原理，可以直接写出由电阻网络流向运算放大器的总电流的通式为

$$\sum I = \frac{a_0 \cdot V_{REF}}{R_0} + \frac{a_1 \cdot V_{REF}}{R_1} + \cdots + \frac{a_{n-1} \cdot V_{REF}}{R_{n-1}} = \frac{V_{REF}}{R} \sum_{i=0}^{n-1} a_i \cdot 2^i$$

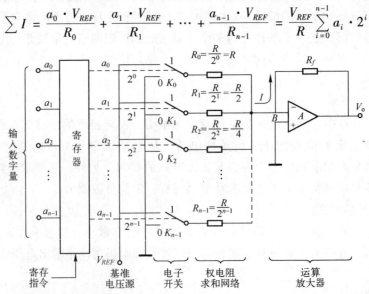

图13-29 权电阻D-A转换电路

式中，$a_i(i=0,1,2,\cdots,n-1)$ 表示数字量各位代码；a_0 表示数码最低位；a_{n-1} 表示数码最高位。a_i 只可能等于 "1" 或 "0"。与上式相对应的输出模拟电压为

$$V_0 = -\sum I \cdot R_f = -\frac{V_{REF} \cdot R_f}{R} \sum_{i=0}^{n-1} a_i \cdot 2^i$$

由上式可知，权电阻 $D-A$ 转换电路的输出电压，不仅与输入的二进制数码的数值 $\sum_{i=0}^{n-1} a_i \cdot 2^i$ 成正比，而且与运算放大器的反馈电阻 R_f、基准电压 V_{REF} 有关。当调整 $D-A$ 转换电路的满刻度及输出范围时，往往要调整这两个参量。

这种转换电路的电阻网络中的电阻值是各不相同的，当位数比较多时，阻值的分散性很大。为保证转换器的精度，对各电阻的阻值要求都很精确，这就给生产（尤其是整体集成）带来了很大的困难。为克服这个缺点，可以采用下面介绍的 T 形电阻 $D-A$ 转换电路。

(2) T 形电阻 $D-A$ 转换电路

T 形电阻 $D-A$ 转换电路又称 T 形解码网络或 $R-2R$ 解码网络，其电路如图 13-30 所示。电阻网络中只有 R 和 $2R$ 两种电阻，整个网络由相同的电路环节组成。每个环节有两个电阻和一个开关，相当于二进制的一位数码，其中双向开关由该位数码控制。相应的数码为 "0" 时，开关接地；数码为 "1" 时，开关接基准电源 V_{REF}。由于电路形状呈 T 形，故称 T 形网络。在集成电路中，多采用该种电阻网络。

T 形电阻网络的特点是任何一个节点的三个分支的等效电阻都是 $2R$，并且由一个分支流进节点的电流 I，对半分成两个 $I/2$ 电流，经另外两个分支流出。现在通过对两种输入情况的分析，来说明图 13-30 电路的工作情况。

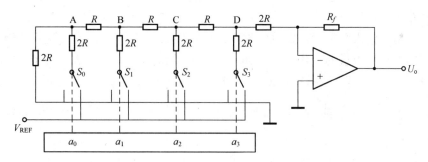

图 13-30 T 形电阻 $D-A$ 转换器工作原理图

当输入信号中 $a_0=1$，其余 $a_1 \sim a_{n-1}$ 均为零时，开关 S_0 把左面第一条支路与基准电源 V_{REF} 相连，其他开关都把对应的支路接地。此时可根据画出的等效电路求出 A 节点电压为 $\frac{R}{2R+R}V_{REF} = \frac{1}{3}V_{REF}$，该电压每向输出端移动一个节点，其电压将被衰减 1/2，则电阻网络输出端电压为

$$U_{D0} = \frac{1}{2^3} \times \frac{1}{3} V_{REF}$$

同理当输入信号中 $a_1=1$，其余均为零时，开关 S_1 把左面第二条支路与基准电源 V_{REF} 相连，其他开关都把对应的支路接地。此时可根据画出的等效电路求出 B 节点电压为 $V_{REF}/3$，该电压每向输出端移动一个节点，其电压将被衰减 1/2，则输出端电压为

235

$$U_{D1} = \frac{1}{2^2} \times \frac{1}{3} V_{REF}$$

同理，当 $a_2=1$，其余为零和 $a_3=1$，其余为零时，分别求出其对应的电阻网络输出端电压为

$$U_{D2} = \frac{1}{2} \times \frac{1}{3} V_{REF}$$

$$U_{D3} = \frac{1}{3} V_{REF}$$

根据线性电路叠加原理，对于输入为 4 位的二进制数码，可以写出电阻网络输出端总输出电压为

$$U_D = \sum_{i=0}^{3} U_{Di} = \frac{V_{REF}}{3 \times 2^3} \sum_{i=0}^{3} a_i \cdot 2^i$$

又由于

$$U_o = -\frac{R_f}{2R} U_D$$

所以，对 n 位数模转换有

$$U_o = -\frac{R_f}{2R} \cdot \frac{V_{REF}}{3 \times 2^{n-1}} \sum_{i=0}^{n-1} a_i \cdot 2^i$$

3. D-A 转换电路的主要参数

D-A 转换器的主要技术指标有如下四个方面：

（1）分辨率

分辨率是指当输入数字量发生单位数码变化（输入数字量的最低位数字（LSB）变化）时，所引起的输出模拟量的变化量。例如，一个 10 位的 D-A 转换器（指该 D-A 转换器能输入 10 位数字量，其最高数字量为 03FFH），如果其输出在 0~10V 范围内变化，则分辨率定义为 $\frac{10}{2^{10}-1} \approx 9.78 \text{mV}$ 或定义为 $\frac{10}{2^{10}} \approx 9.77 \text{mV}$。分辨率常用数字量的有效位数来表示，如 8 位、10 位、12 位等。

（2）精度

绝对精度通常用其绝对误差来表示。指 D-A 转换器对应于给定的满刻度数字量，其实际的输出值和转换器的理论值之间的差值，一般用 ±1 LSB 或 ±1/2 LSB（最低有效位 2^{-n}）为单位来表示，一般应低于 1/2 LSB。

相对精度是指 D-A 转换器在满刻度已校准的情况下，其实际输出值与理论值之差。对于线性的 D-A 转换器，相对精度就是非线性度。它有两种表示方法，一种是用数字量的最低位位数 LSB 表示；另一种用该偏差相对满刻度的百分比表示。

（3）非线性误差

D-A 转换器的非线性误差是指在满量程范围内，实际转换特性曲线偏离理想转换特性曲线的最大值与满量程输出之比。一般非线性误差小于 ±1/2 LSB。

（4）转换速度（转换时间）

输入数字量（满量程）后模拟量稳定的时间，即指 D-A 转换器数据变化量是满刻度

时，达到终值 ±1/2 LSB 时所需的时间。转换时间的长短与所用元件有关，尤其是双向开关和运算放大器，一般为 200~400 ns。

4. D－A 集成芯片及应用

D－A 转换集成芯片就是将 T 形电阻网络、双向开关和某些功能电路集成在单一的芯片上。根据实际应用的需要，不同型号的 D－A 转换集成芯片具有各种特性和功能。例如，从性能来看，有通用的 DAC0808 系列（8 位，转换时间 0.15μs），高速的 DAC0800 系列（8 位，0.1μs），高分辨率的 DA7546（16 位，10μs 等）。从应用角度来看，有可选择输出电压极性的 AD7524、AD7542，以及芯片内带有输入锁存器可与 CPU 数据总线直接相连的 DAC0830 系列等。各种不同型号的芯片由于其基本功能相同，即都是把数字量转换为模拟量，因此其功能管脚基本相同，包括数字量的输入端和模拟量的输出端。许多 D－A 芯片内设置了输入数据锁存器，是因为 CPU 输送数据到 D－A 芯片输入端时，仅在 CPU 输出指令"写"操作的瞬间内，数据才能在输入端保留，当该"写"操作命令撤去时，数据线上的数据立即消失，这样就不能得到时间上连续的模拟信号。如果具有输入数据锁存器，就可利用 $\overline{WR}$ 信号选通输入锁存器，以保证 CPU 输送来的数据保持到新的数据到来为止。因此，对于此类芯片，CPU 与其交换信息时是作为外部设备处理的，这种芯片就具有片选信号与写信号引脚。对于内部没有数据锁存器的芯片，CPU 必须通过并行 I/O 通道或锁存器与 D－A 转换器交换信息。D－A 芯片的输出方式常为电流输出型，且参考电压一般由外部供给，若需获得电压输出，需在芯片外设置输出电压放大器。但后来出现的 D－A 芯片（如 DAC811）将参考电压源、输出放大器等外围器件集成到芯片内部，从而简化了 D－A 接口电路，提高了接口的可靠性。

现对 DAC0832 芯片作一些介绍。DAC0832 是一个具有两个输入数据缓冲区的 8 位 D－A 转换芯片。其框图如图 13-31 所示，图中 V_{REF} 端是由外电路提供的基准电源（+10~-10 V）；I_{OUT1} 与 I_{OUT2} 为两个电流输出端；R_{FB} 是片内电阻，它为外部运算放大器提供了反馈电阻，用以提供适当的输出电压；$\overline{LE}$ 是寄存命令，当 $\overline{LE}=1$ 时，寄存器的输出随输入变化，当 $\overline{LE}=0$ 时，数据锁存在寄存器中，而不再随数据总线上的数据变化而变化。当 ILE 端为高电平，$\overline{CS}$ 与 $\overline{WR_1}$ 同时为低电平时，使得 $\overline{LE}=1$；当 $\overline{WR_1}$ 变高电平时，8 位输入寄存器便将输入数据锁存；当 $\overline{XFER}$ 与 $\overline{WR_2}$ 同时为低电平时，使得 $\overline{LE}=1$，8 位 DAC 寄存器的输出随寄存器的输入而变化，$\overline{WR_2}$ 上升沿将输入寄存器的信息锁存在 DAC 寄存器中并开始 D－A 转换。

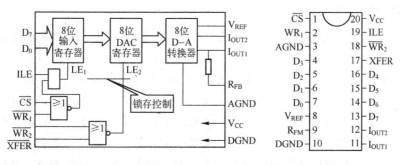

图 13-31　DAC0832 集成单片 D－A 转换器原理框图

DAC0832 是微处理器兼容型 D－A 转换器，可以充分利用微处理器的控制能力实现对 D－A 转换的控制，故这种芯片的许多控制引脚如 ILE、$\overline{CS}$、$\overline{WR_1}$、$\overline{WR_2}$、XFER 端可以和 CPU 的控制线相连，接受 CPU 的控制。

图 13-31 中，D0～D7 为 8 位数据输入端；RFB 为反馈信号输入端；ILE 为数据允许锁存信号；I_{OUT1}、I_{OUT2} 为电流输出端；$\overline{CS}$ 为输入寄存器选择信号；VREF 为参考电源输入端；$\overline{WR1}$ 为输入寄存器选通信号；VCC 为正电源输入端；$\overline{XFER}$ 为数据传输控制信号；AGND 为模拟地；$\overline{WR2}$ 为 DAC 寄存器的写选通信号；DGND 为数字地。

DAC0832 的典型应用如图 13-32 所示。

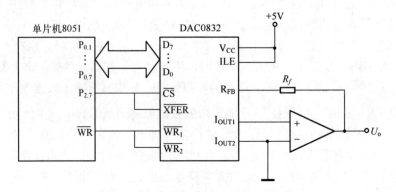

图 13-32　DAC0832 的典型应用图

图 13-32 中，单片机的地址线 $P_{2.7}$ 与$\overline{XFER}$连接作为片选信号；D－A 中两级寄存器的写信号均由单片机的$\overline{WR}$端控制；当 $P_{2.7}$ 为"0"选中 DAC0832 时，只要输出$\overline{WR}$控制信号，DAC0832 就能完成数字量的输入锁存和 D－A 的输出。当基准电压是 5V 时，输出电压范围是 0～5V。

13.5.2　模/数（A－D）转换器

模/数（A－D）转换器是将连续变化的模拟电量转换成数字量（二进制或十进制量）的电路，A－D 变换的基本过程包括量化和编码。由于模拟量主要是电压，所以本节主要讨论电压－数字的转换。

1. A－D 转换器的分类

A－D 转换器的种类很多，其分类方法也很多，按转换方式，可分为直接法和间接法两类。直接法是把电压直接转换为数字量，如逐次逼近比较型的 A－D 转换器。这类转换是瞬时比较，转换速度快，但抗干扰能力差。间接法是先把电压转换成某一中间量，再把中间量转换成数字量。目前使用较多的是电压－时间间隔（V－T）型和电压－频率（V－f）型两种，它们的中间转换量分别是 T 和 f。实现这类转换的方法也不少，如双积分型、脉冲调宽型等。这类转换是平均值响应，抗干扰能力较强，精度高，但转换速度较慢。

逐次逼近式 A－D 转换器是目前种类最多、产量最大、应用最广的 A－D 转换器件。基本原理是将 N 位寄存器置数，然后将数字量再经 D－A 转换输出，与输入模拟量进行比较，再根据比较后的大小，决定 N 位寄存器的数值。如此循环，经过 N 次比较，N 位寄存器的状态即为转换后的数据。其原理框图如图 13-33 所示。

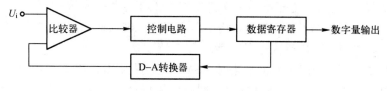

图 13-33　A-D 转换器原理框图

双积分式 A-D 转换器的基本原理是对输入模拟电压和参考电压进行两次积分，先将输入模拟电压转换成与其平均值大小相对应的时间间隔，再在此时间内用脉冲发生器和计数器计数，计数器所计的数即为与输入模拟电压成正比的数字量。由于需要两次积分，因此双积分型 A-D 转换器的速度较低，但抗干扰能力强（对串模干扰抑制能力强），转换精度较高，在一些对速度要求不高的仪器仪表中得到了广泛的应用。

目前常用的、可直接驱动 LED 数码管或 LCD 液晶显示屏的 A-D 转换器就采用双积分式转换原理，如 ICL7107、ICL7106、MC14433 等。与单片机接口的 A-D 转换器常用逐次逼近原理，精度较高。

A-D 转换的方法虽然有多种，但最常用的是逐次逼近比较型和双积分型两种，在与计算机连接时，多用前一种转换器，在组成单板式仪表时，多用后一种。下面将分别叙述这两种形式的转换原理。

2. A-D 转换器的原理

（1）逐次逼近比较型 A-D 转换器的原理

逐次逼近比较型 A-D 转换器的结构如图 13-34 所示，它是一个具有反馈回路的闭环系统，主要由逐次逼近寄存器 SAR、D-A 转换器、比较器、参考电源、时序与逻辑控制电路等部分组成。

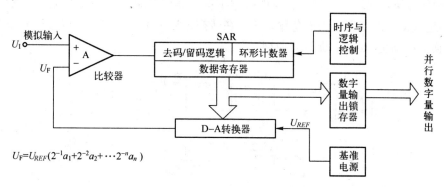

图 13-34　逐次逼近比较型 A-D 转换器工作原理图

设定在 SAR 中的数字量经 D-A 转换器，转换成跃增反馈电压 U_F，SAR 顺次逐位加码控制 U_F 的变化，U_F 与等待转换的模拟量 U_I 进行比较，大则弃，小则留，逐渐累积，逐次逼近，直到加到比较器两个输入端的模拟量十分接近（其误差小于最低一位数字量所对应的模拟量的值，即小于 1LSB 所对应的量化电压）为止，最终留在 SAR 的数据寄存器中的数码作为数字量输出。此时输出的二进制数,就是对应于输入模拟量的数字量。它的转换精度主要取决于 D-A 转换器和比较器两者的精度。

下面举例讨论逐次逼近比较型 A-D 转换器的工作过程。设逐次逼近寄存器 SAR 是 8 位,基准电压 $U_{REF} = 10.24\text{ V}$,模拟量电压 $U_I = 8.30\text{ V}$,转换成二进制数码。工作过程如下:

1) 转换开始之前,先将逐次逼近寄存器 SAR 清零。

2) 转换开始,第一个时钟脉冲到来时,SAR 状态置为 1000 0000,经 D-A 转换器转换成相应的反馈电压 $U_F = U_{REF}/2 = 5.12\text{V}$,反馈到比较器与 U_I 比较。之后,去/留码逻辑电路对比较结果作出去/留码的判断与操作。因为 $U_I > U_F$,说明此位置"1"是对的,予以保留。

3) 第二个时钟脉冲到来时,SAR 次高位置"1",建立 1100 0000 码,经过 D-A 转换器产生反馈电压 $U_F = U_{REF}/2 + U_{REF}/2^2 = 5.12 + 10.24/2^2 = 7.68\text{ V}$,因 $U_I > U_F$,故保留此位"1"。

4) 第三个时钟脉冲到来时,SAR 状态置为 1110 0000,经 D-A 转换器产生反馈电压 $U_F = U_{REF}/2 + U_{REF}/2^2 + U_{REF}/2^3 = 7.68 + 10.24/2^3 = 8.96\text{ V}$,因 $U_I < U_F$,SAR 此位应置"0"。即 SAR 状态改为 1100 0000。

5) 第四个时钟脉冲到来时,SAR 状态又置为 1101 0000,……。

如此由高位到低位逐位比较逼近,一直到最低位完成时为止。逼近过程的时序如图 13-35 所示。逐次逼近比较型 A-D 转换的过程可用表 13-1 说明。由表 13-1 可见,反馈电压 U_F 一次比一次逼近 U_I,经过 8 次比较之后,SAR 的数据寄存器中所建立的数码 1100 1111 即为转换结果,此数码对应的反馈电压 $U_F = 8.28\text{V}$,它与输入的模拟电压 $U_I = 8.30\text{ V}$ 相差 0.02 V,不过两者的差值已小于 1 LSB 所对应的量化电压 0.04 V。逐次逼近比较型 A-D 转换器的转换结果通过数字量输出锁存器并行输出。

注意:

1) 这种 A-D 转换器对输入信号上叠加的噪声电压十分敏感,在实际应用中,通常需要对输入的模拟信号先进行滤波,然后才能输入 A-D 转换器。

2) 这种转换器在转换过程中,只能根据本次比较的结果,对该位数据进行修正,而对以前的各位数据不能变更。为避免输入信号在转换过程中不断变化,造成错误的逼近,这种 A-D 转换器必须配合采样/保持器使用。

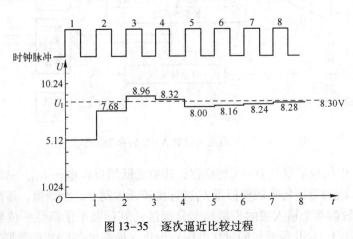

图 13-35 逐次逼近比较过程

表 13-1 8 位逐次逼近 A-D 转换过程

次数	SAR 中的数码	D-A 产生的 U_F (V)	去/留码判断	本次操作后 SAR 中的数码
1	1000 0000	5.12	$U_F < U_I$,留 1	1000 0000
2	1100 0000	7.68	$U_F < U_I$,留 1	1100 0000
3	1110 0000	8.96	$U_F > U_I$,留 0	1100 0000
4	1101 0000	8.32	$U_F > U_I$,留 0	1100 0000
5	1100 1000	8.00	$U_F < U_I$,留 1	1100 1000
6	1100 1100	8.16	$U_F < U_I$,留 1	1100 1100
7	1100 1110	8.24	$U_F < U_I$,留 1	1100 1110
8	1100 1111	8.28	$U_F < U_I$,留 1	1100 1111

(2) 双积分式 A-D 转换器原理

双积分式 A-D 转换器是一种间接比较型 A-D 转换器,其工作原理如图 13-36 所示,它主要由积分器、电压比较器、计数器、时钟发生器和控制逻辑等部分组成。

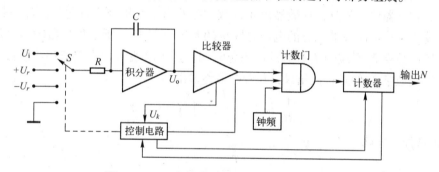

图 13-36 双积分式 A-D 转换器工作原理图

首先利用两次积分将输入的模拟电压转换成脉冲宽度,然后再以数字测时的方法,将此脉冲宽度转换成数码输出。

双积分式 A-D 转换器工作波形如图 13-37 所示。开始工作前,控制电路令开关 S 接地,并使电容 C 短路,使电容 C 放掉电荷,积分器输出为零,同时使计数器复零。整个转换过程分两个时期:

① 采样时期 T_1。控制电路将开关 S 接通 U_i,模拟信号 U_i 接入 A-D 电路,被积分器积分,同时打开控制门,让计数器计数。当被采样信号电压为直流电压或变化缓慢的电压时,积分器将输出一斜变电压,其方向取决于 U_i 的极性,这里 U_i 为负,则积分器输出波形是向上斜变的,如图 13-37 所示。经过一个固定时间 T_1 后,计数器达到其满量限值 N_1,计数器复零而送出一个溢出脉冲。此溢出脉冲使控制电路发出信号,将开关 S 接入基准电压 $+U_r$(若 U_i 为正,则接通 $-U_r$),至此采样阶段结束。

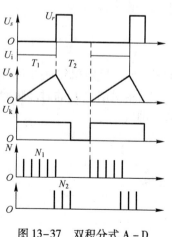

图 13-37 双积分式 A-D 转换器工作波形图

所以，当 $t = t_1$ 时，计数器计数，达到满量程 N_1。

积分器输出的电压为

$$U_0 = -\frac{1}{RC}\int_0^{T_1} U_i \mathrm{d}t$$

U_i 在 T_1 期间的平均值为

$$\overline{U_i} = \frac{1}{T_1}\int_0^{T_1} U_i \mathrm{d}t$$

所以：

$$U_0 = -\frac{T_1}{RC}\overline{U_i}$$

② 测量时期（编码阶段）T_2。当开关 S 接入基准电压 $+U_r$（模拟开关总是接向与 U_i 极性相反的基准电压），$+U_r$ 接入电路，积分器向相反方向积分，即积分器输出由原来的 U_0 在 T_1 时刻的最大值向零电平方向斜变，斜率恒定，如图 13-37 所示。与此同时，计数器又从零开始计数。当积分器输出电平为零时，比较器有信号输出，控制电路收到比较器信号后发出关门信号，积分器停止积分，计数器停止计数，并发出记忆指令，将此阶段计得数字 N_2 记忆下来并输出。这一阶段被积分的电压是固定的基准电压 U_r，所以积分器输出电压的斜率不变，与所计数字 N_2 对应的 T_2 称为反向积分时间。这个阶段常称为定值积分阶段。定值积分结束时得到数字 N_2 便是转换结果，积分器最终输出为

$$-\frac{1}{RC}\int_0^{T_1} U_i \mathrm{d}t + \frac{1}{RC}\int_0^{T_2} U_r \mathrm{d}t = 0$$

由于 U_r 为常数，因此

$$\frac{T_1}{RC}\overline{U_i} = \frac{T_2}{RC}U_r$$

$$\overline{U_i} = \frac{T_2}{T_1}U_r$$

或

$$T_2 = \frac{T_1}{U_r}\overline{U_i}$$

上式表明，反向积分时间 T_2 与模拟电压的平均值 $\overline{U_i}$ 成正比。

设用周期为 T_c 的时钟脉冲计数来测量 T_1 和 T_2，由计数器按一定码制记得脉冲个数 N_1 和 N_2，则

由于

$$T_1 = N_1 T_c \quad T_2 = N_2 T_c$$

所以

$$N_2 T_c = \frac{N_1 T_c}{U_r}\overline{U_i}$$

$$N_2 = \frac{N_1}{U_r}\overline{U_i}$$

上式表明，计数器输出的数字 N_2 正比于采样模拟信号电压的平均值 $\overline{U_i}$。

注意：

1）这种转换过程本质上是积分过程，故是平均值转换，所以对叠加在信号上的随机和周期性噪声干扰有较好的抑制能力。

2）双积分转换速度较慢，特别是为了提高对工频（50 Hz）或工频的整数倍信号干扰的抑制能力，一般选择 T_1 时间为工频周期（20 ms）的整数倍，如 40 ms、80 ms 等，所以转换速度一般不高于 20 次/秒。

3）最终转换结果与电路参数 R、C 无关，可大大降低对 R、C 的精度要求。

4）对采样模拟信号而言，双积分式转换器是断续工作的。

3. A–D 转换器的主要参数

A–D 转换器的主要技术指标有如下几个方面：

（1）分辨率

分辨率指 A–D 转换器对输入信号的分辨能力。A–D 转换器的分辨率是指转换器的输出每改变 1LSB 所对应的输入模拟电压的最小变化量。对于最大输入幅度为 V_{FS}，位数为 n 的 A–D，其分辨率为 $1LSB = V_{FS}/(2^n - 1)$。A–D 转换器的分辨率通常也用输出二进制位数或 BCD 码位数表示。例如，ADC0809 的分辨率为 8 位。

（2）转换精度

A–D 转换器的精度是指对应于一个给定的数字量的实际模拟输入值与理论模拟输入值之差。这一差值亦称绝对误差，如 ±1/2LSB 表示同一数字量的模拟范围增加了 ±1/2LSB（1/2n）。当它用百分数表示时，称为相对精度或相对误差。误差的主要来源有量化误差、零位误差、非线性误差等。

量化误差是指 A–D 转换器输出的量化值与输入模拟值之间的误差，是由于有限数字对模拟数值进行离散取值而引起的误差。提高分辨率可减小量化误差。

（3）转换速度（转换时间）

A–D 转换器完成一次转换所需的时间称为转换时间，转换速率是转换时间的倒数。一般位数愈多，转换时间愈长。不同类型的 A–D 转换器的转换时间差别很大，高速并行式 A–D 转换器的转换时间为 20~50 ns，逐次逼近式为 10~100 ms，双积分式数百毫秒。

除以上主要技术指标外，其他性能指标可以从产品手册中查到。

4. A–D 集成芯片及应用

目前 A–D 转换器已做成单片集成电路芯片。A–D 集成芯片种类繁多，既有转换速度快慢之分，又有位数为 8、10、12、14、16 位之分。按其变换原理分主要有逐次逼近比较型、双积分式、量化反馈式和并行式。其中逐次逼近比较型 A–D 转换器是目前种类最多、数量最大、应用最广的 A–D 芯片。如 ADC0804、ADC0809、ADC0816 等。而双积分式 A–D 转换器其性能/价格比高，外接元件数目少，使用十分方便，可组成各类单板式数字仪表及低速数据采集系统。如 ICL7106/7107、MC14433、ICL7135 等。这类转换器的输出数据常以 BCD 码或数码管七段码格式给出，以便与数字显示器件接口。下面介绍两款 A–D 转换器集成芯片及应用。

（1）3 位半 A–D 转换器的应用

ICL7107 是双积分式 A–D 转换电路，40 脚 DIP 封装。由于采用 CMOS 集成工艺，功耗低,稳定性好,使用方便,在数字仪器中得到广泛的应用。如图 13-38 所示,其中,ICL7107 驱动 LED 数码管,如驱动 LCD 液晶显示,可用 ICL7106。

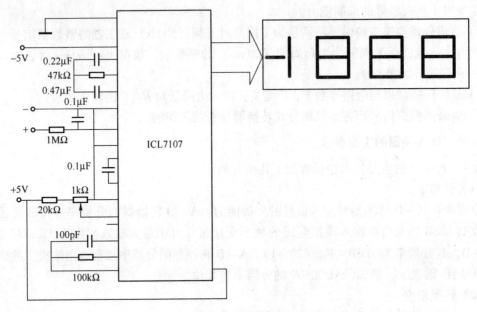

图 13-38　3 位半 A-D 转换器的应用示意图

(2) 逐次逼近式 A-D 转换器 AD574 的典型应用

逐次逼近式 A-D 转换器 AD574 如图 13-39 所示。

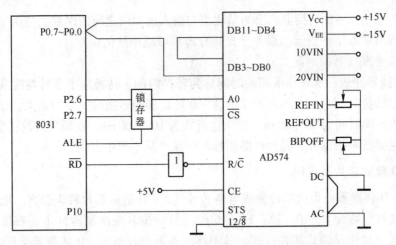

图 13-39　逐次逼近式 A-D 转换器 AD574 的典型应用图

图中,DB0~DB11 为数据输出;10VIN 为 0~10 V 模拟输入;20VIN 为 0~20 V 模拟输入;CE 为片使能信号;$\overline{CS}$ 为片选信号;$R/\overline{C}$ 为读/启动信号;A0 为内部寄存器控制。

知识拓展

一般的敏感器件通常是在检测物理量时发生导电性质的变化（如电阻、电感或电容量的变化），需要采用信号变换电路转换成所需的信号。但是，有一种非常奇特的传感元件——Z 元件，能够将被测物理量直接转换成频率信号输出。

这里要介绍 Z 元件的发明故事。1983 年圣诞节的前夜，苏联科学院控制科学研究所，长年研制传感器的 V. ZOTOV 教授与同事们做实验时，突然发现了一个奇怪的现象：在一个原本应该输出直流信号的输出端却测出大幅度振荡波形，怎么回事？刚开始以为是仪器的故障，又怀疑是干扰信号，经仔细分析，确认是一次罕见的发明。欢喜若狂的科学家们想复制出更多的具有这种特性的元件，但都失败了。经过无数次失败后，终于从物理原理、半导体理论上有了新的突破，研制出了 Z 敏感元件（ZOTOV 教授姓名的第一个字母）。

 问题与思考

传感器输出标准电流为 0～10 mA 和 4～20 mA 两种规格，便于远距离传输，这两种标准信号常采用 4～20 mA，它与 0～10 mA 的信号相比有什么优点？

 本章小结

（1）一般的电子系统中，直流差分放大不容易放大很低数量级的电流，因此需要采用交流放大，放大后再还原成直流。通常使用各种调制器来满足。

（2）为了避免信号在远距离传输中的损失及抗干扰的需要，一般采用电压－电流变换。根据负载电阻的接法的不同，有浮动负载的电压－电流变换器、负载接地的电压－电流变换器。在实际中，往往要求传感器输出标准电压信号为 0～5 V，标准电流为 0～10 mA 和 4～20 mA 两种规格。电流信号经过长距离传送到目的地后，往往还需要在转换成电压信号，这就需要用到电流－电压转换器。

（3）一般在实际应用中，还需将电压转换成频率，或把频率转换成电压，这就需要 V－f 或 f－V 转换器。

（4）数/模变换是将数字量转换成相应的模拟量，转换器主要由输入寄存器、模拟开关、电阻网络、基准电源及求和放大器组成。基本方法是将数字量输入，寄存器的数位控制相应的模拟开关，模拟开关将电阻网络的相应部分按寄存器的状态接入放大器，形成相应的模拟输出，然后相加即可得到所需要的模拟量。主要技术指标有分辨率、精度、非线性误差、转换速度等。

（5）模/数转换是将模拟量转换成数字量，变换的基本过程包括量化和编码，从转换原理来说，主要有逐次逼近式、双积分式等几种。转换器的主要技术指标有分辨率、转换精度、转换速度等。

习题

1. 电流信号和频率信号都便于远距离传输，两者相比，各有什么优缺点？
2. A－D 变换器的分辨率由什么因素决定？
3. f－V 变换器的一个应用是将电机检测得到的频率信号转换成模拟电压信号，试例举一些其他的应用。

第 14 章　传感器信号采集与处理技术

> **本章要点**
>
> 传感器数据采集装置的功能和结构；多路模拟开关和采样/保持器；数据采集装置的技术性能；数据采集系统设计的基础知识；传感器信号数字滤波技术、标度变换技术、非线性补偿技术。

> **学习要求**
>
> 了解传感器数据采集装置的功能和结构；了解多路模拟开关的作用和应用；了解采样/保持器的作用和性能；掌握数据采集装置的基本性能特点；掌握数据采集系统设计的基本原则和一般步骤；了解各种常用数字滤波技术的方法和特点；了解标度变换的原理和方法；掌握常用的非线性补偿技术。

"数据采集"是指将温度、压力、流量、位移等模拟量采集、转换成数字量后，再由计算机进行存储、处理、显示或打印的过程。相应的系统称为数据采集系统。随着计算机技术的飞速发展和普及，数据采集系统也迅速地得到应用。在生产过程中，应用这一系统，可对生产现场的工艺参数进行采集、监视和记录，为提高产品质量、降低成本提供信息和手段。在科学研究中，应用数据采集系统可获得大量的动态信息，是研究瞬间物理过程的有力工具，也是获取科学奥秘的重要手段之一。总之，不论在哪个应用领域中，数据采集与处理越及时，工作效率就越高，取得的经济效益就越大。

数据采集系统的任务，具体地说，就是采集传感器输出的模拟信号，并转换成计算机能识别的数字信号，然后送入计算机，根据不同的需要，由计算机进行相应的计算和处理，得出所需的数据。与此同时，将计算得到的数据进行显示或打印，以便实现对某些物理量的监视，其中一部分数据还将被生产过程中的计算机控制系统用来控制某些物理量。

数据采集系统性能的好坏，主要取决于其准确度和速度。在保证准确度的条件下，应有尽可能高的采样速度，以满足实时采集、实时处理和实时控制对速度的要求。

智能仪表是传感器检测技术智能化的典型应用，是微处理器取代普通电子线路的产物。在智能检测技术中，微处理器作为核心单元，控制检测信号的采集，并对检测信号进行计算和处理，如数字滤波、标度变换、非线性补偿等，然后将处理结果进行显示和打印。

传感器检测技术的智能化，实质上是利用微处理器对检测信号的智能处理，这种处理必须依赖对微处理器编制的工作程序，而信号处理的程序是根据智能化的要求，按照一定方法进行编制的，主要采用的有以下几种技术：数字滤波技术、标度变换技术和非线性补偿技术等。

14.1　传感器数据采集装置的功能

在自动化生产及环境监测中，需要一种多路的自动巡回检测装置，这种装置称为数据采集装置,它能对多个被测参量进行自动连续检测、集中监视、数字显示和打印制表等。可见,它是应用计算机对有关参数进行自动检测处理和管理的技术,是获取生产或环境信息的重要手段。

通用的传感器数据采集装置如图14-1所示,它包括多路模拟开关 MUX,测量(程控)放大器 IA,采样保持器 SHA,模/数转换器 A-D 等。

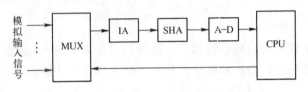

图 14-1 通用传感器数据采集系统

首先,通过多路模拟开关进行扫描检测及 A-D 转换,读取来自传感器的输出信号,并进行标度变换及传感器特性的线性化处理。然后,根据检测值的设定阈值发出报警或控制信号,并通过打印或显示画面输出信息。此外,根据预先确定的时间间隔,将各种数据及计算结果绘制报表输出。

在数据采集时,来自传感器的模拟信号,一般都是比较弱的低电平信号。测量(程控)放大器的作用是将微弱的输入信号进行放大,以便充分利用 A-D 转换器的满量程分辨率。例如,传感器的输出信号一般是毫伏数量级,而 A-D 转换器的满量程输入电压多数是 2.5 V、5 V 或 10 V,且 A-D 转换器的分辨率是以满量程电压为依据确定的。为了能充分利用A-D转换器的分辨率,即转换器输出的数字位数,就要把模拟输入信号放大到与 A-D 转换器满量程电压相应的电平值。

一般通用数据采集系统均支持多路模拟通道,而各通道的模拟信号电压可能有较大差异,因此,最好是对各通道采用不同的放大倍数进行放大,即放大器的放大倍数可以实时控制改变。程控放大器能够实现这个要求,就在于它的放大倍数随时可以由一组数码控制,这样,在多路开关改变其通道序号时,程控放大器也由相应的一组数码控制改变放大倍数,即为每个模拟通道提供最合适的放大倍数。它的使用大大拓宽了数据采集系统的适应面。

根据智能仪表对数据采集装置不同的技术要求,可以提出不同结构的数据采集装置,如何按照需要去构成一个具有很高性能价格比的数据采集装置呢?在确定其结构时,必须认真考虑如下的一些问题:参数变化的速率、分辨率、准确度和通道数等。根据不同要求,选择不同的结构形式。

14.2 数据采集装置的结构配置

多通道的数据采集装置,根据不同的要求可采用如下的结构形式。

14.2.1 多路扫描数据采集结构

这种结构一般有两种形式,一种是多路输入信号共享一个测量放大器,如图14-2所示;另一种是各路信号输入均配以各自的测量放大器,如图14-3所示。系统中的测量放大器不仅能够满足系统对高分辨率的要求,也为 ADC 提供了所需要的高电平输入信号,两种数据采集结构相比，后者对模拟开关可能引入的误差比前者小，因此较为常用。由于整个数据采集系统仅用一个 ADC，因此投资较少，但此结构方式也有不足：

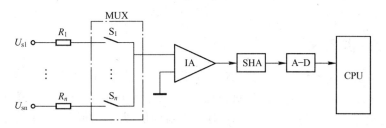

图 14-2　共享 A-D 转换器的数据采集结构一

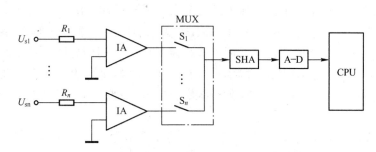

图 14-3　共享 A-D 转换器的数据采集结构二

1）当传感器的输出电压较低，甚至达到微伏级信号时，多路模拟开关由于其导通电阻的衰减作用，难以满足要求。

2）ADC 转换过程需要时间，通常在几微秒至几十毫秒，故当通道数较多及输入信号的变化较快时，即使采用高速的 ADC 也难以胜任。综述其优缺点，这种结构形式适用于慢变化过程对象及传感器输出电压较高的场合。

14.2.2　多路数据并行采集结构

如图 14-4 所示，由于采用多个 IA 和 ADC，显然成本较高。但当要求同时检测多个模拟信号时，这种方案能很好地满足要求。因为图 14-4 所示各通道都能进行 A-D 转换，故此方案适用于高速的数据采集装置。随着集成电路工艺不断改进，各种集成 ADC 的价格越来越低，图 14-4 的方案得到越来越广泛的应用。

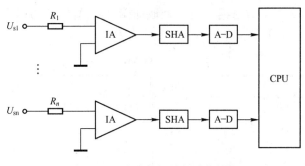

图 14-4　多路数据并行采集结构

14.3 多路模拟开关和采样/保持器

14.3.1 多路模拟开关

数据采集系统往往主要对多路模拟量进行采集。在不要求高速采样的场合，一般采用公共的 A-D 转换器，分时对各路模拟量进行模/数转换，目的是简化电路，降低成本。可以用模拟多路开关轮流切换各路模拟量与 A-D 转换器间的通道，使得在一个特定的时间内，只允许一路模拟信号输入到 A-D 转换器，从而实现分时转换的目的。

一般模拟多路开关有 2^N 个模拟输入端，N 个通道选择端，由 N 个选通信号控制选择其中一个开关闭合，使对应的模拟输入端与多路开关的输出端接通，让该路模拟信号通过。有规律地周期性地改变 N 个选通信号，可以按固定的序列，周期性闭合各个开关，构成一个周期性分组的分时复用输出信号，由后面的 A-D 转换器分时复用，对各通道模拟信号进行周期性转换。因此，多路模拟开关是数据采集装置中的重要环节，多路模拟开关的主要技术指标如下：

1) 导通电阻和关断电阻。多路模拟开关是给模拟信号源提供通道，信号在模拟开关上产生的阻抗对模拟信号的传输有很大影响。导通电阻是开关"导通"状态下的电阻，关断电阻是开关"断开"状态时的电阻。在理想情况下，开关的导通电阻为零，关断电阻为无穷大。实际上，多路模拟开关的导通电阻小于 $100\ \Omega$，关断电阻大于 $10^9\ \Omega$。

2) 通道数。通道数即为模拟开关输入的路数，通常有 4 路、8 路和 16 路。

3) 最大输入电压。即保证多路模拟开关能够正常工作的情况下，允许输入的最大信号电压，标准值为 ±5 V、±10 V 和 ±15 V。

4) 切换速度。模拟开关的切换速度常用导通或关断的时间表示，一般为 $1\mu s$。它要与传输信号的变化率相适应，变化率越高，要求多路模拟开关的切换速度越高。高速数据采集系统要求配以切换速度较高的多路模拟开关。

目前在数据采集系统中广泛应用的多路模拟开关都是集成多路模拟开关，标准通道是 4 路、8 路和 16 路。如单端 8 通道多路模拟开关 AD7501，其原理电路图及管脚图如图 14-5 所示。AD7501 为 CMOS 集成电路，由电平转换电路、地址译码器和多路电子开关组成，译码器是有禁止控制的三-八译码器，禁止端 EN=0 时禁止，各电子开关均不能接通，输出端呈高阻状态；EN=1 时允许选通，由三个地址端 A_0、A_1、A_2 的状态来选择八个通道中的一路，其真值表见表 14-1。

表 14-1 AD7501 真值表

EN	A_2	A_1	A_0	选通路数	EN	A_2	A_1	A_0	选通路数
1	0	0	0	1	1	1	0	1	6
1	0	0	1	2	1	1	1	0	7
1	0	1	0	3	1	1	1	1	8
1	0	1	1	4	0	×	×	×	无
1	1	0	0	5					

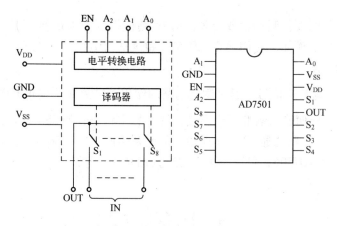

图 14-5 AD7501 原理图

目前常用单片集成模拟开关最大通道数是 16，如 AD7506，其原理如图 14-6 所示，工作原理与 8 通道模拟开关 AD7501 相同，它有 4 个选择输入端，可选择 16 个通道中的任何一个，其真值表见表 14-2。

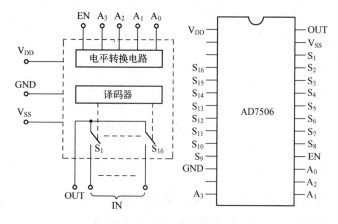

图 14-6 AD7506 原理图

表 14-2 AD7506 真值表

EN	A_3	A_2	A_1	A_0	选通路数	EN	A_3	A_2	A_1	A_0	选通路数
1	0	0	0	0	1	1	1	0	0	1	10
1	0	0	0	1	2	1	1	0	1	0	11
1	0	0	1	0	3	1	1	0	1	1	12
1	0	0	1	1	4	1	1	1	0	0	13
1	0	1	0	0	5	1	1	1	0	1	14
1	0	1	0	1	6	1	1	1	1	0	15
1	0	1	1	0	7	1	1	1	1	1	16
1	0	1	1	1	8	0	×	×	×	×	无
1	1	0	0	0	9						

在实际应用中,需要检测的参数较多,用 16 路模拟开关满足不了要求时,可以对已有的模拟开关进行扩展。例如,利用两个 AD7506 和逻辑门电路可以构成 32 路模拟开关,原理电路如图 14-7 所示。

图 14-7 中,$\overline{CS}$ 为片选信号,通过逻辑电路的作用,完成多片模拟开关的并联运行。当 $\overline{CS}=1$ 时,输出端与任何输入端都不相连接,处于悬空状态;当 $\overline{CS}=0$ 时,若 $A_4=0$,选通 1~16 通道,若 $A_4=1$,则选通 17~32 通道。如此利用两个 AD7506 构成了 32 路模拟开关。按此原理,采用 6 片 AD7506,可以实现 96 路通道的模拟开关。

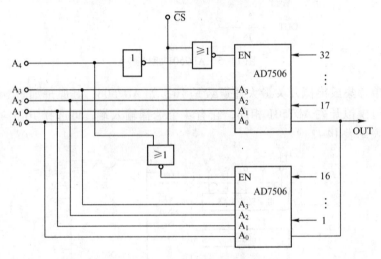

图 14-7 AD7506 扩展电路

14.3.2 采样/保持器

采样保持电路是为了保证模拟信号高精度转换为数字信号的电路。采样保持电路通常也称为采样保持放大器 SHA,是数据采集装置的主要组成单元之一。

模拟信号输入到 A-D 转换器时为什么要经过采样保持电路?这是因为模拟信号进行 A-D 转换时,从启动转换到转换结束输出数字量,需要一定的转换时间。在这个转换时间内,模拟信号要基本保持不变。否则转换精度没有保证,特别是当输入信号频率较高时,会造成很大的转换误差。要防止这种误差的产生,必须在 A-D 转换开始时将输入信号的电平保持住,而在 A-D 转换结束后又能跟踪输入信号的变化。能完成这种功能的器件叫作采样/保持器。从以上的论述可知,采样/保持器在保持阶段相当于一个"模拟信号存储器"。采样/保持器的加入,大大提高了数据采集系统的采样频率。

采样保持器的工作方式如图 14-8 所示,可见,采样保持器有两种工作方式,它们由方式控制端来选择。在采样方式中,采样保持器的输出随模拟输入电压变化;在保持方式中,采样保持器的输出保持在保持命令发出时刻的输入值,直到保持命令撤销为止。

1. 采样保持器工作原理

采样保持器电路原理如图 14-9 所示,它由高输入阻抗的放大器 A_1、工作方式控制开关 K、保持电容 C 和缓冲器 A_2 组成。其工作原理是:当开关 K 闭合时,只要满足 $U_{so} \neq U_{si}$,高

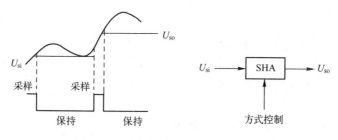

图 14-8　采样保持器工作方式示意图

增益放大器 A_1 的输出处于饱和状态，对电容 C 迅速充电，电容电压为 U_C，通过跟随器 A_2，有 $U_{so}=U_C$，即电容电压 U_C 随着充电而增大，输出电压 U_{so} 也随之增大，直至出现 $U_{so}=U_{si}$，充电才停止，这段时间为采样工作方式。当开关 K 断开，采样保持器进入保持工作方式，由于跟随器 A_2 的输入阻抗很高，在短时间内电容 C 的放电过程可忽略，保持充电时的最终值。

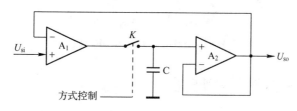

图 14-9　采样保持器电路原理图

目前，采样保持电路已有集成电路，保持电容为外接器件，这样可以方便用户根据需要进行选择。电容的大小与采样频率及采样精度有关，采样频率越高，一般电容要小，此时，在保持工作时，电容电压的下降速度加快，采样精度较差；反之，若采样频率较低，但要求精度较高，则需要选择较大的电容。常采样的电容应选择低泄漏的、具有较好特性的聚酯薄膜电容，如聚苯乙烯、聚丙烯及聚四氟乙烯电容，电容值一般为几百皮法到 0.01 μF。

2. 采样保持器集成电路 AD582

AD582 集成电路是由高性能运算放大器、低泄漏电阻的模拟开关和一个高输入阻抗放大器组成。其引脚功能示意图如图 14-10 所示。

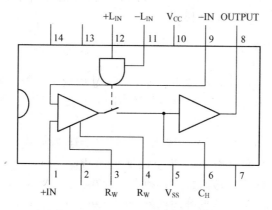

图 14-10　AD582 引脚功能示意图

引脚功能说明如下：

1) +IN，-IN 为模拟输入端。

2) $+L_{IN}$，$-L_{IN}$ 为逻辑输入端，当 $+L_{IN}$ 与 $-L_{IN}$ 间的电压为 $-6\sim0.8$ V 时，AD582 处于采样工作方式；当 $+L_{IN}$ 与 $-L_{IN}$ 间的电压大于 2 V（小于 $V_{CC}\sim3$ V）时，AD582 处于保持工作方式。

3) 两个 R_W 端为调零端，可外接一电位器。

4) C_H 为外接保持电容端。

5) OUTPUT 为信号输出端。

6) V_{CC}，V_{SS} 为电源端，可分别接 +15 V 和 -15 V。

AD582 的主要特性是：

1) 采样时间较短，最短可达 6 μs。

2) 保持电容充电电流与保持电容在保持工作方式时的漏电流之比可达 10^7，反映该保持器的性能好，信号采样精度高。

3) 输入信号的幅度范围大，最高可达 $V_{CC}\sim V_{SS}$，适合于 12 位 A-D 转换器的采样。

4) 模拟信号和数字信号相互隔离，提高了抗干扰能力。

14.4 数据采集装置的技术性能

14.4.1 分辨率与精度

数据采集装置常常要求高分辨率和高精度。在组成数据采集装置的各单元中，A-D 转换器对数据采集的分辨率和精度起着重要的作用。对于一个 8 位 A-D 转换器，其量化误差（最小有效位）为 $1/2^8=0.004=0.4\%$，而对于一个 12 位的 A-D 转换器，其量化误差为 0.0244%，可见，A-D 转换器的位数越高，数据采集的分辨率和精度也越高。例如，选用铁康铜热电偶进行温度测量时，在 0~450℃ 的温度范围，其输出电压为 0~25 mV，即温度每变化 1℃，输出电压的变化小于 55 μV，所设计的数据采集装置需要 0.1℃ 的温度分辨率，才能保证具有 55 μV 的测量精度。根据此要求，测量 0.1℃ 所对应的分辨率为 1/4500（450℃/4500=0.1℃），而一个 12 位 A-D 转换器所具有的分辨率为 1/4096，满足不了要求，所以 A-D 转换器的位数至少为 13 位。

14.4.2 采样速度

采样速度是数据采集装置重要的技术指标之一。一般说来，数据采集装置的速度主要是由功能元件的延时决定，其中 A-D 转换器转换时间起着最主要的作用。下面通过具体例子来说明。

假设有 12 个模拟输入信号，每个的输入信号要求检测 1000 次/s，则相应的信号采样间隔时间为 $T=1/f=1/12000=0.083$ ms。为了保证采样精度，数据采集系统中的各单元都要合理选择，尤其是 A-D 转换器转换时间必须小于 0.083 ms，选择逐次逼近比较型 A-D 转换器才能满足要求。使各单元功能器件的动作时间总和小于采样间隔时间。

由于数据采集装置的广泛应用，各种专门的大规模混合集成电路，把测量放大器、采样保持器、A-D转换器、缓冲接口以及控制逻辑等都装在一块芯片中，使数据采集集成电路具有如下功能：

1) 8 通道或 16 通道单端或差动模拟输入。
2) 随机或顺序输入通道选择控制。
3) 12 位或 8 位的 A-D 转换器。
4) 定时和控制逻辑。

例如，AD7581 在一个 CMOS 芯片上，集成了一个 8 位逐次逼近式 A-D 转换器、一个 8 通道多路模拟开关、三态驱动器以及一个 8×8 双端口 RAM。

14.5 数据采集系统设计

14.5.1 数据采集系统设计的基本原则

对于不同的采集对象，系统设计的具体要求是不相同的。但是，由于数据采集系统是由硬件和软件两部分组成的，因此，系统设计的一些基本原则却是大体相同的，下面从硬件设计和软件设计两方面介绍数据采集系统设计应遵循的基本原则。

1. 硬件设计的基本原则

（1）经济合理

系统硬件设计中，一定要注意在满足性能指标的前提下，尽可能地降低价格，以便得到高的性能价格比，这是硬件设计中优先考虑的一个主要因素，也是一个产品争取市场的主要因素之一。微机和外设是硬件投资中的一个主要部分，应在满足速度、存储容量、兼容性、可靠性的基础之上，合理地选用微机和外设，而不是片面追求高档微机以及外设。当用低分辨率、低转换速度的数据采集系统可以满足工作上的要求时，就不必选择高分辨率、高转换速度的芯片。当对试验曲线没有特殊精度要求时，可以充分利用打印机输出图形的功能，而不必购置价格昂贵的绘图仪。

总之，充分发挥硬件系统的技术性能是硬件设计中的重要原则之一。

（2）安全可靠

选购设备要考虑环境的温度、湿度、压力、振动、粉尘等要求，以保证在规定的工作环境下，系统性能稳定、工作可靠；要有超量程和过载保护，保证输入、输出通道正常工作；要注意对交流市电以及电火花等的隔离；要保证连接件的接触可靠。

确保系统安全可靠地工作是硬件设计中应遵循的一个根本原则。

（3）有足够的抗干扰能力

有完善的抗干扰措施，是保证系统精度、工作正常和不产生错误的必要条件。例如，强电与弱电之间的隔离措施，对电磁干扰的屏蔽，正确接地、高输入阻抗下的防止漏电等。

2. 软件设计的基本原则

（1）结构合理

程序应该采用结构模块化设计。这不仅有利于程序的进一步扩充，而且也有利于程序的修改和维护。在程序编写时，要尽量利用子程序，使得程序的层次分明，易于阅读和理解，同时还可以简化程序，减少程序对于内存的占用量。当程序中有经常需要加以修改或变化的参数时，应该设计成独立的参数传递程序，避免程序的频繁修改。

（2）操作性能好

操作性能好是指使用方便。这点对数据采集系统来说是很重要的。在开发程序时，应该考虑如何降低对操作人员专业知识的要求。因此，在程序设计中，应该采用各种图标或菜单实现人机对话，以提高工作效率和程序的易操作性。

（3）具有一定的保护措施

系统应设计一定的检测程序，例如状态检测和诊断程序，以便于系统发生故障时查找故障部位。对于重要的参数要定时存储，以防止因掉电而丢失数据。

（4）提高程序的执行速度

当程序的执行速度是程序设计的主要矛盾时，可以采用下面的方法来提高程序的执行速度。

1）当程序为汇编语言程序时，指令尽可能采用零页寻址方式，少用或不用间接寻址指令。

2）当进行单通道数据采集时，不要将通道选择指令包括在循环体内。

3）尽量采用高级语言与汇编语言混合编程，以发挥各种语言的特点，提高程序的运行速度。

（5）给出必要的程序说明

给出必要的程序说明，以利于后期的使用与维护。

14.5.2 系统设计的一般步骤

数据采集系统的设计，虽然随采集对象、设备种类、采样方式等不同而有所差异，但系统设计的基本内容和主要步骤是大体相同的，一般有以下几步。

1. 分析问题和确定任务

在进行系统设计之前，必须对要解决的问题进行调查研究、分析论证，在此基础上，根据实际应用中的问题提出具体的要求，确定系统所要完成的数据采集任务和技术指标，确定调试系统和开发软件的手段等。另外，还要对系统设计过程中可能遇到的技术难点做到心中有数，初步定出系统设计的技术路线。这一步对于能否既快又好地设计出一个数据采集系统是非常关键的，设计者应花较多的时间进行充分的调研，其中包括翻阅一些必要的技术资料和参考文献，学习和借鉴他人的经验，这样可使设计工作少走弯路。

2. 确定采样周期 T_S

采样周期 T_S 决定了采样数据的质量和数量。T_S 太小，会使采样数据的数量增加，从而占用大量的内存，严重时，将影响计算机的正常运行；T_S 太大，采样数据减少，会使模拟信号的某些信息丢失，使得在由采样数据恢复模拟信号时出现失真。因此，必须按照相关的采样定理来确定采样周期。

3. 系统总体设计

在系统总体设计阶段，一般应做以下几项工作。

(1) 进行硬件和软件的功能分配

数据采集系统是由硬件和软件共同组成的。对于某些既可以用硬件实现,又可以用软件实现的功能,在进行系统总体设计时,应充分考虑硬件和软件的特点,合理地进行功能分配。一般来说,多采用硬件,可以简化软件设计工作,并使系统的速度性能得到改善,但成本会增加,同时,也因接点数增加而增加不可靠因素。若用软件代替硬件功能,可以增加系统的灵活性,降低成本,但系统的工作速度也降低。因此,要根据系统的技术要求,在确定系统总体方案时,进行合理的功能分配。

(2) 系统 A-D 通道方案的确定

确定数据采集系统 A-D 通道方案是总体设计中的重要内容,其实质是选择满足系统要求的芯片及相应的电路结构形式,通常应根据以下方面来考虑:

1) 模拟信号输入范围、被采集信号的分辨率。
2) 完成一次转换所需的时间。
3) 模拟输入信号的特性是什么?是否经过滤波?信号的最高频率是多少?
4) 模拟信号传输所需的通道数。
5) 多路通道切换率是多少?期望的采样/保持器的采集时间是多少?
6) 在保持期间允许的电压下降是多少?
7) 通过多路开关及信号源串联电阻的保持器旁路电流引起的偏差是多少?
8) 所需精度(包括线性度、相对精度、增益及偏置误差)是多少?
9) 当环境温度变化时,各种误差限制在什么范围?在什么条件下允许有漏码?
10) 各通道模拟信号的采集是否要求同步?
11) 所有的通道是否都使用同样的数据传输速率?
12) 数据通道是串行操作还是并行操作?
13) 数据通道是随机选择还是按某种预定的顺序工作?
14) 系统电源稳定性的要求是什么?由于电源变化引起的误差是多少?
15) 电源切断时是否可能损坏有关芯片(对 CMOS 的多路开关是安全的,因为当电源切断时,多路开关是打开的;而对结型 FET 多路开关是接通的,因此有损坏芯片的可能)?

根据上述系统各项要求,选择满足性能指标且经济性好的芯片,并确定系统 A-D 通道方案。

(3) 确定微型计算机的配置方案

可以根据具体情况,采用微处理器芯片、单片微型机芯片、单板机、标准功能模板或个人微型计算机等作为数据采集系统的控制处理器。选择何种机型,对整个系统的性能、成本和设计进度等均有重要的影响。

(4) 操作面板的设计

在单片机等芯片级数据采集系统中,通常都要设计一个供操作人员使用的操作面板,用来进行人机对话或某些操作。因此,操作面板一般应具有下列功能:

1) 输入和修改源程序。
2) 显示和打印各种参数。
3) 工作方式的选择。
4) 启动和停止系统的运行。

为了完成上述功能，操作面板一般由数字键、功能键、开关、显示器件以及打印机等组成。操作面板的设计可参考微机原理与接口技术方面的书籍。

（5）系统抗干扰设计

对于数据采集系统，其抗干扰能力要求一般都比较高。因此，抗干扰设计应贯穿于系统设计的全过程，要在系统总体设计时统一考虑。

4. 硬件和软件的设计

在系统总体设计完成之后，便可同时进行硬件和软件的设计。具体项目如下：

（1）硬件设计

硬件设计的任务是以所选择的微型机为中心，设计出与其相配套的电路部分，经调试后组成硬件系统。不同的微型机，其硬件设计任务是不一样的，以下是采用单片机的硬件设计过程。

1）明确硬件设计任务。为了使以后的工作能顺利进行，不造成大的返工，在硬件正式设计之前，应细致地制定设计的指标和要求，并对硬件系统各组成部分之间的控制关系、时间关系等作出详细的规定。

2）尽可能详细地绘制出逻辑图、电路图。当然，在以后的实验和调试中还要不断地对电路图进行修改，逐步达到完善。

3）制作电路和调试电路。按所绘制的电路图在实验板上连接出电路并进行调试，通过调试，找出硬件设计中的毛病并予以排除，使硬件设计尽可能达到完善。调试好之后，再设计成正式的印制电路板。

若在硬件设计中，选用的微型机是单板机或个人微型机，由于与这些微型机配套的功能板可从市场上购买到，故设计者只需配置其他接口电路，因此使硬件设计大大简化。

（2）软件设计

软件设计是系统设计的重要任务之一。在数据采集系统中，由于其任务不同，计算机种类繁多，程序语言各异，因此，没有标准的设计格式或统一的流程图，这里只能对软件设计的过程及相同的问题作一介绍。以下是软件设计的一般过程。

1）明确软件设计任务。在软件正式设计之前，首先必须要明确设计任务。然后，再把设计任务加以细致化和具体化，即把一个大的设计任务，细分成若干个相对独立的小任务，这就是软件工程学中的"自顶向下细分"的原则。

2）按功能划分程序模块并绘出流程图。将程序按小任务组织成若干个模块程序，如初始化程序、自检程序、采集程序、数据处理程序、打印和显示程序、打印报警程序等，这些模块既相互独立又相互联系，低一级模块可以被高一级模块重复调用，这种模块化、结构化相结合的程序设计技术，既提高了程序的可扩充性，又便于程序的调试及维护。

3）程序设计语言的选择。可供使用的语言有两种：汇编语言和高级语言（如 BASIC、FORTRAN、C、Delphi），或者是混合语言编程。采用汇编语言编程能充分发挥计算机的速度，可以对数据按位进行处理，可以开发出高效率的采集软件，但是通用性差且数据处理麻烦和编程困难。采用高级语言和汇编语言进行混合编程，既能充分发挥高级语言易编程和便于数据处理的优点，又能通过汇编程序实现一些特定的处理（如中断、对数据移位等）。这种编程方法在数据采集和处理中已经成为重要的编程手段之一。

选用何种语言与微型机有关。当选用微处理器、单板机、单片机构成系统时，程序必须用汇编语言编写。如果是选用个人计算机（PC）构成系统时，一般可采用高级语言与汇编语言混合编程的方法编写软件。

4）调试程序。程序调试是程序设计的最后一步，同时也是最关键的一步。在实际编程中，即使有经验的程序设计者，也需要花费总研制时间的50%用于程序调试和软件修改。

在程序调试中一般采用如下方法：

① 首先对子程序进行调试，不断地修改出现的错误，直到把子程序调好为止，然后再将主程序与子程序连接成一个完整的程序进行调试。

② 调试程序时，在程序中插入断点，分段运行，逐段排除错误。

③ 将调试好的程序固化到EPROM（系统采用微处理器、单板机、单片机时）或存入磁盘（系统采用个人微机时），供以后使用。

5. 系统联调

在硬件和软件分别调试通过以后，就要进行系统联调。系统联调通常分两步进行。首先在实验室里，对已知的标准量进行采集和比较，以验证系统设计是否正确和合理；如果实验室试验通过，则到现场进行实际数据采集试验。在现场试验中，测试各项性能指标，必要时，还要修改和完善程序，直至系统能正常投入运行时为止。总之，数据采集系统的设计过程是一个不断完善的过程，设计一个实际系统往往很难一次就设计完善，常常需要经过多次修改补充，才能得到一个性能良好的数据采集系统。

14.6 数字滤波技术

从现场传感器检测单元到微处理器的接口，往往有一段距离，在信号传输中不可避免地要混入各种干扰信号，产生随机检测误差。为了克服随机干扰引入的随机误差，提高检测精度，可以采用硬件抗干扰的方法，在模拟检测电路中，通常采用RC滤波器或有源滤波器，但在智能检测装置中，也可按统计规律用软件方法来实现，即采用数字滤波方法来抑制有效信号中的干扰成分，消除随机误差。

所谓数字滤波，即通过一定的计算程序，对采集的数据进行某种处理，从而消除或减弱干扰噪声的影响，提高测量的可靠性和精度。数字滤波技术与传统的硬件滤波相比有以下优点：

1）不需要增加硬件设备，节省硬件成本，同时有利于减小体积。数字滤波只是一个滤波程序，无需添加硬件，而且一个滤波程序可用于多处和许多通道，无需每个通道专设一个滤波器，因此，大大节省了硬件成本。

2）可靠性好。软件滤波不像硬件滤波需要阻抗匹配而且容易产生硬件故障。

3）使用灵活。只要适当改变软件滤波程序的运行参数，就可方便地改变滤波功能。

4）功能强。数字滤波可以对频率很高或很低的信号进行滤波，这是模拟滤波器难以实现的。数字滤波的滤波手段有很多种，而模拟滤波只局限于频率滤波，即利用干扰与信号的频率差异进行滤波。

5）不会丢失原始数据。在模拟信号输入通道中使用的频率滤波，难免滤去频率与干扰相同的有用信号，使这部分有用信号不能被转换成数据而存储或记录下来，即在原始数据记录上永久消失。在要求不失真地记录信号波形的现场数据采集系统中，为了更多地采集有用信号，最好尽可能不在 A–D 转换之前进行频率滤波，虽然这样在采集有用信号的同时，会把一部分干扰信号也采集进来，但可在采集之后用数字滤波的方法把干扰消除。由于数字滤波只是把已采集存储到存储器中的数据读出来进行数字滤波，只"读"不"写"，就不会破坏采集得到的原始数据。

下面介绍几种常用的数字滤波方法。

14.6.1 算术平均值法

算术平均滤波是按输入的 N 个采样数据 $x_i(i = 1 \sim N)$，寻找这样一个 y，使 y 与各采样值之间的偏差的平方和最小，即：

$$E = \min\left[\sum_{i=1}^{N}(y - x_i)^2\right]$$

由一元函数求极值的原理，可得对同一采样点连续采样 N 次后的算术平均值：

$$y = \frac{1}{N}\sum_{i=1}^{N}x_i \tag{14-1}$$

上式即为算术平均滤波的基本算式。

式中 y——N 次测量的平均值；

x_i——第 i 次的测量值；

N——测量次数。

设第 i 次测量的测量值包含信号成分 S_i 和噪音成分 n_i，则进行 N 次测量的信号成分之和为

$$\sum_{i=1}^{N}S_i = N \cdot S \tag{14-2}$$

噪声的强度是用方均根来衡量的，当噪声为随机信号时，进行 N 次测量的噪声强度之和为

$$\sqrt{\sum_{i=1}^{N}n_i^2} = \sqrt{N} \cdot n \tag{14-3}$$

上述 S、n 分别表示进行 N 次测量后信号和噪声的平均幅度。

这样对 N 次测量进行算术平均后的信噪比可提高 $\sqrt{N}$ 倍，即

$$\frac{N \cdot S}{\sqrt{N} \cdot n} = \sqrt{N} \cdot \frac{S}{n} \tag{14-4}$$

算术平均滤波是一种最常用的数字滤波方法，对周期性波动的信号有良好的平滑作用。算术平均滤波法适用于对一般具有随机干扰的信号进行滤波。这种信号的特点是有一个平均值，信号在某一数值范围附近做上下波动，在这种情况下仅取一个采样值作依据显然是不准确的。算术平均滤波法对信号的平滑程度和滤波效果完全取决于 N。当 N 较大时，平滑度高，但灵敏度低，且采样点过多时实时性差；当 N 较小时，平滑度低，滤波效果不明显，特别对于脉冲性干扰更是如此，但灵敏度高。应视具体情况选取 N，以便既少占用计算时

间,又达到最好的效果。对于一般流量测量,常取 $N=12$;若为压力,则取 $N=4$。一般常取 $N=4$ 或 $N=8$,即 $N=2^n$ ($n=2、3、\cdots$),这样编程时不需调用除法子程序,而以右移的方法求其平均值,使程序简单又节省运算时间。图14-11为计算 $N=8$ 的算术平均值法程序流程图。算术平均滤波的缺点是:对于测量速度较慢或要求数据计算速度较快的实时控制不适用;比较浪费 RAM。

算术平均滤波程序可直接按上述算法编制,只需要注意两点:一是 x_i 的输入方法,对于定时测量,为了减少数据的存储容量,可对测得的 x_i 值直接按式(14-1)进行计算,但对于某些应用场合,为了加快数据测量的速度,可采用先测量数据,并把它们存放在存储器中,测量完 N 点后,再对测得的 N 个数据进行平均值计算。二是选取适当的 x_i、y 的数据格式,即 x_i、y 是采用定点数还是浮点数。采用浮点数计算比较方便,但计算时间较长;采用定点数可加快计算速度,但是必须考虑累加时是否会产生溢出。

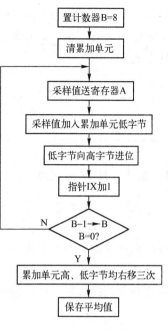

图 14-11 $N=8$ 算术平均值法程序流程图

14.6.2 移动平均滤波

算术平均滤波需要连续采样若干次后,才能进行运算而获得一个有效的数据,因而速度较慢。为了克服这一缺点,可采用移动平均滤波(递推平均滤波)。即先在 RAM 中建立一个数据缓冲区,依顺序存放 N 次采样数据,每次采样到一个新数据放入队尾,并扔掉原来队首的一次数据(先进先出原则),最后再求出当前 RAM 缓冲区中的 N 个数据的算术平均值。这样,每进行一次采样,就可计算出一个新的平均值,即测量数据取一丢一,测量一次便计算一次平均值,大大加快了数据处理的能力。

这种数据存放方式可以采用环形队列结构来实现。设环形队列地址为 40H~4FH 共 16 个单元,用 R0 作队尾指示,其程序流程图如图14-12所示。

这种移动(递推)平均滤波算法的数学表达式为

$$y_n = \frac{1}{N}\sum_{i=0}^{N-1}x_{n-i}$$

式中 y_n——为第 n 次采样值经滤波后的输出;
x_{n-i}——为未经滤波的第 $n-i$ 次采样值;
N——为递推平均项数。

即第 n 次采样的 N 项递推平均值是 n,$n-1$,$\cdots$,$n-N+1$ 次采样值的算术平均,与算术平均法相似。

递推平均滤波法对周期性干扰有良好的抑制作用,平滑度高,灵敏度低,但对偶然出现的脉冲性干扰的抑制作用差,不易消除由于脉冲干扰所引起的采样值偏差,因此它不适用于

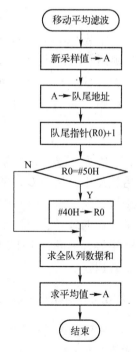

图 14-12 移动平均滤波程序框图

脉冲干扰比较严重的场合，而适用于高频振荡的系统。通过观察不同 N 值下递推平均的输出响应来选取 N 值，以便既少占用计算机时间，又能达到最好的滤波效果。其工程经验值列于表 14-3 中。

表 14-3　N 的工程经验值

参　数	流　量	压　力	液　面	温　度
N 值	12	4	4~12	1~4

14.6.3　加权平均滤波

在算术平均滤波法和递推平均滤波法中，N 次采样值在输出结果中的权重是均等的，即 $1/N$。用这样的滤波算法，对于时变信号会引入滞后。N 越大，滞后越严重。为了增加新采样数据在递推平均中的权重，以提高系统对当前采样值中所受干扰的灵敏度，可采用加权递推平均滤波算法。它是递推平均滤波算法的改进，即不同时刻的数据加以不同的权，通常越接近现时刻的数据，权取得越大。N 项加权递推平均滤波算法为

$$y_n = \frac{1}{N} \sum_{i=0}^{N-1} C_i x_{n-i} \tag{14-5}$$

式中，C_0，C_1，…，C_{N-1} 为常数，且满足如下条件：

$$C_0 + C_1 + \cdots + C_{N-1} = 1$$
$$C_0 > C_1 > \cdots > C_{N-1} > 0$$

常数 C_0，C_1，…，C_{N-1} 选取有多种方法，其中最常用的是加权系数法，设 τ 为对象的纯滞后时间，且：

$$\delta = 1 + e^{-\tau} + e^{-2\tau} + \cdots + e^{-(N-1)\tau}$$

则

$$C_0 = \frac{1}{\delta}, \quad C_1 = \frac{e^{-\tau}}{\delta}, \quad \cdots, \quad C_{N-1} = \frac{e^{-(N-1)\tau}}{\delta}$$

因为 τ 越大，δ 越小，则给以新的采样值的权系数就越大，而给以先前采样值的权系数就越小，从而提高了新的采样值在平均过程中的地位。故加权递推平均滤波算法适用于有较大纯滞后时间常数 τ 的对象和采样周期较短的系统。而对于纯滞后时间常数较小、采样周期较长、缓慢变化的信号，则不能迅速反应系统当前所受干扰的严重程度，滤波效果差。另外，由于加权系数要在现场进行反复的调整，很不方便，因此该方法的应用不普遍。

14.6.4　中值法

中值法是对某一被测参数点连续采样 n 次（一般 n 取奇数，通常取 3 次），然后把 n 次采样值按大小排列，以其中间值作为本次该点的测量值。中位值滤波能有效地克服偶然因素引起的波动或采样器不稳定引起的误码等脉冲干扰。对温度、液位等缓慢变化的被测参数，采用此法能收到良好的滤波效果，但对于流量、压力等快速变化的参数，一般不宜采用中位值滤波。

其算法为

若 $x_1 \leqslant x_2 \leqslant x_3$，则取 $y = x_2$，否则重新采样。

中值法能有效地滤除脉冲干扰。如果被测模拟信号的变化不快，且没有干扰，则连续采样值应该十分接近。如果在连续三次采样中有任一次受到干扰，则采样值不可靠，中值法会将干扰剔除；如果在连续三次采样中有任二次受到干扰，且干扰的方向相反时，中值法同样可以将此干扰剔除。但是，当有两次或三次相同方向的干扰时，中值法将失去作用。

中值法适合于缓慢变化测量信号的处理，如对温度、液位等变化缓慢的被测参数有良好的滤波效果。能有效克服因偶然因素引起的随机干扰，但不适宜快速变化的信号处理，如流量、速度等快速变化的参数。图 14-13 为中值法程序流程图。

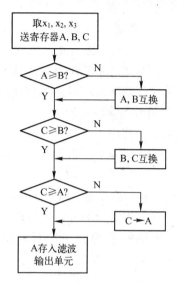

图 14-13　中值法程序流程图

14.6.5　一阶惯性滤波法

在模拟检测电路中，最常用的是 RC 低通滤波器，尤其是一阶 RC 滤波器，如图 14-14 所示，其传递函数为

$$G(s) = \frac{Y(s)}{X(s)} = \frac{1}{T_1 s + 1} \quad (14-6)$$

式中，$T_1 = RC$，为滤波时间常数。将式（14-6）变换成微分方程式：

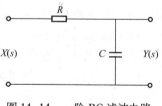

图 14-14　一阶 RC 滤波电路

$$RC \frac{dy}{dt} + y = x$$

引入差分形式，并令 T 为采样周期，得：

$$T_1 \frac{y(k) - y(k-1)}{T} + y(k) = x(k)$$

令 $\beta = \dfrac{T_1}{T}$，则：

$$\beta[y(k) - y(k-1)] + y(k) = x(k)$$

$$y(k) = \frac{\beta}{1+\beta} y(k-1) + \frac{1}{1+\beta} x(k)$$

令 $\alpha = \dfrac{1}{1+\beta} = \dfrac{1}{1+\dfrac{T_1}{T}} = \dfrac{T}{T+T_1}$，则：

$$y(k) = (1-\alpha)y(k-1) + \alpha x(k) \tag{14-7}$$

式（14-7）即为一阶惯性数字滤波算法。

式中 $x(k)$——本次采样值；

　　　$y(k-1)$——前次数字滤波器输出值；

　　　$y(k)$——本次数字滤波器的输出值。

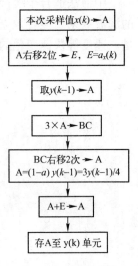

图 14-15　一阶数字滤波流程图

α 值取决于时间常数 T_1 和采样周期 T，时间常数 T_1 大，α 值小，滤波效果好，但是，T_1 过大，及 α 值过小会造成较大的相位滞后，影响检测系统的动态响应。因此，需要在满足滤波要求的基础上，确定时间常数 T_1 的最小值。其方法通常是采用实验探索法，试取不同的 T_1，以达到使干扰减弱或消除的目的。

确定 α 值后，为避免调用乘法子程序，提高运行速度，可近似取 $\alpha = 1/2^m$。图 14-15 所示为 $\alpha = 0.25 (m=2)$ 时的一阶数字滤波程序流程图。

一阶惯性滤波法在实际应用中能够有效地减少周期性干扰，但对非周期随机干扰的抑制能力较差。用类似的方法还可以有二阶数字滤波法，但它更复杂，滤波效果的改善并不明显，所有很少采用。

14.6.6　抑制脉冲算术平均法

从以上介绍的滤波方法可以看出，算术平均值对周期性波动信号有较好的平滑作用，但对脉冲干扰的抑制能力较差，而中值法具有良好的抑制脉冲干扰的能力，但由于受各采样点连续采样次数的限制，阻碍了其性能的提高。为此，将这两种方法结合起来，取长补短，更有利于检测信号的滤波，这种新的滤波方法就是抑制脉冲算术平均法。该方法是对测量点连续采样 N 个数据，去掉一个最大值和一个最小值，然后计算 $N-2$ 个数据的算术平均值，N 值的选取 3~14。此抑制脉冲算术平均滤波方法，与目前采用的裁判评分的处理方法类似。

抑制脉冲算术平均滤波方法优点是：融合了算术平均滤波和中值法两种滤波法的优点，对于偶然出现的脉冲性干扰，可消除由于脉冲干扰所引起的采样值偏差；其缺点是：测量速度较慢，和算术平均滤波法一样，比较浪费 RAM。

14.7　标度变换

在模拟检测电路中，需要对检测信号进行调整或标定，使得检测结果显示被测的参数。同样，通过微处理器对数字信号进行处理时，要准确的反映被测参数，也必须经过一定的信号变换。即一般各种传感器检测单元传输给 A-D 转换器的模拟标准信号是 0~5V，它对应各种检测量在整个检测范围内的输出，通过 A-D 转换器转换成 0000H~0FFFH（12 位）的数字量，输入微处理器进行运算处理。微处理器必须将接收的数字信号转换成与被测参数相对应的参量，才能进行正常的显示、记录、报警和统计，这就是所谓的标度变换，又称为工程量变换。标度变换的前提条件是测量值与工程量值的关系为线性关系。

14.7.1 标度变换原理

对于线性测量系统，假设：

Y_m——一次测量仪表的上限（一次测量仪表通常为传感器的输出）；
Y_0——一次测量仪表的下限；
Y_x——一次测量仪表的实际测量值；
N_m——仪表上限所对应的数字量；
N_0——仪表下限所对应的数字量；
N_x——实际测量值所对应的数字量。

根据线性比例关系有

$$\frac{Y_m - Y_0}{N_m - N_0} = \frac{Y_x - Y_0}{N_x - N_0}$$

即

$$Y_x = Y_0 + \frac{Y_m - Y_0}{N_m - N_0}(N_x - N_0) \tag{14-8}$$

式中，Y_0、Y_m、N_0、N_m对某一个固定被测参数来说是常数，仅具有不同的量纲和数字。有时为了测量方便，把被测参数的起点Y_0所对应的A-D转换值设为零，即$N_0 = 0$，则式（14-8）可简化为

$$Y_x = Y_0 + \frac{Y_m - Y_0}{N_m}N_x \tag{14-9}$$

式（14-8）和式（14-9）称为参数标度变换公式。

【例14-1】 某热处理炉温度系统，测量仪表的量程为200~800℃，在某一时刻，微处理器采样并经8位A-D转换后，数字量为CDH，求此时温度是多少？（设该仪表的量程是线性的）

解： 应用参数标度变换公式（14-9），得到对应的温度为

$$Y_x = Y_0 + \frac{Y_m - Y_0}{N_m}N_x = 200 + (800 - 200)\frac{CDH}{FFH}$$

$$= 200 + 600\frac{205}{255} = 682℃$$

14.7.2 非线性检测信号的标度变换

前面所述的标度变换都是在以测量值与被测参数为线性关系的前提下进行的。但是，在许多情况下，检测信号与被测参数呈非线性的关系，这时一般的做法是，首先进行检测信号的线性化处理，然后再进行标度变换。有些非线性关系如果可用数学关系式表达，如开方、平方和对数等，则可以将线性处理和标度变换同时进行。下面以流量测量为例说明。

在流量测量中，采用差压流量测量时，流量与差压之间的关系为

$$Q = K\sqrt{\Delta P} \tag{14-10}$$

式中　Q——流量；
　　　K——刻度系数；
　　　ΔP——差压。

令 $Y = \sqrt{\Delta P}$，则有：

$$Q = KY \tag{14-11}$$

上式表明，流体的流量与流量的差压的平方根成正比，依次，由式（14-8）可得测量流量时的标度变换公式：

$$\frac{Q_m - Q_0}{K\sqrt{N_m} - K\sqrt{N_0}} = \frac{Q_x - Q_0}{K\sqrt{N_x} - K\sqrt{N_0}}$$

$$Q_x = \frac{\sqrt{N_x} - \sqrt{N_0}}{\sqrt{N_m} - \sqrt{N_0}}(Q_m - Q_0) + Q_0 \tag{14-12}$$

式中　Q_x——被测量的流量值；
　　　Q_m——流量仪表的上限值；
　　　Q_0——流量仪表的下限值；
　　　N_x——从差压变送器测得的差压值（数字量）；
　　　N_m——差压变送器上限所对应的数字量；
　　　N_0——差压变送器下限所对应的数字量。

对于流量测量仪表，一般下限取零，有 $Q_0 = 0$，$N_0 = 0$，则式（14-12）变成

$$Q_x = \frac{\sqrt{N_x}}{\sqrt{N_m}} Q_m \tag{14-13}$$

根据上式，就可以完成流量仪表的标度变换。

14.8　非线性补偿技术

在检测系统中，无论检测结果是采用什么形式的输出，其输入与输出都是线性对应的，比如数字显示值与显示单元的输入数字信号是线性对应的，A－D 转换器的输出数字信号与输入的模拟信号也是线性对应的。如果这些输入的信号与被测量不是线性关系，势必造成检测的非线性误差。而实际上，绝大多数的检测单元都存在一定的非线性，其主要原因有两个方面：一是由于许多传感器的转换呈非线性，如热电偶输出的热电势与温度的关系是非线性；二是采用检测电路的非线性，如直流单臂电桥的输出电压与桥臂电阻的变化率呈非线性关系。因此，在采用模拟检测电路时，往往采用以下办法减小或消除检测信号的非线性：

1）缩小测量范围，即取非线性特性中的一段，用线性关系近似表示，比如铜金属热电阻，在 0~150℃ 范围内可近似认为其阻值与温度的关系呈线性关系。

2）指示仪表采用非线性刻度。这种情况大多适合指针式仪表，如有些指针式仪表按指数规律进行刻度。

3）采用合理的检测电路。如采用输入与输出呈线性关系的差动电桥，或者采用与传感器非线性相互补偿的非线性检测电路，如前面介绍的有源检测电路，虽然输出电压与电容的变化呈非线性，但它刚好可以抵偿变极距电容传感器的非线性，使输出电压与被测位移的变

化呈线性关系。

4）利于非线性补偿电路，如各种对数、指数、三角函数运算放大器，它适用于一些有规律的非线性检测单元的信号处理。

以上各种模拟电路的非线性处理方法，不仅会增加系统的成本，线性处理的效果也不理想，对一些具有复杂非线性特性的检测信号无法处理，但是，通过微处理器对检测信号进行软件的非线性处理，不仅灵活，而且方便。因为检测系统的最终目的是尽可能地反映被测对象，因此检测信号的线性处理也是检测系统智能化的主要内容。检测信号的数字非线性处理方法主要采用以下几种。

14.8.1 线性插值法

设某传感器输出特性 $y=f(x)$ 为非线性曲线，如图14-16所示。将该曲线按一定的精度要求，把 x 轴分为若干段，按折线法做线性变换，并将分段基点 x_i，y_i 值（$i=1,2,\cdots,n$）标出，排列成表格。

由于各段均用直线代替曲线，因此很容易求出 x 值所对应的 y 值。设 x 在 $x_i \sim x_{i-1}$ 之间，则线性插值公式为

$$y = y_{i-1} + \frac{y_i - y_{i-1}}{x_i - x_{i-1}}(x - x_{i-1}) \quad (14-14)$$

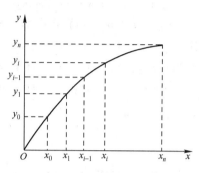

图14-16 插值法示意图

应用线性插值进行线性处理的具体方法是：

1）首先用实验方法测出传感器的输出特性曲线 $y=f(x)$。

2）将所得特性曲线进行分段，记下分段起点 x_i 和 y_i，并将它们排列成表格，顺序存入微处理器的存储单元。分段越多，精度也越高，但要求存储容量大，计算时间长，因此实际上在满足精度要求的情况下尽可能少分几段。如何分段则有等距分段和非等距分段两种。

等距分段是沿 x 轴等距离分段，这种方法的优点是使式（14-14）中的 $(x_i - x_{i-1})$ 为常数，因而计算简单。但当函数的曲率和斜率变化较大时会产生较大的误差。

非等距分段法的特点是，根据特性曲线曲率的变化率的大小，决定分段的距离。曲率变化大时，插值距离取小一点，因此比较麻烦。

3）当智能检测系统 A-D 转换采集到传感器的输出电压 x，通过查表法，判断该采样值 x 落在哪一段区间，设为 (x_i, x_{i-1}) 区间。

4）按插值公式（14-14）计算出相应的 y 值，即完成了插值线性处理的目的。

14.8.2 二次抛物线插值法

前面介绍的线性插值法，适合于输出特性曲线弯度不太大的场合，如温度测量中的热电偶特性，催化瓦斯传感器的特性等，对曲线弯度较大的输出特性，如图14-17所示的特性，如果还用线性插值法，必将产生较大的误差 Δy，要减小误差，必须增加分段的密度，这样不仅占用过多的存储单元，而且信号处理的速度也减慢。为了解决这个问题，可采

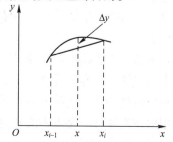

图14-17 线性插值引起的误差

用二次抛物线插值法。

二次抛物线插值法的工作原理是：通过特性曲线上的三个点作一抛物线，用以代替曲线。

设某函数 $y = f(x)$，用抛物线来近似代替它，如图 14-18 所示。抛物线的一般表达式为

$$y = k_0 + k_1 x + k_2 x^2 \qquad (14-15)$$

式中，k_0，k_1，k_2 为待定系数，由曲线 $y = f(x)$ 的三个点 A、B、C 的三元方程组联解求得。为简便计算，可采用另一种形式：

$$y = m_0 + m_1(x - x_0) + m_2(x - x_0)(x - x_1) \quad (14-16)$$

式中，m_0、m_1、m_2 为待定系数，有 A、B、C 三点的值决定。

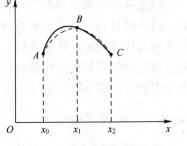

图 14-18　二次抛物线插值法

当 $x = x_0$，$y = y_0$ 时：　有 $y_0 = m_0$

当 $x = x_1$，$y = y_1$ 时：　有 $y_1 = m_0 + m_1(x_1 - x_0)$

即：

$$m_1 = \frac{y_1 - y_0}{x_1 - x_0}$$

当 $x = x_2$，$y = y_2$ 时，有：

$$y_2 = y_0 + \frac{y_1 - y_0}{x_1 - x_0}(x_2 - x_0) + m_2(x_2 - x_0)(x_2 - x_1)$$

得：

$$m_2 = \frac{\dfrac{y_2 - y_0}{x_2 - x_0} - \dfrac{y_1 - y_0}{x_1 - x_0}}{x_2 - x_1}$$

计算步骤为：首先利用曲线上已知的三点 A、B、C 的坐标值，求出系数 m_0、m_1、m_2 并存放在相应的存储单元中。然后，根据任一个给出的 x 值，代入式（14-16），便可求出所需的 y 值。用二次抛物线插值法的原理如图 14-18 所示。

14.8.3　查表法

前面介绍的两种插值法，均属计算法，其线性处理的基本原理都是用一已知的特性去近似逼近实际特性。对一些较复杂的特性，需要取更多的段数，才能保证处理后的误差满足精度要求，但这会增加计算量和存储单元的容量，因此对这些检测特性，可利用查表法进行处理。

所谓查表法就是事先通过实验得到检测值和对应的被测量，并按一定的方式（例如按大小顺序排列）存入存储单元，实际检测时微处理器根据采样的测值，从存储单元中查出所对应的被测量。这种方法的优点是速度快，对一致性较好的传感器能够达到较高的精度。常用的查表法有顺序查表法和对分搜索法。

（1）顺序查表法

它指表格数据的排列顺序，从头开始，一个一个地进行比较，直到找出关键字为止。这

种方法主要适用于排列数据没有规律的场合以及表格比较短的情况。

(2) 对分查表法

如果表格较长，但满足从小到大（或从大到小）的排列顺序，为了加快查表的速度，可以采用对分搜索的办法查找。具体方法如下：

设存储器中数据表格的数据有 N 对（每对数据是一个检测信号 X_i 和一个被测量 Y_i 对应，$i=1, 2, 3, \cdots, N$），对分差表法是首先取数据中的中间值 $X_{N/2}$ 与实测信号进行比较，若相等则找到，若实测信号大于 $X_{N/2}$，则下一次取 $X_{N/2} \sim X_N$ 的中值，即与 $X_{3N/4}$ 进行比较，若相等则找到，若实测信号仍大于 $X_{N/2}$，则继续取 $X_{3N/4} \sim X_N$ 的中值进行比较，如此继续下去，逐次逼近要搜索的数据，直到找到为止。

对分查表法最高的搜索次数为 $\log_2(N-1)$，如果 $N=65536$，则只需要搜索 15 次便可找出相应的数据。由此可见，对分查表法可以大大提高查表的效率，唯一的缺点是表格数据需要占用较大的存储空间。

知识拓展

(1) 前面介绍的多路数据采集系统结构，只适合于较少数量的传感器检测系统，当传感器的数量较多时，比如一个宾馆的火灾监测报警系统，火灾传感探头有数百个，如果还采用探测器和控制器之间的多线制系统结构，会增加工程设计、施工和维护的复杂性。因此，目前对这种数量较多的传感器数据采集系统，一般采用总线制系统结构。总线制系统结构的核心是采用数字脉冲信号巡检和数据压缩传输，通过收发码电路和微处理机，实现探测器与控制器的协议通信和系统监测控制。总线制系统结构一般是二总线、三总线或四总线制，其工程布线灵活，抗干扰能力强，可靠性高，系统总功耗小。

总线的连接方式适配器（接口）可实现高速 CPU 与低速外设之间工作速度上的匹配和同步，并完成计算机和外设之间的所有数据传送和控制。单机系统中总线结构的三种基本类型：

单总线：使用一条单一的系统总线来连接 CPU、内存和 I/O 设备。

双总线：在 CPU 和主存之间专门设置了一组高速的存储总线。

三总线：系统总线是 CPU、主存和通道（IOP）之间进行数据传送的公共通路，而 I/O 总线是多个外部设备与通道之间进行数据传送的公共通路。

总线按功能分类可分为地址线（单向）、数据线（双向）和控制线（每一根是单向的）。早期，总线实际上就是 CPU 芯片引脚的延伸和驱动能力的增强，存在以下不足：

1) CPU 是总线上唯一的主控者。

2) 总线结构与 CPU 紧密相关，通用性较差。现代总线的趋势是标准总线，与结构、CPU、技术无关，又被称为底板总线。现代总线可分为四个部分：数据传送总线，由地址线、数据线、控制线组成；仲裁总线，包括总线请求线和总线授权线；中断和同步总线，包括中断请求线和中断认可线；公用线，包括时钟信号和电源等。

计算机系统中，传输信息基本有三种方式：串行传送、并行传送和分时传送。串行传送：使用一条传输线，采用脉冲传送。主要优点是只需要一条传输线，这一点对长距离传输显得特别重要，不管传送的数据量有多少，只需要一条传输线，成本比较低廉。缺点就是速度慢。并行传送：每一数据位需要一条传输线，一般采用电位传送。分时传送：总线复用或是共享总线的部件分时使用总线。

（2）"模糊信号处理技术"是模糊理论在智能检测技术中的应用。"模糊"的概念，是美国自动控制专家扎德于1965年最先提出的，其核心是最大限度地模拟人的思维及其推理功能，来研究现实世界中许多界限不清的事物。在人们的现实生活和工作中，除了需要有精确的思想之外，往往还要有模糊的思维，才能调和、解决一些具体问题。

在实际检测中，有许多非确定的参量需要检测和识别，它以模糊理论为基础，采用多样化的文字变量，模仿人类的经验，再用某种集合中的适当数值来加以反映。比如，在火灾预警技术中，如果仅仅根据火灾发生前产生的某种气体量的检测来判断火灾的发生，是不可靠的。它需要根据不同的易燃物，不同的环境对各种气体进行综合分析，应用模糊技术对检测信号进行处理识别，能比较准确地判断火灾发生的情况；模糊技术用于汽车工业，使汽车更聪明。在汽车发动机和车速控制方面，日本的三菱公司研制成功了模糊跟踪系统，不仅能够检测前转向轮的转角和车速，求得汽车的转弯速度，还可以根据司机所要求的功率，对轮胎承受能力进行控制。一旦司机需要减少功率，跟踪系统就会自动降低发动机的速率输出，保证汽车转弯时不会发生偏行。马自达汽车厂研制的模糊逻辑车速控制系统，可以避免过去车速控制系统所出现的不稳定状态，使汽车能够在上、下坡时保持稳定的速度。同时，还可以减少燃油的消耗，提高了汽车使用的经济效应。德国的巴伐利亚汽车公司采用了模糊超声停车器，在换挡倒车时，这个系统便自动启动。当车后面的障碍物与汽车距离过近时，可以自动发出警告。马自达公司在生产的汽车上，装有模糊自动制动系统，逻辑电路可以确定前方的车辆或行人是否在自己行驶的路线上。若有危险，能够发出警报，提醒司机注意，如果司机没有反应，该系统就会自动进行紧急制动处理，以避免危险情况发生。

模糊检测与控制技术还广泛地应用于各种家电，使电器具有能够进行自我调节的功能，以达到最理想的工作状态，这样会比确定的数值控制更为有益。例如，现在使用的洗衣机，在电动机转动速度、起停时间、脱水时间等方面都有固定的旋钮进行控制，由人进行操纵，洗衣机自身则不能根据洗涤物的质地、数量及洗涤剂的种类来自动选择。而模糊洗衣机则可以完成对衣物的数量、洗涤水的玷污度等参数的检测，合理确定洗衣粉的数量和洗涤时间。再如模糊空调器，不需要人们开关空调器和控制工作时间及冷暖转换，它便可以对室温和湿度的检测判断，控制合适的温度，使人感到轻松愉快。浴室的淋浴器加装上模糊检测恒温装置，就可以防止出现突如其来的冷水或沸水的冲淋。模糊复印机能识别原稿浓淡程度，自动调节感光强度，使复印件比原稿更清晰。

（3）"神经网络技术"也是近几年发展的新技术，它也在检测技术的智能化方面得到了广泛的应用。神经网络技术是模拟人类大脑而产生的一种信息处理技术，它使用大量简单的处理单元（即神经元）处理信息。神经元按层次结构的形式组织，每层上的神经元以加权的方式与其他层上的神经元以其他层上的神经元联接，采用并行结构和并行处理机制，因而网络具有很强的容错性以及自学习、自组织和自适应能力，能够模拟模糊复杂的非线性映射。神经网络的这些特征和强大的非线性处理能力，为检测信号的智能处理提供了方便。利用神经网络技术进行检测信号的智能处理主要有如下优点：

1）神经网络的信息统一存储在网络的连接权值和连接结构上，使得传感器的信息表示具有统一的形式，便于管理和建立知识库。

2) 神经网络可增加信息处理的容错性,当某个传感器出现故障或检测失效时,神经网络的容错功能可以使检测系统正常工作,并输出可靠的信息。

3) 神经网络的自学习和自组织功能,使系统能适应检测环境的不断变化和检测信息的不确定性。

4) 神经网络的并行结构和并行处理机制,使得信息处理速度快,能够满足信息的实时处理要求。

(4) 多传感器的信息融合技术是对来自多个传感器的数据进行多级别、多方面、多层次的智能处理,从而产生新的有意义的信息,这种信息是任何单一传感器无法得到的。

在军事领域,信息融合主要包括多传感器的检测判决融合、多传感器综合跟踪与状态估计融合、多传感器目标识别的属性融合、监测跟踪环境的态势描述和威胁估计,以及传感器管理和数据库等。为了获得最佳作战效果,在新一代作战系统中,依靠单传感器提供的信息已无法满足作战的需要,必须运用包括微波、毫米波、摄像、红外、激光等各种传感器系统,提供多种监测数据,通过优化综合处理,实时发现目标、获取目标状态的估计、识别目标的属性、分析行为意图、提供火力控制、精确制导、电子对抗、作战模式和辅助决策等作战信息。多传感器信息融合技术也可用于其他各个领域。比如,目前全球高档轿车生产商奥迪公司,为了生产舒适的轿车,专门成立了由五名嗅觉专家组成的"鼻子小组",对轿车的每一个部件进行检查,不允许有异味的零件进入车体,这种利用人的鼻子去评估零件的气味虽然看起来太原始,但它却非常有效,因为它是完全建立在人的感觉基础上的判断,而利用任何气体传感器,只能精确地检测异常气味气体的含量,却不能做出是否适合人感觉的正确评估。但是利用多传感器融合技术,则可以较好地解决这个问题,它可以通过多种气体传感器采集的气体含量,根据人的感觉经验进行智能分析处理,最后得到符合人的感觉的正确结论。

问题与思考

(1) 多通道的数据采集有两种形式,一种是通过模拟开关循环依次采集,另一种是并行采集,这两种方法相比,各有什么优缺点?

(2) 在高速信号采集时,需要注意哪些电路的速度指标?

本章小结

(1) 传感器数据采集装置的组成和功能

1) 传感器数据采集装置主要由多路模拟开关、测量放大器、采样保持器、模/数转换器组成。

2) 传感器数据采集装置的主要功能是对多个传感器检测信号的自动连续检测。

(2) 传感器数据采集装置的结构

1) 多路扫描数据采集结构的特点:共用一组采样保持器和模/数转换器;实时采样数据的速度较慢。

2) 多路数据并行采集结构的特点:每个传感器的信号配一组采样保持器和模/数转换

器，组成并行结构；适合高速度的数据采集。

(3) 多路模拟开关

1) 主要功能：完成一路到多路的开关转换。

2) 主要技术指标：导通电阻及关断电阻；通道数；最大输入电压；切换速度。

(4) 采样保持器

主要功能：保持采样信号在一段时间内维持不变，以满足 A-D 转换器所需要的转换时间要求。

工作原理：利用采样保持控制信号控制 RC 的快速充电和慢速放电，实现数据的采样保持功能。

(5) 数据采集装置的技术指标

数据采集装置的技术指标主要有：分辨率与精度，采样速度。

其中，分辨率及精度主要取决于 A-D 转换器的位数，要满足高分辨率和高精度的要求，还需要多路模拟开关和采样保持器的配合；采样速度也与 A-D 转换器的转换速度和采样保持器的采样速度有密切关系。

(6) 数据采集系统设计

1) 数据采集系统设计的基本原则。

2) 系统设计的一般步骤。

(7) 数字滤波常用的方法

1) 算术平均值法。它是对同一采用点连续采用 N 次，然后取其平均值，其算式为

$$Y = \frac{1}{N}\sum_{i=1}^{N} X_i$$

2) 移动平均滤波（递推平均滤波）。先在 RAM 中建立一个数据缓冲区，依顺序存放 N 次采样数据，每次采样到一个新数据放入队尾，并扔掉原来队首的一次数据（先进先出原则），最后再求出当前 RAM 缓冲区中的 N 个数据的算术平均值。

$$y_n = \frac{1}{N}\sum_{i=0}^{N-1} x_{n-i}$$

3) 加权平均滤波。计算加权平均值的算式为

$$y_n = \frac{1}{N}\sum_{i=0}^{N-1} C_i x_{n-i}$$

式中，$C_0, C_1, \cdots, C_{N-1}$ 为常数，且满足如下条件

$$C_0 + C_1 + \cdots + C_{N-1} = 1$$
$$C_0 > C_1 > \cdots > C_{N-1} > 0$$

加权系数常数 $C_0, C_1, \cdots, C_{N-1}$ 的选取有多种方法，其中最常用的是加权系数法。

4) 中值法。中值法是对某一点连续采样三次，以其中间值作为该点的测量值，其算法为

若 $x_1 \leq x_2 \leq x_3$，则取 $y = x_2$；否则重新采样。

5) 一阶惯性滤波法。一阶惯性滤波法是利用软件对数字信号的处理去模拟硬件 RC 滤波电路的效果，实际处理是根据以下公式对采样离散信号进行计算

$$y(k) = (1-\alpha)y(k-1) + \alpha x(k)$$

式中　$x(k)$——本次采样值；
　　$y(k-1)$——前次数字滤波器输出值；
　　$y(k)$——本次数字滤波器的输出值。

一阶惯性滤波法在实际应用中能够有效地减少周期性干扰，但对非周期随机干扰的抑制能力较差。

6）抑制脉冲算术平均法。抑制脉冲算术平均法综合了算术平均值，对周期性波动信号有较好的平滑作用，和中值法具有良好的抑制脉冲干扰的能力。它是对测量点的若干连续采样值，去除最大值和最小值，然后再取算术平均值。

（8）标度变换

标度变换是将接收的数字信号转换成与被测参数相对应的参量。线性测量系统的标度变换公式为

$$Y_x = Y_0 + \frac{Y_m - Y_0}{N_m - N_0}(N_x - N_0)$$

式中　Y_m——一次测量仪表的上限（一次测量仪表通常为传感器的输出）；
　　Y_0——一次测量仪表的下限；
　　Y_x——一次测量仪表的实际测量值；
　　N_m——仪表上限所对应的数字量；
　　N_0——仪表下限所对应的数字量；
　　N_x——实际测量值所对应的数字量。

对非线性测量系统的标度变换，首先进行检测信号的线性化处理，然后再进行标度变换。对一些有规律的非线性关系，可以将线性处理和标度变换同时进行。

（9）非线性补偿技术

检测信号的数字非线性处理方法主要采用以下几种：

1）线性插值法。线性插值法是用若干小段直线逼近非线性曲线，根据近似的直线公式求出采样信号所对应的被测量。该方法仅适合于曲率变化不大的非线性特性的处理。

2）二次抛物线插值法。二次抛物线插值法的工作原理是通过特性曲线上的三个点作一抛物线，用以代替曲线。

3）查表法。查表法就是事先通过实验得到检测值和对应的被测量，并按一定的方式（例如按大小顺序排列）存入存储单元，实际检测时微处理器根据采样的测值，从存储单元中查出所对应的被测量。这种方法的优点是速度快，对一致性较好的传感器能够达到较高的精度。常用的查表法有顺序查表法和对分搜索法。

顺序查表法将采样值与表格数据一个一个地进行比较，直到找出关键字为止。这种方法的数据处理速度较慢，主要适用于排列数据没有规律的场合以及表格比较短的情况。

对分查表法是依次将表格数据中的中间值与实测信号进行比较，逐次逼近要搜索的数据，直到找到为止。该方法查表速度快，但需要占用较大的存储空间。

 习题

1. 在多路传感器数据采集系统中，为什么要采用多路模拟开关？这种模拟开关最理想

的工作状态是什么？

2. 在什么理想情况下，多路数据采集系统可以不需要采样保持器？

3. 试用三个16路模拟开关组成一个48路通道的模拟开关。

4. 试设计一个32点环境温度巡回检测系统的多路数据采集装置，每个检测点的采样间隔为1s，要求采样装置结构简单，成本低廉，性能可靠。

5. 在要求实时信号采样速度比较高的系统中，是否可以采用算术平均值法的数字滤波技术？为什么？

6. 一阶惯性滤波法是模拟 RC 滤波电路的方法，相比之下，软件处理的一阶惯性滤波法有什么优缺点？

7. 数字信号处理的标度变换相当于模拟检测电路的灵敏度标定或调整，在对模拟检测装置进行调整时，一般是在检测已知标准量的条件下，调整电路中的信号放大器的放大倍数，使显示数字与被测标准量一致。采用软件信号处理也需要对标准被测量进行标定，根据软件的标度变换原理，需要调整程序运算中的哪个参数？

8. 在软件非线性处理中，线性插值法适合于输出特性曲线弯度不太大的场合，而二次抛物线插值法适合于输出特性曲线弯度较大的场合。如果输出特性的曲线弯度介于两者之间，采用哪种线性补偿方法应取决于什么因素？

9. 在采用查表法进行线性补偿时，表中存入的数据越多，不仅需要占用大的存储空间，而且影响查表的速度，使检测的动态响应变慢。因此，有时候，表中不需要存入太多的数据，如采用温度传感器进行 0~500℃ 的温度测量时，可以根据实测参数按每10℃的间隔存入数据，这时，在实际应用中，只有测值对应整数温度的数据，才能查到所对应的温度值。如果测值在两个整数温度测值之间（如80~90℃间的测值），就无法直接查出对应的温度参数，如何解决这个问题？

第15章 抗干扰技术

本章要点

干扰产生的危害和原因；不同类型的干扰及特点；干扰的耦合方式；抗干扰的屏蔽技术、隔离技术和接地技术的工作原理。

学习要求

了解干扰产生的危害和原因；熟悉不同类型的干扰及特点；了解干扰的各种耦合方式；掌握抗干扰的屏蔽技术、隔离技术和接地技术的工作原理。

在实际信号检测时，往往会有各种不同类型的干扰信号伴随，严重影响被测信号的可靠检测。为了解决这一问题，首先要查明干扰信号的来源，然后采取措施，消除或抑制干扰信号。下面介绍的抗干扰技术仅仅是一般的常用技术，在实践中还需要根据具体情况，采用特殊的方法，并结合信号智能处理方法，进一步减小干扰的影响。

15.1 电磁干扰及其危害

干扰现象——干扰是一种无所不在、随时可能产生的客观的物理现象，是妨碍某一事件（事物）正常运行（发展）的各种因素的总称。在仪表中，除了有用信号外，其他信号均可认为是干扰信号，譬如绝缘泄漏电流，导致绝缘性能下降；分布电容电流，影响有用信号；受磁力线感应产生的感应电流，耦合在有效信号中；强电器件之间的放电电流，损坏仪表器件等，所以，干扰是影响仪表平稳运行的破坏因素。

干扰可能来自于空间（如电磁辐射），也可能是其他信号的耦合（如静电耦合、电磁耦合、公共阻抗耦合），或是设备之间产生了"互感"。在某些场合也将干扰称为"噪声"。

对于有用信号，也存在着彼此干扰的现象，特别是"强电"信号对"弱电"信号的影响。通常认为电力电子与电力传动装置是"强电"装置，而大多数仪表，由于只需低电压供电（如几伏电源电压），工作电流也只有毫安级，所以是"弱电"装置。当强电设备对弱电仪表干扰时，会使仪表无法稳定工作，甚至损坏。

15.1.1 电磁干扰及三要素

随着科学技术的进步、生产力的发展和人民生活水平的提高，"电"的应用几乎渗透到人类活动的各个方面，人为的电磁干扰随之不断增加，几乎达到无所不在的地步。人为干扰已成为电磁环境电平的主要来源。电磁环境电平是受试设备或系统在不加电时，于规定的试验场地和时间内，存在于周围空间的辐射和电网内传导信号及噪声的量值，这个电磁环境电平是由自然干扰源及人为干扰源的电磁能量共同形成的。

电磁干扰是一个有着300多年历史的研究课题，在当今电子技术蓬勃发展的电子时代，系统结构复杂而拥挤，功率频谱更加宽大，电磁污染严重，电磁干扰成为更加困扰人们的难题。

正如传染病对人类危害一样，电磁干扰若要对电子设备的正常工作产生影响，它就必须具备"传播源"、"传播途径"和"易感人群"三个要素。电磁干扰源产生的电磁干扰，在一定条件下，依据一定的耦合方法，到达敏感设备，从而对敏感设备的工作产生影响。电磁干扰影响电子设备的机理虽然与传染病对人类危害的机理不同，但有一定的可比性。在理解电磁干扰的三要素时，不妨联系我们比较熟悉的传染病的传染机理，来加深我们对电磁干扰的理解。

理论和实验研究表明，不管复杂系统还是简单装置，任何一个电磁干扰的发生必须具备三个基本条件：首先应该具有干扰源；其次有传播干扰能量的途径（或通道）；第三还必须有敏感器件。在电磁兼容性理论中，把被干扰对象统称为敏感设备（或敏感器）。

因此，干扰源、干扰传播途径（或传输通道）和敏感设备称为电磁干扰的三要素。图15-1为电磁干扰三要素的示意图。

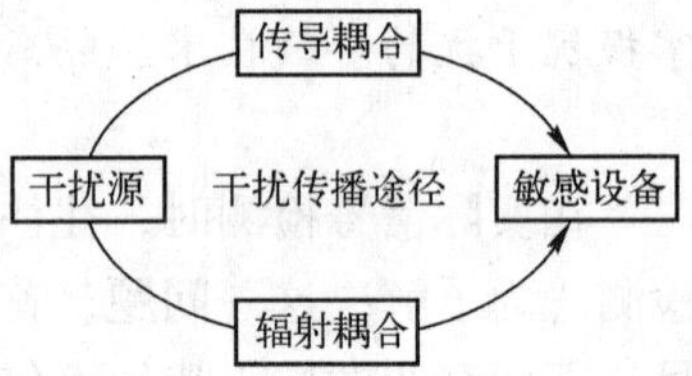

在本章后面，我们还要对电磁干扰源做详细的分析。关于电磁干扰的传播途径一般分成两种方式，即传导耦合方式和辐射耦合方式。敏感设备是被干扰对象的总称，它可以是一个很小的元件或者一个电路板组件，也可以是一个单独的用电设备，甚至可以是一个大系统。

图15-1 电磁干扰三要素示意图

在实际工作中，为了分析和设计用电设备的电磁兼容性，或为了排除电磁干扰故障，首先必须分清干扰源、干扰途径和敏感设备三个基本要素，干扰源和干扰途径尤其难以寻找和鉴别。在简单系统中，干扰源和干扰途径较容易确定，例如家用电吹风机工作时，使电视机屏幕出现"雪花"干扰。其中吹风机内电动机电刷的火花放电是干扰源；火花放电辐射的电磁波，通过空间传播到电视机天线回路被接收，空间辐射耦合是传播途径；电视机是敏感设备，因此干扰也就比较容易排除。

然而在现代电子设备的复杂系统中，干扰源和干扰途径并不那么一目了然。有时一个元器件，它既是干扰源，同时又被其他信号干扰；有时一个电路有许多个干扰源同时作用，难分主次；有时干扰途径来自几个渠道，既有传导耦合，又有辐射耦合，令人眼花缭乱。正因为确定电磁干扰三要素的复杂性和艰巨性，才使电磁兼容技术日益受到重视。

15.1.2 被干扰装置的敏感度

由于被干扰的检测装置是以不同电路原理、不同结构和不同元器件构成的具体仪器，它们受同一电磁干扰作用的响应程度差别很大，通常用敏感度来描述被干扰装置对电磁干扰响应的程度。敏感度越高，表示对干扰作用响应的可能性越大，也可以说明该检测装置抗电磁干扰的能力越差。不同被干扰装置的敏感度值，需要根据具体情况加以分析和实际测定。

在电磁兼容工程中，人们最关心的问题是被干扰装置受到干扰作用后是否影响了它的工作性能。人们把引起装置性能降低的最小干扰值称为敏感度门限值。显然，被干扰装置的敏感度越高，对信号响应的电平越小，对电磁干扰作用影响性能的敏感度门限也就越低。

不同类型的被干扰装置,其敏感度门限的表达形式不一样,大多数是以电压幅度表示,但也有以能量和功率表示的,如受静电感应放电干扰的装置为能量型,受热噪声干扰的装置为功率型。

敏感度门限的概念在分析设计和预测电磁兼容性中是描述被干扰的检测装置电磁特性的重要参数。

检测装置是电子设备,它对电磁干扰也比较敏感。其敏感度主要取决于电子电路的灵敏度和频带宽度。一般认为,电子电路的灵敏度 G_V 与敏感度 S_V 成反比,频带宽度 B 与敏感度 S_V 成正比。

1. 模拟电路系统敏感度分析

对于模拟电路系统,敏感度表示为

$$S_V = \frac{K}{N_V} f(B)$$

式中 S_V——为以电压表示的模拟电路敏感度;

N_V——为热噪声电压;

B——为电路的频带宽度;

K——为与干扰有关的比例系数。

模拟电路敏感度与频带宽度 B 的关系 $f(B)$,随干扰源的性质不同而不一样。当干扰源的干扰信号特性,在相邻的频率分量间,作有规则的相位和幅值变化时,如瞬变电压、脉冲信号等,S_V 与 B 成线性关系,如 $f(B) = B$。

模拟电路的灵敏度 G_V 与热噪声 N_V 之间常有 $N_V = 2G_V$ 的关系。因此,常用灵敏度来表示敏感度:

$$S_V = \frac{B}{2G_V} \left(或 S_V = \frac{\sqrt{B}}{2G_V} \right)$$

模拟电路的敏感度 S_{dBV} 经常用分贝表示,其计算公式如下:

$$S_{dBV} = 20\lg S_V = 20\lg B - 6 - G_{dBV}$$

其中,G_{dBV} 是用分贝表示的设备灵敏度。一般灵敏度值较小,多为毫伏级或微伏级数值。

2. 数字电路系统敏感度分析

对于数字电路系统,敏感度表示为

$$S_d = \frac{B}{N_{dl}}$$

式中 S_d——为数字电路敏感度;

B——为电路的频带宽度;

N_{dl}——为数字电路的最小触发电平。

一般数字电路的最小触发电平 N_{dl} 远比模拟电路的噪声电平要大得多,因此,数字电路比模拟电路的敏感度值要小得多,说明数字电路有较强的抗干扰能力。

数字电路的敏感度也常以分贝(dB)表示:

$$S_{dBd} = 20\lg B - 20\lg N_{dl}$$

举例,某 TTL 数字电路频宽 30 MHz,一般 TTL 电路触发电平 $N_{dl} = 0.4$ V,分析该电路的敏感度。将上述 B、N_{dl} 代入上式，得：

$$S_{dBd} = 20\lg(3 \times 10^7) - 20\lg(0.4) = 157.5 \text{ dB}$$

电子电路的敏感度可以在很大范围内变化。大致的数量概念在 80 dB ~ 230 dB 之间为多数。一般将 80 dB ~ 230 dB 的敏感度分成 7 类，小于 80 dB 为极不敏感类，80 dB ~ 110 dB 为较不敏感类，110 dB ~ 140 dB 为稍敏感类，140 dB ~ 170 dB 为中等敏感类，170 dB ~ 200 dB 为敏感类，200 dB ~ 230 dB 为非常敏感类，大于 230 dB 为极敏感类。

电磁兼容的理论和技术就是围绕干扰源、干扰传播途径（或传输通道）和敏感设备研究电磁干扰源产生的机理及抑制干扰源的措施，寻找削弱传播干扰能量的方法，提高敏感设备抵抗能力的技术，从而达到控制干扰发生的目的。

15.1.3 电磁干扰的危害

随着科学技术的进步，人类正进入信息化社会。人类的生存环境也同电磁环境相互交融。早在 1975 年，专家学者就曾预言，随着城市人口的迅速增长，汽车、通信、计算机与电子、电气设备大量进入家庭，空间人为电磁能量将每年增长 7% ~ 14%，也就是说，25 年环境电磁能量密度最高可增加 26 倍，50 年可增加 700 倍，21 世纪电磁环境会日益恶化。在这种复杂的电磁环境中，一方面如何减少相互间的电磁干扰，使各种设备正常运转，是一个亟待解决的问题；另一方面，如何降低恶劣的电磁环境对人体及生态产生的不良影响，也是一个不容忽视的问题。

通常将电磁干扰的危害程度分为灾难性的、非常危险的、中等危险的、严重的和使人烦恼的 5 个等级。

电磁辐射能量对人类活动的危害可从以下三个方面来认识。

1. 电磁干扰会破坏或降低电子仪器设备的工作性能

强烈的电磁干扰作用可以使电子设备的元器件降级或失效。一般硅晶体管 E 和 B 之间的反向击穿电压为 2 ~ 5 V，而且它还随温度升高而下降，干扰电压很容易把它损坏。电磁干扰中的尖峰电压常使晶体管发射结和集电结击穿和烧穿短路。晶体管在射频电磁波的照射下，还能吸收足够的能量使结温升高，造成二次击穿而损坏。由此可见，电磁干扰作用会使电子元器件降级或失效，从而造成电子仪器设备的性能改变和功能失效。

据不完全统计，全世界电子设备由于电磁干扰而发生故障，每年都造成数亿美元的经济损失。例如，移动电话信号干扰可使仪表显示错误，甚至可以造成核电站运转失灵。

在实际中干扰信号对检测装置的影响会导致严重的事故。例如：在一次手术中，一台塑料焊接机对病人的监控系统产生了干扰，致使没有探测到病人手臂中的血液循环停止，导致这位病人的手臂不得不被切除。

美国航空无线电委员会（Radio Technical Commission for Aeronautics，RTCA）曾在一份文件中提到，由于没有采取对电磁干扰的防护措施，一位旅客在飞机上使用调频收音机，使导航系统的指示偏离 10° 以上。因此，现在飞机航班均限制乘客使用移动电话和调频收音机等，以免干扰导航系统。

2. 电磁干扰造成的灾难性后果

电磁信息泄密使企业科技和商业机密被竞争对手轻易获取，严重影响企业的生存和发展；电磁波的辐射，造成国家政治、经济、国防和科技等方面的重要情报泄密，关系到国家的保密安全问题。

1976年～1989年，我国南京、茂名和秦皇岛等地的油库及武汉石化厂，均因遭受雷击引爆原油罐，造成惨剧。雷击引起的浪涌电压，属于高能电磁骚扰，具有很大的破坏力。1992年6月22日傍晚，雷电击中北京国家气象局，造成一定的破坏和损失。因为雷击有直接雷击和感应雷击两种，而避雷针只能局部地防护直接雷击，对感应雷击则无能为力，故对感应雷击应采用电磁兼容防护措施。据悉，绝大部分的雷灾事故中受损的是电视、电话、监测系统和电脑等高科技产品。在受灾单位中有寻呼台、信息计算机中心、医院和银行等。灾情有的造成整个计算机网络系统瘫痪，有的造成通信系统不畅，有的还造成辖区大面积停电。

下面介绍几个由于电磁干扰造成国外航天系统故障的例子。1969年11月14日上午，土星Ⅴ-阿波罗12火箭-载人飞船发射后，飞行正常；起飞后36.5s，飞行高度为1920m时，火箭遭到雷击；起飞后52s，飞行高度为4300m时，火箭又遭到第二次雷击。这便是轰动一时的大型运载火箭-载人飞船在飞行中诱发雷击的事件。故障分析及试验研究的结果表明，此次事故是由于火箭及火箭发动机火焰所形成的导体（火箭与飞船共长100m，火焰折合导电长度约200m）在飞行中，使云层至地面间及云层至云层间人为地诱发了雷电所造成的；1961年秋，一系列的雷电，使部署在意大利的美国丘比特导弹武器系统多次遭到严重损坏。甚至，原以为系统中隔离较好而与外界环境无关的元件也受到了严重的影响。

1962年开始进行的民兵Ⅰ导弹战斗状态的飞行试验，前两发均遭到失败，这两发导弹的故障现象相似，都是制导计算机受到脉冲干扰而失灵。经过分析，故障是由于导弹飞行到一定高度时，在相互绝缘的弹头结构与弹体结构之间出现了静电放电，其产生的干扰脉冲破坏了计算机的正常工作而造成的。

1967年大力神ⅢC运载火箭的C-10火箭在起飞后95s、飞行高度26km时，制导计算机发生故障。C-14火箭起飞后76s，飞行高度为17km时，制导计算机也发生了故障。经过分析，制导计算机中采用的金属网套没有接地的部分与火箭之间产生电压，当火箭飞行高度增加，气压下降到一定值时，此电压产生的火花放电，使计算机发生了故障。

1964年在肯尼迪角发射场，德尔它运载火箭的Ⅲ级X-248发动机发生意外的点火事故，造成3人死亡。在塔尔萨城对德尔它火箭进行测试时，也发生过一起Ⅲ级X-248发动机意外点火事故。分析结果表明，肯尼迪角发射场的事故，是由于操作罩在第三级轨道观测卫星上的聚乙烯罩衣时，造成静电荷的重新分布，结果使漏电流经过发动机的一个零件，到达点火电爆管的壳体而引起误爆。在塔尔萨城发生的事故，是由于一个技术员戴着皮手套偶然摩擦发动机吸管的塑料隔板，使发动机点火电爆管引线上感应静电荷而引起的。所以，在军工装备的军械系统工程设计中，明确规定了安全距离和安全系数的要求，以便控制电磁干扰能量可能造成的危害。GJB786中规定，电引爆器导线上的电磁干扰感应电流和电压，必须小于最大不发火电流和电压的15%，即

$$I_e < 0.15 I_{MNFC}$$
$$U_e < 0.15 U_{MNFC}$$

式中 I_e——为引爆器电路导线上的感应电流；

U_e——引爆器电路导线上的感应电压；

I_{MNFC}——为最大不发火电流；
U_{MNFC}——为最大不发火电压。

用分贝表示，$I_{MNFCdB} - I_{edB} > -20\lg 0.15 = 16.5$ dB，即安全系数为 16.5 dB。

综上所述，可以看到，电磁干扰有可能使设备或系统的工作性能偏离预期的指标，或使工作性能出现不希望的偏差，即工作性能"降级"。甚至还可以使设备或系统失灵，或导致寿命缩短，或使系统效能发生不允许的永久性下降。严重时，还能摧毁设备或系统。

15.2 干扰的分类

15.2.1 电磁干扰源的分类

一般来说电磁干扰源分为两大类：自然干扰源和人为干扰源，如图 15-2 所示。

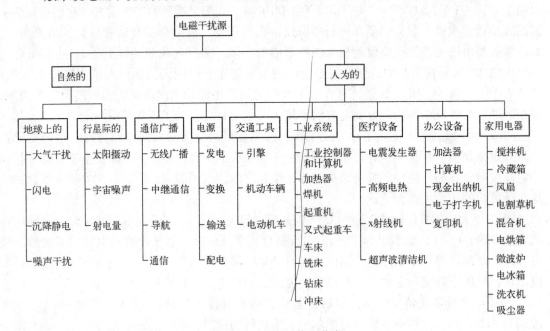

图 15-2 电磁干扰源分类

自然干扰源主要来源于大气层的雷电噪声、地球外层空间的宇宙噪声。它们既是地球电磁环境的基本要素的组成部分，同时又是对无线电通信和空间技术造成干扰的干扰源。例如，自然噪声会对人造卫星和宇宙飞船的运行产生干扰，也会对弹道导弹运载火箭的发射产生干扰。

人为干扰源是由机电或其他人工装置产生的电磁能量干扰。其中一部分是专门用来发射电磁能量的装置，如广播、电视、通信、雷达和导航等无线电设备，称为有意发射干扰源。另一部分是在完成自身功能的同时，附带产生电磁能量的发射，如交通车辆、架空输电线、照明器具、电动机械、家用电器以及工业、医用射频设备等，因此，这部分又称为无意发射的干扰源。

干扰源的分类方法很多，除了上述分类方法外，从电磁干扰属性来分，可以分为功能性干扰源和非功能性干扰源。功能性干扰源系指设备实现功能过程中，造成对其他设备的直接干扰；非功能性干扰源是指用电装置在实现自身功能的同时，伴随产生或附加产生的副作用，如开关闭合或切断产生的电弧放电干扰。

从电磁干扰信号的频谱宽度来分，可以分为宽带干扰源和窄带干扰源。它们是相对于指定感受器的带宽大或小来加以区分的。干扰信号的带宽大于指定感受器带宽的称为宽带干扰源，反之称为窄带干扰源。

从干扰信号的频率范围分，可以把干扰源分为工频与音频干扰源（50 Hz 及其谐波）、甚低频干扰源（30 Hz 以下）、载频干扰源（10 kHz ~ 300 kHz）、射频及视频干扰源（300 kHz ~ 300 MHz）和微波干扰源（300 MHz ~ 100 GHz）。

干扰信号对电器设备的正常工作产生程度不等的影响，这些影响是通过对电器设备的电路进行干扰，在这些电路的控制信号、通信信号或其他有用信号中，产生不利于设备正常工作的噪声来达到的。因此，噪声的类型通常也按噪声产生的原因、噪声传导模式和噪声波形的性质的不同进行划分。

15.2.2 按噪声产生的原因分类

1. 放电噪声

主要是因为雷电、静电、电动机的电刷跳动、大功率开关触点断开等放电产生的噪声。

2. 高频振荡噪声

主要是中频电弧炉、感应电炉、开关电源、直流-交流变换器等产生高频振荡时形成的噪声。

3. 浪涌噪声

主要是交流系统中电动机启动电流、电炉合闸电流、开关调节器的导通电流以及晶闸管变流器等设备产生涌流引起的噪声。

这些干扰对微机测控系统都有严重影响，必须认真对待，而其中尤以各类开关通、断电时所产生的干扰最难以抑制或消除。

15.2.3 按噪声传导模式分类

对于传导噪声，按其传导模式分为差模噪声和共模噪声。

1. 差模噪声

又称线间感应噪声或对称噪声。有些书中也称其为串模噪声或常模噪声、横向噪声等。如图 15-3 所示，噪声往返于两条线路间，N 为噪声源，R 为受扰设备，U_N 为噪声电压，噪声电流 I_N 和信号电流 I_S 的路径是一致的。

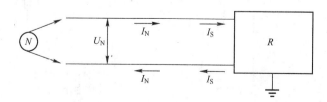

图 15-3　差模噪声示意图

差模干扰电流是由外界电磁场在信号线和信号地线构成的回路中感应出的。由于电缆中的信号线与其地线靠得很近，因此形成的环路面积很小，所以外界电磁场感应的差模电流一般不会很大。在电源线中，差模干扰电流往往是由电网上其他电器的电源发射出的（特别是开关电源），或由感性负载通断时产生（其幅度往往很大）。差模干扰电流都会直接影响设备的工作，并且，这种噪声难以除掉。

2. 共模噪声

又称地感应噪声、纵向噪声或不对称噪声。共模噪声示意图如图15-4所示。噪声侵入线路和地线间。噪声电流在两条线上各流过一部分，以地为公共回路。而信号电流只在往返两条线路中流过。形成这种干扰电流的原因有三个：一是外界电磁场在电缆中的所有导线上感应出电压（这个电压相对于大地是等幅同相的），这个电压产生电流；另一个原因是由于电缆两端的设备所接的地电位不同所致，在这个地电压的驱动下产生电流；第三个原因是设备上的电缆与大地之间有电位差，因此电缆上会有共模电流。

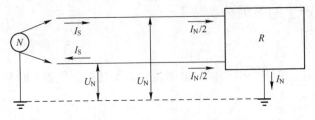

图15-4 共模噪声示意图

从定义容易理解：共模电流本身并不会对电路产生影响，只有当共模电流转变为差模电流（电压）时，才会对电路产生影响，这种情况发生在电路不平衡的情况下。

另外，如果设备在其电缆上产生共模电流，则电缆会产生强烈的电磁辐射，造成设备不能满足电磁兼容标准中对辐射发射的限制要求，或对其他设备造成干扰。

3. 共模噪声转化成差模噪声

从本质上讲，共模噪声是可以除掉的。但是由于线路的不平衡状态，共模噪声会转化成差模噪声。图15-5说明了共模噪声转化为差模噪声的原理。在图15-5中，N为噪声源，L为负载，Z_1和Z_2是导线1和导线2的对地阻抗。如果$Z_1 = Z_2$，则噪声电压V_{N1}和噪声电压V_{N2}相等，从而噪声电流I_{N1}和I_{N2}相等，即噪声电流不流过负载。然而当$Z_1 \neq Z_2$时，则$V_{N1} \neq V_{N2}$，

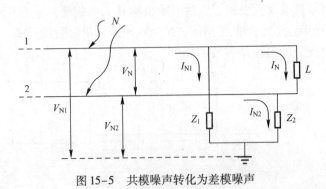

图15-5 共模噪声转化为差模噪声

从而 $I_{N1} \neq I_{N2}$，于是 $V_{N1} - V_{N2} = V_N$，$V_N/Z_L = I_N$（Z_L 为负载阻抗），这是差模噪声。因此，当发现差模噪声时，首先考虑它是否是由于线路不平衡状态，而从共模噪声转化来的。通常，输入输出线与大地或机壳之间发生的噪声都是共模噪声，信号线受到静电感应时产生的噪声也多为共模噪声。抑制共模噪声的方法很多，如屏蔽、接地和隔离等。抗干扰技术在很多方面都是围绕共模噪声来研究其有效的抑制措施。

15.2.4 按噪声波形及性质分类

通常，噪声很难严格利用一种模式来划分，在电器设备的实际应用环境中，噪声的成分非常复杂，有时，也根据噪声的波形来划分噪声。最典型的是将噪声划分为持续正弦波和各种形状的脉冲波。

1. 持续正弦波

持续正弦波噪声多以频率、幅值等特征值表示，如图 15-6 所示是一种典型的周期噪声。最常见的该类噪声就是 50 Hz 的工频噪声。这种噪声出现在直流电源上表现为纹波，出现在声音信号中，表现为惹人烦的交流声，出现在视频影像信号中，为横条干扰。

2. 偶发脉冲电压波形

偶发脉冲电压波形噪声多以最高幅值、前沿上升陡度、脉冲宽度以及能量等特征值表示，如图 15-7 所示。例如雷击波、接点分断电压负载和静电放电等波形。该类噪声周期性不明显，在通信信号中，容易引起突发误码。

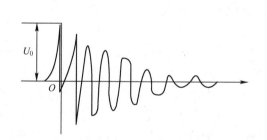

图 15-6 持续正弦波噪声

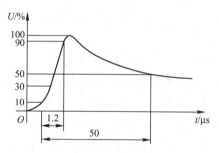

图 15-7 偶发脉冲电压波形

3. 脉冲列

脉冲列噪声多以最高幅值、前沿上升陡度、单个脉冲宽度、脉冲序列持续时间等特征值表示，如图 15-8 所示。如接点分断电感负载和接点反复重燃过电压等。该类噪声呈现一定的周期性，能量较大，一般较难消除。

噪声中的主要能量是由干扰引起的。消除有用信号中的噪声，从根本上来说，就是要消除或降低干扰对电路的影响。可以针对不同的噪声类型，设计或选用不同的防干扰滤波器。

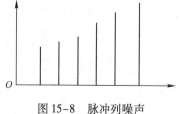

图 15-8 脉冲列噪声

15.3 干扰的耦合方式

干扰源产生的干扰是通过耦合通道对微机测控系统发生电磁干扰作用的。因此，需要弄清干扰源与被干扰对象之间的传递方式和耦合机理。许多电子设备的硬件包含着具有天线能力的元件，例如电缆、印制电路板的印制线、内部连接导线和机械结构。这些元件能够以电场、磁场或电磁场方式传输能量并耦合到线路中。在实际中，存在两类传播干扰能量的途径：系统内部耦合和设备间的外部耦合。无论是系统内部耦合还是设备间的外部耦合，均存在以下几种耦合方式。干扰源就是通过这些能量耦合方式将干扰施加于敏感设备的。

15.3.1 电导性耦合方式

电导性耦合最普遍的方式是干扰信号经过导线直接传导到被干扰电路中而造成对电路的干扰。这些导线可以是设备之间的信号连线、电路之间的连接导线（如地线和电源线）以及供电电源与负载之间的供电线等。这些导线在传递有用信号能量的同时，也将干扰信号传递给对方。对于该方式，可采用滤波去耦的方法，有效地抑制或防止电磁干扰信号的传入。

15.3.2 公共阻抗耦合方式

公共阻抗耦合是噪声源和信号源具有公共阻抗时的传导耦合。公共阻抗随元件配置和实际器件的具体情况而定。公共阻抗耦合一般发生在两个电路的电流流经一个公共阻抗时，一个电路在该阻抗上的电压将会影响到另一个电路，如图15-9所示。

常见的公共耦合有公共地和电源阻抗两种。如图15-9中所示，Z_c为经公共电源或控制设备工作的线路的内阻和连线造成的耦合。

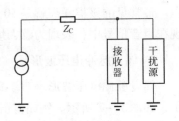

图15-9 噪声源和信号源公共阻抗耦合

图15-9中干扰源的电流流过供电电源电路，在电源电路所有阻抗上产生压降。阻抗的一部分Z_c在接收器电路中，在Z_c上的压降由接收器接收。阻抗值与感应电压频率有关。

为防止该耦合，应使耦合阻抗趋近零，通过耦合，阻抗上的干扰电流和产生的干扰电压将消失。此时，有效回路与干扰回路即使存在电气连接（在一点上），它们彼此也不再互相干扰，这种情况通常称为电路去耦，即没有任何公共阻抗耦合存在。由一段导线或印制电路板走线产生的公共阻抗，其阻抗往往呈感性，因此输出中的高频将更容易耦合。当输出和输入在同一系统时，公共阻抗有可能构成正反馈通路，这可能导致振荡的发生。

公共电源耦合实际上是公共阻抗耦合的一种特例。一个公共电源供电给几个负载是常见的事，这种公共电源的供电方式会造成传导耦合干扰。实际上，公共电源传递干扰能量依然是通过这些负载的公共电源内阻来完成的。

15.3.3 电容耦合方式

电容耦合指电位变化时在干扰源与干扰对象之间引起的静电感应，又称静电耦合或电场耦合。

图15-10为电容耦合情况示意图及其等效电路。

若ω为信号电压的角频率，B导线为受感导线，不考虑C_{AD}时，B上由于耦合形成的对地噪声电压（有效值）V_B为

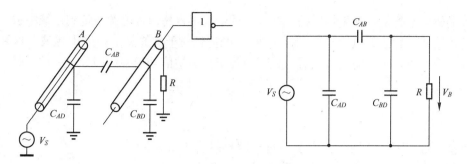

图 15-10　电容耦合示意图及其等效电路

$$V_B = \left| \frac{j\omega C_{AB}}{\frac{1}{R} + j\omega(C_{AB} + C_{BD})} \right| \times V_S$$

当 R 很大，可得

$$V_B \approx \frac{C_{AB}}{C_{AB} + C_{BD}} \times V_S$$

此时 V_B 与信号电压频率无关，只要设法降低 C_{AB} 的值就可以减少 V_B 的值。

当 R 很小，可得 $V_B \approx |j\omega R C_{AB}| \times V_S$，这时 V_B 与信号电压频率、幅值、输入电阻及耦合电容成正比。应设法降低 R 值就能减小耦合回路的噪声电压。

15.3.4　电磁感应耦合方式

电磁感应耦合又称磁场耦合，如图 15-11 所示。在任何载流导体周围空间都会产生磁场。若磁场交变，则对其周围闭合电路产生感应电势。在设备内部，线圈或变压器的漏磁造成很大干扰，在设备外部，当两根导线在很长的一段区间架设时，也会产生干扰。

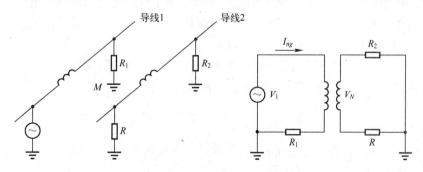

图 15-11　两根导线电磁感应耦合示意图

此时感应电压为

$$V_N = j\omega M I_{ng}$$

15.3.5　辐射耦合干扰

电磁场辐射也会造成干扰耦合。当高频电流流过导体时，在导体周围形成电力线和磁力线，并发生高频变化，从而形成一种在空间传播的电磁波。处于电磁波中的导体便会感应出相应频率的电动势。

电磁场辐射干扰是一种无规则的干扰,这种干扰很容易通过电源线传到系统中去。处于空间中的传输线(输入线、输出线和控制线),既能辐射干扰波又能接受干扰波,这种现象称为天线效应。当信号传输线较长时,大于或等于空间中信号频率的四分之一波长时,天线效应尤其明显。

15.3.6 漏电耦合方式

漏电耦合如图15-12所示,它是一种电阻性耦合方式。当相邻的元件或导线间的绝缘电阻降低时,有些电信号通过这个降低了的绝缘电阻耦合到逻辑元件输入端而形成干扰。漏电耦合传导干扰能量的情形与直接耦合方式基本相同。两者不同之处在于:直接耦合方式是由导线传递能量,在传递干扰信号能量的同时,还传递有用信号的能量;而漏电耦合方式是由漏电阻传递能量,并不传递有用信号,其危害性比直接耦合方式更具隐蔽性。

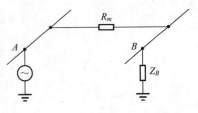

图15-12 漏电耦合示意图

15.4 屏蔽技术

电磁兼容性(electromagnetic compatibility,EMC)是指装置能在规定的电磁环境中正常工作,而不对该环境或其他设备造成不允许的扰动能力。换言之,电磁兼容性是以电为能源的电气设备及其系统在其使用的场合中运行时,自身的电磁信号不影响周边环境,也不受外界电磁干扰的影响,更不会因此发生误动作或遭到损坏,并能够完成预定功能的能力。

要满足电磁兼容性,第一步要分析电磁干扰的频谱和强度分布等物理特性;第二步要分析仪表在这些干扰下的受扰反应,估算出仪表抵抗电磁干扰的能力以及感受电磁干扰的敏感度(亦称噪声敏感度);第三步要根据仪表的功能和应用场合,可采取下列方法:

1) 仪表设计符合"电磁兼容不等式",即

干扰源能量(谱)×传播途径(距离)<噪声敏感度

2) 屏蔽技术,包括静电屏蔽、磁屏蔽和电磁屏蔽。
3) 隔离技术。
4) 接地技术。
5) 滤波技术,包括电源滤波电路,信号滤波电路和单片机数字滤波技术。
6) 仪表电路的合理布局和制作等。

15.4.1 屏蔽的一般原理

屏蔽技术是利用金属材料对于电磁波具有较好的吸收和反射能力来进行抗干扰的,屏蔽是指用屏蔽体把通过空间进行电场、磁场或电磁场耦合的部分隔离开来,隔断其空间场的耦合通道。良好的屏蔽是和接地紧密相连的,因而可大大降低噪声耦合,取得较好的抗干扰效果。其方法通常是用低电阻材料作为屏蔽体,把需要隔离的部分包围起来。屏蔽体所起的作用好比是在一个等效电阻(仪表)两端并联上一根短路线,当无用信号串入时直接通过短路线,对等效电阻(仪表)几乎无影响。这样,既屏蔽了被隔离部分向外施加干扰,也屏

蔽了被隔离部分接受外来的干扰。

15.4.2 电场屏蔽

根据干扰的耦合通道性质,屏蔽可分为电场屏蔽、电磁屏蔽和磁场屏蔽三种。

从电学的基础知识可知,将任意形状的空心导体置于任意电场中,电力线将垂直终止于导体表面,而不能穿过导体进入空腔,因此放在空腔内的物体将不受外界电场的影响。这种现象称静电屏蔽。利用这一性质,可以屏蔽一些电子设备和信号传输导线,使不受外界干扰。但是,当导体空腔不接地时,尽管腔内仍是等电势,但这个等电势的电势值随外界而变化,如图 15-13 所示。

若将导体接地,则腔内电势值不变,内部电子设备产生的电场也不会影响外界,如图 15-14所示。

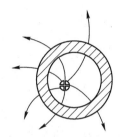 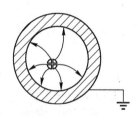

图 15-13　导体空腔不接地时的电场图　　图 15-14　导体空腔接地时的电场图

静电屏蔽的方法一般是在电容耦合通道上插入一个接地的金属屏蔽导体。此时干扰电压为零,从而隔断了电场干扰的原耦合通道。

实例:电源变压器的初、次级间的屏蔽,为静电屏蔽。

处于高压电场中的高阻抗回路,电场干扰是一种主要的干扰形式,应注意静电屏蔽技术。

15.4.3 电磁场屏蔽

电磁场屏蔽主要是用来防止电磁场对受扰电路的影响。根据电磁场理论,电磁场变化的频率越高,辐射越强。因而在电磁场屏蔽中,既包括电磁感应干扰的屏蔽,也包括辐射干扰的屏蔽。其基本原理如图 15-15 和图 15-16 所示。

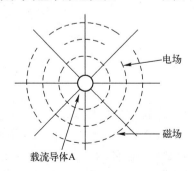 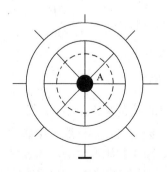

图 15-15　高频下未加屏蔽的载流导体 A 周围的场　　图 15-16　加接地屏蔽并通过大小相等的反向电流

当导体 A 上通过高频变化电流时，周围空间便产生相应变化的电磁场。这些变化的电磁场既可以在邻近的电路引起电磁感应，又会向外辐射，通过空间而干扰周围电路。

如果环绕导体 A 有一个反向的变化电流，所产生的磁场与 A 中电流产生的磁场方向相反，对其起抵消作用，就减弱了外界干扰。由于屏蔽罩在高频磁场的作用下产生涡流，而涡流的磁场又与原磁场反向，故能实现高频磁场屏蔽。又因为屏蔽罩接地，所以它又可以实现电场屏蔽。

如果单根载流导体换成匝数为 n_c 的线圈，并把屏蔽罩看成匝数 $n_s=1$ 的线圈，其中涡流为 i_s，屏蔽罩电阻为 r_s，电感为 L_s，则此屏蔽罩上因流过电流而形成的电压为

$$V_n = i_s \cdot (r_s + j\omega L_s)$$

设流经线圈的电流为 i_c，线圈的电感为 L_c，线圈与屏蔽罩的互感为 M，根据电磁耦合原理，可得屏蔽罩上流过的电流为

$$i_s = \frac{j\omega M i_c}{r_s + j\omega L_s}$$

在高压下，$r_s \ll \omega L_s$ 且考虑 $M = k\sqrt{L_c L_s}$ 及 L 与 n^2 成正比关系，得

$$i_s \approx \frac{M}{L_s} i_c = k\sqrt{\frac{L_c}{L_s}} \cdot i_c = k n_c i_c$$

此时，涡流足以抵消磁场的干扰。

电磁屏蔽一般是用一定厚度的导电材料做成外壳，由于进入导体内的交变电磁场产生感应电流，导致电磁场在导体中按指数规律衰减，而很难穿透导体，使壳内的仪表不受到影响。

对屏蔽罩的要求如下：

1）屏蔽罩应采用低电阻的金属材料，如铝、铜等良导体材料。

2）由于是利用屏蔽罩上感应涡流的原理，且变化频率很高，屏蔽罩的厚度对屏蔽效果关系不大。但屏蔽罩是否连续以及网孔的大小等，都将直接影响到感生涡流的大小，因而也影响到屏蔽效果。因此，屏蔽越严密，效果越好。

3）对装置壳体或控制柜而言，应注意外皮接缝部位的清洁，相互之间不能绝缘，并用螺钉将其压紧，以保证涡流在金属外壳上连续流通。

15.4.4 磁场屏蔽

对于低频磁场的干扰，用感生涡流所形成的屏蔽并不是很有效。在低频时可近似认为 $r_s \gg \omega L_s$。则公式 $i_s = \frac{j\omega M i_c}{r_s + j\omega L_s}$

可变为

$$i_s \approx \frac{j\omega M}{r_s} \cdot i_c$$

由于此时的频率很小，r_s 很大，则 i_s 很小，利用涡流屏蔽效果就不大明显。

在低频情况下，一般采用磁导率高的材料作屏蔽体，如图 15-17 所示，利用其磁阻小的特点，给干扰源产生的磁通提供一个低磁阻回路，并限制在屏蔽体内，实现磁场屏蔽。磁场屏蔽一般用一定厚度的铁磁材料做成外壳，将仪表置于其内。由于磁力线很少能穿入壳内，可使仪表少受外部杂散磁场的影响。壳壁的相对磁导率越大，或壳壁越厚，壳内的磁场

越弱。为了有效地进行磁屏蔽，对于屏蔽效果要求高的场合，还可采用多层屏蔽，第一层可采用磁导率较低的材料，第二层采用高磁导率的铁磁材料，以充分发挥其屏蔽作用。

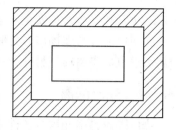

图 15-17 磁场屏蔽示意图

导线是信号有线传输的唯一通道，干扰将通过分布电容或导线分布电感耦合到信号中，因此导线的选取要考虑到电场屏蔽和磁场屏蔽，可用同轴线缆。屏蔽层要接地，同时要求同轴线缆的中心抽出线尽可能短。有些元器件易受干扰，也可用铜、铝及其他导磁材料制成的金属网包围起来，其屏蔽体（极）必须接地。

原则上，屏蔽体单点接地。在仪表内部选择一个专用的屏蔽接地端子，所有屏蔽体都单独引线到该端子上，而用于连接屏蔽体的线缆必须具有绝缘护套。在信号波长为线缆长度的四是倍时，信号会在屏蔽层产生驻波，形成噪声发射天线，因此要两端接地；对于高频敏感的信号线缆，不仅需要两端接地，而且还必须贴近地线敷设。

仪表的机箱可以作为屏蔽体，可以采用金属材料制作箱体。采用塑料机箱时，可在塑料机箱内壁喷涂金属屏蔽层。

15.5 隔离技术

隔离的目的之一是从电路上把干扰源和易干扰的部分隔离开来，使测控装置与现场仅保持信号联系，但不直接发生电的联系。隔离的实质是把引进的干扰通道切断，从而达到隔离现场干扰的目的。隔离技术是抑制干扰的有效手段之一。仪表中采用的隔离技术分为两类：空间隔离及器件性隔离。

空间隔离技术包括：

（1）屏蔽技术的延伸

屏蔽技术是对仪表实施的一种"包裹性"措施，以排除静电、磁场和电磁辐射的干扰。若被屏蔽体内部的构成环节之间存在"互扰"，可采用"空间隔离"的方法——把干扰体"孤立"起来，以抑制干扰。例如，负载回路中产生的热效应，可以通过机械手段与其他功能电路来实现"温度场"隔离。

（2）功能电路之间的合理布局

由于仪表是由多种功能电路组成的，当彼此之间相距较近时会产生"互扰"，应间隔一定的距离。例如，数字电路与模拟电路之间、智能单元与负载回路之间、微弱信号输入通道与高频电路之间等。

（3）信号之间的独立性

例如，当多路信号同时进入仪表时，多路信号之间会产生"互扰"，可在信号之间用地线进行隔离。

器件性隔离一般有信号隔离放大器、信号隔离变压器和光耦合器，这些是通过电-磁-电、电-光-电的转换，达到有效信号与干扰信号的隔离。特别是光耦合器是智能仪表中常用的器件，光耦合器具有较强的抗干扰能力。

一般工业用微机测控系统既包括弱电控制部分，又包括强电控制部分，为了使两者之间保持控制信号联系且隔绝电气部分方面的联系，可实行弱电和强电隔离，这是保证系统工作稳定、设备和操作人员安全的重要措施。

在测控装置与现场信号之间以及弱电与强电之间，常用的隔离方式有光电隔离、变压器隔离、继电器隔离等。另外，在布线上也应该注意隔离。

15.5.1 光电隔离

光电隔离是由光耦合器件来完成的，其输入端配置发光源，输出端配置受光器，因而输入和输出在电气上是完全隔离的。开关量输入电路接入光耦合器之后，由于光耦合器的隔离作用，使夹杂在输入开关量中的各种干扰脉冲都被挡在输入回路的一侧。此外，还有很好的安全保障作用。因为在输入回路和输出回路之间的耐压值可高达 500 V～1 kV，甚至更高。由于光耦合器不是将输入端和输出端的电信号进行直接耦合，而是以光为媒介进行间接耦合，因此具有较高的电气隔离和抗干扰能力，具体原因分析如下：

1) 光耦合器的输入阻抗很低（一般为 100～1000 Ω），而干扰源内阻则很大（为 10^5～10^6 Ω）按分压比原理，干扰电压很小。

2) 由于一般干扰声源的内阻很大，虽然也能供给较大的干扰电压，但供出能量很小，只能形成微弱电流。而光耦合器的发光二极管只有通过一定电流才发光，显然，此时干扰就被抑制了。

3) 光耦合器的输入/输出间的电容很小，绝缘电阻又非常大，因而被控设备的各种干扰很难反馈到输入系统中去。

4) 光耦合器的光电耦合部分是在一个密封的管壳内进行，因而不会受到外界光干扰。

1. 光耦合器的结构和特性

目前应用最广的是发光二极管与光敏晶体管组合的光耦合器，结构如图 15-18 所示。光耦合器的工作情况可用输入特性、输出特性来表示。

（1）输入特性

发光二极管的伏安特性如图 15-19 所示，与普通晶体二极管相比，它的正向死区较大，反向击穿电压很小，在使用时要特别注意。

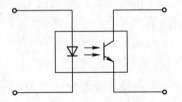

图 15-18 光耦合器电路图

（2）输出特性

光耦合器的输出端是光敏晶体管，因此，输出特性为光敏晶体管的伏安特性，如图 15-20 所示，它与普通晶体管的不同之处是它以发光二极管的注入电流 I_f 为参变量。

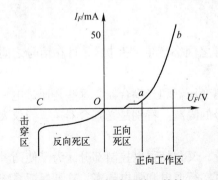

图 15-19 光耦合器输入特性

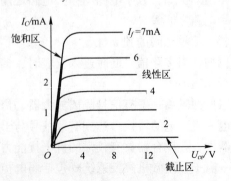

图 15-20 光耦合器输出特性

（3）传输特性

当光耦合器工作在线性区域时，输入电流 I_f 与输出电流 I_c 成线性对应关系：

$$\beta = \frac{I_c}{I_f} \times 100\%$$

2. 光耦合器的应用

光耦合器在微机测控系统中的应用是多方面的，如光电隔离电路、长传输线隔离器、TTL 电路驱动器、A－D 模拟转换开关等。

图 15-21 中，输入部分为红外发光二极管，可采用 TTL 或 CMOS 数字电路驱动，图示为 TTL 驱动。输出电压 V_0 受 TTL 反向器控制，当反向器输入低电平时，输出高电平，发光二极管截止，光敏晶体管不导通，V_0 输出高电平；反之 V_0 输出低电平。R_F 作用是限制发光二极管的正向电流 I_f，计算公式为

$$R_F = \frac{V_i - V_f}{I_f} = \frac{5\,\text{V} - 1.0\,\text{V}}{10\,\text{mA}} = 400\,\Omega$$

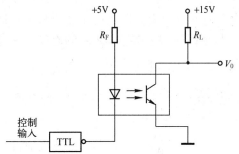

图 15-21　光耦合器的应用原理图

15.5.2　继电器隔离

继电器的线圈和触点之间没有电气上的联系，因此，可利用继电器的线圈接受电气信号，利用触点发送和输出信号，从而避免强电和弱电信号之间的直接接触。

如图 15-22 所示，当输入高电平，晶体管 VT 饱和导通，继电器 J 吸合；当 A 为低电平，VT 截止，J 释放，完成信号传输。VD 为防止反电势击穿 VT 的保护二极管。

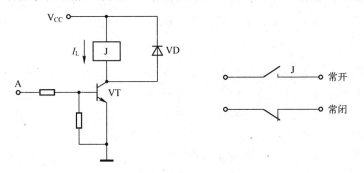

图 15-22　继电器隔离原理图

在实际应用中还有其他隔离方式，如变压器隔离、布线隔离等。

15.6　接地技术

接地技术是抑制干扰的有效技术之一，是屏蔽技术的重要保证。正确的接地能够有效地抑制外来干扰，同时可提高仪表自身的可靠性，减少仪表自身产生的干扰因素。

接地技术是关于地线的各种连接方法。仪表中所谓的"地"，是一个公共基准电位点，

可以理解为一个等电位点或等电位面。该公共基准点应用于不同的场合，就有了不同的名称，如大地、系统（基准）地、模拟（信号）地和数字（信号）地等。

15.6.1 接地概述

1. 接地的含义

电气设备中的"地"，指的是"大地"或"工作基准地"。所谓"大地"，指电气设备的金属外壳线路等通过接地线、接地极与地球大地相连接，它可以保证设备和人身安全，提供静电屏蔽通路，降低电磁感应噪声；而"工作基准地"指将各单元装置内部各部分电路信号返回线与基准导体之间的连接，它可以为各部分提供稳定的基准电位。

2. 接地的目的

为各电路的工作提供基准电位；为了安全；为了抑制干扰。

3. 接地的分类

根据电气设备中回路性质和接地目的，可以将接地分为三类：
① 安全接地。设备金属外壳的接地。
② 工作接地。信号回路接于基准导体或基准电位点。
③ 屏蔽接地。电缆变压器等屏蔽层的接地。
其中工作接地和屏蔽接地是为了达到抗干扰的目的。

15.6.2 工作接地

控制系统中的基准电位是各回路工作的基准电位，基准电位的连线称为工作地，通常是控制回路直流电源的零伏导线。微机测控系统都不采用大地作为信号返回路径。电子设备有三种工作接地方式：浮地方式、直接接地方式和电容接地方式。

1. 浮地方式

指装置的整个地线系统和大地之间无导体连接，以悬浮的"地"作为系统的参考电平。其主要优点是若浮地系统对地的电阻很大，对地分布电容很小，则由外部共模干扰引起的干扰电流就很小。缺点是浮地方式有效性取决于实际的悬浮效果。较大的系统有较大的对地分布电容，因而很难实现真正的悬浮。

如图 15-23 所示，当作为工作基准的外壳对地电位因外部干扰而发生波动，便会经系统传输线的对地电容而进入系统内部。如果工作地与大地相连，便不会产生干扰电流。

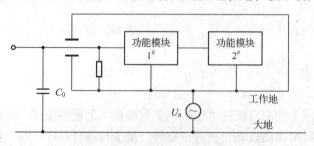

图 15-23 浮地接地方式示意图

浮地方式的另一缺点是当系统附近有高压时，通过电场耦合，外壳静电感应出电压，不安全。

设附近电场高压为 V_H，则机壳感应高压 V_n 为

$$V_n = \frac{1/j\omega C_{2g}}{1/j\omega C_m + 1/j\omega C_{2g}} V_H = \frac{C_m}{C_m + C_{2g}} V_H$$

此外，外壳还通过寄生电容将干扰耦合到内部，增加了噪声。

2. 直接接地方式

这种接地方式的优缺点与浮地方式恰好相反。当控制设备有很大的对地分布电容时，只要合理选择接地点，就可以抑制分布电容的影响。

3. 电容接地方式

指通过电容器把工作地和大地相连。接地电容主要是为高频干扰分量提供对地通道，抑制分布电容的影响；但电容对低频仍然是开路，浮地方式的缺点在低频时依然存在。

该方式主要用于工作地与大地之间存在直流或低频电位差的情况，所用电容应具有良好的高频特性和耐压性能。

15.6.3 屏蔽接地

为了抑制变化电场的干扰，微机测控装置和其他电子设备中广泛采用屏蔽保护。为了充分抑制静电感应和电磁感应的干扰，屏蔽用的导体必须良好接地。

1. 信号电缆屏蔽层接地点的选择

（1）接地点选择在信号源侧

如图 15-24 所示，这是为了防止共模噪声对芯线的干扰。将屏蔽层在信号源侧接地，可以使噪声电流直接入地，避免感应出较大的噪声电压。

（2）接地点选择在信号接收器侧

若信号源的共模干扰不严重，分布电容不足以引起对有效信号的严重干扰，而且在信号源侧接地现场安装很困难，接地点可选择在信号接收器侧，如图 15-25 所示。

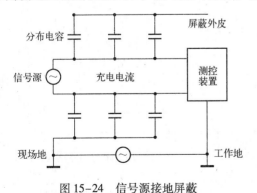

图 15-24　信号源接地屏蔽　　　　图 15-25　信号接收器接地屏蔽

（3）两点接地方式

若信号源处共模干扰不强，且地线电流可忽略时，采用屏蔽仅仅为抑制外界变化电场所引起的静电感应干扰，可以采用两点接地，使静电感应电荷入地。

2. 双绞线的接地方式

在实际中，有时用双绞线中的一根作为信号线，另一根作为屏蔽线。此时，干扰电压在两根导线上的感应电流方向相反，感应磁通引起的噪声电流相互抵消。因此，当做屏蔽线的一根应采用双端接地方式，为感应电流提供回路。

3. 变压器的屏蔽层接地

电源变压器的静电屏蔽层应保护接地。具有双重屏蔽的电源变压器的一次绕组的屏蔽层接保护地，二次绕组的屏蔽层接屏蔽地线。

注意：屏蔽体之间的连接应注意屏蔽地线的配置、保护地线的配置、浮地技术等事项。

15.7 抗干扰设计举例

15.7.1 传输线抗干扰设计

当传送信号的频率较高，或者虽然频率不高但传送距离很远时，必须考虑导线的传输特性，这时称导线为传输线。对传输线的电气性能要求可分为两类，一类是高频和音频范围的电气性能，要求衰减、失真和回路之间的相互干扰小，并能抵御外界的各种电磁干扰；另一类是直流和工频电压时的性能，有导线直流电阻、绝缘电阻和耐压三项。

从传输线（包括连接导线和电缆）方面来减小干扰，一般考虑有以下几点：

1）各种载有不同频率、不同信号电平的导线应尽量分设。
2）当各种导线不能分设时，其走线应有正确的角度，尽量避免平行和靠近。
3）采用合适结构的导线或电缆。
4）在印制电路板中，利用铜箔作为屏蔽层。

下面介绍几种具体抗干扰设计。

1. 双绞线

双绞线又称双股绞合线，用于双线传输通道中，其中一根用于传输出信号或供电，另一根作为返回通道。

由信号传输线构成的回路，受到外界磁通密度 B 的干扰，在闭合回路中产生的干扰感应电势 e_N 如图 15-26 所示。e_N 的表达式为

$$e_N = -xy\frac{dB}{dt}$$

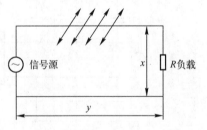

图 15-26 闭合回路的感应电势

闭合导线围成的面积 xy 越大，e_N 就越大。为了减小干扰，需要将闭合回路面积尽可能缩小。然而，当两条缩小了回路面积的平行线相互并行时，由一方电流产生的磁通可以在另一方产生感应电势和感应电流，这就又成为干扰。为了防止这种干扰，常将被感应的导线扭绞起来，构成"双绞线"。采用双绞线的目的是使其相邻两"扭节"的感应电势大小相等、方向相反，使得总的感应电势接近于零。在使用双绞线时，应尽量采用一

点接地,避免地电位差造成的影响;当两组双绞线平行敷设时,应使两组双绞线的扭节节距离不等。

2. 屏蔽线

载流导线不只是连接信号源和电路的通道,而且它也作为一个天线能辐射和接收干扰信号,所以导线也成为干扰通道。为了减小导线耦合干扰,常采用屏蔽导线或电缆。屏蔽层对来自导线或电缆外部的干扰电磁波和内部产生的电磁波,均起着吸收能量(涡流损耗)、反射能量(电磁波在屏蔽层上的界面反射)和抵消能量(电磁感应在屏蔽层上产生反向电磁场,可抵消部分干扰电磁波)的作用,从而具有减弱干扰的功能。

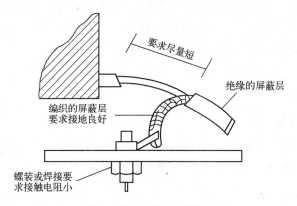

图 15-27 屏蔽层的使用

屏蔽层的使用如图 15-27 所示,应使屏蔽层有良好的接地。如果屏蔽层不接地,就可能产生寄生耦合作用,对导线引入干扰。这种干扰耦合作用,比不带屏蔽层的一般导线还严重,因为屏蔽层的面积较大,增大了寄生电容,加强了干扰作用。

常用的屏蔽线或电缆有挠性屏蔽线、双绞屏蔽线、双层编织屏蔽线和硬性屏蔽管同轴电缆等。

3. 多线插座引线脚合理分配

印制电路板上印制的电源馈线、地线及信号线等均需通过多线插座与外界接通,因此,多线插座可看作是印制线的延伸。在引线脚的分配上,应考虑:为了减小强信号输出线对弱信号输入线的干扰,将输入、输出线分置于插座的两侧;地线设置在输入与输出信号线之间,对减小信号线间分布电容的影响,能起到一定的屏蔽作用;电源馈线在多线插座上分配原则与地线相同。

所选用的多线插座引脚的数量,通常多于印制电路板所需对外连线的数量。地线、电源线及大电流的信号线,每一线都可并联占用多线插座的两个或三个引线脚,以减小引线电阻和提高连接的可靠性。为防止其他金属件与多线插座意外相碰时发生短路事故,还可以考虑插座最外侧的脚不作电气连接,而仅起机械保护作用。

15.7.2 印制电路板的抗干扰设计

印制电路板的抗干扰措施,主要有合理分配印制管脚、合理布置印制板上的连线和在板上采用一定的屏蔽措施等三个方面。

1. 合理分配印制电路板插脚

为了抑制线间干扰，对印制电路板的插脚必须进行合理分配，其原则同多线插座。

2. 印制电路板合理布线

印制电路板的合理布线，可以考虑以下各点：

1）印制电路板是一个平面，不能交叉配线。但是，若在板上出现十分曲折的路径时，可以考虑元件跨接的方法。

2）配线不要做成环路，特别是不要沿印制电路板周围做成环路。

3）不要有长段的窄条并行，不得已而并行时，窄条间要再设置隔离用的窄条。

4）旁路电容的引线不能长，尤其是高频旁路电容，应该考虑不用引线直接接地。

5）地线的宽度通常要选大一些，但要注意避免增大电路和地之间的寄生电容。

6）单元电路的输入线和输出线，应分开设置，通常用地线隔开，以避免通过分布电容而引起寄生耦合。

3. 印制电路板的屏蔽

1）屏蔽线。为了减小外界作用于电路板或电路板内部导线、元件之间出现的电容性干扰，可以在两个电流回路的导线之间另设一根导线，并将它与有关的基准电位相连，就可以发挥屏蔽作用。

这种导线屏蔽主要用于极限频率高、上升时间短的系统，因为此时耦合电容虽小，但作用大。

2）屏蔽环。屏蔽环是一条导电通路，它在印制电路板的边缘围绕着该电路板，并只在某一点与基准电位相连，它可以对外部作用于电路板的电容性干扰起屏蔽作用。

如果屏蔽环的起点和终点在电路板上相连，或通过插头连接，则将形成一个短路环，这将使穿过其中的磁场削弱，对感性干扰起抑制作用。这种屏蔽环不允许作为基准电位线使用。

3）屏蔽板。在印制电路板上设置屏蔽板，将受干扰部分与无干扰部分加以隔离，分置于两个空间中。

4）基板涂覆。一般印制电路板设计时，除了所需的线条之外，其他所有的基底材料均用腐蚀法除去。而基板涂覆法，则是将导电线条之间的涂覆层尽量多地予以保留，并将它与基准电位相连，这样就形成了屏蔽层。如果焊接工艺不允许有大面积的导电平面，可以将其作成网孔状。

15.7.3 传感器电路的屏蔽与接地设计

在传感器电路中，为了提高其抗干扰性能，需要采用屏蔽技术。为了使屏蔽有效，则需要遵循一定的规则。

1. 实用屏蔽规则

要使屏蔽有效，必须把静电屏蔽层与被屏蔽电路的零信号基准电位相接；接点处的选择，必须保证干扰电流不流经信号线。

2. 屏蔽规则的应用

1）具有屏蔽罩的高增益放大器的屏蔽层的接法。屏蔽罩与放大器的输入端、输出端之间都存在寄生电容，屏蔽层与信号基准线也存在寄生电容。这样，由于寄生电容的作用，有可能把输出信号反馈到输入端，而造成寄生反馈，影响放大器的正常工作。需要把屏蔽层与信号基准线短接起来，使输入、输出端的寄生电容分开，而不引起寄生反馈。

2）信号线屏蔽层的接法。由传感器、放大器及带有屏蔽层的信号传输线组成的系统。为了减少干扰，信号线屏蔽与信号基准线的短接，有以下几种情况：传感器接地、放大器接地的系统，信号线屏蔽层应选在传感器接地端与零信号基准线短接；传感器不接地、放大器接地的系统，信号线屏蔽层与零信号电位基准的短接点选在放大器接地端。

3）传感器、放大器均不接地，放大器屏蔽罩的接法。根据屏蔽规则，放大器的屏蔽罩有多种接法，将屏蔽罩通过短路线接至信号源对地电阻小的一端（一般为低电位端），效果最佳。

4）传感器接地，信号线屏蔽、放大器屏蔽罩的接法。根据屏蔽规则，应将放大器屏蔽罩与信号线屏蔽层短接，并在传感器处与信号源地短接。对抗干扰性能要求更高的放大器，可采用双层屏蔽。这时，放大器的外层屏蔽接大地；内层屏蔽与信号线屏蔽层短接后，在信号源处接地。

15.7.4 电源所致干扰的抑制

电源干扰包括交流电源和直流电源所致的干扰。这类干扰是传感器电路的主要干扰源之一。

1. 交流电源系统所致干扰的抑制

一种是交流电源进线作为介质传播的电网中的高频干扰信号；另一种是引线所载的 50 Hz 工频电压在一定条件下（如经电源变压器耦合）将成为电路的低频干扰信号。抑制这些干扰的措施有：

（1）合理布线

电源线的合理布置和选择是抑制电源线引入干扰的措施之一，可以从以下几方面考虑：

1）电源线与信号线远离，以防止电磁干扰。

2）减小馈线回路的面积，以降低空间电磁场干扰。

3）减小馈线特性阻抗，即要求馈线具有小的分布电感和大的分布电容，以减小电流突变在馈线中引起的瞬态压降。

4）减小馈线电阻，以减小在馈线上的静态压降。

（2）加滤波器

在电源的输入端加低通滤波器，用以抑制电源线引入的高频干扰。在设计和使用的低通滤波器时应注意以下几点：

1）低通滤波器的最高抑制频率要考虑元件上分布参数的影响。

2）要考虑两根电源线的线间滤波和每根线的对地滤波。

3）低通滤波器的安装，要注意的是在多节网络滤波器中，靠近输入端的电感线圈与靠近输出端的电感线圈不可平行相邻布设，以免在它们之间发生较大的耦合；滤波器本身须加屏蔽；电容器的引线应尽可能短，并将其一端接到屏蔽壳上；滤波器要尽量靠近电子装置；全部导线要贴地敷设，以尽量减小耦合。

（3）加隔离变压器

在电源变压器之前设置一隔离变压器，使干扰在进入电源变压器之前先衰减一次。隔离变压器的变比一般取 1:1.1~1:1.2。

（4）设置交流稳压器

交流稳压器主要用于克服电网电压波动的影响，同时它对干扰脉冲有一定的抑制作用。但多机共用一个交流稳压器时，它不能抑制机器之间的相互干扰。

（5）对电源变压器采用屏蔽措施

电源变压器是工频干扰的主要来源之一，它能把电网上的干扰直接引入检测或控制系统。为了克服这种干扰，需要在电源变压器的原副边绕组之间设置静电屏蔽层。

1）在原、副边绕组之间加入单层静电屏蔽，屏蔽层接原边绕组地。

2）在原、副边绕组之间加入双层静电屏蔽，原边屏蔽层接信号源地，副边屏蔽层地接信号零电位基准。

3）原、副边绕组之间加入三层静电屏蔽，原边屏蔽层接地，中间屏蔽层接电子装置的屏蔽壳，副边屏蔽层接信号基准电位。

2. 直流供电系统干扰的抑制

直流供电系统的干扰，一般是由直流电源本身和负载变化引起的。其包括：电源线上所接收到的干扰，电源纹波太大、负载变化时在各元部件之间引起的交叉干扰，以及电源内阻太大引起电压波动等。

1）电源纹波的抑制。解决电源纹波干扰的办法是对电网电压加稳压措施，对直流电源输出进行滤波，来改善电源性能。

2）交叉干扰的抑制。在数字逻辑系统中，开关组件的动态过程和容性负载的充放电等，往往会引起瞬态电流冲击，这种情况会导致系统各元部件之间互相影响，即出现交叉干扰现象。交叉干扰的产生，根源在于电源的动态响应速度低，需要设置高低频双通道滤波电容和减小容性负载来解决。前者在动态电源处加高低频双通道去耦电容，一般低频滤波采用电解电容，高频滤波采用小电容，安装多少视同时动作的元件多少而定；后者从两方面着手：一是减少需要经常充放电的容量较大的电容器数目；二是在布线中尽量使连线短，以减小导线的分布电容。

知识拓展

（1）本章介绍的干扰又称"噪声"，与我们在日常生活中常说的"噪声"不同。从物理本性上可分为电噪声和声噪声两大类。前者是由于电磁扰动产生的，是相对于电信号的一种干扰；后者是由于机械扰动引起的，是机械噪声。

机械噪声在许多场合下造成一种严重的环境污染，它不仅影响人的正常心理状态，如噪声引起烦恼、降低工效、分散注意力和妨碍睡眠等，而且还会对人产生生理损伤，如危害听力，导致其他疾病等。

机械噪声与电气噪声虽然本质不同，但噪声控制的方法与抗干扰的方法是相似的。噪声控制可以从以下三个环节着手：

1）消除或削弱噪声源；
2）切断噪声的传输路径；
3）保护噪声的影响对象。

（2）任何事物都有两面性，我们在检测中想方设法地减小干扰信号，但有时候却要利用干扰，比如在现代军事上，为了有效地达到保护自己，消灭敌人的目的，各国都在积极研究"隐形"武器。所谓隐形就是采取一定的措施，使对方难以发现自己。采用的技术一般有三个方面：一是缩小飞机的表面散射面积；二是在飞机表面涂上吸收电磁波的涂料；三是发出功率较强的电磁干扰信号，扰乱敌人的探测系统。这些技术都是为了削弱对方雷达探测系统接收的信号，使空间干扰信号掩盖有用的信号。但隐形技术的研究，对攻击方的抗干扰技术又提出了更高的要求。

问题与思考

除了前面介绍的电磁干扰外，还有其他类型的干扰，如光的干扰、声音的干扰、辐射的干扰等，我们在家用电器中能看到的对红外光干扰的抑制方法是什么？

本章小结

（1）干扰日常生活中又叫噪声，要了解电磁干扰对仪器设备、人员等所可能造成的危害，研究产生干扰的原因以及各种抗干扰的措施。按噪声产生的原因可分为放电噪声、高频振荡噪声和浪涌噪声等；按噪声传导模式可分为差模噪声、共模噪声；按噪声波形及性质可分为持续正弦波、偶发脉冲电压波形和脉冲列等。

（2）干扰源产生的干扰是通过耦合通道对微机测控系统发生电磁干扰作用的。根据干扰源与被干扰对象之间的传递方式和耦合机理，可以分为直接耦合方式、公共阻抗耦合方式、电容耦合方式、电磁感应耦合方式、辐射耦合方式、漏电耦合方式等。

（3）屏蔽是指用屏蔽体把通过空间进行电场、磁场或电磁场耦合的部分隔离开来，隔断其空间场的耦合通道，根据干扰的耦合通道性质，屏蔽可分为电场屏蔽、电磁屏蔽和磁场屏蔽三种。

（4）隔离的目的主要是从电路上把干扰源和易干扰的部分隔离开来，使测控装置与现场仅保持信号联系，但不直接发生电的联系。隔离的实质是把引进的干扰通道切断，从而达到隔离现场干扰的目的。常用的隔离方式有光电隔离、变压器隔离、继电器隔离等，另外，在布线上也应该注意隔离。

（5）接地的含义是指电气设备的金属外壳线路等通过接地线、接地极与大地相连接。接地的目的是为各电路的工作提供基准电位；为了安全；为了抑制干扰。根据电气设备中回路性质和接地目的，可以将接地分为安全接地、工作接地、屏蔽接地。

习题

1. 干扰按照其产生的原因可分为哪几类？试列举一些常见的干扰现象。
2. 有一便携式 CO 检测报警仪，主要由传感器检测放大电路、数字显示电路和超限报警电路组成，当被测 CO 的浓度小于报警值时，数字显示较稳定，但是当被测 CO 达到报警值后，由于报警电路工作，产生间隙报警声音，使显示数字跳变，这是什么原因？如何解决？
3. 根据干扰的耦合通道性质，干扰的耦合方式有哪些类型？
4. 抗干扰中常用的隔离方式除了光电隔离和变压器隔离外，还可以采用什么形式的隔离？
5. 在抗干扰技术中，接地的作用是什么？

第 16 章 创新设计方法及案例

本章要点

检测技术创新应用的思维方法和技巧；根据日常生活中发生的事件提出利用检测技术解决的方案。

学习要求

掌握所学传感器的应用技巧；了解传感器的创新应用方法；通过传感器的创新应用，培养创新意识；通过创新设计，使发现问题的敏锐性、灵活应用传感器解决问题的能力等方面得到全面锻炼。

16.1 检测技术创新设计方法

在实际应用中，检测技术需要根据检测要求，进行检测方案的设计。常规应用比较简单，主要考虑的是，在满足检测技术指标要求的前提下，选择价格合适的传感器，设计相应的检测电路，或者直接选择变送器。如速度检测选择速度传感器或变送器，液位检测选择液位传感器或变送器等。

但是，目前许多实际问题的解决往往不能找到现成的传感器或变送器，这就需要利用现有的传感器进行创新设计。

16.1.1 检测技术创新设计的一般步骤

检测技术创新设计的一般步骤如下：
（1）问题的分析——发明的开端
细心观察工作中或周围发生的事件，考虑是否可用检测技术解决。
（2）检测方案的确定——传感器的创新应用
根据检测目的，选择合适的传感器，确定检测的方案。
（3）调研工作——确定检测方案的新颖性
广泛查询资料，了解国内外的有关研究成果或目前市场上的产品，如果已有发明的成果，则要分析他人的技术，找出缺点，改进方案。
（4）检测系统的设计和检验——发明的实施
根据检测方案，设计检测电路，进行实验检验。

16.1.2 检测技术创新设计的基本方法

检测技术的创新设计实际上是一种科技发明。对于科技发明人们总结了许多方法，但各种方法都是人们在创新思维活动中自然产生的。检测技术创新设计者最关键的是要具有活跃的思维，积极的钻研和勇于挑战的精神。除此之外，还必须具有较宽的知识面。因此，检测技术的创新设计需要注意以下几个方面。

1) 要对各种传感器的性能和原理有全面的了解。在检测技术的应用中，往往相同的检测要求，可以利用不同的传感器来实现。但不同的传感器的价格、对使用环境的适应能力、检测精度等性能是不同的，只有对各种现有传感器的原理和性能有所了解，才能选择合适的传感器实现检测目的。

2) 对国内外研究现状要有所了解。了解国内外研究现状有两个目的：一是避免重复研究；二是可以借鉴他人的研究成果，或者受他人研究的启发。

3) 要充分发挥创新思维，运用各种发明方法。创新离不开发散思维，应用各种发明方法不是生搬硬套，而是灵活应用，关键是要摆脱传统思维方法的束缚。比如，要检测一种汽油是否掺假，如果按照传统的检测方法，考虑要检测掺假的物质，则无法进行检测，因为不知道会掺什么物质。但是，如果利用逆向思维，考虑的检测方案是直接检测汽油的纯度，问题则迎刃而解了。

4) 间接检测是创新设计的关键。检测技术的创新应用离不开间接检测方法。这方面成功的例子举不胜举。比如，检测火灾，可以通过烟雾检测或者温度检测实现；核子秤进行在线运煤重量的检测是利用物位检测实现的。要利用一种检测某种参数的传感器检测另外的参数，必须了解检测参数和目标参数之间的关系，通过这种关系实现间接的检测。按此方法，可以利用现有的传感器，检测许多目前还没有直接测量手段的检测对象。

5) 要充分利用新的技术或研究成果。科学技术的发展中，各种技术的发展是相互促进的。在检测技术中要充分利用各种新的技术成果，提高检测技术的水平。比如，纳米技术的应用，可以改进一些气敏传感器的制备材料，使传感器的性能得到提高；微机械加工技术的发展，使传感器的微型化得到实现；微电子技术的发展，使传感器的集成化、智能化得到实现。

6) 要善于发现问题。科学研究离不开问题，解决问题的过程往往是创新的过程。在工程实践中，有许多问题明显就是检测问题，解决这类问题一般较难，因为它们是人们长期没有解决的问题。还有一些是不太明显的检测问题，这些问题通过创新的思维，可以通过检测技术解决，这时检测技术的应用可能不难，但这种解决问题的方法是创新的。要善于发现这类问题，开拓检测技术的创新应用领域。

7) 学科交叉可以拓宽检测技术的应用范围，为创新实践提供了广泛的空间。检测技术的特点是应用面广，不仅工科中的不同学科都要应用检测技术，如自动化的测控、机械的设备故障诊断、采矿的瓦斯监测、地质的遥感物探、化工的物质气体分析、环境科学的环境监测等，其他如医学、农业等学科也有广泛的应用。了解相关学科的特点，有助于开拓检测技术创新应用的领域。

16.2 检测技术创新设计案例

16.2.1 设计案例一——司机瞌睡监测提醒装置

1. 问题的提出

目前我国长途载货汽车经常发生事故，有的与其他车辆相撞，有的翻车，造成国家集体财产的损失和人员的伤亡。这种现象主要是由于载货汽车司机疲劳开车所致。如何避免这类交通事故的发生？

2. 问题的分析

可以采用检测手段，监测司机开车的疲劳状态，提醒其注意。这方面有没有研究或应用的技术？——调研结果表明，国内曾经应用的成果是耳挂式司机瞌睡提醒器，如图 16-1 所示。

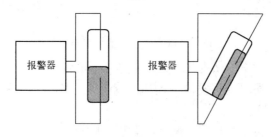

图 16-1　司机瞌睡提醒器

其工作原理是：司机正常时，两眼目视前方，头部挺直，水银开关处于断开状态，不报警；司机瞌睡时，头部下垂，水银开关接通，使报警器工作。

产品分析：该装置价格低，但使用不方便，易发生误报警。

国外研究现状：

① 美国一个研究所研究了一种利用压力传感器的瞌睡检测装置，其原理是在转向盘四周安装压力传感器，司机一旦处于瞌睡状态，握转向盘的手会放松，由此感应出信号。但该方法不可靠，因为司机不疲劳时握转向盘的手有时也会放松。

② 美国某大学提出，采用一种检测司机瞳孔的方式来监测司机是否处于疲劳开车。该方法似乎很先进，但存在指向性的问题。

3. 设计方案

是否有更好的解决办法？选用什么种类的传感器？应变电阻传感器是否可以用于监测司机的疲劳状态？应变电阻传感器的测量参数是应变力，如何将司机疲劳状态用应变来反映？

方案 1：将应变电阻片紧贴在司机的脖子上，当司机疲劳瞌睡时，头部突然下垂，脑后脖子肌肉伸长，引起应变电阻的变化，从而可以监测司机的疲劳状态。

为了解决司机头部正常运动引起的误报警问题，可以利用微分电路检测信号的动态变化，如图 16-2 所示。

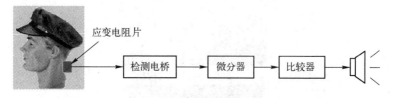

图 16-2　应变电阻传感器检测司机瞌睡的示意图

上述设计方案从原理上是可行的，但在实际使用中，要将应变片贴在脖子上，这是很不方便的。如何解决这个问题？

方案2：可以做一个脖套，将应变传感器贴在脖套上。如图16-3所示。脖套太大，不起作用，脖套太小会造成司机呼吸不畅，因此该方案不可取。

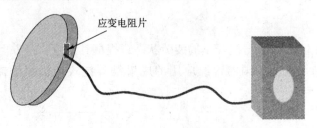

图16-3 脖套式司机瞌睡报警器

是否还有更好的解决方案？从古代"悬梁刺股"的故事得到启发，虽然不可能将司机的头发像古代那个读书人一样吊起来，但可以得到方案3。

方案3：根据古人的提示，可以将一根稍有弹性的绳子钩在司机的衣领上，在绳子的末端贴上应变传感器。如图16-4所示。

以上检测技术的发明设计过程说明了创新的几个问题，首先要发挥想象力，想象是发明的源泉，没有想象就谈不上创新；第二，在发挥想象力的过程有多种方式，可以独立想象，也可以发挥联想，古今中外的发明都可以借助想象；最后，要学会分析问题，只有细心地分析问题，才可能找出现有检测方案的问题和不足，以寻找更好的解决方案。

图16-4 挂钩式司机瞌睡报警方案示意图

上述发明的各种解决方案也许并不是最优的方案，只要我们动脑子，完全可以想出更好、更实用的方案。

16.2.2 设计案例二——跳远犯规检测器

1. 问题的提出

在跳远的过程中，由于运动员的速度很快，裁判员仅靠肉眼观察运动员是否踩线犯规，容易造成误判。下面介绍的这种检测器能很精确地测量运动员是否犯规。

2. 设计方案

电阻应变传感器检测示意图如图16-5所示，电路原理图如图16-6所示。

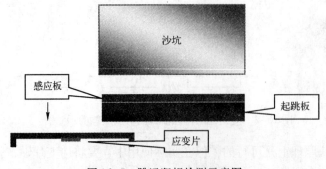

图16-5 跳远犯规检测示意图

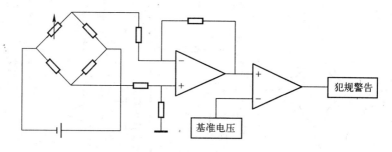

图 16-6　跳远犯规检测电路原理图

3. 工作原理

在紧靠跳板的前方装上应变片，当运动员的脚超过了跳板的时候即踩到应变片时，会使应变片受力发生变化，从而产生电信号。经过放大器放大后，与预先设定的基准电压进行比较（这个基准电压是为了防止误动作），若大于此基准电压，则输出一个电信号驱动显示设备显示，从而提醒裁判运动员已经犯规了。

16.2.3　设计案例三——安全输液报警器

1. 问题的提出

医院里用的静脉输液器装置，每当容器中液体接近滴完时，护士、病人或家属都要随时观察液体的进度，以防液体滴完，空气进入血管。现在通过设计一种安全输液报警器，使其在液体接近滴完时，发出鸣叫声，提醒护士，达到为病人安全输液的目的。

2. 设计方案

做一个外壳，在外壳上安装报警电路，报警喇叭，外壳两端分别安装挂钩，用来固定外壳和输液瓶，外壳两端的挂钩上分别与两个钢片相连，在钢片上贴电阻式应变片。随着瓶内液体的不断减少，钢片受力变形不断减小，应变片也受力变形不断减小，当钢片变形到一定程度（基准值）时，控制电路发生警报声，如图 16-7 所示。检测电路如图 16-8 所示。

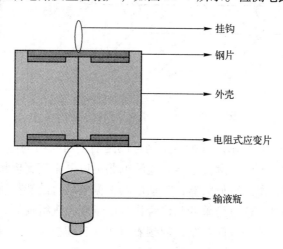

图 16-7　传感器检测示意图

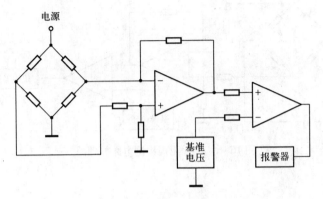

图 16-8 电路原理框图

16.2.4 设计案例四——雨天自动收衣装置

1. 问题的提出

在日常生活中，若晾晒在外的衣服刚刚晒干，突然下雨，晒干的衣服就被淋湿了。为此可以设计一种自动收衣装置，在雨天能够自动将衣服收到避雨处。

2. 设计方案

由于下雨，空气中的湿度会增加，所以可利用多孔氧化铝吸湿的电容式湿度传感器，其示意图参见图4-32。以铝棒和能渗透水的黄金膜为极板，极板间充以氧化铝微孔介质。多孔氧化铝可从含水分的气体中吸收水蒸气或从含水液体介质中吸收水分，吸水后介电常数 ε 发生变化，电容量 C 也随之改变，此时电桥失去平衡，电桥输出电压经放大后驱动伺服电动机，经减速后带动滑轮将衣服收入避雨处。控制示意图如图 16-9 所示。

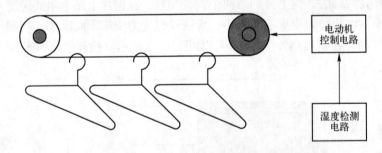

图 16-9 雨天自动收衣控制示意图

电路原理框图如 16-10 所示。其中传感器可以是前面所介绍的电容原理的湿度传感器，从经济角度，可以采用半导体湿度传感器。检测电路可以采用交流电桥法，或者幅度调制检测电路。放大比较电路采用运算放大器，驱动电路根据电动机的选择确定，如果电动机采用直流电动机，驱动电路可以通过简单的晶体管作为电子开关进行控制，也可以采用直流电动机的专用驱动集成电路，便于双向控制，使晒衣也实现自动控制。如果采用交流电动机，则可以采用继电器进行控制。

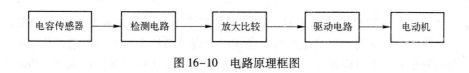

图 16-10　电路原理框图

16.2.5　设计案例五——玻璃破碎监测系统

1. 问题的提出

在各类人为破坏和非法入侵案件中，罪犯以强制手段破坏或打破玻璃门窗而侵入室内作案的情况占有相当大的比例，因此研制出能够监测玻璃破碎的监测系统，在防破坏、防盗报警中具有非常重大的应用价值。玻璃破碎监测系统可监测当玻璃破碎时发出的声音，可适用于对楼宇、大厦、宾馆、住宅、珠宝金店、银行等需要监测到玻璃破碎就报警的各种场合。

2. 设计方案

当入侵者试图打碎玻璃实施犯罪时，总会引起地面、墙壁、门窗、保险柜等发生振动，可以采用压电传感器、电磁感应传感器或其他可感受振动信号的传感器，来感受入侵时发生的振动信号，将各种原因引起的振动信号转换为模拟电信号，再经过信号处理，转换为报警控制器接受的电信号，当引起的振动信号超过一定程度将触发报警。图 16-11 为压电传感器式玻璃破碎监测系统及电路框图。

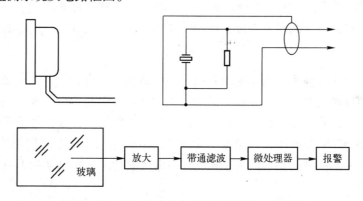

图 16-11　压电式玻璃破碎监测系统及电路框图

压电传感器的阻抗较高，因此在放大电路之前可加上一级跟随器，经过放大后的信号再经一个带通滤波器，输入到微处理器中进行比较分析，以防止其他振动输入而造成误报警，经过比较分析后，微处理器电路发出的信号再经驱动电路来带动继电器驱动报警器或其他控制装置。

3. 工作原理

锆钛酸铅这类材料具有正、负压电效应，称之为压电晶体或压电陶瓷。它能将电能、机械能进行相互转换。当在压电陶瓷片上加上音频电压，压电陶瓷片会发声（一般作为发声片或压电晶体喇叭）；同样，使压电陶瓷片产生振动，它能输出一定的电压。这种性能可以制成超声波发送及接收器，同样也可制成用于防盗、防破坏用的玻璃破碎传感器。

当敲击玻璃而玻璃还未破碎时会产生一个超低频的弹性振动波，这种机械振动波低于

307

20 Hz，属于次声波。玻璃破碎时主要发出的响亮刺耳的声音频率大约在 10~15 kHz 的范围内，属于高频声音，而周围环境很少有此范围的声音，带通滤波器可以选择将此范围的声音拾取，而触发报警。玻璃破碎监测系统就是利用微处理器的声音分析技术来分析与破碎相关的特定声音频率后进行准确的报警。传感器接收防范范围内的各种声频信号送给微处理器，微处理器对其进行分析和处理，以识别出玻璃破碎的入侵信号，可靠性较高。

16.2.6 设计案例六——热电阻真空度测量装置

1. 问题的提出

"真空度"顾名思义就是真空的程度，是真空泵、微型真空泵、微型气泵、微型抽气泵、微型抽气打气泵等抽真空设备的一个主要参数。在工业生产和科学研究中也需要经常对一些需要抽真空的环境和设备进行真空度测量。真空度是用压强单位来表示的，一般是通过测量压力或压力差的办法来测量，如常用的测量真空度的真空压力表、真空规、U 型管真空计等。这些测量方法简单、迅速、测量结果直观，但测量精度不是很高。为了提高测量的精度，使测量结果更可靠，可以考虑采用其他间接测量的方法。

2. 问题的分析

气体的换热方式有三种：对流、辐射、热传导。在低真空下，气体换热主要是热传导。分子密度大（真空度低），传走热量就多；分子密度小（真空度高），传走热量就少。这样便可以通过测量传热量来测量真空度，利用此原理可以制成热电阻真空度测量仪。

3. 设计方案

把铂电阻丝装入与介质相通的玻璃管内，铂电阻丝由较大的恒定电流加热，当环境温度与玻璃管内介质导热而散失的热量相平衡时，铂丝就有一定的平衡温度，此时对应有一定电阻值。当被测介质的真空度升高时，玻璃管内的气体变得稀少，气体分子间碰撞进行热传递的能力降低，即导热系数减小，原温度不易散失，铂丝的平衡温度和电阻值随即增大，其大小反映了被测介质真空度的高低。为了避免环境温度变化对测量结果的影响，可以设有恒温或温度补偿装置。

图 16-12 所示的电路为 BA_2 铂电阻作为温度传感器的电桥和放大电路。当温度变化时，

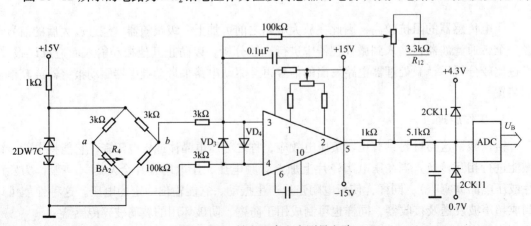

图 16-12 铂电阻真空度测量电路

电桥处于不平衡状态,在 a、b 两端产生与温度相对应的电位差;该电桥为直流电桥,其输出电压 U_{ab} 为 0.73 mV/℃。U_{ab} 经比例放大器放大,其增益为 A-D 转换器所需要的 0~5V 直流电压。VD_3、VD_4 是放大器的输入保护二极管,R_{12} 用于调整放大倍数。放大后的信号经 A-D 转换器转换成相应的数字信号,因此,该电路便于与微机接口。

16.2.7 设计案例七——台灯照度检测及自动调光装置

1. 问题的提出

阅读时,人们经常需要使用可调光台灯提供合适的光照强度,为眼睛提供舒适的光线环境,这对于保护视力有很大帮助。但是大多数人并不清楚什么样的光照强度是最合适的。特别是对于儿童,由于儿童普遍没有对保护视力形成完善的认识,往往忘记在阅读时调节灯光强度,这也是造成儿童近视多发的原因之一。因而,设计一种能够自动检测光照强度并能自动调光的装置,对保护眼睛视力很有意义。

2. 设计方案

光照度检测及自动调光台灯采用光敏电阻作为光照检测传感器,安装在台灯底座上方。在使用中,光敏传感器自动测量台灯灯光覆盖区域内的光照度,同时可以根据内部设置的默认的发光亮度参数,对台灯的白炽灯发光亮度自动进行调节,以达到用户阅读所需的合适亮度,让台灯发出使人眼舒适的光线,进而起到对视力的保护作用。通过自动调光方式,还可以有效地节省电能。

3. 工作原理

光照度检测与自动调光台灯是在一般调光台灯基础上增设了光敏电阻传感器、测量转换电路、微控制器(MCU)、晶闸管及其触发电路等。其检测示意图如图 16-13 所示,检测及调光控制框图如图 16-14 所示。其中光敏电阻用来测量台灯照射的光线及周围环境的光照强度,通过测量电桥将光敏电阻的变化转化为电压的变化,再经 A-D 转换为数字信号送给 MCU,由 MCU 完成数据的处理。当光照度低于或超过适宜亮度时,减少或增大晶闸管触发角,直到照度调整到合适范围。同时为满足特殊情况需要,台灯上设有手动、自动两种调光模式。

图 16-13 台灯光照检测示意图

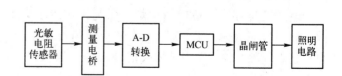

图 16-14 光照检测及调光控制示意图

16.2.8 设计案例八——防止酒后驾车装置

1. 问题的提出

酒后驾车容易引发交通事故,给社会、行人、驾驶者及家人等带来痛苦和伤害。因此,可以设计一种功能全面的、能够防止酒后驾车的装置,要求驾驶员在驾驶车辆之前必须通过酒精检测,方可启动车辆,对酒精检测不合格及未经酒精检测的,自动关闭车辆点火线路。

2. 设计方案

防酒后驾车装置主要采用酒精探测仪,结合车辆的车门、车窗位置传感器和安全带检测传感器共同实现。如图16-15所示。

图16-15 防酒后驾车装置示意图

3. 工作原理

酒精的检测可以利用由半导体气敏传感器构成的"酒精测试仪"来实现。为了防止驾驶者作弊,特意将酒精检测仪安装在驾驶员侧车门部位。驾驶员就座后准备启动车辆,首先检测装置在检测到车门窗已关闭、驾驶员系好安全带后,要求驾驶员吹气接收酒精检测。当检测到驾驶者酒精含量超过安全水平,红色发光二极管点亮,同时关闭车辆点火电路。防酒后驾车装置可以单独设置,也可将传感器信号接入行车计算机,由行车计算机综合处理控制。

16.2.9 设计案例九——燃气灶防干烧装置

1. 问题的提出

城市家庭普遍采用燃气灶做饭,经常会发生由于疏忽遗忘等原因造成的干烧、引起火灾等事故。利用检测技术可以实现在发生干烧情况时,自动切断气源,并发出报警提醒信号。

2. 设计方案

检测是否发生干烧,可以通过检测锅体温度是否超过正常温度,或检测食物焦煳后分解出的烟雾颗粒来判别。本设计采用在排气扇或油烟机上安装光电式感烟探测器进行烟雾颗粒的检测,以判断是否发生干烧,如图16-16所示。

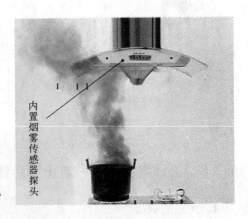

图16-16 燃气灶防干烧装置示意图

3. 工作原理

光电式感烟探测器由光源、光电元件和电子开关组成。利用光散射原理对火灾初期产生的烟雾进行探测，并通过控制电路切断气源、及时发出报警信号。烟雾传感器可以采用一般光电式或激光光电式传感器。

（1）一般光电式感烟探测器

遮光型光电感烟探测器由一个光源和一个光电元件对应装在暗室内构成。无烟情况下光源发出的光，通过透镜聚成光束，照射到光电元件上，并将其转换成电信号，使整个电路维持在正常状态，不发出报警。当有烟雾进入探测器，使光的传播特性改变，光强明显减弱，电路正常状态被破坏，则发出报警信号。

散射光电式感烟探测器的光源和光电元件设置的位置不是对应的。光电元件设置在多孔的小暗室里。无烟雾时，光不能射到光电元件上，电路维持正常状态。而有烟雾进入探测器时，光通过烟雾粒子的反射或散射到达光电元件上，则光信号转换成电信号，经放大电路放大后，驱动自动报警装置发出报警信号。

（2）激光式感烟探测器

由激光发射机和激光接收器组成。它具有激光方向性强、亮度高及单色性和相干性好的特点。在无烟情况下，脉冲激光束射到光电接收器上，转换成电信号，报警器不发出报警。一旦激光束在发射过程中，有烟雾遮挡而减弱到一定程度，使光电接收器信号显著减弱，探测器发出报警信号。

16.2.10 设计案例十——公交投币箱假硬币检测仪

1. 问题的提出

公共交通为解决城市人群的出行提供了很大的便利，很多城市公交车已经无人售票，采用刷卡或投币方式。但是由于公交车司机不可能对投币进行真伪鉴定，造成了有些人投假硬币甚至游戏币来蒙混过关，给公交企业带来很大的经济损失。如果能够在投币箱的投币口装一台能够检测硬币真假的仪器，就能解决这个问题了。

2. 设计方案

假硬币与真硬币相比，差别主要体现在材料、重量、尺寸、加工质量等方面。综合比较，可以采用电涡流式传感器检测硬币的材料差异，以实现自动检测硬币真假，如图16-17所示。

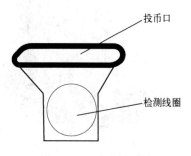

图16-17 公交投币箱假硬币检测示意图

3. 工作原理

将电涡流传感器接入如图16-18所示调频谐振电路。当硬币通过投币口时，启动谐振电路开始工作。由于不同材质的硬币产生的谐振频率不同，通过频率测量，计算出硬币的谐振频率，如果是真硬币，则谐振频率应该在设定的频率范围内，判断为真币，可以进入投币箱；反之，如果是假硬币或游戏币，材料与真硬币有较大差异，则谐振频率超出设定范围，判定为假币，踢出投币箱。

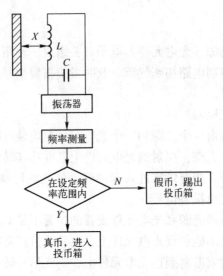

图 16-18　硬币真假检测原理及流程

 知识拓展

（1）检测技术的发展是伴随着科学技术的发展，其发展的历史是发明创造的历史。人们为了了解周围的事物，解决发生的问题，往往通过发明新的检测技术，获得必要的信息，从而使一个又一个的问题得到圆满的解决。在检测技术的发展中，成千上万的科学研究者做出了突出的贡献，其中包括一些著名的科学家，如著名的德国科学家威尔海姆. 伦琴（Wilhelm Röemtgen）于 1895 年 9 月 8 日在实验室发现了 X 光，这一发现为医学界能够透视人体结构开创了新的纪元。为此伦琴获得了首届诺贝尔物理学奖（见图 16-19）。

图 16-19　发明 X 光的科学家伦琴（Wilhelm Röemtgen）和诺贝尔物理学奖证书

著名意大利科学家伽利列奥. 伽利略（Galileo Galilei）于 1595 年根据热胀冷缩的原理，发明了第一支温度计（见图 16-20）。著名英国科学家罗伯特. 瓦特（Robert Watt）于 1934 年发明了雷达系统（见图 16-21），不仅在第二次世界大战中防止敌机空袭发挥了重要的作用，而且对航空业的发展具有重要的意义。

图 16-20　伽利略（Galileo Galilei）发明温度计

图 16-21　罗伯特.瓦特（Robert Watt）发明雷达

（2）像其他科学技术一样，由于人们对事物的探索是不断深入的，检测技术也是不断发展的，任何新的检测技术不论它有多先进，发挥了多大的作用，还是要不断更新。比如著名科学家伦琴发明的 X 光虽然对医学诊断发挥了重要的作用，但是 X 光却不能探测人脑内部或人体其他软组织的结构。为了解决这个问题，人们继续深入地研究新的检测技术。终于在 1972 年，英国 EMI 公司中心研究室主任豪斯菲尔德（Hounsfield）根据 X 射线断层扫描技术，研究成功第一台用于临床的头颅 XCT 机，之后人们相继研制出各种 CT 扫描机，可以非常清晰地获得人体内部的结构图像，使医学诊断技术更先进。豪斯菲尔德为此也获得了诺贝尔医学奖。

 ## 创新设计

1. 检查平面的水平度通常采用简单的水平观察仪，但是，如果要定量地检测和显示平面的倾斜度，则需要采用传感器检测技术，如何设计？

2. 轮胎的压力对汽车的安全是非常重要的，压力过高引起的爆胎和气压的过低都可能导致车祸。如何采用传感器检测轮胎的气压，使之当气压过高或过低时都报警提示？

3. 液位检测是变介质型电容传感器的典型应用，是否可以用电感传感器测量液位？如何实现？

4. 目前测试汽车制动性能的方法是通过测量汽车制动后滑行的距离来实现，如何利用传感检测技术进行自动检测和显示？

5. 体检检查肺活量时通常采用观察法进行，能否应用传感器技术，对体检者的肺活量进行自动检测和显示？

6. 古代人们定时的工具常采用沙漏进行，由此提示，完全可以采用电阻应变传感器，或电容传感器和电感传感器完成定时检测，如何实现？

7. 利用电容传感器测量温度，可采用哪种类型的电容传感器？如何实现？

8. 某不锈钢制品生产厂，发现进购的钢锭含有较多的杂质，严重影响了钢制产品的质量。该企业通过网上提出难题招标，希望能够解决钢锭质量的自动检测。试采用传感检测技术完成这一检测要求。

9. 盖高楼往往会由于地基处理的问题，造成楼房的下沉和倾斜，如何在建房期间监测楼房的下沉和倾斜状态，以便及时处理？

10. 在机械变速器中，为了减小齿轮间的摩擦，往往在机箱内注满润滑油。随着齿轮间的不断摩擦，产生的铁屑越来越多，当齿轮磨损到一定的程度，将会影响正常的变速效果。如何及时地检测出这种状况？

11. 试采用两种传感器设计检测风速的装置，并比较其优缺点。

12. 在煤矿中，为了防止矿井顶板的塌方事故，需要对支撑顶板的压力进行监测，试设计这一监测系统。

13. 在精密加工机械设备中，往往对旋转轴的偏心度要求较严，而通过人眼的观察和卡尺的测量往往达不到精度要求，是否可以设计一种检测精度较高的测量装置，检测旋转轴的偏心程度？

14. 通过机械设备的振动频率的测量，可以间接监测设备的运行状态。试设计这种频率检测装置。

15. 试设计一种检测风向的装置，要求信号显示"东"、"南"、"西"、"北"四个方向。注意采用简单、实用的传感器。

16. 在现代大都市，扶梯的应用越来越广泛，但在某些人流不多的场合，会出现扶梯在不停地运行、而电梯上无人的情况，造成了电能的浪费。如何利用检测控制技术解决这个问题？

17. 爱好养花的家庭，如果全家出外旅行，家里无人照看鲜花，这是许多家庭经常遇到的麻烦事，这个问题完全可以通过检测技术实现无人自动浇水的功能，试选用合适的传感器进行设计。

18. 在老鼠猖獗的场所，除了设置捕鼠器外，还可以设计一种电子猫，即发现有老鼠接近时，电子猫应该发出猫叫声，恐吓驱逐老鼠。电子猫的猫叫声可以采用猫叫语音电路，关键是要设计一种能够感应老鼠接近的检测电路，试设计该装置。

19. 在苹果自动包装生产线上，需要对大小不同的苹果进行检测鉴别，将大小合适的苹果挑出装箱，试设计识别苹果大小的检测装置。

20. 机动车的防盗可采用振动、热红外等多种传感器实现，是否可以采用应变压力传感器？如何实现？

21. 在一些居民小区中，有些户外信箱，必须打开后才知道是否有信件，比较麻烦，试设计一种信件指示装置。

22. 在铅球比赛中，过去常常需要对运动员抛出的铅球用皮尺进行测量，试设计一种自动检测指示装置。

23. 家庭养的金鱼容易缺氧，需要经常通过气泵输氧，是否可以设计一种在金鱼缺氧时自动控制输氧泵的装置？

24. 在一些避免闲人靠近的重要场所，如高压危险场所，需要安装必要的提醒装置，当闲人靠近时，应该自动发出告警信号，试设计这一装置。

25. 利用激光传感器可以测量距离，根据激光传感器的原理，试设计一种能够远距离测量建筑物高度的装置。

26. 家庭照看婴儿需要花费太多的时间，父母时时刻刻地守护在孩子身旁，即使当婴儿睡熟后仍不敢离开半步。是否可以设计一种电子婴儿摇篮？当婴儿睡觉惊醒后会自动控制摇篮摇荡，并播放音乐，使父母可以放心地短时间离开婴儿。

27. 人们通过硅板收集太阳能，使之转换成电能。为了充分利用太阳能，需要硅平板始终正对着太阳的直射，试设计一种检测控制装置，实现这一目标。

28. 试设计一种供盲人避开障碍物的导盲装置。

29. 试设计一种能够控制居室窗帘的自动检测控制装置，能够在夜间关闭，白天打开。

30. 试设计一种自动擦鞋控制装置，进门客人需要擦鞋，只要将鞋放在擦鞋机上便可自动完成擦鞋。

参考文献

[1] 沙占友，王彦朋，葛家怡，文环明，等．智能传感器系统设计与应用［M］．北京：电子工业出版社，2004.

[2] 赵茂泰．智能仪器原理及应用［M］．第 2 版．北京：电子工业出版社，2004.

[3] 马明建，周长城．数据采集与处理技术［M］．西安：西安交通大学出版社，2003.

[4] 栾桂冬，张金铎，金欢阳．传感器及其应用［M］．西安：西安电子科技大学出版社，2002.

[5] 曾庆勇．微弱信号检测［M］．第 2 版．杭州：浙江大学出版社，2002.

[6] 吴正毅．测试技术与测试信号处理［M］．北京：清华大学出版社，2001.

[7] 孙传友，孙晓斌，等．测控系统原理与设计［M］．北京：北京航空航天大学出版社，2002.

[8] 王庆斌，等．电磁干扰与电磁兼容技术［M］．北京：机械工业出版社，1999.

[9] 郭银景，吕文红，唐富华，杨阳．电磁兼容原理及应用教程［M］．北京：清华大学出版社，2004.

[10] 蔡仁钢．电磁兼容原理、设计和预测技术［M］．北京：北京航空航天大学出版社，1997.

[11] 常健生．检测与转换技术［M］．第 3 版．北京：机械工业出版社，2001.

[12] 高晓蓉．传感器技术［M］．成都：西南交通大学出版社，2004.

[13] 沈聿农．传感器及应用技术［M］．北京：化学工业出版社，2002.

[14] 陈艾．敏感材料与传感器［M］．北京：化学工业出版社，2004.

[15] 樊尚春．传感器技术及应用［M］．北京：北京航空航天大学出版社，2004.

[16] 余瑞芬．传感器原理［M］．第 2 版．北京：航空工业出版社，1995.

[17] 王雪文．传感器原理及应用［M］．北京：北京航空航天大学出版社，2004.

[18] 单成祥．传感器的理论与设计基础及其应用［M］．北京：国防工业出版社，1999.

[19] 李道华，李玲，朱艳．传感器电路分析与设计［M］．武汉：武汉大学出版社，2000.

[20] 黄继昌，等．传感器工作原理及应用实例［M］．北京：人民邮电出版社，1998.

[21] 苏铁力，等．传感器及其接口技术［M］．北京：中国石化出版社，1998.

[22] 张福学．传感器敏感元器件实用指南［M］．北京：电子工业出版社，1993.

[23] 吴兴惠，王彩君．传感器与信号处理［M］．北京：电子工业出版社，1998.

[24] 杨宝清．现代传感器技术基础［M］．北京：中国铁道出版社，2001.

[25] 徐泽善．传感器与压电器件：信息装备的特种元件［M］．北京：国防工业出版社，1999.

[26] 刘笃仁，等．传感器原理及应用技术［M］．西安：西安电子科技大学出版社，2003.

[27] 王元庆．新型传感器原理及应用［M］．北京：机械工业出版社，2002.

[28] 陈杰，黄鸿．传感器与检测技术［M］．北京：高等教育出版社，2002.

[29] 彭军．传感器与检测技术［M］．西安：西安电子科技大学出版社，2003.

[30] 宋文绪，杨帆．传感器与检测技术［M］．北京：高等教育出版社，2004.

[31] 刘柱．基于光纤光栅的动态汽车称重系统研究［D］．武汉：武汉理工大学，2007.

[32] 王君，凌振宝．传感器原理及检测技术［M］．长春：吉林大学出版社，2003.

[33] 张佳薇，孙丽萍，宋文龙．传感器原理与应用［M］．哈尔滨：东北林业大学出版社，2003.

［34］杨清梅，孙建民．传感器与测试技术［M］．哈尔滨：哈尔滨工程大学出版社，2004．

［35］王化祥，张淑英．传感器原理及应用［M］．天津：天津大学出版社，2004．

［36］李晓莹．传感器与测试技术［M］．北京：高等教育出版社，2005．

［37］周乐挺．传感器与检测技术［M］．北京：高等教育出版社，2005．

［38］何金田，成连庆，李伟锋．传感器技术：上册［M］．哈尔滨：哈尔滨工业大学出版社，2004．

［39］徐甲强，张全法，范福玲．传感器技术：下册［M］．哈尔滨：哈尔滨工业大学出版社，2004．